Globalization and Global Hotel Management

글로벌 호텔경영

김경환 저

Marriott

WYNDHAM
HOTEL GROUP

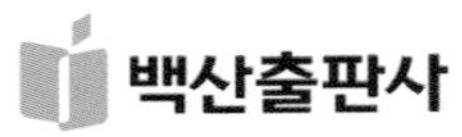

머리말

지난 세월 세계화라는 거대 담론이 소개되기 시작했을 때 우리 모두는 열광했다. 세계화는 모든 이에게 꿈과 희망을 주었다. 그러나 평화와 번영이 공존하는 지구촌을 꿈꾸게 했던 세계화는 신기루였다. 무소불위의 거대한 다국적기업과 카지노 자본주의를 신봉하는 투기자본의 폐해는 세계화가 뜻하는 많은 긍정적 기대를 잊게 해버렸다.

경제적 목적의 세계화에는 오직 약육강식 또는 승자독식이라는 힘의 논리만이 존재한다. 그러나 문화를 중심으로 한 세계화에는 힘이라는 세속적 논리를 넘어 창의성, 다양성, 공존이라는 보다 숭고한 가치가 내재되어 있다. 진정한 세계화는 다양한 문화들이 공존하는 것을 의미하며, 서로 뺏고 빼앗기는 것이 아닌 상호교류를 통한 공존이어야 한다. 문화의 공존이야말로 전 세계를 하나로 묶을 수 있는 진정한 모습의 세계화이다. 기득권의 유지 및 강화로 대표되는 종전의 세계화를 넘어서 모두가 바라는 참된 모습의 세계화를 만들기 위해 우리 모두의 지혜를 한데 모아야 할 때이다. 공정한 교역을 통한 경제성장과 더불어 문화의 상호존중을 바탕으로 한 교류의 증진은 우리가 지향해야 할 새로운 세계화의 한 단면일 것이다.

본서는 세계화된 질서를 기반으로 하기 위해 주요 분석단위를 세계화, 다국적기업, 다국적 체인호텔로 선정하여 집필되었다. 본서의 제1 주제는 세계화에 대

한 올바른 이해이다. 처음 네 개의 장을 통해 이를 충분히 알리고자 하였다. 먼저 세계화에 대해 전반적으로 이해하고, 문화의 교류와 다양성의 이해를 토대로 세계화의 첨병인 다국적기업을 분석하였다.

본서의 제2 주제는 다국적 체인호텔이다. 국내시장에 집중하던 이전 시대와 달리 제2차 세계대전 이후 체인호텔들의 해외시장 진출은 성장을 위한 대장정이었다. 진입장벽이 낮아서 기업의 산업 지배력이 미미하던 시대는 이제 서서히 그 끝이 보이기 시작한다. 다른 산업의 경우와 같이 이제 몇몇 거대한 다국적 체인호텔들이 글로벌 호텔산업의 지배를 더욱 가속화하고 있다. 본서는 다국적 체인호텔의 등장과 성장을 심층 분석하고자 했다. 먼저 글로벌 관광산업과 호텔산업을 분석하고, 이어 체인호텔의 성장과정을 구체적으로 분석하였다. 시대적 상황과 더불어 몇몇 영웅적인 호텔리어의 면모도 분석하였다. 다음으로 다국적 체인호텔들의 신속한 성장을 가능하게 한 구체적인 성장전략을 심층 분석하였다.

다국적 체인호텔의 성장에 그 무엇보다 중요한 기폭제 역할을 한 것이 위탁경영과 프랜차이즈이다. 과거 호텔을 직접 소유하거나 임차하여 운영하는 방식에서 이제 대다수 체인호텔은 적은 자본으로 신속하게 성장할 수 있는 프랜차이즈와 위탁경영 방식을 선호하고 있다. 마지막으로 본서는 대다수 다국적 체인호텔이 채택하고 있는 수수료기반 비즈니스모델(Fee-based Business Model)을 심층 분석하는 데 주안점을 두었다.

본서는 우리 젊은 미래의 주역들이 세계를 지향하는 호텔리어가 되어주기를 바라면서 그들이 세계화된 질서를 잘 이해하고, 글로벌 호텔산업의 현황을 잘 파악하고, 또한 세계화의 첨병인 다국적 체인호텔을 잘 이해할 수 있도록 돕기 위한 목적으로 집필되었다. 그리고 국내 호텔산업의 실무자들도 현재의 글로벌 호텔산업과 주요 다국적 체인호텔의 성장전략을 잘 파악할 수 있도록 하였다. 마지막으로 이제 한국 호텔산업에서도 변화와 혁신의 바람이 불어 세계적인 성장을 이룰 수 있는 차별화된 모습의 다국적 체인호텔이 등장하기를 고대해 본다.

본서가 나오기까지 격려해 주고 힘이 되어주신 모든 분들께 이 자리를 빌려 진심으로 감사의 마음을 전하며, 일일이 거명하지 못함을 양해해 주시기 바랍니다. 본서의 출판을 위해 촉박한 시간에도 불구하고 많은 편의를 제공해 주신 백산출판사 진욱상 사장님께 진심으로 감사의 마음을 전합니다.

원고의 교정도 정성을 다해 도와주고 책을 집필한다는 핑계로 집안청소도 안 도와주는 남편에게 맛있는 간식을 챙겨주며 끝까지 아무 불평없이 믿어주고 격려해 준 나의 사랑스러운 아내 美京에게 무한한 고마움과 사랑을 함께 바칩니다.

봄꽃들이 만발한 일산의 전원아파트에서

김경환

차례

머리말_ 3

제1장 세계화란 무엇인가? 11

제1절 세계화의 정의 및 영향 ······ 13
제2절 세계화의 진화과정 ······ 16
제3절 세계화의 추진동력 ······ 23
제4절 세계화 현상의 실체 ······ 26

제2장 세계화에 대한 논쟁 33

제1절 세계화와 신자유주의 ······ 34
제2절 세계화를 바라보는 시각의 차이 ······ 47
제3절 보다 나은 세계화 ······ 54

제3장 세계화와 문화 59

제1절 문화의 이해 ······ 62
제2절 국가 간 문화적 차이 ······ 67
제3절 문화의 세계화에 대한 세 가지 관점 ······ 74
제4절 문화다양성이 존중되는 세계화 ······ 81

제4장 세계화의 첨병 : 다국적기업(MNC) 89

제1절 다국적기업의 진화과정 ········ 91
제2절 다국적기업의 정의 ········ 103
제3절 다국적기업의 특징과 현황 ········ 105
제4절 다국적기업의 해외진출 동기 ········ 114
제5절 다국적기업의 글로벌 경영전략 ········ 127

제5장 글로벌 관광산업의 이해 141

제1절 세계화와 글로벌 관광산업 ········ 143
제2절 비즈니스 여행과 국제무역 ········ 154

제6장 글로벌 호텔산업의 이해 163

제1절 글로벌 호텔산업의 규모 ········ 164
제2절 글로벌 호텔산업의 체인화 ········ 170
제3절 글로벌 호텔산업의 이해 ········ 171

제7장 관광산업 세계화의 첨병 : 다국적 체인호텔 203

제1절 체인호텔의 태동과 성장 ········ 204
제2절 체인호텔의 세계화 ········ 209
제3절 다국적 체인호텔의 경영현황 분석 ········ 223

제8장 다국적 체인호텔의 글로벌전략 241

제1절 체인호텔의 경쟁력 ········ 242
제2절 다국적 체인호텔의 해외진출 동기 ········ 245
제3절 글로벌 호텔산업의 외부환경 분석 ········ 247
제4절 다국적 체인호텔의 해외시장 진입전략 ········ 253
제5절 다국적 체인호텔의 세계화전략: 표준화와 현지화 ········ 264
제6절 다국적 체인호텔의 글로벌 성장전략 ········ 267

제9장 글로벌 호텔 위탁경영계약 283

제1절 호텔 위탁경영계약의 기원 …… 285
제2절 위탁경영호텔 경영회사의 종류 …… 289
제3절 경영회사의 책임과 제공 서비스 …… 291
제4절 호텔 위탁경영계약의 장점과 단점 …… 292
제5절 호텔경영회사의 선정 …… 301
제6절 위탁경영계약의 주요 계약조항 …… 304
제7절 글로벌 호텔 위탁경영계약 …… 312

제10장 글로벌 호텔 프랜차이즈 327

제1절 호텔 프랜차이즈의 기원과 구조 …… 329
제2절 호텔 프랜차이즈 계약(Franchise Agreement) …… 333
제3절 호텔 프랜차이즈의 장점과 단점 …… 339
제4절 호텔 프랜차이즈 본사의 선정 …… 347
제5절 글로벌 호텔 프랜차이즈 …… 351

제11장 다국적 체인호텔의 글로벌 비즈니스모델 361

제1절 수수료기반 비즈니스모델의 성장 …… 362
제2절 수수료기반 비즈니스모델의 강점과 약점 …… 367

참고문헌_ 379
찾아보기_ 389

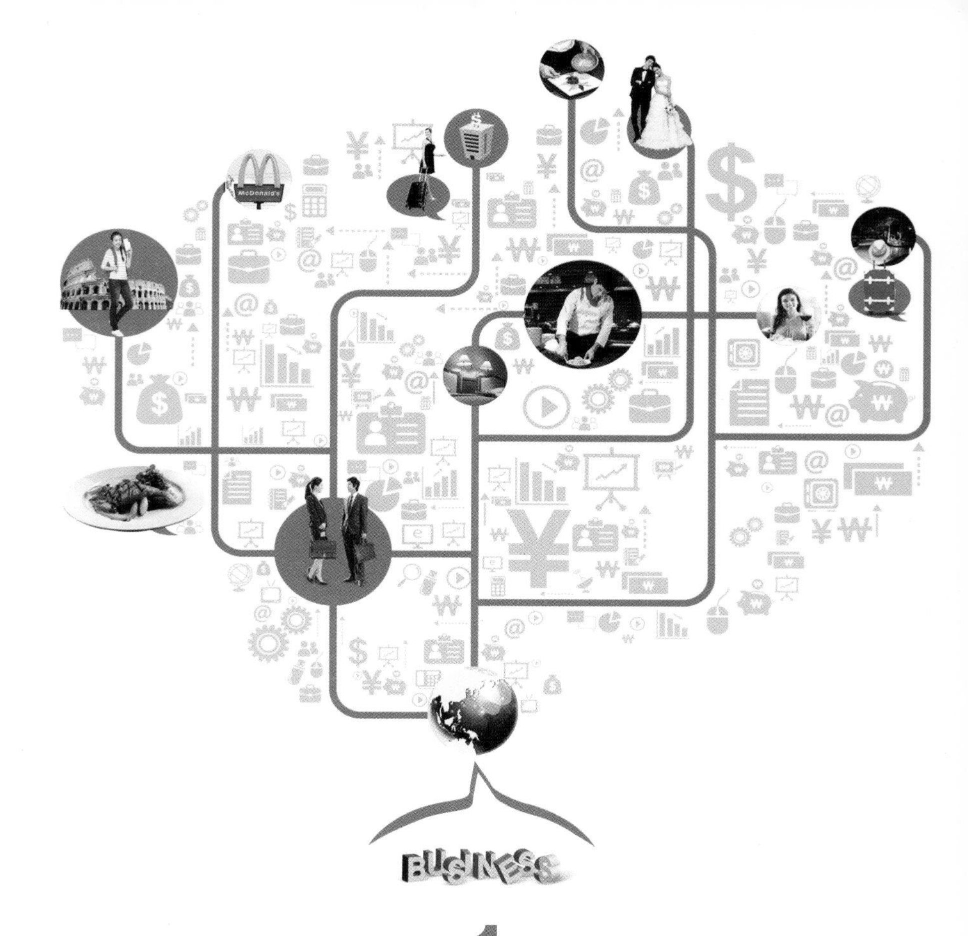

1
세계화란 무엇인가?

제1절 세계화의 정의 및 영향
제2절 세계화의 진화과정
제3절 세계화의 추진동력
제4절 세계화 현상의 실체

세계화란 무엇인가?

흔히들 우리는 현재 세계화된 질서 속에서 살고 있다고 말하곤 한다. 각 국가와 지역들은 교역 및 투자의 복잡한 흐름에 의해 서로 연계되어 있다. 그 결과 세계화(Globalization)와 우리의 일상생활은 아주 밀접한 관계를 갖게 되었다. 즉 다양한 일상생활에서 우리는 많은 국내 제품들은 물론이고 농·수·축산물, 자동차, 전자제품, 약품 등 여러 가지 외국산 제품들도 많이 애용하고 있다. 뿐만 아니라 헐리웃 등 외국에서 제작된 영화를 즐겨보며 여러 지식분야의 외국서적들을 탐닉하기도 하며 인터넷을 통하여 세계에 대한 많은 호기심을 해소하곤 한다. 그러나 많은 국내의 일자리들이 아웃소싱(Outsourcing)이나 역외생산(Off-shoring)에 의해 외국인 노동자들로 대체되고 있어 큰 사회문제가 되고 있다.

많은 세계인들이 중식, 일식 등 다른 민족의 음식을 애용하며 McDonald's나 Outback 같은 외국 브랜드의 레스토랑에서 식사를 즐기고 있다. 그리고 한국을 방문한 대다수 외국인 관광객들은 국내에 존재하는 국내 및 외국의 유명 체인호텔에서 비즈니스를 수행하고 휴식을 취하고 있다. 또한 과거와 달리 많은 내국인들이 비즈니스 목적 또는 일상에서 벗어나 에너지를 재충전하기 위해 해외여행을 즐기는 기회도 많이 증가하고 있다. 이렇듯 세계화현상은 주로 정해진 경계 내의 영토에 대해 행정의 독점권을 유지하는 제도적 지배형태인 국민국가(Nation-State)라는 단일 정치 · 경제 · 사회 · 문화적 경계 내에서만 가능하던 인류의 생활 및 활동범위를 범세계적인 것으로 확대하고 있다. 즉 국가와 사회의 다양한 기능이 물리적 국경을 초월하여 중첩되고 종전의 국가가 해체되면서 지구촌이란 단일체제로 수렴되는 과정이 진행되고 있는 것이다.

제1절 세계화의 정의 및 영향

세계화처럼 화려하지만 끊임없는 논란 속에 휩싸이는 용어는 없을 것이다. 그만큼 세계화 현상은 복잡하고 다양한 형태로 진행이 되고 있다. 세계화(Globalization)란 용어가 처음 등장한 것은 1983년 하버드 경영대학의 Theodore Levitt교수가 그의 논문 'The Globalization of Markets'을 Harvard Business Review에 처음 소개하면서부터였다. 그는 이 글을 통해 동일한 상품을 전 세계시장에 판매하는 다국적기업의 전략을 주장하였다.

그렇다면 과연 세계화는 정확히 무엇을 뜻하는가? 흔히 세계화는 무역 및 자본 자유화의 추진으로 재화 · 서비스 · 자본 · 기술 · 노동력 등의 흐름이 자유롭게 각국으로 통제 없이 이동이 가능하여 세계가 단일시장으로 통합되는 현상이라고 정의되곤 한다. 즉 높은 수준의 자율성을 보유했던 각 국가별 경제체제 사이에 무역 · 투자 · 기술 · 정보 · 자본 · 인력 등의 이동과 흐름이 대규모로 이루어지고 이에 대한 국경통제가 대폭적으로 줄어들거나 사실상 통제가 불가능해지면서 세계경제가 명실상부하게 하나의 경제체제라는 인식의 변화가 크게 증가하고 있는 현상이다. 그러나 이는 단지 경제부문의 세계화만을 반영한 한정적인 정의라고 할 수 있다. 물론 현재 경제 분야가 세계화를 주도하는 것이 주지의 사실이기도 하다.

그렇다면 보다 폭넓고 합리적인 세계화에 대한 정의를 말한다면 '정치 · 경제 · 사회 · 문화 등 여러 분야에서 시간 및 공간에 대한 제한이 급속도로 소멸되면서 국가 간 교류가 증가하여 세계가 하나의 단위로 통합되어 가는 과정'이라

고 할 수 있다. 여기서 과정이라고 지칭한 것은 세계화 현상은 아직 종료된 것이 아니라 과거 그리고 현재에도 계속하여 진행되고 진화하고 있기 때문이다.

세계화는 매우 복잡한 과정이어서 정치, 경제, 사회, 환경, 문화 등 우리 인류의 다양한 삶의 영역에 영향을 미치고 있다(〈그림 1-1〉). 한편 〈표 1-1〉에서 보는 바와 같이 Saee(2005)는 세계화 현상이 미치는 영향을 여섯 가지 차원(Dimension)으로 분류하였다.

그림 1-1 세계화가 미치는 다방면에 대한 영향

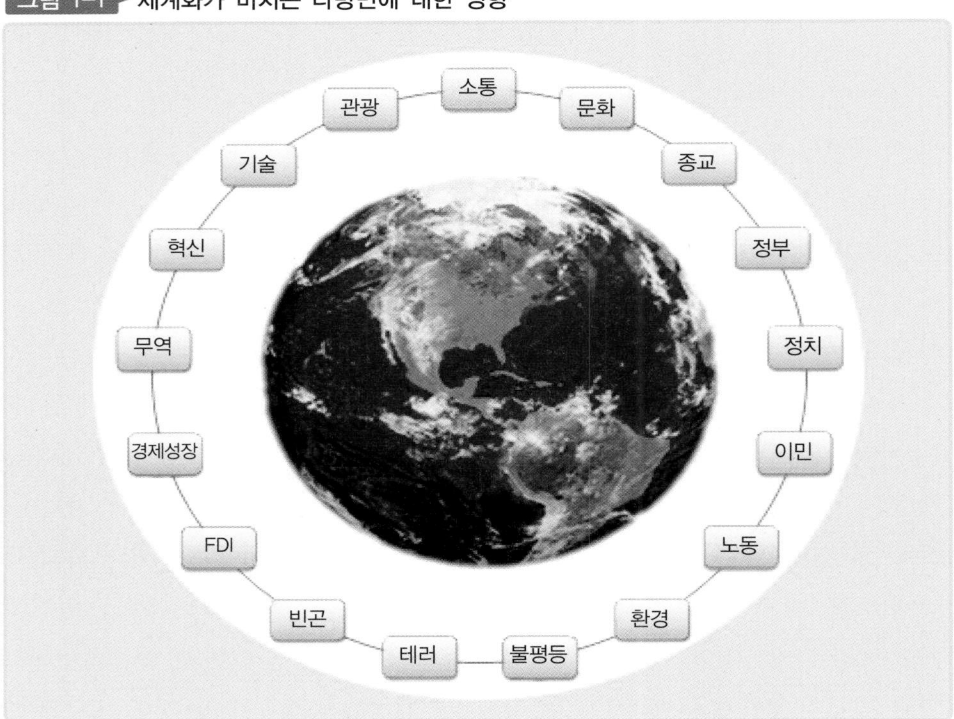

(출처: Samimi, Lim & Buang, 2011)

세계화는 지구를 하나의 통합된 단일시스템으로 간주하여 국경이 사라지고, 세계기구, 국가와 사회, 시민단체, 하물며 개인마저 주체가 되는 복합적이고 다층적인 교류현상을 강조하고 있다. 우리가 종전부터 사용하던 국제화(Internationalization)는 주로 국민국가를 기초로 하여 다른 국민국가와의 제반 관계를

표 1-1 세계화 영향의 6가지 차원

차원	내용
경제적 차원	경제적 관점에서 세계화는 세계 경제들이 점점 더 통합되고 상호의존성이 증가하는 것이다. 즉 시장주의체제가 더욱 확대되고, 민영화 및 규제완화에 대한 정부의 권한이 축소되고, 교역 및 투자가 자유화되고, 인류의 삶의 영역에 초국적기업의 침투가 증가되는 것이 촉진되어 가는 과정이다
정치적 차원	정치적 관점에서 세계화는 국내경제에 영향력을 미치고 통제하는 주체가 국가정부에서 World Bank, WTO, IMF, WHO, 유럽중앙은행(ECB) 등과 같은 국제기구에게로 권력의 이동이 이루어지고 있는 새로운 과정이다. 더 이상 국내경제를 통제할 수 없는 국가정부는 생존하기 위해서 초국적인 시장동향에 적절하게 적응할 수 있도록 국내정치를 잘 관리해야 한다
사회적 차원	사회적 관점에서 세계화는 사람들을 단일한 세계사회로 편입해가는 과정이다
문화적 차원	문화적 관점에서 세계화는 미디어, 영화, TV, 관광 등을 통하여 생활양식과 열망에 대한 동질화가 증가해 나가는 과정이다. 아울러 다른 관점들이 빠르게 전파되지만 메시지 전달이 한계적이다
기술적 차원	기술적 차원에서 세계화는 특히 정보통신 서비스와 생명공학에 대한 신속한 혁신과 상호 연결성이 증가하는 과정이다. 또한 삶의 기준을 결정함에 있어 자본이나 노동에 비해 지식이 가장 중요한 요인으로 여겨지는 과정이다. 현재 대다수 선진경제국들은 정확히 지식기반경제이다.
환경적 차원	환경적 관점에서 세계화는 생태계 간의 연계가 증가하고, 생물적 침투가 가속화되고, 자연시스템이 단순화 및 동질화되고, 지구공동체에 대한 압력이 증가하는 과정이다

(출처: Saee, 2005)

그림 1-2 하나의 세계

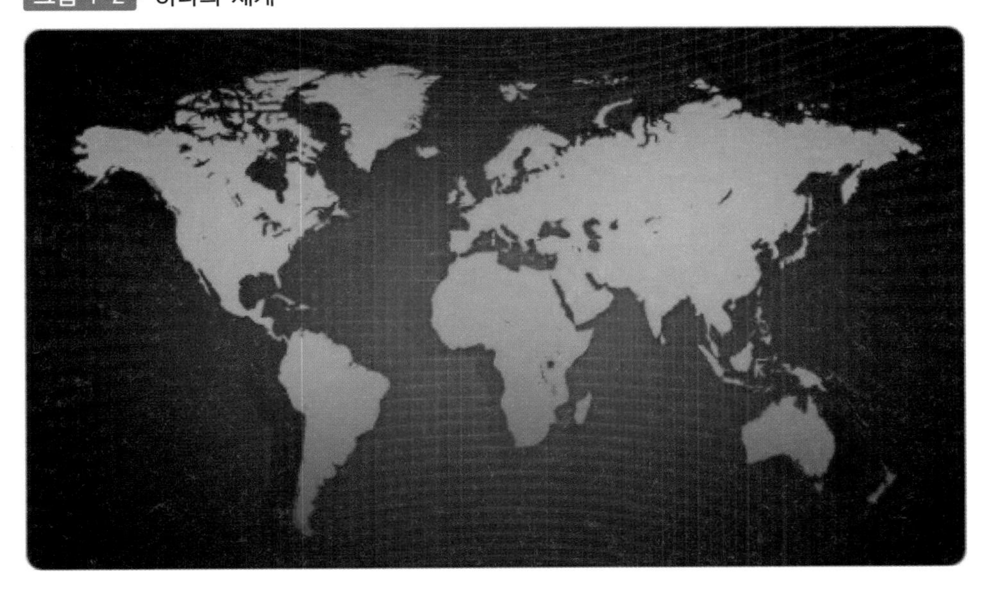

고려하는 가운데 범세계적 차원으로 교류가 확대되는 개념이라고 하면, 반면에 세계화는 국민국가 간에 존재하는 국경의 한계를 초월하여 시초부터 지구촌 전체를 하나의 단위로 하는 보다 전략적인 접근방식이라 할 수 있다. 또한 세계화는 탈국가 · 탈국민 · 탈문화에서 비롯되어 세계시민이나 세계제도를 지향하고 있으나, 국제화에서는 아직도 국경 · 제도 · 의식 등이 중요한 역할을 담당하고 있다.

제2절 세계화의 진화과정

인류의 세계화는 매우 오랜 역사를 가지고 있다. 고대부터 상업적 및 종교적 활동으로 인하여 지역 간에 많은 교류가 성행했다. 전설적인 고대 페니키아인들의 왕성했던 무역활동과 총연장 6,400km에 달하는 실크로드(Silk Road)를 통해 중국과 서역국 간에 교류가 끊이지 않았다. 또한 중세에는 유럽의 도시국가 간에 무역도 매우 성행했었다고 한다. 그러나 본격적으로 세계가 열리기 시작한 것은 1492년 콜럼버스의 아메리카 대륙의 발견으로 전례 없는 속도와 규모로 진행되게 된다. 이에 따라서 각국의 식민지 확장 경쟁으로 해상무역이 발전하게 되었다. 유럽국들은 아프리카에서 노예들을 헐값으로 사들여 신대륙으로 이주시켜서 면화, 담배, 설탕 등을 경작하게 한 후 이런 원자재를 다시 유럽에서 생산된 제품과 교환하는 삼각무역을 통해 엄청난 부를 축적하게 된다. 이와 같은 해상무역을 통해 네덜란드는 1602년 동인도회사를 내세워 세계무역의 중계를 통해 세계화의 중심국가로 우뚝 서게 된다. 후에는 영국과 프랑스가 이런 대열에 합류하여 함께 세계를 좌지우지하게 되는데, 특히 영국은 1600년에 설립한 동인도회사를 거점으로 국제무역을 확대시키고 1651년 항해조례를 선포하여 세계의 무역 · 해운 등을 독점하여 해가 지지 않는 나라를 건설한다.

이후 19세기 전반 영국에서 발생한 산업혁명을 통해 여러 산업들이 비약적인 발전을 이룩하게 된다. 그러나 이때 영국을 비롯한 서유럽 국가들은 성장하는 자국 산업을 보호한다는 명분아래 중상주의(Mercantilism)라는 보호주의 무역정책을 시행하게 된다. 중상주의는 중앙집권적 체제의 국가가 상업을 중시하여 이를 전폭적으로 지원하던 경제정책을 의미한다. 이 체제의 가장 큰 특징은 국가의 강력한 경제적 규제와 개입이다. 그러나 중상주의는 후에 인류 최초의 경제학자 Adam Smith의 '국부론'에 의해 철저히 부정되면서 잠시 자취를 감추게 된다. 이후 19세기 후반에 들어서면서 개방을 통한 자유무역을 옹호하는 움직임이 강해지면서 드디어 1860년 영국과 프랑스는 통상조약을 통해 과거 중상주의 무역의 폐해를 없애고 자유무역의 기초를 확립하게 된다. 하지만 우리가 말하는 현대적 의미의 세계화는 19세기 후반에 그 기원을 두고 있다는 것이 중론이다.

현대 세계화의 역사는 제1기(1870-1914년) 및 제2기(1945년-현재) 세계화 시대로 나누어 볼 수 있다. 먼저 제1기 세계화는 1871년 영국의 주도하에 국제적으로 채택된 금본위제(Gold Standard)에 의한 국제통화제도가 확립되면서 비로소 등장하게 되었다. 금본위제는 주요국의 통화가치를 일정량의 금에 고정시키는 일종의 고정환율제도이다. 이 제도에서 금은 모든 통화들의 공통분모로서 이용이 된다. 금본위제 하에서 경상수지의 흑자를 기록하는 국가에게는 금의 유입이라는 인센티브가 주어지게 된다. 따라서 자국의 통화를 고정된 가격으로 금과 교환하기 위해서 각국의 중앙은행들은 항상 적정량의 금 보유량을 유지해야 했다. 이와 같은 금본위제는 낮은 변동성, 예측성, 안정성의 특징을 보유하고 있어 오랫동안 국제무역의 발전을 지원하여 이 시기 세계화에 큰 기여를 하게 된다.

제1기 세계화는 현재의 세계화 양상과 다소 다르지만 근본적으로 국가 간에 인적·물적 교류의 폭발적인 증가라는 차원에서 제1차 세계화의 통합수준은 당시에도 매우 충격적이었다고 한다. 1910년대에 덴마크나 노르웨이는 GDP대비 수출입 비중이 이미 70%를 초과했고 영국, 프랑스, 독일도 30% 내외였다고 한다. 이를 고려하면 100년 전에 교역량이 대단했음을 의미한다. 제1기 세계화의 선두주자는 영국과 프랑스였으며 이들은 세계시장의 통합을 통하여 많은 부를 축적했으나, 다른 한편 빈곤국과의 부의 불균형은 더욱 심화된다. 한편 제1기 세계화의 심화를 촉진한 주요 동인으로는 철도, 증기선, 전신기술과 같은 교통과 통신의 혁명적 발전이었다.

1914년 제1차 세계대전이 발발하기 전까지 세계화는 과거에 비해 매우 빠른 속도로 진행이 되었으며, 이로 인해 전례 없이 증가한 국제무역으로 세계 경제는 높은 수준의 시장통합을 이룩하게 된다. 그러나 19세기 중반부터 20세기 초반까지 오랫동안 안정적으로 유지되었던 영국 파운드화 중심의 금본위제는 제1차 세계대전을 치르기 위해 각국이 전쟁비용을 마련하기 위한 화폐를 무제한적으로 찍어내면서 통화가치가 폭락해서 통화의 교환비율에 극심한 불균형이 조성되는데, 결국 1914년 제1차 세계대전이 발발하면서 오랫동안 '평화와 번영'을 구가하던 제1기 세계화는 붕괴되고 세계화 암흑의 시대가 시작된다. 이와 같은 세계화 암흑시대는 제2차 세계대전 말 브레튼우즈 협정이 체결되기 전까지 계속된다.

세계화 암흑시대인 제1차 세계대전은 유럽경제를 와해시켜 버리게 된다. 반면에 미국, 일본, 남미는 전쟁 덕에 무역을 증대하여 막대한 국부를 축적한다. 그러나 전쟁 후 독일에 부과된 엄청난 양의 전쟁배상금 등으로 인해 초강력 인플레이션이 기승을 부리게 된다. 그리고 엎친데 덮친격으로 1929년 세계를 강타한 경제대공황으로 모든 선진 산업국가의 경제를 붕괴시키게 된다. 예를 들면, 1928년과 1932년 사이 전 세계 산업의 생산량은 $\frac{1}{4}$로 줄어들었고, 미국의 생산량은 $\frac{1}{2}$로 대폭 감소했으며 경제활동인구의 약 40%가 실업자로 고단한 생활을 감수해야만 했다.

이에 세계 각국은 수출확대 정책을 통한 경제회복을 도모하기 위해 자국통화의 평가절하에 경쟁적으로 나서게 된다. 또한 국내시장을 위한 관세 등 강력한 보호무역 정책을 시행하게 되며, 그 결과 세계의 무역량은 전에 비해 현저히 감소하게 된다. 이후 1930년대 통화위기와 파시즘의 등장으로 제2차 세계대전이 발발하면서 세계화의 암흑시대는 계속된다.

1944년 7월 연합국들은 종전 이후의 효율적인 세계무역시스템을 구축하기 위한 논의를 하기 위해 미국 뉴햄프셔 주의 브레튼우즈(Bretton Woods)에서 모임을 갖게 된다. 이들은 달러화를 기축통화로 하는 새로운 고정환율제인 브레튼우즈 체제를 창설하고 안정된 국제통화제도의 유지를 위해 국제통화기금(IMF)을 탄생시키게 된다. 이후 세계는 1947년 GATT(관세 및 무역에 관한 일반협정)를 창설해 무역자유화를 도모하도록 했다. 브레튼우즈 체제의 등장은 현재까지 계속되고 있는 제2기 세계화 시대의 서막을 세계에 알리게 된다. 특히 번영의 30년이라는 1945년부터 1975년 사이 세계경제는 안정적이며 높은 경제성장을 이룩하였으며 자유무역은 점점 더 외연을 확대해 나가게 되었는데, 이와 같은 번영의 30년간 생산은 3.6배 증가했으며 무역량은 6배로 성장하기에 이르렀다.

그러나 미국의 Johnson대통령은 베트남 전쟁과 사회복지 프로그램 등에 투자하기 위해 정부의 재정지출을 크게 증대하는데 증세를 선택하지 않고 달러를 확대 공급한다. 이런 정책의 여파가 누적되어 세계적으로 인플레이션이 심화되고 브레튼우즈 고정환율체제는 심각한 위기에 처하게 된다. 따라서 세계의 기축통화로서 달러의 신뢰는 크게 약화되고 미국은 대량 공급된 달러를 태환하는 능력의 한계에 달하게 되는데, 설상가상으로 1971년 미국은 전후 최초로 무역적자를 기록하게 된다. 이에 Nixon대통령은 1971년 8월 5일 달러화의 금태환 금지조치를 발표한다. 이로써 기존 금과 달러의 관계에 대한 질서가 일방적으로 단절됨으로써 세계대전 이후 안정된 국제통화시스템을 유지해왔던 브레튼우즈 체제는 붕괴되기에 이른다. 이후 1976년 킹스턴회의를 통해 변동환율제가 부활하게 된다.

1980년대 이후의 제2기 세계화는 '제3기 세계화'라 할 정도로 종전과는 확연히 다른 양상과 전례 없이 빠르게 진행되는 특징을 보이게 된다. 1980년대 이후 정보통신과 교통의 혁명적 발전에 힘입어 세계화의 속도는 유사 이래 가장 빠른 속도로 진행이 되었다. 그리고 1980년대 이후부터 현재까지의 세계화는 '신자유주의(Neo-liberalism)'라는 경제사상과 더불어 진행이 된다는 특징을 보이고 있다. 세계화와 신자유주의와의 관계에 대해서는 뒤에 따로 설명하기로 한다. 1970년대에 세계를 강타한 수차례의 석유 파동과 환율체제의 불안정성도 세계무역의 증가 추세를 막지는 못했으며, 1975년에서 2001년 사이에 세계 무역량은 350% 정도 증가하게 된다. 그리고 1980년대와 1990년대 세계 무역의 특징은 과거와는 다른 교역형태인 해외직접투자(FDI)가 엄청나게 증가하게 된다. 해외직접투자 금액은 생산액이나 무역액에 비해 훨씬 빠른 속도로 증가했는데, 1980년대 전 세계 GDP(국내총생산)의 5%였던 해외직접투자 금액이 2005년에는 24%로 크게 확대되었다.

표 1-2 19세기 및 20세기의 세계화 물결 (단위: %의 변화율(일부 제외))

세계	1850-1913	1950-2007	1950-73	1974-2007
인구증가률	0.8*	1.7	1.9	1.6
실질GDP성장률	2.1*	3.8	5.1	2.9
일인당 GDP	1.3*	2.0	3.1	1.2
실질 무역증가율	3.8	6.2	8.2	5.0
순이민자(백만명)				
미국 캐나다 호주 뉴질랜드(전체)	17.9*	50.1	12.7	37.4
미국 캐나다 호주 뉴질랜드(년간)	0.42*	0.90	0.55	1.17
일본을 제외한 선진국가(전체)				64.3
세계전체의 GDP 대비 FDI의 %			5.2(1982년)	25.3(2006년)

(출처: WTO(2008)) * 1870-1913

제2기 세계화는 1986년부터 개최된 우루과이 라운드(Uruguay Round of Multinational Trade Negotiation)가 1993년 12월 타결됨으로써 1995년 1월 WTO체제가 출범하면서 한층 가속화되었다. WTO체제에 따라 종전에 보호무역에 의해 규제되던 관세장벽과 비관세장벽이 완화 또는 철폐되기에 이른다. 이로 인해 국제무역 규모가 1990년 8.7조 달러에서 2008년에는 39.1조 달러로 5배 규모로 크게 증가되어 세계의 무역이 세계의 경제성장률보다 더욱 빠르게 진행되고 있다. 그리고 1980년대 이후 세계화의 중요한 트렌드 중의 하나는 바로 금융(즉 자본)시장의 자유화로 인하여 투자자본이 전 세계를 무대로 활약할 수 있는 기반이 조성된 것이다. 금융시장의 자유화로 선진국은 생산거점의 구축과 금융상품의 판로 확대 등을 위한 해외직접투자(FDI)를 시행하게 되고, 경제성장이 시급한 신흥국과 후진국들은 해외자금의 유치를 장려하게 된다. 실제로 1990년 0.4조 달러에 불과하던 해외직접투자(FDI)가 2008년에는 3.7조 달러로 9배나 대폭 확대되었다.

표 1-3 국제무역 및 자본이동의 GDP대비 비율 (단위: %)

	1975	1980	1990	2000	2008	2009
국제무역/GDP	36.6	44.1	39.7	49.3	63.8	53.4
비거주자대출/GDP	-	-	5.0	24.4	32.8	34.3
FDI/GDP	-	5.9	9.4	23.2	25.5	31.0

(출처: IMF, UNCTAD, BIS)

이처럼 신자유주의 주류경제이론은 자본의 자유화는 세계경제의 성장에 이바지하게 된다고 주장한다. 반면에 이에 대해 다른 시각을 가지고 있는 학자들은 잘못되면 자본의 자유화는 세계 금융시장의 심각한 불안정성을 초래할 수 있다고 여기고 있다. 우리가 잘 기억하고 있듯이 1980년대 멕시코와 남미의 위기, 1997년 태국과 한국을 포함한 동아시아 외환위기, 1998년 러시아의 외환위기, 1998년 터키와 브라질의 위기, 2001년 아르헨티나의 위기, 2008년 세계 금융위기 등이 그것이다. 금융시장의 안정을 도모할 수 있는 합리적인 금융제도와 강력한 규제방안이 없이는 위와 같은 위기는 앞으로도 계속될 수밖에 없다는 것은 명백한 사실이다.

가장 최근 위기는 2008년 미국에서 주택시장의 프라임모기지 사태로 세계 금융위기가 촉발되는데, 이로 인해 무한정으로 올라가던 주택경기의 거품이 꺼지고, 부동산 가격이 폭락하고, 신용시장이 급격히 경색되며, 월스트리트의 기업들이 무더기로 도산하게 된다. 이에 정부가 개입해서 엄청난 자금을 동원해 구제금융을 실시한다. 말할 것도 없이 신자유주의가 주도한 '금융의 세계화'가 이런 위기의 핵심이다. 이에 따라 신자유주의를 기반으로 하는 현재의 세계화에 대한 효력에 의문이 증폭되고 있다.

고대부터 세계화는 주로 로마제국, 네덜란드, 영국 등 일개 초강대국이 세계화를 주도하며 진행이 되었다고 볼 수 있다. 제2기 세계화의 초기에도 역시 미

표 1-4 세계화 단계의 주요 내용

세계화 단계	주요 내용
제1기(1870–1914)	• 교통수단 발달과 관세인하에 힘입어 식민지의 풍부한 토지를 이용한 토지집약적 상품 수출의 확대 • 영국 등 선진국의 자본이 개발도상국으로 유입됨
세계화 후퇴기(1914–1945)	• 경제대공황을 극복하기 위한 보호무역주의의 영향으로 세계무역이 위축됨 • 선진국들의 자본 해외유출 통제로 개발도상국으로의 자본유입이 위축됨
제2기(1945–현재)	• 종전 후 선진국 상호간 다자간 무역자유화 등에 의한 경제통합이 진행됨 • 선진국의 개발도상국에 대한 무역장벽이 강화되고 또 개발도상국으로의 자본유입도 위축됨 • (특히 1980년대 이후) 개발도상국의 수출이 크게 신장되고, 선진국의 자본이 개발도상국으로 대거 유입됨

(출처: World Bank, 2002)

표 1-5 세계화 연대표

시기	경제(Economic)	정치(Political)	기술(Technological)
1940 년대	• 새로운 국제통화체제인 브레튼우즈 체제의 창설(1944–71) • GATT 창설(1947) • 구 소련에 의해 공산주의 국가들의 경제협력을 위한 CMEA 창설	• UN의 창설(1945) • 전후 유럽원조 프로그램인 마셜플랜이 시작 • OECD 창설(1948) • 탈식민지화가 시작됨(1948–1962) (예: 인도, 인도네시아, 이집트 등) • 중국의 사회주의 국가화(1949)	• 플라스틱과 섬유 제품의 확대(예: 최초의 여성용 나일론 스타킹, 1940) • 사우디 아라비아를 비롯한 중동에서 대규모 유전이 발견됨(1948)
1950 년대	• EC를 위한 로마조약 체결(1957). EC와 유럽 자유무역연합은 서유럽의 통합을 원함 • 주요 통화의 교환이 가능하게 됨(1958–64)	• 한국전쟁(1950–53) • 수에즈 운하 위기(1956) • 아프리카의 탈식민지화(1958부터 1962년 사이에 15개국이 독립국가로 변모)	• 유럽과 일본에서 중동산 석유의 이용이 증가 • 도요타에 의해 Just-in-time(JIT)이 시행 • 제트여객기의 이용 증가(1957–72)
1960 년대	• OPEC 창설(1960) • 국제 유동성의 확장에 기여한 유로달러 시장의 개발 • 제6차 GATT 교섭이었던 케네디라운드(1964–69) 개최 • 선진국에서 자동차와 고속도로의 급속한 증가로 수요가 가속화되고 석탄에서 석유로 연료의 전환 • 동아시아의 무역정책이 수입대체형 대신 수출주도형으로 전환 • EC 내에서 관세의 소멸(1968)	• 베를린 장벽의 축조(1961)와 쿠바 미사일 위기(1962)로 대표되는 동과 서 간의 첨예한 대결	• 최초의 유인우주선(1961)과 최초의 달 착륙(1969) • 집적회로(IC)의 상업화(1961) • 해양 석유 및 가스 시추 기술의 개발 • 녹색혁명으로 인한 개발도상국에서 농업생산의 개혁(1960년 이후) • 일본에서 초고속 열차인 신칸센의 개통(1964) • 몽블랑 터널 개통(1965) • 해양교통에서 컨테이너선의 이용 증가(1968년 이후)
1970 년대	• 브레튼우즈 체제의 붕괴(1971) • GATT의 도쿄라운드(1973–79) • 2차례의 석유 파동(1973–74, 1979) • 아시아 신흥국의 부상 • 중국의 경제개혁(1978)	• 이집트와 시리아의 이스라엘 공격으로 발발한 제4차 중동전쟁으로 인한 유가 인상(1973) • 유럽연합(EU)이 9개국으로 확대(1973)	• 최초의 마이크로프로세서 칩인 Intel 4004의 개발(1971)
1980 년대	• 미국 FRB의 성공적 인플레이션 극복 • 개발도상국의 채무 위기 • 멕시코의 경제개혁과 GATT 가입(1986) • 루브르 협정으로 달러가치의 안정화를 유도(1987)	• EU가 12개 회원국으로 확대 • 베를린 장벽의 붕괴(1989)	• 미국 IBM이 최초의 PC 개발 • 미국 Microsoft가 Windows를 소개
1990 년대	• 인도의 경제개혁(1991) • NAFTA 창설(1994) • 아시아 외환위기(1997) • WTO 창설(1995) • 유럽 11개국의 유로화 채택(1999)	• 구소련의 붕괴(1991)로 13개 독립국가화 • 유럽연합조약의 체결(1992)	• 영국과 유럽 대륙으로 연결하는 유로터널의 개통(1994) • 2세대 네트워크를 사용하는 휴대폰 이용의 획기적 증가 • 핀란드의 Radiolinja에 의해 최초의 2G-GSM의 개통
2000 년대	• Dot.com 버블 위기(2001) • 중국의 WTO 가입(2001) • 다국간 섬유협정의 종료	• EU 회원국이 27개국으로 확대	• 컨테이너선 운송이 세계 해상운송 총액의 70% 차지 • 인터넷 사용자 8억 돌파(2005)

(출처: WTO, 2008)

국이 막강한 경제력과 국방력으로 바탕으로 전 세계를 좌지우지 해왔지만, 1971년 브레튼우즈 체제의 붕괴로 지배력이 잠시 주춤하더니 결국 2008년 리먼사태로 촉발된 금융위기로 말미암아 결국 유일무이한 최강국의 지위를 내려놓게 된다. 따라서 현재의 세계화는 역사상 거의 최초로 다극체제를 맞이하고 있다.

여태까지 세계화의 역사를 살펴보고 또 〈표 1-5〉를 통해 우리가 확인할 수 있는 사실은 세계화는 순탄한 과정만을 거치지 않았다는 것이다. 19세기와 20세기 후반에서 경험하였듯이 세계화는 세계경제의 통합을 가속하면서 번영과 평화를 누리기도 했지만, 반면에 제1차 세계대전의 촉발부터 제2차 세계대전의 종전까지의 시기에서 알 수 있듯이 전 세계가 매우 비싼 비용을 치르는 좌절도 겪게 된다.

제3절 세계화의 추진동력

세계화는 중단할 수 없는 시대의 대세적 흐름이라는데 많은 이가 동조하고 있다. 1986년 공공선택이론으로 노벨경제학상을 수상한 미국의 경제학자 James Buchanan은 "세계화는 필연적 조류이기 때문에 거부하거나 방어할 수 없으며 이에 적응하는 것 밖에는 다른 대안이 있을 수 없다"라고 공언했다. 그는 또 세계화가 초래하는 충격이나 변화를 단기적으로 완화하는 시도를 할 수는 있으나 세계화 조류 자체를 거부하거나 방어하려고 하는 국가가 있다면 반드시 경제적 어려움을 겪게 될 것이라고 강조했다. 또한 일본의 세계적인 경제학자 오마에 겐이치(Ohmae Kenichi)는 "세계화가 진행됨에 따라 종전의 국민국가는 소멸되고 또한 각국의 국민경제가 동질화됨으로써 국경 없는 세계, 국적 없는 기업이 나타날 것이다. … 현재 우리는 국경 없는 세계에 살고 있다. 세계화 속에서 국민국가는 일종의 허구이며 정치가는 그 막강한 권력을 잃어가고 있다"라고 주장했다.

우리가 겪었고 또 현재 경험하고 있는 두 차례의 세계화를 통해 세계는 무역의 급속한 증가, 다국적기업을 중심으로 한 생산체제의 변화, 해외직접투자의 지속적 증대, 자본이동의 자유화, 이민 등 인구 이동의 확대, 재앙적인 기후 변화 그리고 국내는 물론 국가 간에 심화되고 있는 불균형(Inequality)의 확대 등과 같은 다양한 결과물이 산출되었다.

그렇다면 궁극적으로 지구촌 통합이라는 결과를 만들어내고 있는 세계화는 무엇에 의하여 촉발이 되고 있는가? WTO(2008)에 의하면 넓은 의미에서 세계화는 지속적인 기술혁명, 광범위한 정치적 변화, 개방적인 경제정책 등에 의해 촉진된다고 한다. 첫째, 세계화를 촉진하는 가장 강력한 동인은 아무래도 정보통신 및 교통수단의 속도를 증진하고 또 이를 적은 비용으로 사용할 수 있게 만든 기술혁명이라고 할 수 있다(〈표 1-6〉). 제트여객기와 컨테이너선의 개발은 엄청난 양의 재화가 전 세계로 손쉽게 이동이 가능하게 만들었으며, PC, 모바일폰, 인터넷, WWW 등과 같은 정보통신기술(ICT)의 혁명은 근본적인 경제적 및 정치 사회적 변화를 불러일으켰다. 즉 정보통신기술과 교통수단의 혁신적 발달로 인해 인적 및 물적 교류가 증가하고, 국경과 민족의 경계가 낮아져 문화 · 법률 · 제도가 상호작용하게 되었다. 플라스틱, 녹색혁명, JIT 등과 같은 생산방식의 변화도 세계화를 가속하는데 큰 공헌을 하였다. 또 석탄으로부터 석유 및 가스로의 연료 전환은 경제개발을 촉진하는데 필수적으로 소요되는 값싸고 많은 에너지를 공급하였다.

표 1-6 교통 및 통신비용의 하락 추이 (단위: 1990년 미국달러 가치 기준)

연도	해상운임	항공운임 (여객 마일당 평균요금)	전화비용 (뉴욕-런던간 3분 통화료)	컴퓨터 (1990년 = 100)
1920	95	-	-	-
1930	60	0.68	245	-
1940	63	0.46	189	-
1950	34	0.30	53	-
1960	27	0.24	46	12,500
1970	27	0.16	32	1,947
1980	24	0.10	5	362
1990	29	0.11	3	100
2005	N/A	N/A	0.15	N/A

(출처: IMF, 1999)

둘째, 정치적 이벤트와 세계화와의 관계는 매우 복잡하고 역동적이었다. 식민지 경쟁을 추구하던 제국체제의 붕괴와 세계대전 종전 후의 냉전체제는 세계를 분열시켰으며, 세계경제는 민주주의, 시장경제, 자유무역을 옹호하는 제1세계, 국가소유 기업이 생산과 교역에서 정부정책에 의해 통제를 받는 중앙집권적 계획경제를 추구하는 구소련, 동유럽국, 중국 등으로 구성된 제2세계, 그리고 1946년부터 1962년 사이에 정치적으로 독립국가임을 선포한 많은 개발도상국들로 구성된 제3세계 등의 세 그룹으로 나뉘게 된다. 이후 세계는 1960년대 초반 베를린 장벽의 건설과 쿠바 미사일 위기를 거치면서 동(East) • 서(West) 대결체제에 이르게 된다. 그러나 이런 역동적인 정치적 소용돌이 속에서도 전후 유럽경제의 재건을 지원하기 위해 마련된 미국의 경제원조계획인 마셜플랜(Marshall Plan)의 시행은 향후 세계의 경제개발 및 통합에 중요한 시금석 역할을 하게 된다. 이후 중국의 경제개혁, 구소련과 베를린 장벽의 붕괴 등으로 말미암아 과거 세계의 통합을 가로막던 장벽들이 제거되게 된다.

셋째, 세계화를 이끄는 중요한 직접적인 동인으로 자유로운 국제무역과 자본거래를 제한하고 있는 규제를 축소하거나 제거하는 규제완화(Deregulation)와 같은 경제정책의 전면적 등장이다. 여러 가지 개방적인 경제정책을 통해 규제가 사라지게 되었다. 먼저 자유로운 통화교환이 가능해지고 국제수지에 대한 제한이 사라졌으며, 유로달러시장의 등장으로 국제유동성이 풍부해지면서 서유럽국가 간에 국경을 넘나드는 자본거래가 활성화되었다. 또 1970년대 초기에 교통과 통신산업에 대한 규제가 철폐되었다. 규제완화는 각국 정부의 규제를 철폐 · 완화 · 단순화하거나 국영기업의 민영화를 촉진했으며, 또 자유화를 통해 산업의 경쟁을 촉진시켰다. 세계무역을 촉진하기 위한 무역자유화 정책은 주로 GATT를 통해 이루어졌으며, 양자 간 및 지역 간 무역협정을 통해 무역자유화는 구체화되고 있다.

개발도상국의 경제개발을 위한 무역정책의 선택은 매우 중요하다. 과거 남미국가들은 경제성장을 위해 주로 수입대체(Import Substitution) 산업화정책이란 내부지향적인 무역정책에 중점을 두었으나 시간이 지나면서 대부분 실패로 증명이 된다. 그러나 한국, 대만, 홍콩, 싱가포르 같은 동아시아의 신흥국(NICs:

Newly-Industrialized Countries)들은 독자적인 외부지향적인 수출주도 성장정책(Export-led Growth Strategy)으로 큰 성공을 거두게 된다. 이에 영향을 받은 남미 국가들도 이후 수출주도형으로 경제정책을 급선회하게 된다. 그리고 세계경제의 안정적 성장을 도모하는 한편 잦은 경제위기 때마다 응집력 있게 일관적인 경제정책을 운용함으로써 소방수 역할을 담당하던 미국의 연방준비제도이사회(FRB)와 국제기구인 IMF, 세계은행, GATT(현 WTO) 등도 세계화를 통한 경제통합에 큰 족적을 남기고 있다.

제4절 세계화 현상의 실체

1993년 미국의 학자 Samuel Huntington은 신작 '문명의 충돌(The Crash of Civilizations)'을 통해 냉전체제 이후의 세계화된 국제질서에 대한 새로운 패러다임을 제시한다. 그는 문화의 광역적 실체인 문명이 냉전체제 이후 국제사회의 응집. 해체, 갈등의 형태를 결정하고 있다고 보았다. 그는 지구를 Western, Confucian, Japanese, Islamic, Hindu, Slavic-Orthodox, Latin American의 새로운 7개 문명권으로 나누었는데, 이런 새로운 세계에서 지역정치는 민족성의 정치이며 세계정치는 문명의 정치라고 주장했다. 또 과거의 문명 내에서 자유주의, 사회주의, 공산주의, 사회민주주의, 국수주의 등과 같은 정치사고의 충돌은 문화와 종교 같은 문명 간의 충돌로 대체되었다고 역설하였다. 따라서 이처럼 새로운 국제질서에서 문화적으로 유사한 사회들은 서로 협력하고, 문명의 핵심국가들로 집단화를 이루고자 하며, 상이한 문명 간의 관계는 서로 긴밀하지 않아 결국 일부 문명 간에 갈등과 충돌이 발생한다고 보았다.

그러나 문화적 차이는 불변한다는 Huntington의 시각과는 달리 세계화를 통해 미국화(Americanization), 맥도날드화(McDonaldization), 디즈니화(Disneyfication) 등과 같은 문화적 융합(Cultural Convergence) 현상도 나타나고 있다. 예를 들면, 맥도날드화는 효율성을 강조하는 미국 패스트푸드 레스토랑 사업의 원칙이 많은 영역에서 미국뿐만 아니라 다른 여러 국가들도 지배하고 있는 과정을 말한다. 효율(신속한 서비스), 측정가능성(신속하고 값싼), 예측가능성(낮은 불확실성), 통제(노동력과 고객)로 대표되는 맥도날드의 성공원칙은 첫째, 맥도날드와 같은 원칙을 적용하여 성과를 달성한 다른 외식체인들(맥도날드화된)의 전 세계로의 확산을 주도하였으며, 둘째, 다른 국가의 외식업체도 그들만의 맥도날드화된 체인을 개발하게 되었으며, 셋째, 다른 국가에서 개발된 맥도날드화된 일부 외식체인업체가 미국으로 역수출하기에 이르렀다.

2005년 미국 뉴욕타임스의 유명 칼럼니스트인 Thomas Friedman은 그의 저서 '세계는 평평하다(The World Is Flat)'를 통해 세계화가 한층 심화되었다고 주장하였다. 그는 특정 상품을 위해 인도의 소프트웨어 제작자, 아시아의 제조업자, 미국의 소프트웨어 설계자가 공동의 사업목적을 위해 동시에 대형화면 상에서 국제 화상회의를 진행할 수 있는 것이 당시 세계화의 현주소라고 주장하였다. Friedman은 세계화의 단계를 세 시기로 구분했는데, 1492년부터 1800년까지의 시대를 식민지 확충을 통한 제국건설이 목표였던 세계화 1.0의 시대라고 하였다. 그리고 1800년대부터 2000년까지 지속되었던 세계화 2.0 시대는 다국적기업들이 시장과 노동력을 차지하기 위해 서로 경쟁하던 시기로 정의했다.

그러나 그는 2000년대부터 시작된 세계화 3.0 시대는 이전과는 전혀 다른 양상이 나타나고 있다고 파악했다. 즉 그는 인터넷과 같은 정보통신기술의 혁명적인 발전으로 과거 서구 강대국을 중심으로 전개되었던 경쟁체제가 현재는 여러 대륙 간의 경쟁현상으로 권력이 분산되고 있는 양상으로 변했다는 것을 주장했다. 즉 경기장이 평평해졌다는 것이다. 그는 또 과거의 경쟁 단위가 국가나 거대한 다국적기업 수준에서 소규모 기업과 개인 수준으로 하향화되었다고 주장했다. 또한 그는 1989년 11월 베를린 장벽의 붕괴, World Wide Web(WWW), 업무흐름도 제작 소프트웨어, 업로드(Uploading), 아웃소싱(Outsourcing), 역외생산(Offshoring), 공급사슬(Supply Chain), 인소싱(Insourcing), 인포밍(In-forming), 스테로이드(The Steroids)와 같은 10가지의 평평요소(즉 세계를 하나로 만드는 요소)를 소개하였다.

Friedman은 지구가 평평해진 세계화 3.0시대는 정보통신기술의 혁명, 비즈니스 방식의 변화, 신규 진입자의 등장 등과 같은 세 가지 동인의 삼중융합으로 만들어졌다고 역설했다. 첫째, PC, 초고속 인터넷 등과 같은 정보통신기술의 혁신으로 전 세계가 수평적 네트워크로 연결되어 결국 전 세계를 평평하게 만들었다는 것이다. 둘째, 기술혁명이 인류의 생활 속으로 침투하면서 근본적인 사회체제의 변화가 발생한다는 것이다. 예를 들면, 세계화 1.0 시대에는 티켓을 발급해주는 사람이 존재했지만, 2.0 시대에는 자동 티켓발매기가 인력을 대체했으며, 현재와 같은 3.0 시대에는 각자 스스로가 티켓 발매원이 된다. 셋째, 과거 냉전체제 시절 폐쇄적인 체제에 갇혀 살았던 중국, 러시아, 동유럽, 남미, 중앙아시아 등 약 30억에 가까운 인류가 베를린 장벽의 붕괴 이후 모두 자유경쟁시장에 진출하면서 과거의 선두주자였던 북미, 서유럽, 일본, 동아시아와 종전과는 다른 규칙에 의한 경쟁을 하게 되었다고 역설했다. 그는 특히 미국의 국력 약화를 강조했으며, 종전과 같은 미국화(Americanization) 현상을 통한 미국식 세계 문화통합의 가능성을 부인했다. 또한 그는 세계화 3.0 시대에서 최고기업이 되기 위해서는 보다 창조적인 기업경영과 공격적인 세계화로 세계시장을 개척할 것을 주문했다.

그러나 당시 세계화 선풍을 일으켰던 Friedman의 주장은 2007년 인도출신 대학교수인 Ghemawat에 의해 결정적인 비판을 받게 된다. Ghemawat는 2007년 저서 'Redefining Global Strategy'를 통해 우편 · 전화 · 주식 · FDI · GDP 등과 같은 〈표 1-7〉에 보는 바와 같은 14가지 사항에 대한 세계화정도(Levels of Internationalization)에 대한 연구를 수행하여 결과를 발표했다. 이를 통해 Ghemawat는 Friedman의 세계화는 헛소리이며 아무런 팩트(Fact) 없이 주장된 허구라고 역설했다. 그에 의하면 현재 세계는 25%가 세계화된 준세계화(Semi-Globalization) 세상이라고 주장하였다.

Ghemawat는 모두들 Friedman의 주장처럼 무작정 해외로 진출할 것이 아니라 반드시 문화적 · 행정적 · 지역적 · 경제적 거리체계(CAGE Distance Framework)를 냉정하게 파악하는 것이 첫 걸음이 되어야 한다고 주장했다. 그에 의하면 두 지역 간 지리적 거리가 멀수록 교역이 감소하고 가까울수록 늘어난다고 주장했는데, 이는 거리에 의해 국가 간 거리가 가까울수록 상호간 해외관광객이 증가하는 국제관광의 현상과 정확히 일치하고 있다. 그는 공통언어를 사용하는 국가

표 1-7 Ghemawat의 세계화 진행도

항목	%
해외우편물(국경을 오가는 서신)	1%
국제전화의 비중	2%
유학생의 비중	2%
1세계 이민자가 세계 인구에서 차지하는 비율	3%
경영 리서치	7%
민간 자선금	8%
전 세계 투자 중에서 해외직접투자(FDI)가 차지하는 비율	8.5%
해외여행자	9%
특허권	14%
주식투자	14.5%
인터넷 해외전송(국경을 오가는 인터넷 통신 전송량)	17-18%
은행예금	25%
세계 GDP대비 무역액	28%
국채	35%

(출처: Ghemawat,2007)

간에 무역량이 더욱 많다고 했다. Ghemawat는 잎으로 신흥국 시장들이 다국적 기업들의 주요 활동 무대가 될 것이며, 바람직한 세계화를 위해서는 정부의 적절한 시장개입과 자유경쟁시장이 조화를 이루는 균형적인 세계화가 필요하다고 역설했다.

세계화가 진행되면서 동반되는 일반적인 현상은 다음과 같다. 첫째, 냉전이후 국제질서는 다극화되었다. 국경을 초월한 국제교류가 대폭 확대되면서 국제기구의 등장과 역내 통합 움직임, 정치주체의 다양화로 국제연합(UN), 유럽연합(EU), 세계무역기구(WTO), 세계은행(World Bank), IMF 등 국제기구가 국제적인 정책결정을 통하여 여러 국가의 내부 정치 · 경제에 영향을 미치는 사례가 증가하고 있다. 한편 지역연합은 경제통합으로 이어져서 EU와 NAFTA 등이 탄생하였다.

둘째, 세계경제의 연계가 심화되어 무역의 증가, 해외직접투자(FDI)를 포함한 자본의 국제적 이동이 크게 증가하였다. 금융자본의 세계화와 생산거점의 잦은 이동으로 다국적기업(MNC: Multi-National Corporation)들이 세계경제를 좌지우지하게 되었다. 한편 교통수단의 혁신으로 항공과 해운을 중심으로 한 물류활동이 대폭 증가하였다. 그리고 인터넷, 통신위성, 스마트폰 등 시공간을 초월하는 의사소통이 크게 확대되었으며, 지적재산권과 세계표준(Global Standard)에 대한 경쟁이 격화되고 있다.

셋째, 문화교류 또는 문명 간 충돌이 크게 증가하였다. 이민, 유학, 관광, 국제결혼 등의 문화교류는 현저하게 증가하였다. 그러나 문명 간의 갈등과 대립도 계속되어 미국의 보수주의자 집단인 네오콘의 등장과 미국의 이라크 침공, 이슬람권내 반미정서 확산과 9 · 11테러, 세계 여러 지역에서의 국지적인 분쟁이 빈발하고 있다. 한편 인적 이동의 확대에 따른 다문화 사회의 형성과 이에 따른 갈등이 심화되고 있으며, 또 급증하는 해외여행과 이민자의 증가로 인해 국제교류가 활발하게 이루어지고 있다. 글로벌경제 현상과 이문화간 교류의 증가는 소통수단으로서 영어의 세계 공용어로서의 역할에 대한 관심이 증대되고 있다.

넷째, 세계화현상으로 인해 환경 · 기후 · 보건 · 식품 · 재해 · 에너지 등 여러 영역에 걸쳐 사회문제에 대한 관심이 크게 증가하였다. 특히 지구의 환경문제가 전 세계 공동의 과제로 등장하면서 대규모 재난, 지구온난화, 환경파괴, 대기오염 등의 문제는 많은 국제회의에서 단골 메뉴로 등장하게 되었다. 또한 세계는 미국의 카트리나 태풍 재해, 수만 명이 사망한 중국의 쓰촨성 지진, 인도네시아의 쓰나미, 일본 동북부의 대지진과 같은 불가항력적인 자연재해에 대해 공포감을 표현하고 있다. 조류독감(AI), 구제역, 급성호흡기증후군(SARS), 광우병 등과 식품의 안전에도 세계인들은 높은 관심을 표명하고 있다.

또 다른 측면에서 세계화현상을 분석하면 다음과 같이 크게 네 가지 맥락으로 정리해 볼 수 있다, 첫째, 인류발전의 원동력인 경제적 욕구의 문제이다. 인류역사의 진화가 경제적 이해관계에 대한 갈등과 대립을 해소하는 과정을 통해서 이루어진다고 봤을 때 세계화는 경제적 이익을 매개로 하는 국제교류의 확대과정이라고 할 수 있다. 둘째, 새로운 국제질서가 확립되어 가는 과정이다. 세계화는 다양한 요소의 상호작용 속에서 발생하는 일시적인 것이 아닌 지속적으로 제자리를 잡아가는 새로운 국제질서의 형성과정으로 볼 수 있다. 셋째, 국민국가의 존재 의미이다. 세계화는 국가를 부정하는 것에서 출발하는 것이 아니라 국가의 존재를 전제로 하며 과거와 다른 국가의 의미나 역할을 이해하는 것이다. 넷째, 기술혁명과 그에 대한 한계이다. 국제교류의 확대는 결국 기술의 발전 내에서 가능한 것이므로 궁극적으로 기술혁명은 세계화의 토대인 동시에 한계임을 의미하고 있다.

2
세계화에 대한 논쟁

제1절 세계화와 신자유주의

제2절 세계화를 바라보는 시각의 차이

제3절 보다 나은 세계화

제2장 세계화에 대한 논쟁

제1절 세계화와 신자유주의

21세기 초반 작금의 세계화는 신자유주의(Neo-liberalism)란 개념과 일체화된 형태로 진행되고 있음은 주지의 사실이다. 즉 신자유주의는 현 세계화의 이념적 근간이 되고 있다. 2008년에 발발한 세계금융위기로 인해 많은 비판이 존재하고 있음에도 불구하고 신자유주의는 아직도 세계화를 이해하는데 가장 영향력이 큰 이론임은 부인할 수 없는 사실이다. 전 세계가 경험하고 있는 경제위기의 주요 원인이 자유시장경제와 규제완화라는 신자유주의적 믿음과 정책에서 비롯되었는데, 2008년 세계 금융위기의 씨앗은 세계 금융시장에서 규제완화로 인해 수많은 고위험 · 고수익 금융상품의 개발에서 비롯된 것이라고 볼 수 있다.

신자유주의는 자본주의(Capitalism)의 발전과 더불어 형성되어 발전해 온 경제사상, 체제, 정책을 말한다. 신자유주의는 자본주의의 이념적 바탕이 되는 자유주의(Liberalism)라는 거대한 역사적 흐름 안에서 형성되었다고 할 수 있다. 즉 정치적 자유주의를 시발로 해서 고전적 자유주의가 케인즈(Keynes)주의라는 혁신적 자유주의를 거쳐 현재의 신자유주의로 변화 · 발전하게 되었다. 자유주의의 역사는 17세기 영국의 정치사상가 John Locke 등에 의해 유래되었다. 이들은 자유주의를 통해 봉건제 군주의 절대적 권력을 부정하고 인간의 생명·자유·재산을 보호하는 입헌군주적인 대의민주주의를 구현하려고 했다. 여기서 자유란 인간이 자신의 동의 없이 남에 의해 구속을 받지 않는 것을 뜻하며, 또 유산계급이 자신의 사유재산으로 실현하는 자유를 의미한다. 처음에 자유주의는 봉건제와 절대주의를 극복하기 위해 자유·평등의 인간상과 합리주의를 추구했지만, 반면에 재산과 교양을 기준으로 삼으면서 서민계급을 정치과정에서 제외시켜 버린다. 즉 자유주의는 유산계급인 부르주아(Bourgeois)의 정치적 및 경제적 자유의 성취를 목표로 유래된 사상이었다고 할 수 있다.

고전적 자유주의(또는 고전적 자본주의)는 국부론(The Wealth of Nations)을 저술한 Adam Smith에 의해 탄생되었다. Smith는 자유로운 자연환경과 같이 시장에서도 개인의 경제활동에 대한 국가정부의 개입을 배제하고 모든 사람을 자유롭게 하면 보이지 않는 손(An Invisible Hand)에 의해 국가경제의 조화가 이루어지고 결과적으로 국가의 부는 증가한다고 주장했다. 이처럼 고전적 자유주의는 모든 경제영역에서 완전한 경제적 자유를 주장하고 국가의 개입을 강력하게 반대하였다. 국가 또는 정부의 역할로서 국방, 법률 제정, 질서 확립, 도로나 공립학교 등 공공시설의 확충에 대해서 중요한 의미를 부여했다. 그러나 19세기부터 나타나기 시작한 자본의 독점화와 계급 불평등의 고착화 현상은 경제적 자유가 보장된다면 자본주의 경제는 경쟁을 통해 조화롭게 발전할 수 있다는 고전적 자유주의 사상의 근간을 크게 흔들어 놓게 되었다.

결국 1929년 세계 경제대공황을 겪으면서 위기를 극복하기 위해 영국의 케임브리지 대학의 경제학자 Keynes의 수정자본주의가 강력한 대안으로 급부상하게 된다. Keynes는 자본주의가 발전하여 자본의 축적이 진행됨에 따라 한계소비성향의 하락으로 소비에 대한 수요가 상대적으로 제한되고, 또한 자본의 한계효율 저하에 의해 투자수요 역시 저하됨으로써 총수요가 둔화되므로 자본주의 시장경제에서 불균형과 불경기는 자연적인 현상이라고 주장했다. 즉 Keynes는 경기침체나 실업률의 증가는 시장경제에 내재된 불안정성에 기인된 것이라고 역설했다. 시장경제의 취약점을 해소하기 위해 Keynes는 국가의 적절한 개입을 주장

했다. 그는 정부의 소득재분배 정책을 통한 소비수요의 확대와 공익을 위한 투자를 해법으로 제시하였다. 또한 Keynes는 정부의 적극적인 재정정책과 금융정책의 세밀한 조정을 통하여 경기변동을 최소화거나 예방하고, 장기적으로 정부지출의 확대와 저금리정책의 유지를 통한 관리통화제도의 도입을 주장했다. 이와 같은 Keynes의 수정자본주의 이론은 1929년 대량실업과 투자위축이라는 초유의 세계적 경제위기를 극복하기 위해 극적으로 채택되었으며, 이후 1970년대 중반 이후 석유파동 등에 의해 세계경제가 심각한 구조적 불황에 시달리기 직전까지 자본주의 시장경제 운용의 중요한 이론적 토대가 되었다.

오늘날 우리가 익히 알고 있는 신자유주의라는 용어는 국가정부의 시장개입을 배격하고 철저한 시장주의를 주장하는 Hayek로 대표되는 오스트리아학파와 Friedman을 태두로 하는 시카고학파의 학문적 입장을 대변하고 있다. 1974년 노벨경제학상 수상자인 Hayek는 국가정부가 시장에 개입을 하지 않아도 시장메커니즘이 작동해서 자연적으로 경제질서가 확립된다고 주장하였으며, 한편으로는 정부가 추진하는 사회복지정책의 시행을 강력히 반대하였다. 한편 1970년대 들어서면서 세계경제는 실업률과 인플레이션이 동시에 확대되는 초유의 경험을 하게 된다. 즉 경기침체 하에서 인플레이션이 지속되는 스태그플레이션(Stagflation = Stagnation + Inflation) 현상이 확대되면서 Keynes의 총수요관리 정책의 한계가 드러나기 시작하였다. 이때 케인즈주의를 비판하고 다른 대안을 제시하면서 화려하게 전면에 등장한 세력이 미국 시카고대학의 Friedman을 필두로 하는 시카고학파의 통화론자들이다.

역시 1976년 노벨경제학상을 수상한 Friedman은 자유로운 개인의 본성인 이기심이 개인이 추구하고자 하는 목적으로 보았다. 이런 개인취향의 이기주의가 결국 경제발전과 평등 및 인간 존재의 궁극적인 목적인 자유를 달성한다고 하였는데, 왜냐하면 자유경쟁 시장에서 보이지 않는 손의 존재로 인하여 모든 경제문제들이 저절로 해결되기 때문이다. 즉 자유로운 시장의 경쟁질서가 모든 것을 해결한다고 보았다. 그리고 시장의 경쟁질서를 확립하기 위해 가장 중요한 것이 화폐가치의 안정을 추구하기 위한 통화정책의 시행이라고 주장했다.

또한 Friedman은 정부의 재정확대정책을 비판하고 오직 통화정책을 통해 화폐수요와 이자율의 관계에 집중하여 통화량을 국민소득 변화의 가장 중요한 요인으로 파악하였다. 경기불안의 주요 요인으로 시장주의 경제의 내재적인 불안정성을 지적한 Keynes와 달리 Friedman은 경기불안은 시장에 적극 개입하는 정부의 잘못된 의사결정과 비합리적인 통화관리에 의해서 유발된다고 주장했으며, 또 정부개입의 여지를 공공부문으로만 국한하면 시장의 자동조절기능을 통해 항상 최선의 결과가 산출될 수 있다고 역설했다.

특히 1980년대 이후 선진자본은 신자유주의를 기반으로 하는 세계화를 추구하게 되는데, 이처럼 신자유주의와 세계화가 결합되는 구체적인 이유는 다음과 같다. 첫째, 포드주의(Fordism) 대량생산시스템의 위기와 그에 따른 자본의 이윤저하현상이다. 자동차의 왕이라고 불리는 미국의 Henry Ford는 혁명적인 경영 및 생산방식으로 미국이 세계 최대의 경제대국으로 성장하는데 크게 공헌했다. 그는 20세기 초 T형 모델의 자동차를 생산하게 되면서 직원들의 근무시간을 1시간 줄이는 동시에 임금은 거의 3배 정도 올리는 과감한 경영혁신을 감행한다. Ford는 이런 경영혁신으로 소득이 향상된 일반 공장근로자들도 T형 자동차의 구매를 가능하게 하여 궁극적으로 자동차의 판매가 더욱 증가될 것이라고 믿었다. Ford가 최초로 개발했던 대량생산방식(Mass Production System)은 당시의 생산방식뿐만 아니라 소비양식, 자본축적 양식, 노사관계, 정부정책 등 많은 분야에 걸쳐 대대적인 영향을 미치게 되며, 결국 세계 각국에서도 이를 따라하게 된다.

그러나 전후 경제성장을 이끌던 서구경제의 상징인 포드주의(Fordism)는 1970년대 들어서면서 생산성이 크게 떨어지는 위기를 맞이하게 된다. 구체적으로 지속적인 생산성의 향상은 규모의 경제(Economies of Scale)와 기술혁신의 한계에 의해 항상 가능하지 않다는 것을 깨닫게 되었다. 그리고 과업의 과도한 분업화와 단순화는 노동자들의 반발을 초래해서 노동조합운동이 확대되면서 결국 임금이 상승하게 되었다. 또한 대량생산과 대량소비 사이의 균형파괴이다. 즉 대량생산을 위한 전제조건인 대량소비가 가능하기 위해서는 지속적인 소비증가와 임금상승에는 한계가 존재한다는 사실이다. 따라서 생산성이 지속적으로 향상되지 못하면 자본의 이윤이 감소하고 이어서 자본투자가 감소하게 되면 시장이 위축되고 성장이 둔화되어 결국 실업이 증가하기에 이른다.

한편 포드주의 하의 금융시스템에서는 명목이자율이 낮아서 산업자본들은 비교적 저렴한 비용으로 필요한 자본을 조달할 수 있었다고 한다. 따라서 기업들은 장기적인 관점에서 투자를 수행할 수 있게 되면서 투자수익률이 높아지고 또 노동생산성도 크게 높아졌다. 노동생산성의 향상에 따른 증가된 이윤의 분배는 노동조합과의 단체교섭을 통하여 노동자들의 실질임금 상승으로 이어질 수 있었는데, 이처럼 대량소비가 가능한 구조에서는 기업들은 높은 투자수익률을 달성할 수 있었다.

그러나 1960년대 중반부터 선진국의 기업들은 이윤이 급격히 감소되는 위기를 경험하게 된다. 미국, 유럽, 일본 등의 국가에서 대다수 기업의 이익수준이 모두 전성기에 비해 30% 이상 하락하게 되는데, 이런 현상은 1970년대에 들어서도 지속이 되었다고 한다. 이렇게 종전에 비해 이윤이 크게 감소하게 되자 자본가들의 장기적인 자본투자에 대한 의욕이 크게 떨어지게 된다. 따라서 선진국의 기업들은 소비수요 감소, 낮은 생산성, 과잉 설비투자 등과 같은 전례 없는 위기에 당면하게 된다. 이런 위기를 돌파하기 위해 선진국 자본들은 새로운 방식의 이윤창출 수단을 탐색하게 되는데, 이로 말미암아 세계화를 더욱 부추기는 집단인 초국적 금융자본이 등장하게 된다.

둘째, 안정적이었던 브레튼우즈(Bretton Woods) 체제의 붕괴로 인한 변동환율제의 재등장이다. 1870년부터 1914년까지 시행된 금본위제도에 의한 고정환율제는 안정된 국제통화제도의 유지에 큰 공헌을 했다. 그러나 1914년 제1차 세계대전이 발발하게 되면서 몇몇 국가들이 전쟁비용을 공급하기 위해 엄청난 양의 통화를 발행함으로써 금본위제는 기반이 크게 흔들리게 된다. 그리고 전후 세계대공황 기간에 각국은 모두 교역상대국의 비용을 유발하는 수출장려정책을 시행하기 위해 서로 경쟁적으로 자국의 통화가치를 평가절하하게 된다. 그러나 이와 같은 '바닥을 향한 경쟁(Race to the Bottom)'은 어느 누구도 승자로 만들 수 없었으며 결국 금본위제는 폐지된다.

이후 제2차 세계대전이 종료가 예견되는 시기에 미국 뉴햄프셔 주의 브레튼우즈에서 열린 국제회의에서 세계 44개국은 새로운 국가통화체제인 브레튼우즈 체제의 탄생에 합의하게 된다. 브레튼우즈 체제 합의사항의 핵심은 과거 금 대신 미국의 달러화를 새로운 공통분모로 채택하자는 것인데, 세계 각국의 통화는 고정된 환율로 달러에 페그(Peg: 고정)되며 세계통화 중에서 오직 달러만이 1온스당 $35에 금으로 교환할 수 있도록 만들었다. 이후 세계경제는 미국 달러화를 기축통화로 하는 또 하나의 고정환율제를 시행하게 된다. 한편 브레튼우즈 협정에 의해 국제외환시장의 불안정에 대비하기 위해 IMF(International Monetary Fund: 국제통화기금)가 창설된다. 안정적인 국제통화제도의 구축은 세계의 평화와 번영을 위한 토대가 되었다.

그러나 1960년대 후기 및 1970년대 초기에 일본과 독일 등 유럽 국가들의 생산성 향상으로 인한 미국의 경쟁국으로의 도약과 당시 미국정부의 재정확대정책의 결합은 브레튼우즈 체제의 몰락을 초래하게 되었다. 즉 서독과 일본은 생산성과 수출에서 패권국 미국을 추월하기 시작했다. 그리고 미국의 Johnson대통령은 베트남전쟁과 사회복지정책에 투자하기 위해 정부의 재정지출을 크게 확대하는데, 증세정책을 이용하지 않고 통화의 공급을 확대하는 정책을 채택한다. 그러나 과도한 통화정책의 여파가 누적되면서 세계적으로 인플레이션이 심화되고 브레튼우즈 고정환율체제는 곤경에 처하게 된다. 따라서 세계의 기축통화로서 달러의 신뢰는 약화되고 미국은 대량 공급된 달러를 태환하는 능력에 한계에 당면하게 된다. 설상가상으로 1971년 미국은 세계대전 이후 최초로 무역적자를 기록하게 된다. 이에 Nixon대통령은 1971년 8월 5일 달러화의 금태환 금지조치를 발표하면서 여태까지 시행되었던 금과 달러의 관계에 대한 일방적인 단절을 선언함으로써 전후 안정적인 국제통화제도를 지탱해왔던 브레튼우즈 체제는 사실상 붕괴되기에 이른다.

결국 1976년 킹스턴회의를 통해 변동환율제가 부활되고 이때부터 각국은 스스로 자국통화의 기준가치를 결정하게 되었다. 이와 같은 킹스턴체제 하에서 각국의 통화가치는 외환시장에서 자유롭게 변동이 이루어지고 또한 각국 정부는 자율적으로 금융정책을 결정하게 된다. 변동환율제가 시행되자 각국의 환율은 매우 역동적으로 변동하게 되었으며, 이자율, 무역수지, 경제활동의 촉진, 인플레이션 등에 대한 각국 정부의 정책방향에 따라 통화가치의 변동의 폭이 결정되었다. 따라서 결과적으로 변동환율제가 등장한 이후 전 세계를 무대로 높은 환

율이나 이자율을 좇아 투기행각을 일삼는 초국적 금융 투기자본이 전면에 등장하게 된다.

이처럼 1970년대 포드주의로 대변되던 자본주의 대량생산방식과 케인즈주의적 복지국가체제의 위기가 당시까지 세계경제를 주무르던 미국의 영향력 약화와 함께 맞물리면서 이를 대체하기 위해 신자유주의는 전면에 등장하게 된다. 신자유주의적 세계화는 종전 방식에 의해 엄청난 자본을 축적한 미국을 위시한 선진국의 자본이 새로운 방식으로 자본증식을 도모하기 위해 정보통신 및 교통의 혁명을 기반으로 하여 기업 생산의 공간적 조직을 전 세계로 확대하게 된다.

따라서 1980년 이후부터 정부의 적극적인 개입을 통해 경기불안을 차단하고 균형적인 발전을 이룩하여 유효수요를 창출하고 복지체제를 구축함으로써 경제성장과 함께 국민들의 복지수준도 향상시키려는 케인즈식 복지국가주의는 쇠퇴하게 되고, 반면에 개인주의, 정부개입의 최소화, 기업활동의 자유, 선택적 복지주의를 추구하는 공급주의경제라는 구조적으로 새로운 자본축적방식을 인정하는 신자유주의가 이를 대체하게 된다.

신자유주의적 세계화는 1970년대 초 태동하여 1980년대 미국과 영국에서 가장 먼저 꽃을 피운다. 신자유주의자들은 선진국의 자본위기는 정부의 과도한 개입과 높은 노동자의 임금이 원인이라는 논리로 입지를 크게 확장하면서 자본주의 역사에 화려하게 등장하게 된다. 1970년대 영국의 노동당 정부는 대규모 파업에 의한 노조통제의 실패 등 여러 가지 정책에 실패하면서 붕괴하게 된다. 그래서 1979년 선거를 통해 정권을 움켜쥔 영국 보수당의 Margaret Thatcher수상은 과거 노동당의 케인즈주의적 복지국가 및 국유화 정책을 배격하고 대신 신자유주의적인 정책의 시행을 강행한다. 대처정부는 당시 영국사회에 만연되었던 '영국병'을 근본적으로 치유하기 위해 비합리적인 정책요소를 찾아내고 경쟁제도를 도입해 자본주도로 사회의 일대 혁신을 주도했다.

대처수상은 당면한 인플레이션에 대처하기 위해 정부의 재정지출을 대폭 삭감해 버린다. 이로 말미암아 과거 노동당시절 정부와 노동조합이 합의로 개발되었던 사회복지정책인 주택보조금, 교육비, 환경관련 예산, 국영기업 보조금 등이 폐지된다. 또 이런 긴축재정의 결과로 노동자의 실질임금은 낮아지면서 소비수요가 저하되어 결국 실업률이 크게 증가하게 된다. 또한 규제를 완화하고 많은 공기업을 민영화한다. 이런 시장주의 경제정책은 영국의 당면문제였던 영국병과 인플레이션을 극복하고 경기회복에 큰 공헌을 하였다. 반면에 빈부격차가 확대되어 사회 양극화가 심화되고 사회복지혜택의 축소 등으로 노동자와 저소득층의 삶이 심각한 위기에 처하게 된다. 결과적으로 이런 시장주의 경제를 통해 가장 큰 이득을 본 집단은 기업들과 자본가였으며, 반면에 노동자들은 대처정부의 노조탄압 및 노동유연화 정책으로 말미암아 오히려 경제성장의 과실을 공정하게 배분받지 못했다는 것이 현재까지의 중론이다.

한편 1980년 미국에서는 대통령에 당선된 Ronald Reagan이 레이거노믹스(Reaganomics)로 상징되는 신자유주의적 정책을 전면적으로 도입하게 되는데, 이는 석유파동, 국제경쟁력 약화, 인플레이션, 생산성 정체 등의 복합적인 문제로 인하여 불황에 겪고 있던 미국경제에 새로운 활력을 불어넣기 위해서였다. 레이건대통령은 경기침체의 원인을 거대해진 정부로 보았는데, 거대한 정부를 유지하기 위해 거두었던 많은 세금은 재정지출의 증가를 야기했으며 이는 통화팽창으로 이어져 결국 인플레이션이 발생하게 되었다고 판단하였다.

레이건대통령은 타개하기 위한 전략으로 물가안정을 위해서 긴축통화정책과 긴축재정을 실시했으며, 기업의 투자를 장려하기 위해 법인세를 대폭 감면했으며 특히 소비를 진작하기 위해 부유층의 세금 또한 크게 경감하였으며, 또 투자활동을 위축하는 각종 규제를 완화하거나 철폐하는 등 대대적인 친기업정책을 시행한다. 반면에 레이건대통령은 저소득층의 식량지원, 실업자의 고용훈련, 사회보장기금 등 서민들에 대한 재정지출은 대폭 삭감했으며, 노동유연화를 위해 노동법을 개정하여 노동조합의 활동을 크게 위축시켜 버린다. 이와 같은 레이건대통령의 '작은 정부' 정책은 미국경제를 회복시키는데 큰 성공을 거두게 된다.

그러나 그의 기업 및 부자의 감세정책, 규제완화, 노동유연화 정책으로 미국기업의 경쟁력은 크게 강화되었지만, 서민들을 위한 사회안전망에 대한 복지지출의 대폭 축소로 말미암아 빈익빈 부익부 현상은 더욱 심화되기에 이른다. 여기서 더욱 중요한 사실은 레이거노믹스의 시행으로 경제성장률은 향상되고 물가는 안정이 되었지만, 반면에 세금수입의 부족으로 인한 재정적자와 강한 달러

정책으로 인한 무역수지 적자로 인해 '쌍둥이적자(Twin Deficit)'라는 새로운 미국식 경제구조가 탄생하게 되었다. 이와 같은 미국의 구조적 문제는 현재도 진행중이다. 구체적으로 미국정부는 재정적자 문제를 해소하기 위해 재무부에서 국채를 발행하여 외국 정부 및 투자자들에게 판매하는데, 이들은 아직도 세계유일 강국인 미국정부의 공신력을 담보로 하여 국채를 구매하고 있다. 그러나 달러 가치의 상승으로 수입은 크게 늘고 수출경쟁력은 약화되어 엄청난 규모의 만성적인 무역수지 적자가 발생하고 있다.

1980년대 이후 현대적 의미의 신자유주의는 고전적 자본주의의 취약점을 인정하고 이를 계승·발전시킨 이념이라고 할 수 있다. 신자유주의는 시장근본주의를 따르고 있다. 즉 신자유주의는 자유로운 경쟁이 보장된 시장에서 개인은 자신이 보유한 능력에 따라 정당한 보상을 받는다고 보았으며, 정부의 역할로는 자유경쟁 시장을 확립하기 위해 공정경쟁의 보장, 사유재산권의 보호, 사회안전망의 구축 등으로 국한할 것을 강력히 주장했다.

이렇듯 미국과 영국에서 성공적인 데뷔를 한 신자유주의는 이후 남미, 동유럽, 동아시아, 아프리카로 세력을 크게 확장하면서 전 세계를 지배하는 세계화의 대표 이념으로 자리잡게 된다. 미국과 영국에서 시발된 신자유주의적인 경제정책은 이후 선진자본의 이윤추구를 촉진하기 위한 IMF의 구조조정 프로그램을 통해 세계 도처로 확대된다. 특히 1980년대 말과 1990년대 남미 국가들의 외채위기는 IMF의 조건부 구제금융의 제공을 통해 신자유주의의 세계 팽창전략의 빌미가 되었다. 즉 IMF는 경제위기에 처한 개발도상국에게 경제회복을 위한 구제금융을 제공하는 대신 반대급부로 채무국의 경제정책 통제권에 대한 권한을 대폭 요구하였다. 이때 IMF는 채무국의 경제를 회복시키기 위해 신자유주의원칙이 지배하는 개혁처방을 시행하게 되는데, 이를 '워싱턴 컨센서스(Washington Consensus)'라고 지칭한다. 이는 1989년 미국의 정치경제학자 John Williamson이 자신의 저서를 통해 당시 위기에 처한 남미국가들을 위한 10가지 개혁적인 처방을 밝힌 데서 유래한 것인데, 그는 〈표 2-1〉에 나타난 것과 같은 신자유주의적 개혁정책을 제시하였다. 여기서 워싱턴이 거명된 것은 세계경제를 주무르는 3대 조직인 IMF, 세계은행(World Bank), 미국 재무부가 모두 미국 수도인 워싱턴에

표 2-1 경제성장 촉진을 위한 워싱턴 컨센서스의 주요 원칙

워싱턴 컨센서스 원안	후에 원안에 추가된 사항
1. 재정 건전성 확보	11. 기업 지배구조 개선
2. 공적 지출의 우선순위 조정	12. 부패 척결
3. 세제 개혁	13. 노동시장의 유연화
4. 금리 자율화	14. WTO 합의 준수
5. 국제경쟁 환율 도입	15. 국제금융 기준 및 규범 준수
6. 무역 자유화	16. 신중한 자본계정 개방
7. 해외직접투자 허용	17. 자율적 환율체제
8. 공공기업 민영화	18. 중앙은행의 독립성 확보 및 인플레이션 관리
9. 규제 완화	19. 사회안전망 구축
10. 재산권 보호	20. 빈곤 퇴치

(출처: 로드릭, 2009)

위치하고 있기 때문이라고 한다.

1997년 동아시아 외환위기와 2008년 금융위기에 처한 유럽의 그리스 등지에서 보듯이 워싱턴 컨센서스는 경제위기로 인해 IMF에 구제금융 지원을 요청하는 개발도상국과 신흥국에게 이들 국가의 경제개혁을 위해 반드시 실행해야 하는 신자유주의 정책의 상징이 되고 있다. 1982년 8월 모라토리엄(Moratorium)을 선언한 멕시코와 1984년 역시 모라토리엄을 선언한 아르헨티나의 경우도 대표적인 사례이다.

또한 신자유주의자들은 자본의 세계화가 확대되면 세계경제가 안정적인 성장을 지속할 것이라고 주장했다. 그렇지만 자본주의의 고질병인 내재적인 경제의 불안정성을 해소하기에는 역부족이었다. 이는 세계대공황 이후 현재까지도 지속되고 있는 불규칙적이고 불안정적인 세계경기가 잘 말해주고 있는데, 즉 1980년대 멕시코와 남미의 위기, 1997년 태국과 한국을 포함한 동아시아 외환위기, 1998년 러시아의 외환위기, 1998년 터키와 브라질의 위기, 2001년 아르헨티나의 위기, 그리고 2008년 세계 금융위기 등이 그것이다. 또 한 연구조사 결과에 의하면 1970년-2008년까지 전 세계는 금융위기 124차례, 외환위기 208차례, 국가 부채위기 63차례를 경험했다고 한다. 이렇게 신자유주의에 내재된 한계가 분명함에도 불구하고 1991년 구소련과 동유럽을 지배하던 사회주의체제의 몰락으로

신자유주의적 세계화는 유일한 대안으로 인정이 되면서 세계시장의 통합되는 현상을 주도하게 된다.

이와 같이 신자유주의적인 세계화는 자유경쟁시장 · 자유무역 · 탈규제를 포함하는 정책을 통하여 각국 정부의 개입을 무력화하고 경제적 국경을 제거함으로써 세계를 단일시장으로 묶어서 결국 서구 선진국의 자본이 무한한 증식을 도모하고 있다. 이처럼 신자유주의 세계화의 본질적 특징은 기득권을 보유한 선진자본 즉 다국적기업의 자유로운 비즈니스 활동을 제한하는 모든 장벽을 철폐하여 자본의 수익률을 극대화하려는 일관된 노력이다. 이런 환경을 조성하기 위해 자유시장이란 굴레로 모든 것을 종속시키고자 하고 있다.

한편 신자유주의를 실현하는 구체적인 핵심동력은 생산의 세계화와 금융의 세계화이다. 이와 같은 두 축을 기점으로 하여 신자유주의는 세계 각국에 영향력을 행사하고 있다. 먼저 생산의 세계화는 다국적기업의 해외직접투자(FDI: Foreign Direct Investment)의 대폭적인 증가에서 찾아볼 수 있다. 1980년대를 통해 해외직접투자의 증가율은 오히려 세계무역액의 증가율을 추월하게 된다. 즉 무역이 자국에서 생산된 제품을 해외국가에 판매하는 것이라면, 반면에 해외직접투자는 외국에 진출하여 직접적인 투자를 감행하여 공장을 건설하고 제품을 생산하여 판매하는 것이다. 특히 선진자본은 자신에게 이윤을 제공할 수 있는 국가들만 선별적으로 접근했다. 또 생산의 세계화는 생산과정의 수직적 통합전략(Vertical Integration)을 통해 일개의 다국적기업 조직 내에서 노동의 국제적 분업을 도모하자는 것이다. 즉 인건비가 싼 저개발 국가에서는 노동집약적인 산업에 집중 투자하고, 고도의 기술과 지식을 요하는 고부가가치 산업은 국내 또는 다른 선진국에 투자를 하는 것이다.

한편 1970년대에 서구 선진국에서 초래된 생산성 저하와 극심한 경기침체로 인해 생산활동에 대한 자본투자의 감소를 불러왔으며, 이로 인해 대량의 유동자본이 나타나게 된다. 이와 같은 이윤의 저하 위기를 타개하기 위해서 선진자본은 때마침 등장한 다국적 은행과 연계하여 금융의 세계화를 추구하게 된다. 자유경쟁시장을 앞세운 신자유주의적 세계화의 진행이 가속화됨에 따라 금융경제는 실물경제보다 훨씬 빠른 속도로 성장하면서 유통규모가 대폭 증가되었다. 보다 자세히 말하면 선진자본은 전 세계 주식시장, 채권시장, 외환시장 등으로 투자범위를 크게 확대하게 되었으며, 또한 전통적인 조직인 다국적 은행뿐만 아니라 투자은행, 보험회사, 연기금, 뮤추얼 펀드 등과 같은 비은행 금융기관들도 비약적인 성장을 기록하게 된다.

이런 과정에서 과거에는 존재하지 않던 관계가 새로 만들어지는데, 즉 오히려 금융부문이 실물부문을 주도하고 규정하는 관계로 전환된 것이다. 예를 들면, 금융자본이 주식시장에서 투자확대 등을 통하여 기업의 주가에 영향을 미침으로써 경영의 자율성을 통제하고 더 나아가 기업지배구조를 결정하게 되었다. 이렇게 선진국은 주주자본주의를 앞세우고 고금리, 고환율, 주식투자 등을 겨냥하면서 자본이 자유롭게 이동할 수 있는 환경을 조성하기 위해 신자유주의에 입각하여 개발도상국 정부에 금융시장을 개방할 것을 강요하며 금융의 세계화를 주도하고 있다.

한편 금융의 세계화는 경제개발에 소요되는 자본이 부족한 개발도상국에 장기자본을 제공하여 경제발전을 이룩하고 해당 국가의 복지수준을 향상하는데 공헌한다. 반면에 금융의 세계화를 통해 채무국의 외환보유고를 고갈시켜 경제위기를 초래하기도 하는데, 장기자본이 아닌 단기적인 투기자본이 대량 유입되는 경우에는 채무국의 외환위기를 초래하는 경우가 종종 발생하고 있다. 예를 들면, 1994년 멕시코 외환위기가 휩쓸고 지나간 후 불과 몇 년 후인 1997년 태국, 인도네시아, 한국 등 동아시아 국가들의 외환위기도 유입됐었던 막대한 규모의 외국자본이 순식간에 물밀 듯이 빠져나간 것이 주요 원인이었다. 이들 국가들은 당시 외환보유고는 바닥이 나고 자국통화의 가치가 폭락하여 환율이 폭등하였으며 국내유동성이 부족하여 금리가 대폭 인상되었다. 따라서 기업들이 연쇄적으로 파산하면서 실업자가 양산되고 물가가 폭등하는 심각한 경제위기를 경험했다.

그러나 이처럼 승자독식사회(The Winner-Take-All Society)를 지향하는 신자유주의에 의한 세계화가 깊어가면서 이에 대한 반발도 커지게 되었다. 반세계화(Anti-Globalization) 운동은 1994년 멕시코의 사파티스타 봉기를 시발점으로 하여, 드디어 1999년 11월 30일 미국 시애틀에서 발생한 대규모 시위에 의해 본격적으

로 촉발이 되어 세계인의 관심을 끌게 된다. 새로운 다자간 자유무역협정의 출범을 목표로 미국 시애틀에서 개최될 예정이던 WTO 제3차 각료회의에 전 세계에서 모여든 다양한 노동자, 농민, 학생, 소비자, 시민, 사회운동가 등으로 구성된 수만 명의 시위대가 인간사슬을 형성하며 각국에서 모여든 회의참석자들의 출입을 가로막아 버렸다. 이로 인해 오전 10시에 예정이었던 개막식이 취소되었다. 시위대는 '세계화는 필연적이며 되돌릴 수 없다'라는 반강제적인 논리에 강한 반발을 보였다.

신자유주의 세계화를 옹호하는 사람들은 세계화는 상품 · 자본 · 인력 · 기술 등의 자유로운 이동으로 전 세계의 부가 보다 확대되어 이에 참여하는 모든 국가에 경제성장 등과 많은 기회와 혜택을 제공하며 이를 통해 빈곤이 퇴치될 것이라고 주장하고 있다. 그러나 이를 부정하는 사람들은 신자유주의 세계화는 경제문제에서 세계적인 불평등과 정치적인 갈등 및 분쟁의 씨앗을 전 세계적으로 뿌리고 있다고 한다. 그리고 그들은 신자유주의에 의한 세계화는 각 국가들이 대등한 관계에서 참여하는 민주적인 세계화의 모습은 결코 아니라고 항변한다.

국력이 약한 국가들의 의견도 민주적으로 존중되고 수렴되는 질서가 보장된 것이 아닌 강대국의 공색한 논리를 약소국에 강요하는 구조를 가지고 있다는 것이다. 따라서 많은 개발도상국과 저개발국들은 모든 국가에 '똑같은 조건'에 의해 무역장벽이 철폐되는 WTO체제 하에서는 풍부한 자본과 고도의 기술이란 '기득권'을 보유한 선진국들과의 경쟁에서 이긴다는 것은 불가능하다는 것을 깨닫게 되었다. 보다 구체적으로 말하면 WTO의 도하개발아젠다(DDA)를 통해 국가간에 지식과 서비스의 자유로운 이동을 가로막는 모든 무역장벽을 제거하는 것이 다자간 무역협상의 주요 목표인데, 이를 통해 서구 선진국들은 경쟁력이 약한 개발도상국들의 고유한 경제정책과 제도, 문화, 기준, 관행 등을 무시하고 이에 대한 글로벌스탠더드(Global Standard)로 통일하고자 했다.

그러나 개발도상국과 반세계화주의자들은 선진국들이 내세우는 글로벌스탠더드는 결국 미국을 비롯한 기존 경제대국들에 의한 기준이 되고 말 것이라며 반발했다. 또 개발도상국들은 당면하고 있는 다자간 무역협상이란 새로운 제도를 채택하면 얻는 것보다 잃는 것이 더 많게 된다는 것을 인식하게 되었는데, 특히 세계의 지역 간, 국가 간 정보의 비대칭성과 금융시스템에 대한 지식 격차로 인해 특히 세계 금융시장에서 불균형이 더욱 증가할 것이라고 믿게 되었다. 이로 인해 신자유주의 세계화를 통해 창출되는 부의 증대는 결국 대부분 선진국의 차지가 되어버리고 결국 국가 간의 빈익빈 부익부 현상은 더욱 심화될 것이라고 비판했다.

1999년 11월 시애틀 시위에 참가한 사람들이 강하게 비판하는 주요 대상은 모든 국가의 규제를 제거하여 무혈입성하려는 거대한 다국적기업들이었다. 시위대들은 다국적기업이 자신이 보유하고 있는 경제력을 바탕으로 정치인에 대한 로비를 통해 자신에게 유리하게 적용되는 각종 무역협정들을 양산하고 있다고 보았다. 또 탐욕적인 다국적기업들은 이윤극대화를 위해 진출한 후진국의 작업장 안전규칙을 무시하며, 부당하게 노동자를 대우하며, 특히 공장 등을 건설하기 위해 환경파괴를 일삼는다며 분노했다. 이처럼 자본주의의 심장 미국에서 촉발된 반세계화 운동은 이후 워싱턴(2000년 4월), 프라하(2000년 9월), 퀘벡(2001년 4월), 제노바(2001년 6월), 바르셀로나(2002년 6월), 홍콩(2005년), 멜버른(2006년), 시드니(2007년) 등에서 개최된 WTO, IMF, IBRD, APEC 등의 연례회의 때도 계속 이어져 인류사회의 반세계화 운동에 대한 관심이 고조되었다.

이처럼 세계화를 반대하는 사람들의 주장은 초국적 자본과 다국적기업을 위해 진행되는 신자유주의적 세계화에 대항하여 국가 간의 경제격차를 줄이고 공평한 세계화를 이루자는 것이다. 또한 문화와 환경에 부정적인 영향을 끼친 세계화가 인간에게 가한 억압과 착취에 저항하는 것이기도 하다.

제2절 세계화를 바라보는 시각의 차이

세계화가 진행되면서 세계경제의 통합수준이 심화되고 있음은 누구도 부정할 수 없는 현실이다. 그러나 이런 세계화 현상은 어떤 시각으로 바라보느냐에 따라 그에 대한 평가는 명백하게 달라질 수 있다. 세계화에 대한 논쟁을 크게 나누면 극단적 세계화론과 세계화 회의론이란 두 가지 쟁점으로 요약할 수 있다. 먼

저 극단적 세계화론은 기술혁명에 의해 촉발된 자본의 무한한 이동성으로 세계경제가 출현하며 국경의 의미는 사리지고 자유시장체제의 일관적인 신봉으로 수많은 규제가 사라지게 된다. 한편 거대한 다국적기업이 내부화된 생산체제를 통해 세계경제를 지배하게 됨으로써 국가의 영향력은 약화되고, 자유로운 시장경제 하에서 생활수준, 소비자의 기호, 문화의 동질화가 이루어진다고 주장한다.

반면에 세계화 회의론은 현재 국제교류가 증가하는 수준은 과거 19세기의 금본위제 시기(1870-1914년)의 국제무역, 국제투자, 노동의 국제적 이동에 대한 통계자료를 근거로 했을 때 유례없는 수준이 아니며 두 번의 세계대전과 세계대공황이 발발하기 전의 상태로 복귀한 것에 지나지 않으며, 금본위제 시절에 비해 오히려 덜 개방적이고 덜 통합된 상태라고 주장하고 있다.

이처럼 세계화에 대한 쟁점은 크게 엇갈리고 있다. 즉 현재의 세계화에는 빛과 그림자가 공존하고 있다. 먼저 세계화의 긍정적인 면을 살펴보기로 한다. 고전 자본주의에 의하면 국가 간에 존재하는 비교우위(Comparative Advantage)에 의한 무역증대로 인하여 세계 각국 간에 상호이익을 도모함으로써 세계 전체적으로 보다 큰 부를 축적할 수 있다고 한다. 그 결과 세계의 소비자들은 보다 값싼 상품과 서비스를 광범위하게 선택할 수 있으며, 생산자도 낮은 가격의 원자재와 저렴한 임금 등과 효율성을 찾아 세계를 무대로 생산활동을 전개할 수 있다. 또한 세계적으로 정치 · 경제 · 사회 · 문화적 상호의존도가 심화되면서 '번영과 평화'에 대한 의식이 확산되어 전쟁과 같은 갈등을 피할 수 있을 것이라고 한다. 그뿐만 아니라 환경문제, 기후변화, 인권문제, 테러, 재해 등에 대한 전 세계적 공조현상이 고조될 것이며, 각국 정부뿐만 아니라 시민사회 간에 교류가 증진돼서 '세계시민사회'가 조성되어 민주주의 발전에 큰 기여를 하게 된다고 한다.

또한 세계화를 통한 상품 · 자본 · 노동시장의 통합은 장기적으로 보다 효율적인 경제적 자원의 이용을 도모한다. 즉 경제성장과 개발을 위해 투자자금이 개발도상국처럼 자본이 부족한 국가들로 흘러들어 갈 수 있다. 개발도상국으로 자본이 유입됨으로써 세계경제에서 이들의 입지는 과거에 비해 강화되었다. 예를 들면, 1955년 선진국들은 전 세계 제품수출의 85%를 차지했었지만 2006년 이 수치는 66%로 크게 저하되었으며, 또 1955년 선진국들의 세계 농산물 수출은 40%

였지만 2006년에는 오히려 60%로 크게 증가하였다. 한편 노동자들은 국경을 넘어 취업을 할 수 있으며, 상대국은 해당 기술에 대한 노동력 부족을 완화할 수 있다. 해외 노동자의 국내 송금은 특히 개발도상국의 국민들의 소득수준을 향상하고 시급한 경제개발을 위해 소중한 자원으로 활용될 수 있다. 요약하면, 세계화는 국가간, 지역간, 기업간, 계층간의 격심한 경쟁을 통한 효율의 극대화, 자원배분의 합리화, 규모의 경제를 통한 이익 초래, 자유무역 이익의 실현 등의 긍정적인 효과를 거둘 수 있다.

이제 세계화의 부정적 영향을 보면 다음과 같다. 세계화가 심화됨에 따라 인간적 가치가 존중되지 않고 모든 가치는 화폐에 의해 측정되고 있으며, 국가사회의 발전은 경제성장이나 금융시장 경쟁력으로 측정되고 있다. 그리고 신자유주의 세계화를 반대하는 사람들은 시장 개방과 경쟁을 추구하는 시장경제주의 체제의 도입은 전적으로 서구 선진국에게만 유리한 것이며 저개발국의 경제발전에 오히려 해가 되며, 이런 구조로 인해 결국 후진국들은 선진국 경제체제에 흡수 · 통합되어 버린다고 주장하고 있다. 경제적 종속 이외에도 사회적 · 문화적 종속의 우려도 증폭되고 있다. 특히 헐리웃 영화와 같은 대규모 자본을 기반으로 한 선진문화의 유입은 세계 각국의 고유성을 없애고 강대국의 문화에 종속되어 버리는 결과가 만들어질 수도 있다.

한편 신자유주의자들에 의하면 국제적인 시장경제체제가 강화되면 국가적 차이가 소멸되어 세계가 공생할 수 있다고 했으나, 현재까지의 결과는 오히려 국가 간 불균형이 심화되고 있다는 것이 중론이다. 바꾸어 말하면 세계화를 통해 증가된 부가 균등하게 분배되지 않고 있는 선진국과 후진국의 양극화뿐만 아니라 동일 국가 내에서도 부자와 서민의 양극화, 숙련노동자와 비숙련노동자의 양극화로 인해 소득분배가 악화되고 있다. 그리고 세계화는 전반적으로 많은 국가의 경제발전을 촉진하기도 하지만, 반대로 내재된 많은 갈등요소도 포함하고 있다. 그래서 많은 세계시민들은 불평등의 확대, 고유문화의 훼손, 환경파괴와 이로 인한 기후변화, 이민증가에 의한 실업 증가 등에 대한 위협에 대해 많은 관심을 가지게 되었다. 요약하면, 세계경제에 대한 패권적 선진국의 지배 강화, 국가주권의 침해, 자주적 경제정책의 제약, 경제주체의 대외의존도 심화, 비교열위

산업의 퇴출, 국가 및 계층 간 소득 양극화현상의 확대, 외국자본의 횡포, 문화적 충격, 가정 해체 등과 같은 부정적인 영향을 미치고 있다. 이처럼 긍정적인 면과 부정적인 면을 동시에 보유하고 있는 세계화란 복잡한 현상을 바라보는 시각은 상당히 다양한 편이다.

1990년 이후 세계화에 의해 성장이 가속되는 세계경제와 같은 긍정적 측면보다는 세계화가 가져오는 폐해가 더욱 부각되는 특징을 보였다. 1996년 스위스 다보스에서 개최된 세계경제포럼(WEF: World Economic Forum)에서 많은 참가자들이 세계화는 '빈익빈 부익부' 현상을 가속화하고 노동자의 안정성을 해침으로써 결국 자본주의 체제에 심각한 경고를 불러일으키게 될 것이라고 주장했으며, 한 연사는 '기업이 인간과 도덕적 문제를 내팽개치고 오직 극단적인 기업경영의 혁신에만 집중한다면 세계 자본주의는 파멸될 것이다'라고 극단적인 주장을 하기도 했다.

그러나 2008년 세계 금융위기를 거치면서 선진국의 일방적인 세계화를 공격하던 기조에 변화가 감지되기 시작했다. 영국의 유명 경제일간지인 Financial Times는 2011년 1월 4일 '세계화의 미래에 대한 논쟁' 섹션을 마련하여 세계화에 대한 비관론자들과 낙관론자들의 시각을 조명하였다. 세계화의 비관론자인 Stiglitz와 Rachman은 최근 선진국들의 보호주의 회귀로 말미암아 세계화는 퇴조할 것이라고 주장했다. 특히 Rachman은 개발도상국의 경제적 지위가 향상됨에 따라 이는 선진국에 큰 위협이 되고 있다고 역설했다. 반면에 Nilekani, Mandelson, Schmidt 등은 세계화는 혁신 촉진, 생활수준의 향상 등을 통해 선진국과 개발도상국에 공히 혜택을 제공하므로 결코 세계화는 후퇴하지 않을 것이라고 주장했다. 또한 자유무역을 옹호하는 대표적인 학자인 미국 Columbia대학의 Bhagwati교수는 우리가 종전에 알던 세계화의 폐해로 인한 '개발도상국의 우려'가 오히려 반전되어 이제는 세계화의 심화로 인한 '선진국의 우려'로 세계화 논쟁에 대한 쟁점이 변화되었다고 역설하였다.

2000년대 초반까지만 해도 세계화의 혜택은 주로 선진국이 독차지하고 대다수 개발도상국들은 보상에서 소외되었다는 세계화 회의론이 중론이었다. 선진국의 신자유주의를 앞세운 일방적인 세계화는 후진국 및 개발도상국들에게 큰 반감을 일으켰으며 반세계화운동의 핵심 논리이기도 했다. 특히 세계화가 선진국과 개발도상국 간의 경제발전단계, 제도수준 등과 같은 차이를 고려하지 않고 진행됨에 따라 자본과 기술 경쟁에서 열위에 있는 후진국들에게 세계화의 과실이 덜 귀속되는 현상이 고착되게 되었다.

또한 세계화를 앞에서 이끄는 주체인 IMF, World Bank, WTO 등과 같은 국제기구들의 지배구조는 주요 선진국들이 장악하고 있어 무역과 자본의 자유화를 추진함에 있어 주로 선진국들에 의해 선호되는 일방적인 규정을 개발도상국들에게 강요하고 있다. 따라서 글로벌 경쟁이 격화되면서 당연히 풍부한 자본과 고도의 기술을 보유한 선진국의 다국적기업들이 세계시장에서 경쟁우위를 점하게 되었다. 게다가 선진국들은 우월한 경제력을 바탕으로 자국이 경쟁력을 보유한 산업의 무역장벽은 완화시키는 한편 개발도상국이 우위를 보이는 분야에서는 보조금과 반덤핑 부과 등을 이용해 자국 산업을 보호하려고 했다. 그 결과 20세기 후반에 이르러 선진국과 개발도상국 간의 소득격차는 더욱 확대되었는데, 1960년 선진국 소득의 8%였던 저소득 개발도상국의 1인당 GDP는 2000년에는 오히려 1%로 하락했으며, 평균소득 개발도상국도 11%에서 6%로 하락하였다.

그러나 2008년 세계 금융위기 이후 선진국보다는 개발도상국에게 더 많은 세계화의 과실이 귀속되고 있다는 인식이 크게 확산되고 있다. 특히 갤럽(Gallup)이 2006년 9월 조사한 설문조사를 보면 세계화가 지속되어야 한다고 응답한 비중이 아시아, 중남미, 아프리카 등 개발도상국에서는 60%에 달한 반면에 선진국은 47%에 그치는 결과가 나타났다. 이것은 개발도상국들이 협소한 내수시장, 자본과 기술의 경쟁열위 등과 같은 경제발전을 저해하는 제약들을 세계화를 통해 극복한 결과였다. 저비용의 풍부한 노동력을 보유한 개발도상국들은 비교우위를 보유한 섬유산업 등과 같은 노동집약적 산업에서 수출주도전략으로 비교적 빠른 성장이 가능했다. 또한 개발도상국에 유입된 선진자본은 해당 개발도상국의 경제개발에 소요되는 투자재원으로 이용되었다. 따라서 세계화가 가속화된 2000년대 들어 개발도상국의 경제성장률이 오히려 선진국을 앞서게 되어 크게 벌어졌던 소득격차가 빠르게 축소되기에 이르렀다. 또한 세계경제에서 개발도상국들의 위상이 전에 비해 높아지면서 세계경제에서 이들의 발언권과 협상력이 한층 강화되었다. 일례로 과거 선진국 중심의 G7체제는 2008년 세계금융위기를 거치면서 G20체제로 전화되기에 이르렀으며, 2011년 3월 IMF의 지배구조의 변경 시에도 브라질, 러시아, 인도, 중국(BRICs)과 같은 개발도상국의 권한이 한층 강화되기에 이른다.

한편 세계화에 따른 리스크를 보면 과거에 개발도상국들은 금융의 세계화로 선진자본의 빈번한 유출입이 발생하면서 금융시장이 출렁거리면서 위기를 맞곤 했었다. 그러나 과거 이런 위기를 경험했던 개발도상국들은 외환보유고를 대폭 확충하는 대처방안을 통해서 위기를 슬기롭게 극복하게 되었다. 그리고 혁신적인 생산기술의 발전과 더불어 선진국 다국적기업들이 대거 개발도상국으로 진출하면서 선진국에서는 비숙련 근로자의 일자리가 크게 감소하였다.

특히 〈표 2-2〉에서 보듯이 선진국의 경제는 금융위기 직후인 2009년 크게 위축되는 쓴 경험을 하지만, 개발도상국은 위기에도 비교적 안정세를 유지했으며 오히려 2010년에는 크게 반등하게 된다. 선진국과 개발도상국의 이런 상반된 현상은 실업률과 주가에서도 명확히 나타나고 있다.

이와 같이 세계화를 바라보는 시각에 대한 변화가 나타나면서 주요 선진국을 중심으로 종전과 같은 형태의 세계화를 제어해야 한다는 움직임이 감지되기에 이르렀고, 급기야 일부 선진국은 노동이동과 국제무역 등에 대한 규제를 강화하는 보호주의 무역행태를 보이게 되었으며, 이런 트렌드는 '세계화 퇴조론'에 대한 논쟁을 불러일으켰다.

표 2-2 세계 금융위기 전후 선진국 및 개발도상국의 경제성과 비교 (단위: %)

		2007	2008	2009	2010
경제성장률	선진국	2.7	0.2	-3.4	3.0
	개발도상국	8.7	6.0	2.6	7.1
실업률	미국	4.6	5.8	9.3	9.7
	Euro	7.5	7.6	9.4	10.1
	중국	4.0	4.2	4.3	4.1
	브라질	9.3	7.9	8.1	7.2
주가상승률(MSCI 지수 기준)	선진국	7.1	-42.1	27.0	9.6
	개발도상국	36.5	-54.5	74.5	16.4

(출처: IMF & Bloomberg)

세계화 퇴조론에 의하면 2008년 세계금융위기 이후 선진국들은 경기침체, 무역수지의 불균형, 비숙련 근로자의 일자리 감소 등에 대한 위기를 극복하기 위해 자국 산업과 내국인 근로자를 보호하기 위한 보호주의 정책을 시도하게 된다. 예를 들면, 미국은 자국산 철강제품의 이용을 의무화했으며, 자금난을 겪고 있는 기업들에 구제금융을 제공하고, 환경규제 및 보건위생에 대한 규제를 강화하여 수입품의 유입에 제동을 걸었다. 그리고 일부 선진국들은 자국의 통화가치 절하를 통해 경쟁력을 도모하고자 했다. 예를 들면, 미국 국회는 인위적으로 통화가치를 절하하려는 국가로부터 수입하는 물품에 대해 상계관세를 부과하는 '공정무역을 위한 환율개혁법안(Currency Reform for Fair Trade)'을 통과시켜 중국 위안화 평가절상 노력을 압박했으며, 또 일본 정부는 미국 FRB의 양적완화(Quantitative Easing: QE) 정책의 추진으로 엔화의 가치가 크게 절상되자 2004년 이래 처음으로 외환시장에 개입하게 된다. 또한 영국, 호주, 스위스, 캐나다 등과 같은 선진국들은 이민자의 요건을 크게 강화했다.

반면에 이러한 선진국의 보호주의 움직임에 대처하기 위해 개발도상국들은 금융시장의 안정성을 해치는 과도한 외국자본의 유입과 급격한 유출을 방지하기 위해 외국자본에 대한 규제를 강화하였다. 예를 들면, 대만과 인도네시아는 해외자본의 운용자산의 범위와 보유기간에 대한 규제를 강화했으며, 브라질과 태국 등은 외국인에 대한 자본거래 및 투자소득에 대한 과세 규제를 강화했다. 이러한 양 진영의 보호주의 정책에 의한 국제무역의 위축을 방지하고 세계경제의 회복을 논의하기 위해 개최된 수차례의 G20 정상회의를 통한 국제공조의 노력도 실질적인 효력에 대해 의문이 제기되고 있는 것이 현실이다.

그러나 '세계화 퇴조론'과 달리 현재 여러 국가의 보호주의 정책에도 불구하고 이미 세계화는 세계 도처에서 크게 진행이 되었기 때문에 기업의 경영방식이나 개인의 생활양식에 근본적인 변화가 초래되지 않는 한 현재의 세계화 트렌드가 후퇴할 가능성은 없다는 '세계화 지속론'이란 시각도 있다. 인터넷은 개인의 생각을 자유롭게 소통할 수 있는 공간을 제시하고 있는데, 2013년 기준으로 세계의 인터넷 이용인구는 22억 명에 달하며, Facebook을 이용하는 인구는 11억 명에 이른다고 한다. 또한 인터넷을 통해 국가 간 재화 · 서비스 · 자본 거래가 지속적으로 확대되고 있으며, 다국적기업들은 비용을 절감하기 위해 세계를 상대로 하는 글로벌 소싱(Global Sourcing)을 더욱 확대하고 있다. 그리고 G20 정상회의에서 확인할 수 있었듯이 보호주의의 확산은 보다 심각한 경기침체를 초래할 수 있다는 공감대가 형성되어 있다. 2008년 세계금융위기 이후 국제무역의 규모가 급격히 감소하면서 세계화의 퇴조 가능성이 언급되었지만, 2010년에는 교역규모가 다시 빠르게 회복되었다.

현재까지의 세계화에 대한 논쟁을 종합해보면 세계화를 통해 얻는 이득이 비용보다 많을 것이라는 의견이 우세한 것이 사실이다. 또 미래의 세계화 진행속도는 전례 없었던 2000년대 초기 이전에 비해 다소 느려질 수 있다. 향후 모두에게 득이 되는 지속가능한 세계화를 위해서는 이미 노출된 문제점들을 완화하거나 없애는데 국제간에 진정한 공동노력이 필요하며, 반면에 장점들을 더욱 극대화하기 위해 올바른 공정무역(Fair Trade)체제의 확립에 대한 정의로운 국제공조의 노력이 절실히 필요하다고 할 수 있다.

제3절 보다 나은 세계화

지난 1980년대 세계화라는 거대 담론이 소개되기 시작했을 때 전 인류는 열광적으로 환영했으며, 이는 곧 세계로 전파되어 모든 세계인들에게 꿈과 희망을 주었다. 그러나 지구촌을 꿈꾸게 했던 세계화는 신기루였다. 이제 인류는 세계화는 거대한 다국적기업 집단과 카지노 자본주의를 신봉하는 투기자본의 이윤만을 위해 벌였던 경제적 침투전략이었음을 목격하게 되었다.

Norberg-Hodge(2012)는 그의 저서를 통해 세계화에 대한 여덟 가지 불편한 진실을 파악하였다.

1. 세계화는 우리를 불행하게 한다.
2. 세계화는 우리를 불안하게 한다.
3. 세계화는 천연자원을 낭비한다.

4. 세계화는 기후변화를 가속화한다.
5. 세계화는 생계를 파괴한다.
6. 세계화는 갈등을 고조시킨다.
7. 세계화는 대기업에 주는 지원금에 의거한다.
8. 세계화는 잘못된 계산에 근거하고 있다.

신자유주의에 의한 현재의 세계화는 국지적인 것이 아니라 세계적인 현상이다. 크라우치(2012)는 신자유주의에 대해 "개인들이 물질적 이익을 극대화하는 자유시장이 인간의 열망을 충족시키는 최선의 수단을 제공하며, 특히 기껏해야 비효율적이고 최악의 경우에는 자유를 위협할 뿐인 국가와 정치보다 시장을 선호해야 한다는 것이 그 주제이다"라고 비판했다. 그는 또 "오늘날 우리에게 주어진 과제는 신자유주의가 위기를 겪은 뒤 사망하게 되는 이유를 설명하는 게 아니라 정반대, 즉 어떻게 해서 신자유주의가 금융 붕괴 이후 어느 때보다도 더 정치적으로 강력하게 등장하게 되었는지를 설명하는 것이다"면서 2008년 세계금융위기에도 이상하게 사라지지 않는 현실의 신자유주의를 경고했다.

신자유주의에 의한 세계화는 국가 간의 경제발전에서 명백한 불균형이 존재하는 상태에서 '똑같은 조건'에 의한 자유로운 교역은 미국 및 서구와 같은 자본주의 강대국에 의한 주변국의 흡수·통합을 초래하게 될 것이며, 국가 간에 대등한 관계가 설정되지 않거나 호혜평등의 원칙을 바탕으로 하지 않는 세계화는 결국 패권국가들의 주도적 이해관계를 반영할 수밖에 없는 구조를 가지게 될 것이라는 것이 지배적인 견해이다.

그런 폐해가 가장 잘 드러나는 것이 WTO의 무역관련 지적재산권 협정(TRIPs: Agreement on Trade Related Aspect of Intellectual Property Rights)이다. 월등한 지식을 보유하고 있는 선진국들이 그렇지 못한 국가에게 값비싼 비용을 치루라는 것은 결국 개발도상국들에게 동등한 지위를 부여하지 않겠다는 의미를 내포하고 있다. 아울러 이를 통해 개발도상국의 성장을 지원하기보다는 부의 축적을 보다 용이하게 하겠다는 의지를 엿보이게 한다.

세계 모든 국가에게 공히 이득이 되는 지속가능한 세계화를 도출하기 위해서

Rodrik(2011)은 정부와 시장은 대체되는 관계보다는 보완적인 관계로 이해되어져야 하며, 가장 효율적인 시장은 작은 정부가 아니라 강력한 정부에 의해 만들 수 있는 것이라고 역설했다. 또 자본주의에는 유일무이한 모델만이 존재하지 않으며, 어떤 독립국가든지 자국의 필요와 가치에 따라 노동시장, 기업지배구조, 금융제도, 사회복지 등과 같은 제도적 장치들을 다양하게 선택할 수 있어야 하며 이는 민주국가로서 누려야 하는 당연한 권리임을 주장했다.

그러면서 Rodrik(2011)은 세계경제의 '트릴레마(Trilemma)'를 소개했는데, 이를 통해 민주주의, 국민국가, 세계화라는 세 마리 토끼를 동시에 잡기가 불가능하다는 것을 강조했다. 그는 "따라서 우리는 선택해야 한다. … 나는 민주주의와 민족자결권이 초세계화보다 우선해야 한다고 생각한다. 민주주의는 자신의 사회적 합의를 보호할 권리가 있고, 이러한 권리가 글로벌 경제의 요구와 충돌할 때 물러서야 할 것은 후자다"라고 입장을 표명했다.

그림 2-1 세계경제의 정치적 트릴레마

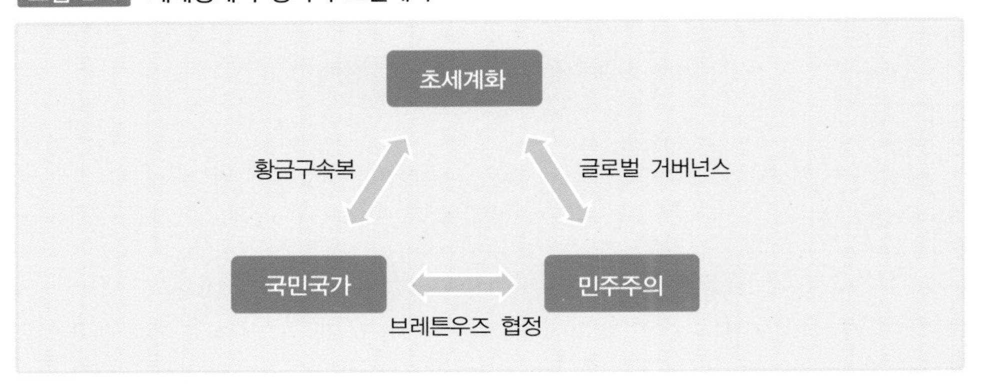

(출처: Rodrik, 2011)

또한 Rodrik(2011)은 세계경제가 원활하게 기능하는 데 필요한 7가지 신세계화의 원리를 제시하였다. 첫째, "시장은 거버넌스 체제에 깊이 착근되어야 한다." 둘째, "민주적 거버넌스와 정치공동체는 주로 국민국가 내에 조직되며, 가까운 미래에는 그 상태에 머룰 것이다." 셋째, 번영으로 가는 '단 하나의 길'은 없다." 넷째, "각 나라는 저마다 자신의 사회적 합의, 규제, 제도를 보호할 권리가 있다."

다섯째, "어느 나라든 자국의 제도를 다른 나라에 강요할 권리는 없다." 여섯째, 국제경제협정의 목적은 각국의 다양한 제도 간의 접촉면을 조절하는 교통법규를 정하는 것이어야 한다." 일곱째, "비민주국가들은 국가경제 질서에서 민주국가들과 동일한 권리와 특권을 누릴 수 없다"라고 주장하였다.

신자유주의자들은 2008년 세계금융위기의 원인도 정부가 인위적으로 시장에 개입해서 이자율을 너무 낮게 유지했기 때문이라고 주장한다. 그러나 정부가 시장을 마음대로 주물러서 결과까지 인위적으로 만들 수 있는 힘을 가지고 있는가에 대해서는 강한 의문이 든다. 정부의 역할은 항상 공정한 거래와 경쟁이 이루어지는 시장이 되도록 지원하는 것이다.

일찍이 시장주의의 폐해를 간파했던 경제학자 Karl Polanyi는 그의 명저인 'The Great Transformation'에서 "시장 메커니즘을 인류와 자연환경의 운명을 지시하는 유일한 것으로 허용한다면 이는 사회의 소멸을 낳을 것"이라고 경고했다. 신자유주의는 목적이 아니라 소수의 기득권을 강화하기 위한 수단이었다. 신자유주의 세계화에 의해 만연된 불평등(Inequality)을 해소하기 위해 이제 우리는 새로운 모습의 지속가능한 세계화를 함께 만들어 나가야 한다. 신자유주의자들은 항상 주장한다. 결과의 평등이 아니라 기회의 평등이 보다 중요한 가치라고. 지당한 논리이지만, 그러나 언제 기회의 평등이 제대로 보장된 적이 있었는가라고 되묻고 싶다.

3
세계화와 문화

제1절 문화의 이해

제2절 국가 간 문화적 차이

제3절 문화의 세계화에 대한 세 가지 관점

제4절 문화다양성이 존중되는 세계화

제3장 세계화와 문화

일반적으로 세계화는 지역적 정체성을 바탕으로 했던 정치 · 경제 단위에서 자본, 제품, 인력, 정보가 자유롭게 국경을 넘나드는 세계체제화를 일컫는다. 즉 세계화란 국민국가 또는 지역 간에 존재하던 자본, 인력, 정보, 제품 및 서비스 등에 대한 물리적 · 인위적 장벽이 제거되어 지구촌이 하나의 거대한 단일시장으로 통합되어 나가는 과정을 말한다. 이렇게 세계시장의 단일화를 추진하는 이념적 바탕은 규제완화, 자유경쟁, 무역과 투자의 자유화, 민영화, 긴축재정, 노동의 유연화를 근간으로 하는 신자유주의였다.

그러나 1980년대 이후 신자유주의 경제사상의 팽창과정 속에서 나타난 세계화 현상은 지배, 착취, 수탈의 과정과 연계되어 국가 간 불평등의 확산, 실업자의 양산, 양극화로 인한 사회분열, 빈곤의 악순환 등과 같이 인류의 삶의 질을 떨어뜨리는 결과를 낳았다. 세계화란 범세계적 조류를 이끄는 신자유주의 이념과 정책은 초국적 자본이 지구촌을 점령하고 경제뿐만 아니라 정치 · 문화 등 모든 영역을 세계시장으로 종속시킴으로써 양극화현상을 초래했다. 세계의 많은 자본가들은 정부의 간섭에서 벗어나 자유로운 이윤창출 활동을 추구하기 위해 자유방임형의 시장체제를 요구하였다. 그러나 결과로서 착취(Exploitation)와 불평등

(Inequality)이 만연하게 되었고 전 세계 노동자들에게 참담한 결과를 안겨주었다. 그리고 다국적기업 간에 효율성 향상을 위한 첨예한 경쟁으로 말미암아 고용의 안정성이 상실되고 많은 노동자들이 비정규직화 되었다. 또한 기업과 부자들의 소득은 지속적으로 상승하는 반면에 노동자들의 소득은 점점 더 낮아지는 현상이 가속화되어 결국 많은 국가에서 소득양극화가 심화되고 있다.

Waters(1995)는 세계화를 "사회적, 문화적 제도에 대한 지리적 구속이 약해지고, 그러한 사실을 사람들이 점점 많이 인식하게 되는 사회적 과정"이라고 정의했다. 지리적 구속의 약화는 국가 간 경계의 기능 약화로 이어져 결국 국민국가의 쇠퇴를 가져왔다. 이런 상황에서 시장자본주의는 단일 국제체제가 되어 세계를 하나의 시장으로 만들어 버렸다. 이런 체제 하에서 정치 · 경제 · 문화의 모든 영역은 경제력을 앞세운 강대국 및 이들과 결탁한 국제기구에 의해 불평등하게 조장되었으며, 문화 및 생활양식이 획일화되면서 지역적 전통과 경제체제가 해체되기에 이른다.

작금의 세계화는 경제영역을 위주로 진행되고 있으며, 특히 선진국의 자본과 다국적기업의 역할에 초점이 맞춰져 있다. 따라서 세계화는 자본주의 시장경제라는 이데올로기적 함의를 강하게 띠고 있으며, 이는 탈냉전의 정치환경과 정보통신기술의 획기적 발전을 배경으로 급속도로 확산되고 있다. 세계화의 급속한 진전은 세계 여러 지역에서 문화의 동질화를 초래하고 있다. 초국적 자본 및 기술의 독점에 의한 세계시장의 단일화는 다양한 문화 간의 자연스러운 교류보다는 미국을 구심점으로 하는 강대국 문화의 일방적인 흐름에 따른 서구화 현상이 지배적으로 나타나고 있다. 이는 세계화란 추세 속에서 경제활동이 국민국가의 중요성을 약화시키고 정치적 경계의 의미를 상실시켜 시장자본주의 체제가 인류의 삶의 모든 영역을 지배하기 때문이다. 이런 문화적 동시화 또는 획일화의 추세는 특히 냉전체제 이후 형성된 미국 대중문화의 패권주의적 위력으로 인해 문화의 생산 · 소비 · 유통구조가 서구 선진자본주의의 문화논리, 특히 미국중심의 문화논리에 지배되는 문화제국주의론을 대두시키게 된다. 할리우드 영화 등을 앞세운 미국의 세계문화에 대한 지배와 잠식 우려는 유럽연합, 유네스코, 그리고 세계 각국의 저항을 유발하고 있다. 따라서 세계화가 가속화될수록 문화의

동질화에 따른 무국경화로 인해 고유한 문화의 종이 소멸되거나 문화적 정체성이 위태롭게 되고 있다는 비판이 거세지고 있다.

그러나 한편으로 이러한 동질화에 저항하여 민족이나 지역단위에 기반을 둔 정체성 또한 더욱 강화되고 있다. 이러한 모순적인 양상에 의해 민족과 국가의 특수한 문화정체성이 약화 또는 강화되면서 새로운 혼종(Hybrid)적 정체성들이 나타나기도 한다. 즉 문화가 이중적이며 모순된 위치에 자리하게 되어 보편화와 특수화, 동질화와 차이화, 통합과 분리, 중앙집권화와 탈중심화, 병렬과 융합이 동시에 발생하고 있는 것이다. 세계화는 일방적으로 진행되지 않으므로 보편주의/특수주의, 세계화/지역화가 긴장이나 갈등상태를 이루면서 세계적인 것은 지역적인 것과 균형을 이루고, 지역적인 것은 본질적으로 세계적인 것에 포함되므로 지역화가 세계화의 양상으로 파악될 수 있다. 결국 세계화시대에서 문화 침투와 충격은 문화적 동질화를 확산시키면서 동시에 지역 정체성의 상실에 대한 위기의식으로 인해 문화정체성을 보존하려는 움직임을 강화시키는 결과를 초래하고 있다. 즉 세계화는 세계문화의 동질성과 다양성을 파생시키는 동시에 지역문화와의 접합으로 새로운 혼종적 문화정체성을 만들어 내고 있다. 따라서 세계화 과정에서의 문화정체성은 과거 국민국가라는 단일정체성에서 다정체성 또는 복합정체성으로 전이되고 있다.

제1절 문화의 이해

1. 문화의 정의와 특성

문화(Culture)는 '재배하다' 또는 '경작하다'라는 뜻을 가진 라틴어 '*Colore*'에서 유래되었다고 한다. 인류학의 아버지라 불리는 영국의 Tylor(1871)는 문화란 "지식, 믿음, 기술, 법, 도덕, 관습 그리고 사회의 구성원으로서 인간이 습득한 모든 다른 능력과 습관을 포함하는 복잡한 총체"라고 정의했다. 문화는 일종의 사회적 나침반으로 문화가 없으면 그 사회의 구성원은 그가 어디에서 온 사람인지

어떻게 행동해야 하는지를 모르게 된다고 한다. 그리고 Rice(1933)는 문화를 "한 사회의 구성원으로서 어떤 대상에 대해 해석하고 평가하고 의사소통을 하는데 도움을 주는, 그들에 의해 받아들여진 생활양식, 즉 가치관, 태도, 신념, 형식 그리고 기타 의미있는 상징"이라고 정의했다. 즉 문화란 인간의 행동에 영향을 미치고 행동기준을 제시한다는 것이다. 또 Klukhohn(1951)은 문화란 "상징을 통해 학습되고 전달되는 사고, 감정, 반응의 형식이다. 문화는 인류 집단이 만든 독특한 산물이며 인간에 의해 구체적으로 형상화된 여러 가지를 포함한다. 문화의 중심은 역사적으로 계승되고 선택된 관념과 그에 따르는 부수적 가치에 의해 성립된다. 문화는 가치체계를 포함하며 한 집단의 독특한 생활방식이나 그들의 완전한 생활설계"라고 정의했다. 한편 비교적 최근 Hofstede(1991)는 문화를 "특정 환경에 놓인 사람들의 집단적인 정신적 프로그램이며, 문화는 개개인의 특성이 아니라 동일한 교육과 생활경험에 의해 조건화된 수많은 사람들의 집단적 특성"이라고 밝혔다. 즉 문화를 정신적 소프트웨어(Mental Software)라고 보는 것이다. 위의 내용을 종합해보면 문화는 "인간에게 고유한 학습을 통해 습득되며, 사회적 메커니즘을 통하여 특정 개인, 집단, 세대에서 다음으로 전승되어지는 정신 및 행동양식"이라고 할 수 있다.

문화는 특정 사회의 구성원으로서 사람이 습득한 규범, 관습 그리고 행동 및 상징의 지침으로 이루어진 복잡한 총합체이다. 모든 문화는 고유하며 지역적·사회적으로 구분이 되며, 언어공동체이며, 집단과 개인에게는 정체성(Identity)과 다른 사람에 대한 차이를 만드는 요소이며, 사회구성원들이 서로 또는 그들이 속한 환경에 대한 방향지시등의 역할을 한다. 문화는 종교, 예술, 음식, 오락, 교육 등의 행위와 신념으로 이루어져 있다. 또 문화는 혈족, 가족, 그리고 정치집단의 규칙과도 연관이 있다. 모든 문화는 역사적 환경에 따라 재구성되는 전통(Tradition)을 통해 계승이 된다.

다음으로 문화의 정의와는 다른 문화의 일반적인 특성에 대해 알아보기로 하자. 첫째, 문화는 사회구성원들의 행동기준이 되며 규범을 제공한다. 문화는 사회구성원들에게 욕구의 방향 및 욕구충족 방법의 지침을 제공한다. 문화의 핵심은 가치지향인데 이와 같은 가치지향은 인간의 욕구를 해결하기 위한 행동 및 사고의 방향을 제시하는 하나의 원칙이다. 즉 문화에는 이상적인 행동기준이 포함되므로 사회구성원들은 어떤 환경 또는 상황 하에서 어떤 행동이나 사고가 상식적이고 적절한지에 대해 공감하게 된다. 이처럼 사회구성원들에 의해 공유된 이상적인 행동양식이나 사고를 규범(Norm)이라고 하며, 이는 특정 사회구성원들의 태도, 행동, 사고에 큰 영향을 미친다. 만일 한 구성원이 행동이 사회규범에서 벗어나게 되면 가해지는 유무형의 사회적 압력으로 인해 구성원은 사회적 기대에 따르게 된다. 둘째, 특성 구성원이 학습하는 일련의 규칙 및 행동양식인 문화는 출산과 동시에 계승되지 않는다. 모든 사회에서는 규범 및 행동양식이 특유한 문화적 환경으로 발전되어 지속적인 변화과정을 통해서 다음 세대로 계승되며, 이와 같은 문화적 학습과정을 개인은 자신도 인식하지 못하는 사이에 사회적 보상 및 처벌기구를 통해 문화적 규범으로 인정하게 된다. 즉 자신의 행동이 문화적 학습과정을 통해 결정되며 사회의 문화가 요구하는 요건을 충족하고 있지만 실제 스스로는 이를 거의 인식하지 못한다고 한다. 셋째, 문화는 사회구성원 대다수에 의해 공유되고 있다. 어떤 신념이나 가치, 관습이 특정 사회의 문화로 정착이 되기 위해서는 그것이 대다수 사회구성원에 의해 공유되어야만 한다.

이처럼 문화의 특성은 사회구성원인 개인의 행동에 규범적인 구속력을 지니며, 이것이 확장되어 특정 사회나 국가 또는 민족에게 공유되어지는 생활양식으로 표현된다. 개인이 사물과 접촉하고, 사고하고, 판단하고, 결정하고, 행동하는 일련의 과정에서 집단적이며 규범적인 문화적 요인은 중요한 역할을 담당한다. 또한 문화는 민족, 종교, 언어, 관습, 역사, 위치 등에 의해 형성되기 때문에 민족성에 따라 사고, 행동, 가치관이 각각 달라서 사람들의 개인적인 행동양식에 영향을 미친다. 문화와 행동과의 관계는 〈그림 3-1〉과 같다.

그림 3-1 문화와 행위 간의 관계

(출처: Adler, 1986)

2. 문화의 표현방식

세계의 문화는 각 국가 또는 지역마다 다양한 문화의 스펙트럼을 가지고 있으며, 문화의 차이는 여러 가지 방식으로 표현될 수 있다. Hofstede(2010)는 문화가 표현되는 방식을 상징(Symbols), 영웅(Heros), 의식(Rituals), 가치(Values)의 네 가지로 파악하였다. 그는 양파모양을 이용하여 네 가지 표현방식과 그들 간의 심도의 수준 차이에 대해 설명했다(〈그림 3-2〉). 네 가지 요소 중에서 상징이 문화 표현의 가장 피상적인 형태이고, 가치는 가장 핵심적이며, 그리고 영웅과 의식은 그 사이에 위치한다. Hofstede는 문화는 상징, 영웅, 의식, 가치의 방식을 통해 표현된다고 했다.

그림 3-2 문화의 표현과 심도 수준

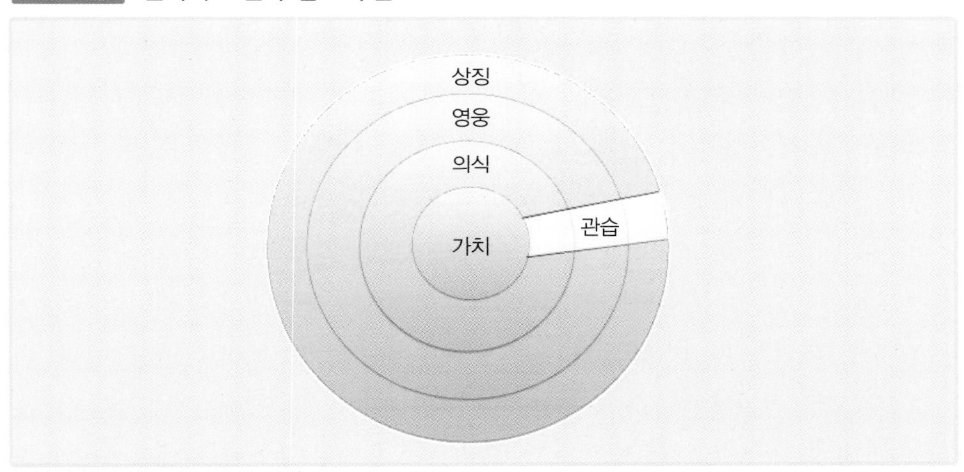

(출처: Hofstede, 2010)

첫째, 상징은 특정한 의미를 나타내는 말(Words), 몸짓(Gestures), 그림(Pictures), 대상(Objects)처럼 같은 문화를 공유하는 사람들 사이에서만 인식이 된다. 의상, 헤어스타일, 언어의 말, 국기 등이 여기에 해당된다. 새로운 상징은 쉽게 개발되며, 종전의 상징은 사라진다. 특정 문화의 상징은 다른 문화에 의해 주기적으로 모방이 되는데, 이런 특성 때문에 상징은 양파에서 가장 피상적인 껍

질층에 위치하고 있다. 맥도날드와 빅맥이 여기에 해당될 수 있다.

둘째, 영웅은 특정 문화에서 매우 칭송되는 특성을 보유한, 생존하거나 역사적 또는 실제거나 상상의 인물을 의미하는데, 이들은 행동의 모델로 간주된다. 이에는 배트맨, 슈퍼맨, 세종대왕 등이 해당된다.

셋째, 의식은 엄밀히 말하면 바람직한 결과에 이르기 위해서는 불필요하지만 특정 문화에서 사회적으로 매우 중요시되는 집단적 행위들을 말한다. 인사법, 타인에게 존경을 표하는 법, 사회적이거나 종교적인 의식 등이 이에 포함된다.

마지막으로, 가치는 문화의 핵심이다. 가치는 특정 상태를 더 선호하는 포괄적인 성향을 말한다. 가치는 직접적인 관찰이나 말로써 표현할 수 없으며 다양한 상황 속에 놓여 있는 구성원들의 행동에 의해 해석할 수 없다고 한다. 예를 들면, 선과 악, 도덕적과 비도덕적, 건전과 불건전, 아름다움과 추함, 자연적과 비자연적, 정산과 비정상, 논리적과 역설적, 합리적과 비합리적 등이 가치의 구체적인 특성이다.

〈그림 3-2〉를 보면 상징, 영웅, 의식은 가치로부터 시작되어 실제로 실행되는 사회적 관습(Practices)에 포함된다. 관습을 통해 문화는 외부인에게 보여지지만 문화적 의미는 가시화되지 않는다. 눈에 보이는 가장 피상적인 문화현상은 상징이란 양식으로 표현되며, 이를 더 깊이 파헤쳐보면 가장 깊은 곳에 가치가 위치하고 있는 것을 알 수 있다. 상징, 영웅, 의식은 불안정하고 유동적이며 보편적이지만, 반면에 가치는 매우 고정적이고 안정적이며 개별적이다. 예를 들면, 나이키 운동화를 신는 전직 미국 프로농구의 황제 마이클 조던은 상징 또는 영웅이란 측면에서 보면 매우 보편적이며 세계적인 상품성을 가지고 있다. 그렇지만 농구를 즐겨하지 않는 이슬람인의 가치 측면에서 봤을 때에는 전혀 다른 양상이 나타나게 된다. 이는 이슬람문화가 보유하고 있는 가치척도의 개별성에 기인되는 현상이다. 그러므로 개별 국가의 문화를 효과적으로 이해하기 위해서는 보다 본질적인 표현방식인 문화적 가치에 대한 분석이 필요하다.

제2절 국가 간 문화적 차이

다국적기업이 현지화전략을 통해 경쟁우위를 차지하려면 해당되는 현지국가의 문화에 대한 깊은 이해가 필요하다. 그 핵심은 당연히 그 지역의 문화적 가치에 대한 분석을 바탕으로 한 대응전략이 되어야 한다. 최근에는 문화개념은 국가문화를 염두에 두고 있다. 국가문화는 "특정 집단의 사람들을 다른 집단과 구분하게 하는, 어린 시절부터 습득된 가치, 신념(Beliefs), 전제(Assumptions) 같은 것"으로 정의되고 있다. 국가문화의 범위는 각 국가의 언어, 종교, 제도, 규범, 생활양식 등을 포함한다. 즉 특정 국가의 국민이 그 사회의 구성원으로서 해석하고, 교류하고, 평가할 수 있도록 고안된 일정한 형식 내의 가치, 신념, 태도와 기타 의미있는 상징을 포함한다.

서로 다른 국가의 문화적 가치를 비교하기 위해 가장 많이 이용되는 분석도구가 바로 Hofstede(1980/1983)의 문화모형이다. 네덜란드의 사회심리학자인 Hofstede는 세계적인 다국적기업 IBM의 해외지사 50여 개국의 직원들을 대상으로 그들이 갖고 있는 태도와 가치관에 대한 자료를 수집하여 문화의 차이점을 연구하였다. 즉 그는 사람들이 자기가 속한 세계를 인식하고 해석함에 있어 기본적인 차이점을 찾아서 이것을 기준으로 각국의 문화적 가변성(Cultural Variability)을 파악했는데, 이를 통해 서로 다른 문화들이 몇 가지 핵심적 차원에 따라서 변화의 연속선(Continuum) 상에서 서로 어떻게 다른지를 보여 준다. 또한 그는 모형에서 나타난 국가문화의 차원(Dimensions)은 개인, 조직, 기업 등의 문화와는 확연히 구분되는 독립적인 차원이라고 파악했는데, 장구한 역사적 과정을 통해 형성된 국가 단위의 문화적 거리는 서로 상대적인 위치를 유지하고 있다고 주장했다. Hofstede의 문화모형을 보면 각 국가의 문화적 차이 또는 문화적 가변성의 차이를 권력격차(Power Distance), 개인주의-집단주의(Individualism- Collectivism), 남성성-여성성(Masculinity-Femininity), 불확실성 회피(Uncertainty Avoidance), 장기지향성-단기지향성(Long-Term Orientation-Short-Term Orientation)이라는 다섯 가지 차원으로 제시하였다.

1. 권력격차 차원

권력격차는 권력이 불공평하게 배분되어 있다는 것을 권력을 적게 가지고 있는 구성원들이 받아들이고 예상하는 정도라고 정의하고 있다. 이는 한 마디로 특정 사회의 불평등 정도를 파악하는 것이다. 특정 국가라는 문화권에서 권력, 명성, 부 등이 분배된 정도를 권력격차 지수(Power Distance Index: PDI)를 통해 측정할 수 있다. 권력격차가 큰 사회에서는 모든 인간은 평등하지 않다는 전제하에서 사람들은 자기 자신의 위치를 인정하고 각자의 위치에 따라 권위를 부여하거나 받아들인다. 그러므로 직장 내에서 상사와 부하 직원 사이에는 위계질서가 엄격하다고 할 수 있다. 따라서 이런 문화권에서는 상하 간에 결속력과 의존성이 높은 편이며 집단주의적 성향이 강하게 나타난다. 또한 권력격차 지수가 높은 국가에서는 조직의 위계질서를 당연하게 인정하고 상하 간의 지위는 권력 차이를 명확하게 표현한다. 이런 문화를 가진 국가는 보편적으로 권력이 소수에 집중되어 있다고 볼 수 있다.

하지만 권력격차 지수가 작은 사회에서는 권리와 기회의 평등주의가 강조되며, 모든 인간은 평등하다는 전제가 강한 편이다. 이런 사회에서 비교적 권력이 분산되어 있어서 위계질서가 약해서 편의상의 역할의 구분을 규정할 뿐이며 기본적으로 불평등을 야기하지는 않는다. 그러므로 부와 권력이 일치하지 않는 편이며, 신분차이나 온정주의는 바람직하지 않은 것으로 간주된다. 권력격차 지수가 낮은 국가에서는 상호 간에 독립성이 존중되는 편이어서, 직장 내에서 상사와 부하는 협의를 통해 업무를 처리하며 직장 밖에서는 독립된 개인으로 사생활에 대한 자유가 보장된다.

〈표 3-1〉은 세계 각 국가의 권력격차 지수를 보여주고 있다. 동아시아, 남미, 동유럽 국가들은 권력격차 지수가 매우 높은 반면에 미국과 서유럽 및 북유럽 국가들은 권력격차 지수가 매우 낮게 산출되었다. 이런 현상은 비교적 먼저 민주주의를 실천한 서구 선진국들이 권력격차 지수가 낮다고 볼 수 있다.

표 3-1 국가별 권력격차 지수

국명	권력격차 지수	국명	권력격차 지수	국명	권력격차 지수
말레이시아	104	브라질	69	일본	54
파나마	95	프랑스	68	미국	40
필리핀	94	홍콩	68	독일	35
러시아	93	폴란드	68	영국	35
루마니아	90	콜롬비아	67	핀란드	33
멕시코	81	터키	66	스웨덴	31
중국	80	태국	64	뉴질랜드	22
인도네시아	78	포르투갈	63	덴마크	18
인도	77	한국	60	이스라엘	13
싱가포르	74	그리스	60	오스트리아	11

(출처: Hofstede, 2010)

2. 개인주의-집단주의 차원

개인주의는 집단의 정체성, 권리, 욕구보다 개인의 정체성, 권리, 욕구를 보다 중요하게 여기는 문화의 가치지향성을 뜻하고 있다. 개인주의는 각 개인의 독특함이 최고의 가치를 지니며, 개인의 주체성, 흥미, 독립성이 강조된다. 인간관계가 아닌 업무와 경쟁을 통한 개인의 능력 발휘, 자아실현, 행복을 최고의 미덕으로 여긴다. 따라서 개인과 집단 간의 긴밀한 감정교감이 어렵기 때문에 개인주의 문화는 명시적인 소통(Communication)을 중시하므로 설득력과 메시지의 명확성이 중요하게 간주된다. 이런 문화에서 구성원은 자유로운 자신의 선택에 의해 여러 집단에 가입과 탈퇴가 보장된다.

반면에 집단주의는 자신을 '우리'라는 특정한 내부집단의 일부로 여기며 집단의 관점, 목표, 욕구와 일치한다. 하지만 자신이 속하지 않는 외부집단에게는 배타적이며, 자신의 속하는 집단에는 충성심이 강하며 집단에 대한 의존도도 높다. '나'보다는 '우리'라는 정체성이 강조되므로 집단주의 문화에서는 개인의 목표, 취향, 욕구, 견해보다는 자신의 속하는 내부집단의 사회적 규범을 강조한다. 또 개인의 신념보다는 내부집단이 공유하고 있는 신념이 보다 중요하며, 개인적 성취를 달성하는 것보다 내부집단 구성원 간의 협력에 더 큰 가치를 두고 있다. 일부에서는 집단을 위해 충성하고 공익을 위해 스스로를 희생하는 사람이 많으면 많을수록 그렇지 않은 집단을 넘어설 수 있다고 주장한다. 이런 문화의 직장에서는 업무보다 인간관계에 우선순위를 두고 있으며, 세계 인구의 약 70%가 집단주의 문화권이라고 한다.

〈표 3-2〉에는 세계 각 국가별 개인주의 지수(Individualism Index: IDV)가 나타나 있다. 세계에서 가장 개인주의 성향이 강한 국가는 미국으로 나타난 반면에 남미 국가와 동아시아 국가들이 집단주의 성향이 강한 것으로 나타났다. 미국은 개인의 성향, 기분, 공간, 프라이버시를 가장 우선시한다. 또한 미국 및 유럽 국가 등과 같이 개인주의 문화적 성향이 강한 국가들이 대부분 선진국에 해당하고 있는데, 이런 양상은 개인주의 문화가 경제성장을 견인하는 동력이라고 하기보다는 경제성장에 따라서 문화적 가치의 변화가 개인주의화하고 있다고 할 수 있을 것이다.

한편 〈표 3-1〉과 〈표 3-2〉 즉 권력격차 지수와 개인주의 지수를 비교해보면 흥미로운 사실이 밝혀진다. 일부 예외적인 국가를 제외하면 권력격차 지수가 높은 국가들이 개인주의 지수는 낮은 것으로 나타나고 있으며, 그와 반대로 권력격차 지수가 낮으면 개인주의 지수가 높게 나타나고 있다. 즉 두 차원은 부(Negative)의 상관관계를 보이고 있다고 할 수 있는데, 권력격차 지수가 높은 국가는 집단주의 성향이 보다 강하고 반대로 권력격차 지수가 낮으면 개인주의 문화의 성향이 보다 강하게 나타나고 있다.

표 3-2 국가별 개인주의 지수

국명	개인주의 지수	국명	개인주의 지수	국명	개인주의 지수
미국	91	인도	48	싱가포르	20
호주	90	아르헨티나	47	중국	20
영국	89	일본	46	한국	18
캐나다	80	모로코	46	페루	16
헝가리	80	이란	41	인도네시아	14
네덜란드	79	러시아	39	파키스탄	14
이탈리아	76	브라질	38	콜롬비아	13
덴마크	74	터키	37	베네수엘라	12
프랑스	71	우루과이	36	에콰도르	8
독일	67	그리스	35	과테말라	6

(출처: Hofstede, 2010)

3. 남성주의-여성주의 차원

이 차원은 한 사회가 남녀 간의 역할을 명확히 구분하고 물리적 부, 권력, 스포츠 등 남성적 가치(남성성)가 강조되는 정도를 나타낸다. 즉 남성과 여성의 사회적 역할의 구분을 극대화하는 사회를 남성주의 사회로 보며, 상대적으로 그것을 극소화시키는 사회를 여성주의 사회로 보고 있다. 남성주의 강한 사회에서는 자기주장, 물질, 권력, 재산, 지위, 업적, 성공 등과 같은 가치가 지배한다. 그리고 이런 사회에서는 사람들이(특히 남성) 독단적이고, 야망이 크며, 경쟁심이 강하게 나타난다. 또한 남성성이 강한 사회에서는 크고, 강하고, 빠른 것이 대접을 받는 것이 일반적 현상이다.

반면에 남성성이 약한 여성주의 사회에서는 남녀의 사회적인 역할이 중첩되며 인간적 관계가 중요시된다. 이런 사회에서 남성과 여성은 모두 삶의 질을 우선시하며 부드럽고, 작고, 약하며, 느린 것이 선호된다. 또 겸손과 타인에 대한 배려, 사교성이 강조된다. 그리고 여성주의 사회에서는 유동적인 성의 역할, 서비스, 그리고 상호 의존성에 높은 가치를 두게 된다.

남성주의 사회에서는 여성주의 문화권에 비해 성취에 대한 동기가 높게 나타나고, 일이 삶의 중심적인 역할을 담당하며, 업무에 대한 높은 수준의 스트레스

표 3-3 국가별 남성주의 지수

국명	남성주의 지수	국명	남성주의 지수	국명	남성주의 지수
슬로바키아	110	그리스	57	한국	39
일본	95	아르헨티나	56	러시아	36
오스트리아	79	인도	56	태국	34
베네수엘라	73	캐나다	52	칠레	28
이탈리아	70	파키스탄	50	코스타리카	21
멕시코	69	브라질	49	슬로베니아	16
중국	66	이스라엘	47	네덜란드	14
독일	66	인도네시아	46	라트비아	9
영국	66	터키	45	노르웨이	8
미국	62	프랑스	43	스웨덴	5

(출처: Hofstede, 2010)

를 보인다고 한다. 일본처럼 전통적인 남성위주의 문화권에서는 남성주의 지수(Masculinity Index: MAS)가 매우 높으며, 스웨덴, 노르웨이, 네덜란드 같은 국가들은 여성주의 문화권으로 기우는 경향을 보이고 있다(〈표 3-3〉).

4. 불확실성 회피 차원

불확실성 회피 차원은 불확실한 미래를 어떻게 받아들일 것인가를 나타낸다. 즉 특정 문화의 구성원들이 불확실하거나 미지의 상황으로 인하여 느끼는 정도를 뜻하며, 이런 상황을 피하려는 정도의 차이를 측정하는 것이다. 불확실성 회피 성향이 높은 사회에서는 초조, 불안 등이 뚜렷하게 나타나며, 따라서 각종 법적 및 규범적 장치를 통해 위험을 줄이는 노력을 한다. 이 문화에서는 안전하고 안정된 사회를 중요한 가치로 여기며 변화나 모험은 피하고자 한다. 〈표 3-4〉에는 각 국가별 불확실성 회피 지수(Uncertainty Avoidance Index: UAI)가 나타나 있다. 불확실성 회피 성향이 높은 주요 국가로는 그리스, 포르투갈, 우루과이, 러시아, 일본 등이 있다.

한편 불확실성 회피 성향이 낮은 사회에서는 미래의 위협을 별로 느끼지 않는 편이다. 따라서 이런 사회에서는 최소한의 규칙이 바람직한 것으로 간주된다. 경쟁이나 갈등은 당연한 것으로 여겨져서 피하지 않고 당당히 맞서는 편이다.

표 3-4 국가별 불확실성 회피 지수

국명	불확실성 회피 지수	국명	불확실성 회피 지수	국명	불확실성 회피 지수
그리스	112	브라질	76	캐나다	48
포르투갈	104	이탈리아	75	인도네시아	48
우루과이	100	체코	74	미국	46
러시아	95	오스트리아	70	인도	36
폴란드	93	파키스탄	70	영국	35
일본	92	독일	65	중국	30
루마니아	90	태국	64	홍콩	29
아르헨티나	86	방글라데시	60	스웨덴	29
프랑스	86	핀란드	59	덴마크	23
한국	85	이란	59	싱가포르	8

(출처: Hofstede, 2010)

또 생각이 다른 사람에 대해서도 불편해 하거나 무시하지 않으며, 예상하지 않은 일이 벌어져도 잘 참으며 감정을 드러내지 않는 편이다. 이런 사회에서는 전반적으로 긴장감이 높게 나타나지 않는 경향이 있다. 불확실성 회피 지수가 낮은 국가에는 싱가포르, 덴마크, 스웨덴, 홍콩, 중국, 인도, 미국 등이 있다.

5. 장기지향성-단기지향성 차원

앞에 소개한 네 가지 차원은 국가 간의 문화적 차이를 설명함에 있어 좋은 도구임에도 불구하고 모든 차원이 서양사회를 중심으로 구성되었다는 비판이 있었다. 그래서 Hofstede는 다른 학자들의 연구결과를 토대로 하여 장기지향성-단기지향성이란 동양적, 특히 중국, 특징을 가진 새로운 차원을 개발하게 된다.

이 차원은 인생에 대한 태도를 나타내는 것으로 장기지향적인 성향을 갖느냐 또는 단기지향적인 성향을 갖느냐를 측정하려고 한다. 또한 이 차원을 통해 특정한 사회를 과거의 관습이나 단기적 관점에서 조망하는 것이 아니라 실용적이며 미래지향적인 관점으로 보는 정도로도 해석할 수 있다. 장기지향성 지수(Long-Term Orientation Index: LTO)가 높은 문화권에서는 지위에 의한 서열관계와 이에 대한 존중, 끈기, 절약 등에 높은 가치를 둔다. 장기지향성이 높게 나타나는 문화에서는 장기적으로 성과를 달성하려 한다. 따라서 저축, 검소 등이 강조된다. 반면에 단기지향적인 문화에서는 단기적인 성과에 집착하게 된다. 그러므로 절약이나 끈기가 별로 강조되지 않는다. 〈표 3-5〉에서 보는 바와 같이 한국, 일본, 중국과 동양권 국가들은 매우 장기지향적이며, 반대로 이집트, 이란, 아르헨티나, 베네수엘라 등과 같은 일부 이슬람 및 중남미 국가들은 매우 단기지향적임을 알 수 있다.

Hofstede의 국가문화 연구모형은 국가 간의 문화적 및 가치관에 차이점을 파악하여 다국적기업의 국제경영에 큰 공헌을 하였다. 그럼에도 불구하고 4가지 차원에 대한 몇 가지 문제점이 제기되고 있다. 첫째, 표본의 대표성에 대한 의문이다. 컴퓨터산업에 속하는 IBM의 해외지사 직원들만을 연구대상으로 하였기 때문에 특정 산업과 특정 기업에 대한 표본의 대표성에 문제점이 있다는 지적이다. 둘째, IBM 직원들만을 대상으로 한 연구의 결과를 일반화할 수 있는가에 문제점 역시 제기되고 있다. 셋째, 측정척도에 대한 문제이다. 문화적 특성을 과연 이분법적 방식으로 측정할 수 있는가에 대한 의문이 제기되고 있다고 한다. 넷째, 국가라는 지역적 영토와 문화집단이 일치하는가에 대한 여부이다. 일부 국가에는 민족성이 다르므로 문화도 다르게 나타나기 때문이다. 마지막으로, 연구조사가 실시됐던 1960년대 및 1970년대와 비교했을 때 작금의 21세기의 환경은 많이 변했으며 또한 문화도 정적인 것이 아닌 동적인 것이기 때문이다.

표 3-5 국가별 장기지향성 지수

국명	장기지향성 지수	국명	장기지향성 지수	국명	장기지향성 지수
한국	100	프랑스	63	필리핀	27
일본	88	이탈리아	61	미국	26
중국	87	홍콩	61	이라크	25
우크라이나	86	오스트리아	60	멕시코	24
독일	83	헝가리	58	오스트리아	21
에스토니아	82	스웨덴	53	아르헨티나	20
벨기에	82	세르비아	52	베네수엘라	16
러시아	81	루마니아	51	이란	14
스위스	74	영국	51	이집트	7
싱가포르	72	인도	51	푸에르토리코	0

(출처: Hofstede, 2010)

제3절 문화의 세계화에 대한 세 가지 관점

세계화는 국가 또는 지역 간의 상호의존도가 가속화되는 현상이다. 세계화로 인해 세계가 좁아지면서 문화적 차이에 대한 관심도 높아지고 있다. 문화의 세계화를 바라보는 관점은 크게 세 가지로 나누어 볼 수 있다. 첫째, 문화의 이질화(Cultural Differentialism)이다. 이는 세계화가 진행이 되더라도 과거처럼 각 국가 또는 지역마다의 문화적 차이가 유지된다는 관점이다. 세계화의 파고가 높더라도 문화는 변하지 않으므로 문화적 다양성(Diversity)이 계속해서 유지 또는 증가된다는 것을 의미한다. 즉 세계화는 매우 표면적인 현상이며, 진정으로 역동적인 것은 지역문명에 근거한 지역화(Regionalization)이며, 그러므로 미래의 세계화는 지역 간의 대결양상이라고 보고 있다.

둘째, 문화의 동질화(Cultural Homogeneization)이다. 이 관점은 세계화로 인해 이문화 간의 다양성이 축소되어 점점 보편적인 문화로 탈바꿈된다는 주장이다. 즉 지배적인 힘을 가진 특정 단일문화에 의해 다른 문화는 파괴된다는 것이다. 이 관점은 현재의 세계화는 문화제국주의에 기반을 둔 매우 명백한 서구화(Westernization) 또는 미국화(Americanization)라고 이해하고 있다.

셋째, 문화의 혼종화(Cultural Hybridization)이다. 세계화로 인해 각 문화는 상호작용을 통해 서로 뒤섞이게 되는데, 이 과정을 거치면서 새롭고 독특한 문화적 차이가 만들어진다는 것이다. 즉 이 관점은 세계화 과정의 산물인 개방적인 현재의 세계화는 동양의 서구화 현상인 동시에 서구의 동양화 현상이며 상호 간에 많은 영향을 미치고 있는 것으로 보고 있다. 지금부터 각 관점에 대하여 보다 자세히 살펴보기로 하겠다.

1. 문화의 차이화(Cultural Differentialism)

문화의 세계화를 바라보는 관점은 크게 세계화가 과연 동질화된 문화를 만들어내는가, 아니면 차별화된 문화를 생산해내는가에 따라 달라질 수 있다. 먼저 인류는 오래전부터 문화적 차이를 꾸준히 만들어 왔다고 하는 관점을 살펴보기로 한다.

1993년 미국 하버드대학의 교수인 Samuel Huntington은 그의 신작 '문명의 충돌(The Crash of Civilizations)'을 통해 냉전시대 이후의 세계화된 국제질서에 대한 새로운 패러다임을 제시하였다. 그는 탈냉전시대의 주요 문명을 여덟 유형으로 분류하였고, 서로 다른 문명들의 문화적 차이에서 비롯되는 갈등으로 말미암아 문명들 간의 충돌이 나타나게 될 것이라고 전망했다(〈그림 3-3〉). 그는 문명의 실체는 종교이며 따라서 다른 종교를 신봉하는 집단 또는 문명 간에는 충돌이 발생한다고 관측했다.

Huntington이 분류한 세계의 8대 문명은 다음과 같다. 유교문명권(Confucian)인 중화문명에는 중국을 위시해서 화교집단, 한국을 비롯한 동아시아를 포함한다. 또 인도의 힌두문명(Hindu), 일본문명(Japanese), 이베리아반도와 북아프리카로 전파된 중앙아시아와 동남아시아의 일부 지역의 이슬람문명(Islamic), 러시아를 중심으로 하는 정교문명(Slavic-Orthodox), 서구의 그리스도교문명(Western), 라틴아메리카문명(Latin American), 그리고 아프리카문명(African)으로 분류했다.

그림 3-3 Huntington의 세계 8대 문명

(출처: 저자 작성)

Huntington은 문명 간의 차이는 종교적 차이에서 비롯되며, 문명을 정의하는 객관적이고 핵심적인 요소로 가장 중요한 것이 종교라고 했다. 따라서 종교를 기준으로 개별문명이 구분되며, 이 문명들은 상이한 종교적 전통에 의해서 갈등과 대립을 지향하게 되고 결국 충돌은 불가피하다고 예측하였다. 그리고 세계정치에서 갈등은 더 이상 정치 또는 경제적인 요인이 아니라 상이한 문명 간의 충돌에 의해 기인한다고 예측했다. 또 냉전체제에서는 이데올로기를 중심으로 세계질서가 만들어졌다면, 탈냉전시대에서는 문명 또는 문화 단위로 세계질서가 새롭게 재편되었다고 보았다.

그는 또 국가 간의 대립구조를 무력에 의해 설명하는 시대는 이미 끝이 났다고 보았다. 즉 문명에 국가의 행동방향이나 지침이 결정된다고 보았다. 그는 유사한 문화를 공유하는 국가끼리는 동맹이나 협약을 체결하여 협력을 도모하고 결속을 다지게 되지만, 상이한 문화적 배경을 가진 국가끼리는 태생적인 문화적 차이에서 유래되는 잠재적인 위협에 의해서 갈등 및 대립관계로 쉽게 빠지게 된다고 보았다.

Huntington은 서구의 보편적인 문명이 지배하던 시대는 이제 끝이 났다고 보았다. 서구적인 근대화를 기반으로 하여 경제적, 정치적, 군사적으로 강해진 비서구 문명권에서는 자신들의 문화에 대한 자긍심과 애착심으로 인해 고유문화가 부활하게 된다고 관측했다. 또 이들은 정체성에 대한 혼란과 위기를 겪으면서 전통종교에 대한 관심이 고조되기에 이른다. 특히 아시아의 유교문명과 이슬람문명권은 증진된 경제력, 인구증가, 강화된 군사력 등을 바탕으로 하여 결국 서구 그리스도문명에 도전하게 될 것이라고 예측했다.

한편 Huntington의 관점과 달리 많은 학자와 사람들은 세계화가 깊어가면서 점차 세계의 문화들이 하나로 융합 또는 동질화되어 나갈 것이라고 예측했다. 그러나 많은 시간이 흐른 지금 그런 예측을 되짚어보면 기대되었던 융합은 만들어내지 않았다. 인류는 그 반대 방향으로 작용하는 모든 과정에도 불구하고 근본적으로 문화적 차이를 만들어내는 놀라운 기계라는 것을 깊이 인식하게 되었다.

세계화의 확산은 다른 문화 간의 끊임없는 접촉을 야기했으며 이질적인 문화 간의 충돌은 아직 결코 사라지지 않고 있다. 단적인 예로 2001년의 9 · 11 테러와 비교적 최근에 발생한 2013년 보스턴 마라톤 폭탄 테러는 이런 사실을 우리에게 상기시켜 주고 있다(〈그림 3-4〉).

그림 3-4 보스턴 마라톤 폭탄테러 현장

2. 문화의 동질화(Cultural Homogeneization)

문화적 차이는 불변한다는 Huntington의 시각과는 달리 세계화를 통해 문화의 동질화 현상도 나타나고 있다. 미국화(Americanization), 맥도날드화(McDonaldization), 코카콜라화(Coca-colonization), 디즈니화(Disneyfication) 등은 소비자 보편주의와 대중매체로 대변되는 문화제국주의의 변형이다. 문화의 동질화는 지배적인 힘을 가진 특정 문화가 다른 주변 문화를 파괴하여 일률적인 문화체제를 구축하는 것을 의미한다. 여기서 구심적인 역할을 하는 것이 다국적기업이라고 한다.

맥도날드화라는 용어를 처음 소개한 Ritzer(2010)는 이를 "패스트푸드 레스토랑의 경영원칙들이 점점 더 미국사회뿐만 아니라 나머지 세계의 모든 영역들을 지배해 나가는 과정"이라고 정의했다. 여기서 말하는 경영원칙들이란 효율성(빠른 서비스), 측정가능성(신속하고 값싼), 예측가능성(낮은 불확실성), 통제(노동력과 고객)를 말한다.

2012년말 기준으로 맥도날드는 세계 100여개 국가에서 약 35,000여 개소의 레스토랑을 운영하고 있으며, 이들은 매일 약 7천만 명의 세계 시민들에게 식사를 제공하고 있다고 한다. 맥도날드의 성공원칙은 첫째, 맥도날드와 같은 원칙을 적용하여 성과를 달성한 다른 외식체인들(맥도날드화된)의 전 세계로의 확산을 주도하였으며, 둘째, 다른 국가의 외식업체들도 그들만의 맥도날드화된 체인을 개발하게 되었으며, 셋째, 급기야는 다른 국가에서 개발된 맥도날드화된 외식체인업체가 본고장인 미국으로 역수출하기에 이르렀다. 그만큼 맥도날드화는 보편적이고 획일적인 세계적 현상이다.

할리우드 영화, 팝 뮤직, 코카콜라, 말보로 등과 함께 맥도날드는 전형적인 미국적인 것이며 미국인들의 생활양식을 대변하고 있다. 맥도날드화는 가장 미국적인 것을 세계적인 것으로 통용되게 함으로써 전 세계 문화를 동질화시키고 있다. 샘에서 흘러나오는 물처럼 미국문화는 강이 되고 바다가 되어서 전 세계 각 지역의 문화적 차이를 용해시켜 나가고 있다.

근대화(Modernization)된 서구 자본주의 체제는 일찍이 전근대적이며 경제의 발전 정도가 낮은 비서구 국가들을 위해 어떤 역할을 해야 하는가에 대한 관심을 잊지 않고 있었다. 여기에도 대립하는 두 가지 관점이 존재하는데 바로 발전이론과 문화제국주의론이다. 먼저 발전이론은 저개발된 비서구 국가들이 발전하기 위해서 필수적인 경제성장과 정치발전이라는 국가적 과제들을 달성하기 위해서는 전통적인 가치체계와 생활양식을 버리고 합리적인 서구문화체계의 채택을 장려하는 것이다. 이 과정에서 대중매체(Mass Media)는 정치와 경제 영역에서 근대화를 이룩하는데 핵심적인 역할을 했다고 한다. 비서구 국가들에게 발전이론은 큰 반향을 일으키면서 매우 적극적으로 수용되었다.

그러나 근대화를 위한 거국적인 노력에도 불구하고 저개발국가에서는 빈부의 격차가 심화되고, 사회 각 영역의 불균등한 성장으로 말미암아 많은 사회적 문제가 생겼으며, 급기야는 전통문화가 해체되고 서구문화에 종속되는 현상이 심화되기에 이른다. 문화제국주의론은 바로 이러한 배경을 바탕으로 하여 탄생된 이론이다. 문화제국주의는 미국적 소비문화의 패권적인 힘을 강조하며, 전 세계 소비문화의 형태가 동질화되고 있음을 상징하고 있다.

문화제국주의의 침투를 통해 지배적인 국가의 상품이나 문화가 저개발국가로 전이되는데, 이를 통해서 선진국가의 상품과 문화의 소비가 촉진되게 된다. 이런 과정을 통해 저개발국가의 고유한 전통문화는 외래문화의 지배에 의해 침탈되고 파괴된다. 이 과정에서 다국적기업들은 핵심적인 역할을 담당하게 되는데, 이들의 목표인 전 세계 시장으로 판매 기회를 확대하는 것과 일맥상통하기 때문이다. 결국 문화제국주의는 강력한 대중매체 경쟁력을 보유한 국가가 그렇지 못한 국가의 미디어를 장악하여 일차적으로는 제품 판매의 극대화를 통해 경제적 이익을 성취하고, 이차적으로는 상대국가의 전통문화를 침탈해서 서구문화의 가치를 이식함으로써 지배와 종속의 질서를 고착화하려는 시도인 것이다.

자본주의가 고도로 발달한 미국 및 유럽 국가들은 세계화를 통해 경제적 이익을 추구해왔을 뿐만 아니라 서구의 문화가치를 확산해왔다. 이 과정에서 미디어나 정보통신 산업에 속한 다국적기업들은 결정적인 역할을 수행했다. 또한 정보

경제와 네트워크 사회의 발전을 촉진한 인터넷을 비롯한 다양한 정보통신기술은 문화의 동질화 현상을 가속화하는데 큰 일조를 하였으며, 모바일 등 디지털 기술의 발전에 따른 뉴미디어의 급속한 보급은 문화적 차이를 더욱 좁히는데 공헌하였다.

3. 문화의 혼종화(Cultural Hybridization)

가속화되는 세계화시대에서는 초국가적 미디어가 생산되고 다양한 문화들이 서로 교류를 하게 되면서 전 세계적인 문화와 지역문화, 또 중심부와 주변부 문화의 조우로 인해 형성되는 새로운 문화적 실체들이 탄생했다. 이로 인해 혼종(Hybridity)이라는 새로운 개념적 틀을 이용하여 새로운 문화현상을 이해하려는 움직임이 일었다. '혼종'개념에서는 상이한 문화가 뒤섞이면서 발생하는 정체성의 이중성, 경계성, 중간성을 중요시하고 있다. 그래서 문화의 혼종화는 서구문화의 중심부에서 주변부 세계로의 일방적인 확산이라는 종전의 모델을 뒤집어서 새로운 세계화 이론의 정립에 큰 기여를 했다. 따라서 혼종성 개념은 서로 대립적인 관계인 차이화 관점과 동질화 관점 간의 갈등을 해소하는데 긍정적인 역할을 담당한다고 한다.

Said(1996)는 어떤 문화도 단일하거나 순수하지 않다고 했다. 모든 문화는 상호간에 영향을 주고받으며 혼합되고 변하기 때문이다. Bhabha(1990)는 혼종화 이론을 "식민자가 피식민자에게 가져온 모든 개념은 타자의 문화라는 견지에서 새롭게 태어나고, 갱신되며, 재해석되는 개념이다"라고 정의했으며, 모든 문화는 끊임없이 혼종화의 과정을 겪는다고 보았다. 또 Hannerz(1996)은 중심국에서 주변국으로 대중문화에 대한 기본적인 틀이 제공되더라도 주변국들은 그것을 그대로 답습하기보다는 자신들의 특성과 맥락에 맞게 변용하고 재조직해서 새로운 문화를 만든다는 것으로 보았다. 그러므로 수용 초기에는 중심국가에 주변국가에 대하여 문화적 지배에 성공한 것처럼 보이지만, 결국 시간이 흐를수록 지배력은 약화된다고 주장했다. 두 가지 관점을 요약하면 문화에서 혼종성은 서로 다른 문화가 섞여지는 과정에서 일부 세력이 자발적으로 그들만의 장점을 바탕으로 하여 두 문화 사이에서 새로운 형태의 문화를 생산해서 강압적인 외부세력에 저항한다는 것이다. 가령 미국의 유명 TV드라마인 'Sex and The City'가 다른 국가에서 상영될 때 외국 시청자들은 미국과는 다른 시각으로 드라마를 시청한다는 것이다. 즉 미디어 콘텐트는 전 세계로 전송되지만 각 지역의 시청자들은 고유한 사회·문화적 맥락에 의해 그 내용을 이해하고 해석한다는 것이다.

제4절 문화다양성이 존중되는 세계화

문화다양성(Cultural Diversity)은 문화정체성이 서로 다른 집단 간에 나타나는 가치관, 신념, 언어, 관습, 생활양식 등의 차이라고 할 수 있다. 여기서 문화다양성에 관련되는 집단은 주로 민족, 종족, 인종을 가리키게 되는 경우가 많다. 그러나 문화다양성이란 개념을 이런 집단에만 적용하는 것에도 제한이 있다. 왜냐하면 민족이나 종족이 아니더라도 종교, 나이, 성, 지위, 직업에 따라 가치관, 신념, 생활양식 등에서 차이가 나타나기 때문이다. 한편 UNESCO는 문화다양성을 "언어나 의상, 전통, 사회를 형성하는 방법, 도덕과 종교에 대한 관념, 주변과의 상호작용 등 사람들 사이의 문화적 차이를 포괄한다"라고 정의하고 있다.

문화다양성은 몇 가지 차원으로 파악할 수 있다. 첫째, 특정 지역의 인간 집단, 사회, 그리고 문화 등에 대한 여러 유형을 말한다. 둘째, 다양한 배경, 특성, 가치관, 신념, 관습, 전통을 가진 개인이나 집단의 혼합을 의미한다. 셋째, 지역사회, 조직, 국가 내에 존재하는 여러 집단 간의 인종, 민족성, 국적, 종교, 그리고 언어에 대한 차이를 말한다.

세계화는 사회의 전 영역에서 상호 연결성이 강화되는 현상으로 지구 전체가 하나의 공간으로 변모되고 있다. 문화를 인류의 모든 의식과 생활양식의 총체라고 봤을 때 세계화시대라는 시·공간적 배경에서 문화의 다양성은 필연적으로 나타나는 사회적 현상이라고 할 수 있다.

세계화가 진행되면서 다양한 재화 및 서비스를 전 세계가 공유하게 되었다. 특히 정보통신기술의 혁신으로 국제간의 교역이 활발해지면서 지구는 거대한 하나의 시장으로 변모하였다. 특히 거대한 경제력과 자본을 앞세운 미국의 재화 및 서비스가 세계 각국으로 밀물처럼 들어가면서 세계화는 곧 미국화인 것으로 간주되기에 이르렀다. 무역에서 문화 분야에 대한 논란이 일기 시작된 것은 우루과이 라운드가 1993년 종료되고 기존의 GATT를 대체하여 1995년 1월 새롭게 창설된 WTO(세계무역기구)가 출범하게 되면서였다. 미국과 WTO를 중심으로 한 측은 국제무역에서 영화와 같은 문화상품도 일반 공산품과 똑같은 교역재로 취급하기를 강력하게 주장했다. 이에 유럽국들은 국제무역에서 문화의 특수성이 인정되어야 한다며 크게 반발하기에 이르렀다. 이후 자국의 문화를 보호하려는 움직임은 더욱 커져만 갔다.

1. WTO체제와 문화산업

국제무역에서 문화에 대한 논란이 일기 시작한 것은 제1차 및 제2차 세계대전을 겪으면서였다. 폐허가 된 유럽에 신대륙 미국의 문물이 대대적으로 유입되기 시작한다. 그 중에서 미국의 영화상품의 유입은 유럽인들에게 심각한 위협으로 받아들여지게 되었다. 이에 대해 영국, 오스트리아, 프랑스, 독일, 이탈리아 등과 같은 유럽국들은 스크린쿼터제를 도입하여 자국의 영화산업을 보호하고자 하였다. 유럽국가 중에서도 특히 프랑스는 '문화의 나라'라는 애칭처럼 1920년 전까지만 해도 유럽 영화산업에서 최고의 경쟁력을 보유하고 있었다. 그러나 1946년 프랑스는 전쟁채무를 삭감한다는 조건에 의해 미국영화에 대한 수입규제를 완화하는 조약을 체결함으로써, 미국 영화의 침투가 대대적으로 이루어지게 되며, 프랑스 영화산업의 퇴조는 불을 보듯 뻔했다.

이후 GATT가 만들어져 국제무역의 확대를 시도하기에 이르렀다. GATT 설립 목적은 자유로운 국제무역의 확대를 이룩하기 위해 규제의 장벽을 완화하는 것이었다. 1994년까지 유지되었던 GATT는 국제통상을 통제하는 유일한 국제기구였다. 한편 GATT는 무역자유화를 촉진하고 국제무역에서 재화나 서비스의 교역에 어떠한 차별도 두지 않도록 통제했다. 이때까지만 해도 문화상품은 주요 논의대상이 아니었으며, 주요 대상은 공산품의 관세 인하였다고 한다. 그러나 이후 미국은 서비스상품의 무역에 대해 자유무역을 주장하고 나서는데, 1985년 GATT는 이를 채택하며 1986년에 개시된 우루과이 라운드에서 서비스상품도 무역협상의 대상으로 채택된다.

우루과이 라운드는 9년 만에 타결이 돼서 결국 1995년 1월 WTO가 창설된다. 이 9년 동안 각국 간에 첨예한 입장대립이 있었다. 특히 서비스 무역에 대한 일반협정(GATS)의 타결을 위한 협상에서 미국은 문화적 논리에 반하는 상업적 논리에 의한 자유무역의 추진을 주장했다. 반면에 프랑스를 위시한 유럽국들은 이에 거세게 반대하였다. 이들은 반대 논리로 문화상품은 공산품 등과 같은 상품과 동일하게 다룰 수 없으며, 문화산업은 문화정체성과 세계 문화의 다양성 유지와 깊은 관련이 있으므로 일반협정의 대상이 될 수 없다고 항변했다.

특히 프랑스는 1993년 GATT협상에서 '문화적 예외'라는 새로운 용어를 사용하면서 자국의 문화정체성을 보호하려고 했다. 프랑스는 문화를 서비스자원으로 취급해서는 안 된다고 주장했는데, 이는 미국의 자유경쟁 논리와 정면으로 충돌하였다. 이런 보호주의 정책을 두고 전 세계적인 미국 대중문화의 확산에 대한 프랑스의 저항이 단적으로 표출된 사건이라고 언론은 보도하였다. 이를 계기로 문화다양성을 주장하는 여러 국가들은 단결하여 한 목소리를 내게 되었다. 문화를 예외로 해야 한다는 논리에 대한 타당성의 한 견해로 "문화는 한 국가를 구현하는 본질로서 경제적인 재산이 아니기 때문에 보호적 대우를 받아야만 하고, 다양한 각국의 문화를 보호, 보전, 장려해야 하기 때문이며, 무역의 심각한 불균형 속에서는 자유경쟁이 안 되기 때문"이라고 주장한다. 후에 '문화적 예외'라는 용어는 사라지고 보다 적절한 표현인 문화다양성으로 대체되기에 이른다.

공산품 위주의 자유무역을 주창했던 GATT에 비해 1995년 1월 창설된 WTO는 서비스상품 등을 포함하여 국제무역의 범위가 크게 확장되었다. 또 WTO는 관세 인하 외에 비관세 장벽의 완화까지 영역을 확대하기에 이른다. 이런 체제의 핵심은 국제무역에서 관세를 아예 폐지하자는 것이었다. 그러나 그렇게 되는 경우 거대한 규모와 자본을 앞세운 미국에게 매우 유리해지게 되는 것이었다. WTO는 다자간 무역체제를 규율하기 위한 법적·제도적인 국제기구로서 무역 분야에서 자유무역 질서를 확대, 강화하기 위해 창설되었다. 하지만 WTO에는 세계의 문

화관계를 규정한 체계적인 국제규범은 존재하지 않고 있었다. 따라서 WTO가 출범한 이래로 국제무역에서 문화 또는 문화상품에 대한 논쟁은 끊이지 않았다. 문화에 대한 자유무역을 반대하는 목소리가 높은 것은 문화산업이 지식과 상상력의 미래산업으로서 고용이나 경제성장은 물론이고 더 나아가서 국가 정체성의 확립에 미치는 영향력이 매우 크기 때문이다. 그래서 각국은 고유한 정체성을 보호할 수 있는 방안을 모색하고 있으며, 아울러 문화다양성을 지키려는 노력을 강화하고 있다.

문화다양성은 다른 한편으로 다양한 국적, 다양한 장르, 다양한 수준, 규모, 형식을 아울러 지칭하는 것이며 풍요로운 인류사회를 보장하는 초석이 된다. 문화다양성은 세계화 쓰나미에 대한 최선의 보호책이 될 수 있다. 거대한 세계화 트렌드에 맞서 문화 간의 소통은 사람들과 사회의 결속 간에 평화와 안정을 제공하는 요인이 될 수 있다. 정보통신기술의 발전에 의해 가속화되는 국제교류에 있어서 빠른 성장과 자유화는 문화산업의 집중화를 초래하고 결국 독점적 지배력을 보유한 괴물 같은 기업이 등장하게 될 것이며, 그럼으로써 세계문화는 획일화될 운명에 놓이게 될 수 있다.

2. 문화다양성의 진흥을 위한 UNESCO 선언과 협약

정보통신 및 교통의 혁신과 영화 및 TV프로그램 등 대중매체의 전 세계 전파 등의 영향으로 문화산업의 세계화가 가속화되고 있다. 이런 문화의 세계화는 각 지역의 자율적인 문화정체성을 고양하고 차별화된 국지적 문화의 출현을 가능하게 하는 조건으로 간주될 수 있다. 하지만 일부 경제발전이 느리고 문화적 정체성이 취약한 국가에서는 미국적인 생활양식의 답습이란 형태로 진행되고 있는 것도 사실이다. 이런 국가들에게 세계화는 엄밀하게 말하면 미국화에 가까우며, 이는 미국이 주도하고 있는 신자유주의적 세계화와도 관련이 있다고 할 수 있다. 미국은 냉전 이후 시장주의 자본주의를 무기로 하여 세계의 경제질서를 규정하는 새로운 게임의 법칙을 개발하고 있다. 이런 관점에서 문화의 세계화에서도 신자유주의의 영향을 배제하는 것은 잘못된 관점이라고 할 수 있다.

문화다양성에 대한 논의는 국제무역을 관장하는 WTO가 문화와 같은 비교역재에 대한 분쟁을 해결할 수 없다는 인식이 커지면서 시작됐다. 즉 예외없는 자유무역을 주장하는 WTO나 MAI(다자간 투자협정)와 같은 자유무역론과 문화상품의 특수성은 존중되고 보호되어야 한다는 문화적 예외론의 대립에서 비롯되었다. 1920년대 이후 미국 영화산업의 세계시장 점유가 크게 확대되자 이에 위협을 느낀 유럽과 제3세계의 국가들이 스크린쿼터제를 도입한다. 이후 국제무역에서 문화는 예외적으로 인정한다는 합의가 도출되었다. 그러나 1995년 WTO 출범 이후 경제의 세계화가 더욱 가속화되면서 결국 문화상품도 WTO체제의 다른 제화나 서비스처럼 자유로운 무역대상이 되어야 한다는 주장이 강하게 대두되었다. 문화의 세계화에 경제논리가 그대로 적용된다면 막대한 자본을 보유한 미국이나 거대한 다국적기업의 문화상품이 세계시장을 점령해서 결국 획일적인 문화가 성행하게 될 위험이 존재하게 된다.

이런 상황을 요약하면 어떠한 예외도 없이 문화의 완전한 개방과 교역을 주장하는 미국 측의 경제논리와 문화는 WTO 자유무역체제에서 예외적인 대상으로 인정이 되어야 한다는 유럽 및 제3세계 국가 측의 문화논리가 충돌하고 있는 것이다.

그러나 이후 미국과 캐나다 간의 FTA에 의해 발효된 문화적 예외 조항이 두 나라간 정기간행물 분쟁에서 캐나다가 패함으로써 아무런 효력이 없다는 것이 증명되었다. 이에 '문화적 예외'라는 개념의 한계를 체험한 국제사회는 이를 극복하기 위한 인식전환의 필요성을 인식하게 되었다. 이런 노력의 일환으로 1995년 UNESCO(국제연합 교육과학문화기구)에 의해 발표된 「Our Creative Diversity」 보고서를 통해 '문화다양성'이 처음 제시되었다. 이 보고서가 발표되면서 WTO체제에서 해당국에 일방적인 특혜를 제공하는 것으로 오인되거나, 인정 범위에 대해 논란이 많았던 보호주의적 색채가 강한 '문화적 예외'는 사라지고 개방과 공존의 가치를 위해 보다 긍정적이고 개방적인 용어인 '문화다양성'에 대한 공감대가 광범위하게 구축되기에 이른다.

이후 UNESCO는 후속 조치로서 1997년에 발표된 '문화적 권리에 대한 초안 선언'을 시발로 해서 결국 2001년 11월 파리에서 '세계 문화다양성 선언'을 채택하

게 된다. 즉 2001년 11월 프랑스 파리에서 열린 제31차 UNESCO 총회에서 세계 164개 회원국들은 미국이 주도하는 경제논리에 의한 세계화로 인해 위태로운 상황에 처한 세계 각 국가 및 지역의 문화적 고유성과 다양성을 보호하고 증진하기 위해서 만들어진 「유네스코 문화다양성 선언」을 채택한 것이다. 이 선언문을 통해 UNESCO는 문화는 단순히 재화나 서비스로 취급되지 말아야 하고, 각 국가는 문화정체성의 보호를 위해 자국 실정에 맞춰서 다양한 규제나 제도를 선택해야 하며, 문화다양성은 인류의 윤리적 의무이자 인간 존엄성으로부터 분리할 수 없는 소중한 것임을 선언하였다. 또 이를 보장하기 위한 적절한 문화정책의 개발을 주장했으며, 문화다양성의 진흥을 역설했다. UNESCO 문화다양성 선언 제1조는 문화다양성을 보장해야 하는 당위성을 다음과 같이 강조하고 있다.

> "문화는 시간과 공간에 따라 다양하게 나타난다. 이러한 다양성은 인류를 구성하고 있는 각각의 집단과 사회의 독특함과 다원성 속에서 구현된다. 생물다양성이 자연에 필요한 것과 같이 교류, 혁신, 창조성의 근원으로서 문화다양성은 인류 공동의 유산이며 현재와 미래세대를 위한 혜택으로서 인식되고 확인되어야 한다."

이어서 UNESCO는 2002년 5월 21일을 '세계 문화다양성의 날'로 선포한다. 이후 수차례의 국가 간 및 전문가회의를 통해서 2005년 6월 문화다양성 협약을 위한 초안이 만들어지고, 결국 2005년 10월 UNESCO 제33차 총회에서 협약의 채택을 표결로 처리할 것을 제안하여 회원국들의 압도적인 지지로 '문화적 표현의 다양성 보호 및 증진 협약'('문화다양성 협약')을 채택하기에 이른다. '문화다양성 협약'은 국제사회 차원에서 문화다양성을 진흥하기 위한 일반적인 규정, 원칙, 그리고 기준을 제시하고 있다. UNESCO 한국위원회의 홈페이지를 보면 문화다양성의 중요성을 아래와 같이 강조하고 있다.

> "문화다양성은 개인과 사회의 풍요한 자산으로서 이를 보호, 증진, 유지하는 것은 현재와 미래 세대의 지속 가능한 발전을 위한 필수 요건입니다. 유네스코는 세계 각국의 다양한 문화적 가치를 고양함으로 전 세계 인류가 직면한 문화의 획일화, 상업화, 종속화에 대응하고 아울러 다원적 가치를 상호 존중함으로써 민족간 갈등과 대립을 극복하

기 위해 노력하고 있습니다."

본장을 통해 우리는 문화와 세계화의 관계에 대하여 다방면으로 살펴보았다. 결론적으로 문화를 제압하는 신자유주의라는 자본주의 경제논리로 무장된 현재와 같은 모습의 세계화는 이제 정리하고 다른 형상을 한 세계화가 이어져야 한다는 것이다. Wolton(2004)은 문화들 사이의 소통과 공존이 지지되는 '또 다른 세계화'를 제안했다.

그는 2001년 9·11 사건에서 아랍 테러리스트들은 항공기술, 인터넷, 코카콜라 등과 같은 서구의 혁신 기술과 취향을 자신들의 목적인 서구문화에 대항하기 위한 수단으로 역이용한 것으로 주장했다. 그리고 그는 한편으로 수많은 서구문화가 거부되고 있으며, 다른 한편에서는 기술혁신이 현재와 같은 세계화에 대항하기 위해 이용되고 있다고 봤으며, 결국 세계화는 상이한 문화 간의 평화적 공존보다는 대결 또는 전쟁이 원인이 되었다고 주장했다. 또한 그는 정보의 세계화는 결국 서구 선진국들의 시각만을 반영한 구호에 지나지 않는다고 반박했으며, 정보의 세계화에 의해 인류가 더 많은 정보를 갖게 된다고 해서 세상을 더 자세히 이해할 수 있는 것이 아닌 오히려 그 반대일수도 있다고 경고했다. Wolton은 다음과 같이 세계화 과정에서 소통의 중요성에 대해 언급했으며, 진정한 의미의 소통이란 서로 간에 문화정체성이 존재할 때 비로소 가능하다고 주장했다.

"모든 문제는 결국 우리가 정보와 소통을 혼동하는 데서 온다. 이 둘은 상호 보완적이면서도 확연히 다르다. 정보는 발신자가 메시지를 전송하여 더 빨리 더 많은 사람들과 접속하는 것에 초점을 둔다. 반면에 소통은 메시지를 받는 수신자가 그것을 얼마나 잘 이해하고 받아들이느냐에 초점을 둔다. 우리는 이로부터 일반대중이 문화 세계화에 저항하는 원인을 찾을 수 있을 것이다. 수신자는 근본적으로 다양한 문화와 언어, 생활 방식을 가지고 있다. 이들은 자산의 교육수준과 문화적 토대, 사회적 필요성과 종교적 믿음에 따라 정보를 분류하고 체계화한다. 하지만 메시지의 양이 증가할수록 그들의 자신의 관점을 수정하는 대신 그들이 속한 문화적 토대를 통해 본래의 의견을 더욱 공고히 한다. 이 점이 바로 문화 세계화의 최대 난점이다(p. 12)."

현재 진행되고 있는 세계화는 무역이나 교류가 인류사회의 평화나 유대감을 형성하는데 실패했다는 사실을 여실히 보여주고 있다. 따라서 현재의 세계화는 진정한 문화의 세계화가 아니라 시장자본주의 문화상품의 세계화임에 불과하다. 이처럼 경제적 · 상업적 논리에 의한 세계화는 인류사회의 안녕에 기여할 수 없다는 자명한 사실을 잘 입증하고 있으며, 현재의 세계화는 '기득권'을 보유한 소수가 그것을 지키고 더욱 확대하기 위해 진행되는 저급한 세계화이다.

세계 각 지역은 단순한 지리적 공간일 뿐만 아니라 문화적, 역사적, 정치적, 사회적, 경제적 공간이다. 각각의 고유문화는 우리 인류에게 창의성을 공급하는 원천이다. 지금부터의 세계화는 경제보다는 문화논리에 의한 보다 성숙된 모습의 세계화가 되어야 한다. 경제논리를 앞세운 세계화는 장기적으로 세계경제의 규모를 키울 수 없는 경쟁을 조성할 뿐이지만, 상호 문화의 이해를 우선시하는 세계화는 인류가 가진 창의성으로 인해 세계경제의 파이(Pie)를 더욱 크게 만들어 나갈 수 있다. 이를 위해서는 먼저 문화의 다양성이 존중되고 진흥되어야 하며, 문화다양성의 진흥은 공존하는 세계화를 위해 필수불가결한 요소이다.

경제의 세계화에는 오직 약육강식 또는 승자독식이라는 힘의 논리만이 존재하지만, 문화의 세계화에는 힘이라는 세속적 논리를 넘어 창의성, 다양성, 공존이라는 숭고한 가치가 내재되어 있다. 진정한 세계화는 다양한 문화들이 공존하는 것을 의미한다. 문화의 공존이야말로 전 세계를 하나로 묶을 수 있는 진정한 모습의 세계화이다.

4

세계화의 첨병 : 다국적기업(MNC)

제1절 다국적기업의 진화과정

제2절 다국적기업의 정의

제3절 다국적기업의 특징과 현황

제4절 다국적기업의 해외진출 동기

제5절 다국적기업의 글로벌 경영전략

세계화의 첨병 : 다국적기업(MNC)

세계화의 확산에 가장 중추적인 역할을 하고 있으며 또 세계화 추세의 근본적인 원동력이 바로 다국적기업(MNC: Multinational Corporation)이다. 다국적기업은 현재처럼 글로벌화된 세계에서 피할 수 없는 경제적 · 정치적 · 사회문화적 · 생태환경적 견인차 역할을 담당하고 있다. 다국적기업은 지구 인류의 매일 일상생활에 중요한 영향력을 미치고 있는 것이 사실이다. 예를 들면, 근무환경, 복지, 임금에 대한 다국적기업의 정책은 많은 사람들의 삶의 질을 결정하고 있다. 그리고 다국적기업은 세계 교역과 투자에서도 매우 중요한 역할을 하고 있다. 다국적기업의 중요성을 아무리 강조해도 지나치지 않는 것은 현재는 물론이고 가까운 미래에도 다국적기업의 존재는 피할 수 없다는 사실이기 때문이다.

UNCTAD에 의하면 2008년 기준으로 현재 세계에는 약 82,053여 개의 다국적기업이 존재하고 있다고 한다. GE, GM, Nestle, IBM, Apple, BMW, Microsoft, Ford, Wal-Mart, P&G, HSBC, Citibank, Toyota, Sony 등과 같은 다국적기업의 활동은 제2차 세계대전 이후인 1950년대 후반부터 급속히 증가하기 시작했다. 다국적기업은 나아가서 세계 각국의 교역 및 투자의 성장 유형에 지대한 영향을 미치게 되었으며, 또한 세계경제의 질서를 결정함에 있어 중요한 역할을 담당하게 되었다.

일부에서는 벌써 다국적기업들이 보유한 혁신적 기술과 민첩성으로 말미암아 오히려 국민국가(Nation-State)보다 더 강한 권력을 행사하는 것을 염려하고 있기도 하다. 본장을 통해 다국적기업의 실체에 대해 살펴보도록 한다.

제1절 다국적기업의 진화과정

고대 베니스의 상인들은 해외무역의 중심도시에 자신들의 대행인(Agents)들을 고용하여 해외지역의 특산물과 자신들의 상품을 거래했다고 한다. 일부에서는 13세기 이탈리아의 은행들이 해외지점을 개설하고 영업한 최초의 다국적기업이었다고 주장한다. 근대들어 현재의 다국적기업과 가장 유사했던 조직은 17세기부터 19세기 사이에 걸쳐 존속했던 식민지 독점기업이었는데, 이때는 유럽 열강들에 의한 식민지 개척이 성행하던 시기였다. 이 기업들은 특이한 조직구조를 가지고 있었는데 잉여생산물을 처리하기 위해 본사는 영국이나 네덜란드 등의 강대국에 위치하였다고 한다. 식민지 기업들은 준국영기업의 역할을 담당하는 한편 제국주의 국가의 대행인(Agents) 역할을 수행하였다고 한다. 가장 유명하고 전형적인 식민지 독점기업으로는 1600년 영국에 의해 설립된 동인도회사(The English East India Company)와 1602년 네덜란드 정부가 세운 동인도회사(The Dutch East India Company)가 있다. 이 두 기업은 현대 다국적기업의 효시로 여겨지고 있다.

17세기 초엽 네덜란드는 세계의 무역을 지배하였으며, 암스테르담은 인도, 발틱해, 아메리카 등의 지역을 아우르는 무역 네트워크의 중심지(Hub)로 성장하였다. 한때 아시아를 제패했던 포르투갈의 뒤를 이어 1619년 네덜란드 동인도회사는 자카르타를 점령하고 이를 세계 최대 무역회사로 성장하기 위한 전진기지로 이용하게 되며 무역활동의 범위를 멀리 일본까지 확장하게 된다. 이 회사가 주요 관심을 갖는 무역제품은 인도네시아의 농산물이었다. 1621년 네덜란드 서인도회사(The Dutch West India Company)가 설립되면서 네덜란드는 대륙 간의 무역, 노예, 금융 등을 하나로 연계하는 중심축으로 성장하게 되었으며, 결국 전 유

럽 물동량의 절반 정도를 지배하기에 이른다. 그러나 네덜란드 동인도회사는 17세기 말엽부터 점차 쇠퇴하기 시작하여 결국 18세기 말에 소멸된다.

한편 영국의 동인도회사는 1600년 12월 31일 당시의 국왕이던 엘리자베스 1세 여왕의 허가교서에 의해 설립되었으며, 주된 활동은 동아시아와 동남아사아 지역과의 향신료(Spices) 무역을 담당하는 것이었다. 이 회사는 처음에는 별로 주목을 끌지 못했으나, 1612년 용병들을 고용하여 인도에서 포르투갈을 몰아내고 인도의 면화(Cotton), 비단(Silks), 향신료를 거래하기 시작하면서 점차적으로 독점적 지위를 차지하게 된다. 후일 네덜란드 동인도회사와의 경쟁에서 승리하면서 결국 당시 세계의 무역패권을 장악하기에 이른다. 동인도회사는 17세기 초부터 1857년 영국 왕실이 통제권을 행사하기 전까지 사실상 인도라는 대제국을 지배하게 된다. 18세기 중반 이후 동인도회사의 최대 무역상품은 중국에서 생산되는 차(Tea)였는데, 19세기 초에는 중국에서 차를 수입하고 이에 대한 대금으로 인도에서 재배되는 아편(Opium)을 지불하기 시작했다. 그러나 중국 정부는 아편을 통한 대체지급 방식을 불법으로 간주하면서 결국 영국과 중국 간에는 1차 및 2차 아편전쟁이 발발하게 된다.

이밖에 당시 활동했던 주요 기업으로는 아프리카에서 노예무역을 주도하기 위해 영국인들에 의해 설립된 The Royal African Company와 모피(Fur) 무역을 주로 담당하던 캐나다 국적의 The Hudson's Bay Company가 존재한다. 위에 열거한 기업들은 주로 모피, 향신료, 섬유, 유럽산 제조품 등을 대상으로 무역활동을 수행하였으나, 일부 기업들은 노예를 상품화하는 무역에 종사하였다.

신대륙(New World)에서 생산되는 제품 중 유럽 기업들의 입장에서 가장 이윤을 많이 챙길 수 있는 상품인 사탕수수(Sugar), 담배(Tobacco), 면화, 금, 광물(Metals) 등을 생산하기 위해서는 혹독한 환경에서 일할 수 있는 대량의 노동력이 요구되었다. 그래서 많은 무역 또는 노예 회사들은 유럽의 자본, 아프리카의 노동력, 신대륙의 토지와 자원을 포함하는 대서양 삼각무역 루트를 개발하여 이를 왕래하게 된다.

처음에 유럽을 출발한 무역선은 현재의 가나, 아이보리코스트 등과 같은 아프리카의 서부해안에서 흑인들을 사고 유럽산 제품과 교환한다. 아프리카 흑인들은 신대륙에 도착하면 노예로 팔렸다. 마지막으로 무역선이 다시 유럽으로 귀환할 때는 위에 언급한 신대륙의 상품들을 가득 싣고 와서 유럽시장에 내다 팔게 된다. 이와 같은 삼각무역은 엄청난 규모로 성장·발전하게 되며 그 결과 18세기 동안에만 약 520만 명의 흑인 노예들이 신대륙으로 이주했다고 한다.

그러나 여기서 우리가 잊지 말아야 될 역사적 사실은 영국과 네덜란드의 무역회사들은 식민지를 관장함에 있어 군사력을 동원하여 폭력적이고 불공정하게 신대륙 원주민들을 억압하였다. 이 기업들이 현대 세계무역의 선구자 역할을 담당한 것은 주지의 사실이다. 그러나 이런 발전은 식민지의 수백만 명 인구가 인권을 말살당하는 등의 혹독한 대가를 치룬 희생을 기반으로 한 것임을 상기해야 한다.

18세기 후반의 산업혁명은 증기기관과 같은 기계의 도입이라는 기술혁신으로 발생하여 생산의 규모와 조직 그리고 입지의 변화를 동반하면서 종전의 비즈니스 방식을 근본적으로 바꿔 버린다. 영국의 북서부와 중서부에서 출현한 근대공업은 머지않아 유럽대륙 전역으로 파급되었다. 근대공업의 보급과 함께 도로와 운하가 개량되었고 뒤이어 철도도 개설되어 교역과 투자의 기회가 크게 증진되었다. 이와 함께 런던은 시티(City)라고 불리는 지역을 중심으로 하여 18세기 말에서 19세기 초반에 걸쳐 국제 금융서비스의 중심지로 변모하게 된다. 유럽대륙의 많은 금융업자들은 런던에 활동거점을 마련하고 점차 이곳을 국제 비즈니스 활동의 본거지로 발전시켜 나갔다. 시티에는 각종 거래소가 설립되었으며 19세기 초반에는 거래에 종사하는 업자들의 전문화가 시작되었는데, 어음중개업자와 어음할인업자는 이 시기에 기반을 확립하게 된다.

19세기 초반 영국 각지에서 이루어졌던 혁명적 산업발전은 19세기를 통해 유럽대륙 전역으로 전파되면서 광범위하게 진행되었다. 유럽의 각 지역은 각각에 유리한 산업을 집적하여 전문화를 추진하게 된다. 프랑스와 프로이센은 영국에 사절단을 보내서 신기술을 수입하기도 했으며, 영국의 많은 기술자들이 유럽대륙의 각 지역으로 섬유·제철·기계·철도 관련 신기술을 전수시키게 된다. 그 결과 얼마 안돼서 일부 분야에서는 영국보다 값싼 상품을 공급할 수 있게 되었다. 유럽대륙에 공업화가 깊어가면서 각 국가는 각각의 자원특성과 생산비 면에

서 더 유리한 분야에 특화하면서 유럽 전역에 걸쳐 광범위한 시장관계를 발전시켰다. 19세기 동안 지역 간의 상호의존은 심화되었으며 분업구조도 지속적으로 고도화되었다. 즉 영국의 면사는 유럽 전체의 면직물산업을 발전시켰으며, 이후 대륙에서도 면사 생산이 가능하게 되면서 영국에서 유럽대륙으로 기계가 수출되었다. 모직물 공업에서 대륙의 업자들은 저가제품을 영국으로 수출하고 영국업자들은 고급제품을 대륙으로 수출하게 된다. 고급제품에서도 대륙에 경쟁우위를 빼앗기게 되자 영국의 모직물 업자들은 수출지역을 유럽 이외의 지역으로 다변화하게 된다.

영세한 기업이 대기업으로 성장해 나가는 경로는 다양하다. 먼저 성공적인 사업을 통해 벌어들인 이윤을 재투자해서 규모를 확대하면서 대기업으로 성장하는 경우도 있는데 이를 내부성장이라 하며, 경쟁기업 또는 다른 분야의 기업을 인수·합병해서 단시간 내에 대기업으로 성장하는 경우도 많다. 이와는 달리 동일한 제품시장에서 경쟁관계에 있는 타 회사와의 통합을 수평적 통합에 의한 성장이라 하며, 타사에 의존하던 원료와 부품생산에 진출(후방통합)하거나 종래에 도매상과 소매상에 의존하던 유통업에 진출(전방통합)하여 성장을 도모하는 것을 수직적 통합(Vertical Integration)이다.

19세기 미국에서 대기업의 형성과정을 보면 수평적 통합에 치중했던 유럽기업에 비해 미국 대기업들은 수직적 통합에 집중하였다. 건실한 경영기반을 갖춘 과점적인 대기업의 건설을 위해서는 과도기적 단계에 지나지 않았던 수평적 통합을 뛰어넘는 보다 강력한 수직적 통합전략이 필수적이었다. Rockefeller가 전개한 석유사업의 성장과정은 대표적인 예이다. 록펠러의 Standard Oil은 대규모 화물주로서의 지위를 십분 활용하여 철도회사 간의 경쟁을 유인하여 결국 운송비용을 낮추고 또 혹독한 가격경쟁을 통해 경쟁기업들을 차례로 인수하면서 1880년에는 미국 전체 정제설비의 90% 이상을 장악하기에 이르렀다. 그러나 원유생산자와 반록펠러 정유기업이 동맹을 결성해서 유전지대부터 동부에 이르는 송유관(Pipeline)을 부설하면서 Standard Oil의 지위는 크게 흔들리게 된다. 그래서 이를 타개하기 위해 Standard Oil은 유통기업의 설립, 원유생산, 양질의 원유생산을 위한 정제방법에 대한 연구·개발의 착수 등의 수직적 통합전략을 실시한다. 최종적으로 Standard Oil은 원유생산에서 등유 유통에 이르는 각 단계를 일원적으로 관리하는 수직통합형 대기업으로 변모하게 된다.

그러나 Standard Oil이 성장하게 된 주요 요인은 다른 관점으로도 설명할 수 있다. 19세기 말부터 기업의 규모를 제한하는 주법을 피하기 위해 기업들은 트러스트(Trust)를 형성해서 담합을 시도하면서 독점적 우위에 이르게 된다. Standard Oil은 규모가 커지면서 자회사를 더 강력하게 관리할 도구를 모색하였다. 그래서 Standard Oil은 경영관리자 집단을 구성했는데, Trustees라 불리는 임원들이 40여 자회사의 정책과 책임자를 결정했다. Standard Oil Trusts는 모두 40개의 기업을 거느리고 있었다. 그러나 지배구조가 너무나 복잡했기 때문에 감독기관의 감사나 사찰에 발각되지 않았다고 한다. 트러스트 조직에서는 소유관계 또는 경영활동의 책임자가 분명하게 드러나지 않았다고 한다. 이런 방식으로 Standard Oil은 거대국가인 미국의 석유시장을 대부분 지배할 정도로 대제국을 건설한다. 이 기업의 주인이 바로 미국의 전설적 대부호인 John D. Rockefeller이다. Rockefeller는 트러스트를 가리켜 기업경영에 일대 혁신을 가져온 획기적인 방안이라고 자랑스럽게 말했다고 한다.

Standard Oil의 성공을 목격한 다른 기업들도 따라서 Trust를 도입하기 시작했으며, 결국 석유, 철강, 철도 등은 물론 담배나 위스키 같은 일반 생활소비재 시장까지도 독점하는 트러스트들이 경제 전반을 주무르게 되었다. 처음에 미국 연방법원은 이런 트러스트들의 존재를 파악할 수 없었다. 트러스트들은 마치 유령처럼 보이지 않으면서 교묘하게 산업 전반을 주물렀다. 트러스트의 존재가 세상에 점차 알려지기 시작하자 엄청난 사회적 비난이 뒤따랐다. 드디어 이런 반사회적인 경영관행에 철퇴를 내리려는 움직임이 일었고, 드디어 Standard Oil은 1911년 미국 연방최고재판소로부터 독점금지법(Antitrust Law)을 위반한 혐의가 입증되면서 30개의 기업으로 강제로 해체되고 말았다. 불행하게도 독점적 지배를 위해서는 불법을 저지르고 도덕심을 사양하는 Rockefeller와 같은 기업가들의 탐욕(Greed)은 최근까지 이어졌으며 결국 2008년 세계금융위기의 단초를 제공하게 된다.

미국에서는 19세기 전반부터 군대조직의 공창 등에서 총기생산과 관련한 호환성 부품을 사용하는 대량생산기술이 계속해서 개발되었는데, 타자기를 생산하는 Remington, 금전등록기업체인 NCR, 재봉틀업체인 Singer, 농기계업체인 McCormick 등이 대량생산기술과 대량판매 체제의 결합에 성공하면서 남북전쟁 이후 대기업으로 크게 성장하게 된다. 이러한 대량생산과 대량판매를 결합한 제조업분야 대기업의 탄생은 운송 및 교통시스템의 발전에 의한 광대한 국내시장의 출현을 그 전제조건으로 한다.

운송수단의 발전은 기업의 화물 운송비용을 크게 낮췄다. 19세기 전반에 개발된 증기선과 운하의 등장에 더하여 19세기 후반에 크게 확대된 철도의 건설이 그것이다. 특히 철도산업은 미국 산업사회체제에 최초로 대기업을 등장시키게 되며 미국 경제시스템의 발전에 큰 기여를 하게 된다. 철도 물류시스템의 발전과 더불어 전신기술의 개발은 정보통신의 효율을 혁명적으로 개선하게 된다. 이처럼 물류비용이 격감하고 신속한 경제정보의 전달은 종전 지방을 단위로 하던 경제활동이 전국적 규모로 확대하는데 큰 공헌을 하게 된다.

19세기 후반부터 20세기 초반에 걸쳐 미국 경제계에서는 대기업 간의 합병이 활발하게 전개된다. 실제로 1895년부터 1904년 사이에 약 157건의 대기업간 합병이 있었다고 한다. 이를 대합병 운동이라고 한다. 많은 산업분야에서 치열하게 경쟁하던 기업들이 투자은행의 중개 등에 의해 차례로 합병을 하면서 높은 시장점유율을 보유한 대기업이 탄생하게 된다. 일례로 1892년 Edison General Electric과 Thomson Houston Electric이 합병하여 General Electric(GE)이 설립되었다. 대합병운동을 통해 설립된 대기업 가운데 확고한 경쟁체제를 확립할 수 있었던 기업은 먼저 원료공급원을 확보하고 적극적인 마케팅을 전개하는 것과 같은 수직적 통합전략을 실행한 이후 내부합리화를 통한 가격경쟁력 강화 등과 같이 높은 진입장벽의 구축을 통해 신규기업의 진입을 방지할 수 있는 기업이었다. 이후 1920년대의 제2차 합병운동을 통해 많은 기업 간에 수직적 통합이 이루어졌다. 그러나 그 결과 특정산업 또는 시장을 몇 개의 기업이 장악하는 과점형 산업조직이 형성된다.

〈표 4-1〉은 미국 제조업 상위 100개 사의 경영정책을 시대별, 형태별로 살펴본 것이다. 과거 이미 수평적 통합을 통해 성장을 이룩한 대기업들이 21세기 초

표 4-1 규모별 상위 100개 사의 경영전략과 조직 분포(1919-1979년)

	1919	1929	1939	1948	1959	1969	1979
경영정책							
주력제품 중심	89	85	78	62	40	24	22
관련분야로의 다각화	11	15	22	36	55	56	53
비관련분야로의 다각화	0	0	0	2	5	20	24
경영조직							
지주회사	31	25	16	5	5	7	4
기능별 조직	69	73	75	75	43	20	10
사업부제 조직	0	2	9	20	52	73	86
국제화 전략							
없음	59	47	35	33	23	13	7
있음	41	53	55	67	77	87	93

(출처: Fligestein, 1990)

반부터 20-30년 동안 각각의 제품분야에서 수직적 통합을 통해 다시 도약할 기회를 갖는다. 이처럼 수평적 통합과 수직적 통합을 거치면서 성장한 대기업들이 채택할 수 있는 전략으로 국제화와 다각화를 고려할 수 있다. 표를 보면 국제화가 다각화보다 선행했으며 다각화가 본격적으로 실행된 시기는 1930년대 이후였다. 이 당시 미국경제는 광대한 국내시장을 보유하고 있었기 때문에 다른 선진국에 비해 무역의존도가 매우 낮은 수준이었다. 그러나 석유정제업과 같이 초기부터 해외시장에 크게 의존하던 산업도 존재하고 있었으며, 또한 Singer와 McCormick처럼 미국의 월등한 대량생산 및 대량판매 우위를 앞세워 일찍부터 다국적화를 지향했던 기업도 있다. 이어 20세기에 들어서면서 미국산 제품의 유럽시장 진출이 본격화되었는데, 특히 제2차 세계대전 이후 전쟁 피해로부터 자유로웠던 미국 기업들은 강력한 경쟁우위를 기반으로 서유럽 국가에 대한 대규모 해외직접투자(FDI)를 진행하면서 대다수 대기업이 다국적기업으로 변모하게 된다.

1920년대와 1930년대에 미국의 Ford나 Standard Oil과 같은 대기업들은 유럽과 남미 등지에 진출하여 국제적인 영업활동을 수행했던 다국적기업의 초기 사례였다. 또 다국적기업의 전형적인 초기 사례로 미국의 Colgate-Palmolive를 들 수

있다. 이 기업은 먼저 시장규모가 엄청난 미국의 비누 · 세제산업에서 합병을 통하여 규모를 키운 후 영국, 프랑스, 독일의 비누 제조업체들을 인수하고 스웨덴, 이탈리아, 폴란드, 스위스 등에 자회사(Subsidiaries)를 설립하였다. 다른 미국 국적의 다국적기업과 같이 제2차 세계대전 종전 이후 Colgate-Palmolive의 성장은 더욱 가속되었다. 이런 다국적기업의 성장은 주로 석유(Oil)와 고무(Rubber) 같은 자원의 획득이나 제조업(Manufacturing)을 위주로 이루어졌다.

1940년대 후반 미국의 제조업은 월등한 생산력을 과시하고 있었으며 당시 생산량은 전 세계의 약 60%를 차지할 정도였다고 한다. 따라서 미국 경제에서 대기업의 위상이 더욱 공고하게 되었다. 제2차 세계대전 이후 미국 대기업의 성장은 〈표 4-1〉에서 보았던 것처럼 사업의 국제화와 다각화를 통해 실현되었다. 1960년대 이후 미국 대기업은 다양한 제품계열로 사업영역을 확장하고 적극적인 해외직접투자를 통해 국경을 초월하여 사업을 전개했다.

유럽국가와 달리 대기업에 대한 미국정부의 경제정책 중에는 독점금지법이라는 독특한 제도가 존재하고 있었다. 기회평등과 자유경쟁을 매우 중요시하는 미국 사회에서는 19세기 후반 이후 대기업으로의 거대한 경제력 집중이 시장에서 기업가정신을 부정하고 나아가서 민주주의 정치체제를 위협하는 것으로 간주되어 강한 정치적 반발이 생겨 결국 규제를 강화하는 정책이 법제화되었다.

그럼에도 불구하고 대기업의 형성이라는 경제적 현상은 정치적 해법으로도 막을 수 없었다. 그리고 미국에는 여전히 작은 정부와 균형재정을 기반으로 하는 정치사상이 존재하고 있어서 연방정부의 권한은 제한적이었다. 그러나 1930년대 경제대공황과 뉴딜정책 그리고 제2차 세계대전을 겪으면서 정부의 역할은 크게 확대되었다. 그 결과 전통적 공공재(국방 · 우편 · 연구 및 교육) 공급기능의 확대와 거시경제 운용을 위한 금융 · 재정정책의 정비와 같은 종전 정부의 역할은 제품의 구매(군수물자와 농산물), 경제활동의 지원(농업 · 교통), 기업에 대한 규제(공익규제 · 독점금지법), 사회안전망의 구축(사회보장 · 실업보험) 등으로 크게 확대되었다.

경제의 안정적인 성장과 완전고용을 위해 추진된 이와 같은 경제정책은 결국 거시경제의 동향에 큰 영향을 미쳐서 경기의 변동성을 완화하는데 기여하게 된다. 이 시기 미국의 많은 대기업은 이미 원재료, 생산, 유통에 이르는 기능을 내부화한 수직통합형 기업으로 변모해 있었다. 그래서 이들 대기업이 성장을 더욱 가속화하기 위해서는 내부에 축적된 경영자원을 전략적으로 활용하여 국제화와 다각화를 추진해야만 했다. 이와 같은 상황에서 독점금지법은 대기업의 성장전략을 국외에서 촉발하게 하는데 큰 역할을 하게 된다.

1950년대 이후 미국 기업들은 외국에 많은 자회사를 설립한다. 1974년 미국 기업의 해외 자회사의 총매출액은 1,150억 달러에 달한 데 비해, 같은 해 국내에서 생산된 제품의 총수출액은 470억 달러에 불과했다. 즉 해외 자회사의 매출이 미국 전체의 수출액에 비해 두 배 이상 많았던 것이다. 미국은 제2차 세계대전 전부터 GE 등과 같은 대기업들이 대규모로 해외직접투자를 전개했었다. 그러나 제2차 세계대전 이후 해외직접투자 트렌드에 몇 가지 변화가 발생한다. 첫째, 〈표 4-2〉에서 보는 바와 같이 해외직접투자 금액이 크게 증가하였다. 둘째, 과거에는 미국 기업의 해외직접투자는 선진 국가들보다 아시아, 남미, 아프리카 등과 같은 개발도상국에 대한 비중이 좀 더 많았지만, 제2차 세계대전 이후에는 서구 선진국들에 투자가 압도적인 비중을 차지하게 된다. 특히 유럽지역에 대한 해외

표 4-2 미국 기업의 해외직접투자 규모와 추이 (단위: 백만 달러, %)

투자처	1929년	1950년	1980년
합계	7,528	11,788	213,468
지역별 분포(%)			
캐나다	27	30	21
유럽	18	14	45
남미	47	41	48
아시아 · 아프리카 · 중동	8	15	16
산업별 분포(%)			
제조업	24	31	42
석유	18	29	22
수송 · 공익사업	21	12	N/A
광업	15	9	3
무역	5	7	12
농업	12	5	N/A
기타	8	6	11

(출처: 미 상무성, 2001)

직접투자 비율은 1929년에는 18% 정도밖에 안됐지만, 1980년에는 45%로 크게 증가하는 반면에 남미는 크게 감소된다. 셋째, 과거 해외직접투자가 현지국의 천연자원과 철도건설 등의 공익사업에서 제조업 분야로 투자대상이 크게 바뀌게 되었다. 〈표 4-2〉에서 보듯이 제조업의 해외직접투자는 1929년 24%에서 1980년 42%로 크게 증가한다. 제2차 세계대전 이후 미국 기업의 해외직접투자는 유럽 선진국가들에 대한 제조업에 집중되며 투자지역과 대상이 크게 변화한다.

미국 기업의 다국적 기업화는 월등한 연구·개발 기술력과 거대한 국내시장의 존재와 같은 배경이 있기에 가능한 것이었다. 미국 기업은 세계 최고의 기술력을 이용하여 엄청난 소비수요를 보유한 시장에 지속적으로 가전제품, 합성섬유, 약품 등과 같은 신제품을 출시한다. 동일 제품에 대한 수요가 경제회복이 어느 정도 이루어진 유럽에서도 발생하면 수출이 가능하게 된다. 해외시장 규모가 일정 수준에 도달하게 되면 미국 기업의 입장에서는 제품 수출과 해외 생산 중에서 어느 쪽이 유리한 것인가를 비교·검토하는 단계에 이르게 된다. 해외 현지국가에서 생산하게 되면 운송비용을 절감하고 수입관세를 피할 수 있었으며, 또 당시 미국의 임금은 세계 최고 수준이었기 때문에 임금이 싼 수출지역에서 생산하게 되면 비용절감을 거둘 수 있었다. 또한 같은 분야의 경쟁사가 직접투자를 계획하거나 또는 현지 기업이 같은 제품의 생산을 개시하면서 경쟁이 심화되면 이에 대항하기 위해서라도 현지 생산을 택하게 되었다. 한편 당시 미국 달러화의 강한 가치도 미국 기업의 해외직접투자를 촉진하는 주요 요인이었다.

미국 기업이 서유럽에 진출하여 현지에서 생산을 개시해서 또다시 시장개척단계에서 보급단계로 이동하면 해외 자회사는 다음 단계로서 개발도상국 시장의 개척에 나서게 되었다. 이후 개발도상국에서 수요가 증가하면 같은 논리로 생산공장을 그곳으로 옮기는 것이 유리하게 되는데, 이 시기가 되면 미국에서 이 제품은 성숙단계로 접어들게 된다. 이렇게 되면 미국 기업은 국내에서의 생산활동을 중단하고 개발도상국으로부터 역수입을 통해 해당 제품을 시장에 공급하였다. 이렇듯이 미국의 제조기업은 미국 본토를 기점으로 신제품 도입단계 ⇒ 보급단계 ⇒ 성숙단계라는 제품 수명주기(Product Lifecycle)의 국제적 이동에 따라 세계 각국 시장에 생산거점을 구축하는 다국적기업으로서의 면모를 갖추게 된다.

그러나 1970년대 들어서면서 양상은 달라지기 시작하는데, 미국 기업에 의한 해외직접투자의 증가 트렌드에 변화가 감지되기 시작한다. 즉 과거 미국 기업이 보유했던 월등한 경쟁우위가 사라지면서 해외직접투자의 주요 촉진요인이던 강한 달러 현상이 사라지게 된다. 또 높은 경쟁력을 보유한 서유럽 국가와 일본 기업에 의한 해외직접투자가 증가하면서 선진국에서는 신제품이 동시에 시장에 출시되었다. 즉 제품 수명주기의 기점이 다양해지고 한편으로는 외국 기업에 의한 미국 현지 직접투자가 급격히 증가하게 되었다.

1970년대 이후 미국 경제는 커다란 구조적 변화를 경험하게 된다. 당시 미국의 산업별 취업인구 구조를 살펴보면 농업인구의 비율은 큰 변화가 없었으나, 2차 산업에 종사하는 인구의 비율은 1960년대 정점으로 하여 이후 크게 하락하기 시작한다. 이와는 반대로 3차산업에 종사하는 인구가 크게 증가하여 1970년대에 이르면 가장 비중이 높은 산업분야가 되었다. 이와 같은 미국 경제의 구조적 변화를 탈공업화(Deindustrialization) 또는 서비스경제화라 하며 이후 대량생산·대량판매를 기반으로 하는 제조업 대기업들의 위상은 점차 추락하기 시작한다.

이와 동시에 미국 정부의 기본적인 경제정책에도 큰 변화가 일어나게 된다. 1980년 선거에서 승리한 레이건대통령은 강한 미국의 재건과 작은 정부의 실현을 궁극적 목표로 삼아 대폭 감세정책과 규제완화를 추진하는 한편 국방비 지출을 늘린다. 같은 시기 영국의 대처수상과 함께 신자유주의 노선의 정책을 표방한 레이건대통령은 반기업적 정책인 독점금지법을 크게 완화하고 민영화 정책의 일환으로 항공, 트럭운송, 통신, 금융 등 많은 산업에서 가격 및 진입규제의 완화를 시도한다. 대기업과 대결관계에 있는 노동조합을 탄압하여 노동유연성을 향상하고자 하였다. 이후부터 신자유주의에 의한 자유시장 자본주의 사상은 2008년 세계금융위기가 도래할 때까지 수십 년간 지구를 지배하는 이념적 토대가 된다. 더군다나 1990년대 말 구소련과 동유럽을 지배하던 사회주의의 소멸로 인해 이후부터 신자유주의는 순풍을 만난 배처럼 순항을 거듭하게 된다. 그러나 레이거노믹스 정책은 시간이 지나면서 재정수입은 증가하지 않은 반면 국방비의 증가와 환경규제의 강화 등으로 정부지출이 증가해서 재정적자가 급증하게 되었는데, 결국 재정적자와 국제수지 적자가 동시에 확대되는 쌍둥이적자가 만

성화되기에 이른다.

1970년대와 1980년대를 거치면서 미국 경제는 깊은 정체기란 수렁에 빠지게 된다. 특히 유럽 및 일본의 대기업들은 과거 미국 기업들이 보유했던 독점적인 경쟁우위를 추월하고 오히려 이들보다 앞서게 된다. 그러던 미국 기업들이 1990년대 중반 이후 경쟁력을 급속하게 회복하게 된다. 미국 경제의 부활에는 GM, Ford, Chrysler와 자동차 빅3와 IBM과 같은 기존 대기업의 부활과 함께 특히 컴퓨터와 반도체를 핵심으로 하는 정보통신산업(IT)의 혁신을 이끈 활발한 기업가정신(Entrepreneurship)이 발휘된 것이라고 할 수 있다. 19세기의 증기기관과 20세기의 전기와 같이 IT는 인류문명의 기저를 변화시킨 커다란 기술혁신이었다. 작금의 21세기 세계경제에서 Microsoft, Apple, Google, Facebook과 같은 미국의 다국적 소프트 기업들의 활약과 비중은 아무리 강조해도 지나치지 않을 것이다. 이처럼 획기적인 정보통신기술의 개발은 미국을 지구의 중심경제국가로 환원시키는데 큰 동력이 되었다.

1990년대 초 주요 국제기구인 IMF, World Bank, WTO 등과 같이 자유무역과 민영화 같은 동질적인 이념을 공유하는 워싱턴 컨센서스(Washington Consensus)가 신자유주의의 다른 형태로 등장하게 된다. 이는 1990년대 미국정부가 경제적 위기에 처한 중남미 국가들을 지원하기 위해 도입했던 국가경제 발전모델이었지만,실제로는 IMF 등이 제공하는 구제금융의 대가로 개발도상국들에 대해 선택의 여지가 없이 강요되었던 미국식 시장경제체제의 대외확산 전략이었다.

규제완화를 통한 무한경쟁체제, 정부의 긴축재정정책, 자유시장 경제체제를 기반으로 한 무역 및 자본의 자유화, 국영기업의 민영화, 정부개입의 최소화 등 대부분의 친기업적인 정책이 워싱턴 컨센서스의 주요 골자이다. 아울러 다국적 기업들은 미국식 문화와 생활양식을 전 세계로 유포하는데 선봉을 자처하였다. 그 결과 특히 대규모 다국적기업에게 이윤추구에 아주 적합한 환경을 제공되었으며, 또한 NAFTA와 같은 자유무역협정들이 체결되면서 무역장벽이 대다수 제거되었다. 이리하여 이제 다국적기업은 역사상 유례없는 거대하고 강력한 힘을 가지고 정부를 오히려 통제해서, 친기업적 경제정책을 주문하고 있다. 그럼에도 불구하고 다국적기업은 더 많은 규제 철폐 또는 완화를 요구함으로써 세계화를 더욱 가속화하고 있다.

제2절 다국적기업의 정의

위에서 살펴본 것처럼 다국적기업의 역사가 짧지만은 않다고 할 수 있다. 그러나 현재까지 다국적기업에 대한 통일된 정의나 용어가 존재하고 있지는 않다. 다국적기업(MNC)과 동일한 의미로 이용되는 용어로는 다국적기업(MNE: Multinational Enterprise), 초국적 기업(TNC: Transnational Corporation), 글로벌 기업(Global Corporation) 등이 존재하고 있다. 모든 용어의 태생은 다르나 현재 모두 거의 같은 의미로 사용되고 있다. 그리고 해외 자회사의 수, 해외활동의 비율 등과 같이 다국적기업의 범위를 정하는 기준도 다양하게 이용되고 있다.

다국적기업이란 용어가 사용되기 시작된 것은 불과 20세기 중반을 넘어서면서부터인데, 1958년 프랑스의 경제학자 Maurice Bye는 다영토 기업(Multi-territorial Firm)이라는 용어를 처음 사용했다. 이어서 1959년 세계적인 컨설팅 기업인 McKinsey의 Clee & Discipio는 미국 기업들의 세계적인 경영활동을 위해 “Creating a World Enterprise”란 연구에서 처음 세계기업이란 용어를 사용하였다. 그리고 1960년 미국의 David Lilienthal은 저서 “Management of Multinational Corporation”을 통해 다국적기업이란 용어를 처음 사용하면서, “다국적기업이란 첫째, 어떠한 형태든지 직접투자를 해서 적어도 하나 이상의 외국에 자사의 제품공장을 소유하거나 또는 생산활동을 수행하는 기업이며, 둘째, 그 기업의 경영자가 세계적인 안목을 가지고 시장개발, 연구, 생산 등의 의사결정을 하는 기업”이라고 정의했다.

한편 당시 세계적인 기업인 Singer의 사장이었던 Kircher(1964)는 다음과 같이 네 가지 조건을 보유한 기업을 초국적기업(Transnational Enterprise)이라고 정의했다. 즉 그는 초국적기업을 첫째, 다수 국가의 주주들에 의해 소유되는 기업, 둘째, 경영에 다수 국가의 인재가 참여하고 통일적으로 경영이 되는 기업, 셋째, 지구 전체를 단일경제로 파악할 수 있는 훈련과 경험을 보유한 경영자에 의해

운영되는 기업, 넷째, 기업을 조직하는 특유한 원칙과 조직의 이익목적을 훼손하지 않고서도 다수의 제품군으로 다각화될 수 있는 기업이라고 정의했다.

이후 Behrman(1969)은 "다국적기업의 본질은 무엇보다도 강력한 경영상의 통제 하에 있어야 하며, 국경을 넘어 분리되어 있는 다수 국가에서 활동하면서도 밀착되어 통제되는 단일 기업으로서 다양성 속에서도 통일성이 있어야 한다"고 역설했다. 그리고 Brooke & Remers(1970)는 다국적기업을 광의적으로 "최소한 2개국 이상에서 주된 경영활동과 생산 또는 서비스 제공 활동을 수행하는 기업"이라고 정의하였다.

또한 Maisonrouge(1972)는 다국적기업을 정의함에 있어 다섯 가지 기준을 제시하였다. 그는 첫째, 다수 국가에서 사업을 수행하는 기업, 둘째, 해외 자회사에 연구 · 개발, 제품의 생산 • 판매 및 서비스 등의 기능을 보유하는 기업, 셋째, 현지 지식에 정통하며 현지 기업에 대한 운영능력이 있는 본국인을 고용하는 기업, 넷째, 본사의 인력구성이 일개국의 국민이 아니라 다수국의 국민에 의해 구성된 기업, 다섯째, 주주가 다수 국가의 국민에 의해 구성된 기업 등으로 다국적기업을 정의하였다.

그리고 Hood & Young(1979)은 "다국적기업이란 소득을 창출시킬 수 있는 자산을 2개국 이상에서 소유, 통제, 관리하는 기업으로서 이를 위해 국경을 초월하는 국제 생산을 수행하고 있는 기업"이라고 정의했으며, Root(1984)는 다국적기업을 "여러 국가에 계열회사를 두어 기업활동을 수행하며, 각각의 계열회사를 직접 통제 및 관리하는 모회사로 정의했다. 비교적 최근 Teece(1993)는 "다국적기업은 적어도 2개 이상의 국가에 위치한 생산시설을 운영하고 관리하는 기업"이라고 정의했다. 한편 국제경영의 세계적인 석학 John Dunning(2008)은 "다국적기업 또는 초국적기업은 2개 이상의 국가에서 해외직접투자(FDI)를 수행하거나 부가가치 활동(들)을 소유 또는 통제하는 기업"이라고 정의하였다.

한편 UNCTAD는 초국적기업(TNC)이란 일개 국가 이상에서 소재하는 여러 법인체를 소유 또는 관리하며 일관적인 정책과 동일한 전략이 수행되는 의사결정 체제를 갖추고 영업활동을 전개하는 기업이라고 정의했다. 법인체 간에는 소유권 등과 같은 관계에 의해 서로 연계되어 있으며, 모기업은 자회사에 심대한 영향력을 행사하며 또한 서로 지식, 자원, 책임 등을 공유한다.

위에서 살펴본 것처럼 현재까지 다국적기업에 대한 정의는 다양하게 제시되고 있으며 통일된 형식으로 사용되지는 않고 있다. 본서에서는 호텔과 같은 호스피탈리티 기업의 특징을 반영하여 다국적기업을 "직접투자나 계약 등의 진출 방식을 통해 2개 이상의 국가에서 판매 또는 생산시설에 대한 경영활동을 수행하는 기업"이라고 정의하여 사용하기로 한다.

제3절 다국적기업의 특징과 현황

다국적기업은 국경을 초월하여 여러 국가에서 경영활동을 수행하는 기업이므로 국내 기업과는 다른 여러 가지 특징을 보유하고 있다. 여기서 소개하는 것은 다국적기업의 일반적 특징이며 그렇다고 해서 모든 다국적기업들이 이러한 특징을 보유하고 있는 것은 아니다. 첫째, 다국적기업의 가장 두드러진 특징은 무국적성(Non-nationality) 또는 초국적성(Trans-nationality)이다. 이는 다국적기업을 소유하는 자본의 국적과 그들이 만들어 내는 상품의 국적을 구별하기 힘들다는 의미로서 국경을 넘나드는 투자를 통한 다국적기업의 무국적화와 생산공정의 국제간 분업에 따라 다국적기업의 상품의 무국적화가 가속화되고 있다.

둘째, 다국적기업은 대규모 경제력을 보유한 대규모 기업이다. 〈표 4-3〉에서 보는 바와 같이 최근에는 웬만한 국민국가 보다 더 큰 경제규모를 보유한 다국적기업이 증가하고 있다.

셋째, 다국적기업은 최첨단 기술을 보유하고 있다. 기술력은 다국적기업에게 중요한 독점적 우위(Monopolistic Advantage)를 누리는 기반이 되고 있다. 이런 기술적 우위는 다국적기업이 해외에 진출할 때 해당 국가의 소비자의 기호, 정치 및 경제 제도, 문화 등에 대한 지식이 부족하여 생기는 외국비용(Cost of Foreignness)의 불리함을 극복하는데 큰 역할을 하고 있다. 다국적기업의 최첨단 기술력은 현지국가로 이전되어 기술향상과 경제발전에 큰 보탬이 되고 있다. 거대한 다국적기업의 기술적 우위는 막대한 연구·개발에 대한 투자에 기

표 4-3 세계 25대 대기업과 일부 국가의 경제규모 비교 (단위: 십억 달러)

기업명 또는 국가명	매출액(기업의 경우) 또는 GDP(국가의 경우)	기업명 또는 국가명	매출액(기업의 경우) 또는 GDP(국가의 경우)
노르웨이	**414**	Verizon	108
Wal-Mart	408	McKesson	107
남아프리카공화국	**364**	GM	105
그리스	**305**	**베트남**	**104**
Exxon-Mobil	285	AIG	103
Chevron	164	**방글라데시**	**100**
루마니아	**162**	Cardinal Health	100
GE	157	CVS Caremark	99
페루	**154**	Wells Fargo	99
Bank of America	150	IBM	96
ConocoPhilips	140	UnitedHealth Group	87
우크라이나	**138**	**이라크**	**82**
AT&T	123	P&G	80
Ford	118	Kroger	77
JP Morgan Chase	116	AmerisourceBergen	72
HP	115	Costco	71
Berkshire Hathaway	112	**룩셈부르크**	**55**
Citigroup	109		

(출처: Fortune, 2010: World Bank, 2010)

인한다.

넷째, 다국적기업은 전 세계적 가치사슬(Global Value Chain)을 보유하고 있다. 세계 여러 국가에 진출하여 방대한 해외시장을 구축하고 있는 다국적기업의 궁극적 목표는 범세계적 이윤의 극대화이기 때문에 세계 도처에 존재하는 자회사 또는 가맹점을 통한 생산 · 자본조달 · 소득이전 등을 할 수 있는 범세계적 가치사슬(Global Value Chain)로 연계되어 있다. 또한 다국적기업은 경쟁우위를 창출하기 위해서 원재료 · 기술 · 세금 · 임금 등에서 유리한 생산입지를 선정하여 단독 또는 합작투자를 감행하고 있다.

마지막으로, 다국적기업은 피라미드형 계층구조를 보유하고 있다. 일반적으로 다국적기업은 3단계로 계층화된 독특한 구조를 보유하고 있다. 즉 최상층에는 모기업의 전략본부가 위치하고 있으며, 중간층에는 지역본부로서 자회사가 위치하며, 마지막 층에는 단순 생산 또는 판매거점이 자리하고 있다. 국경을 초월한 재화 · 기술 · 자본 · 정보 · 인력의 이동과 경영의사의 결정, 전달, 집행이 다국적기업 내부의 피라미드 구조에서 이루어지고 있다.

제2차 세계대전 이후부터 현재까지 다국적기업이 크게 확대되면서 크게 네 가지 트렌드가 개발되었다. 첫째, 대다수 다국적기업들의 본사(HQ: Headquarters)들은 미국, 영국, 프랑스, 독일, 일본과 같은 세계 5대 경제대국에 집중되고 있다는 사실이다. 둘째, 많은 다국적기업들이 금융과 같은 서비스업에 존재하게 되었으며, 현재는 외국인직접투자가 제조업보다 서비스업에 더 집중되고 있다. 셋째 트렌드는 각 산업에서 발생하고 있는 기업집중(Corporate Concentration)이다. 현재 대다수 글로벌 산업들은 4-5개의 지배적인 기업들에 의해 생산과 방향성이 결정되고 있다. 넷째, 다국적기업의 규모(Size)가 엄청나게 성장하였다. 일례로 〈표 4-3〉에서 보는 바와 같이 대규모 다국적기업의 매출액(Revenue)이 많은 국민국가(Nation-State)의 국내총생산(GDP)보다 더 많은 것이 사실이다.

다국적기업의 활동에 대한 평가는 긍정적인 면과 부정적인 면이 공존하고 있다. 먼저 긍정적인 관점에서 보면 첫째, 다국적기업은 저비용 생산기회로 인해 만들어진 낮은 가격의 상품을 세계인들에게 제공하고 있다. 둘째, 서로 다른 지역에 살고 있는 세계인들에게 일관된 품질의 상품을 제공하고 있다. 셋째, 거대한 다국적기업은 영세한 지역기업에 비해 보다 높은 임금과 많은 복지혜택을 제공하고 있다. 또한 거대한 다국적기업은 파산할 확률이 영세한 기업에 비해 낮기 때문에 직원들에게 높은 고용안정성을 제공하고 있다. 넷째, 거대한 다국적기업은 특히 비영리기관들에게 거액을 기부함으로써 이들 목표로 하는 공익의 달성을 지원하고 있다.

그러나 다국적기업의 역할에 대해 부정적인 관점에서 보면 이들은 노동력을 착취하고, 공공정책의 결정과정을 지배하고, 자연환경을 파괴하며, 고유한 문화적 가치를 훼손하고 있다고 비난받고 있다. 특히 선진국에서 다수의 다국적기업들이 상품판매 또는 생산거점을 구축하기 위해 저개발국가로 진출하면서 상반된 결과가 도출되고 있다. 선진국의 다국적기업은 고용창출로 인한 소득 증진으로 지역경제를 일으키고, 교육 및 훈련으로 숙련된 노동자들을 양산하고, 국유자

산의 구매 및 민영화에 의한 중앙 및 지방정부의 수입 및 세수 증진에 기여하면서 저개발국가의 경제성장에 큰 공헌을 하고 있다. 그러나 혜택보다는 비용이 더 소모되는 경우의 저개발국가가 많이 나타나고 있다. 저개발국가에 진출한 다국적기업들은 낮은 임금의 노동자들을 착취하는 한편 해외파견 관리자의 소득과 기업의 이윤을 본국으로 송금하고 있다. 그리고 자본집약적인 생산은 저개발국가의 빈곤과 소득불균형을 악화시키고 있다. 다국적기업의 투자로 인해 정부관리의 부패가 만연되고 있으며 게다가 세금감면, 보조금, 느슨한 법집행 등의 혜택까지 누리고 있다. 또한 다국적기업들은 고세율 국가의 이윤을 저세율 국가로 이전하는 이전가격(Transfer Pricing) 관행과 조세피난처(Tax Heaven)를 이용해 법인세의 납부 부담을 완화하고자 하는데, 이는 역으로 국민국가의 세금수입을 떨어뜨리는 결과를 초래하고 있다.

현재 다국적기업은 지구를 지배하는 가장 강력한 조직으로 성장하였다. 전통적 경제학 관점에서 다국적기업의 성장현상을 가장 잘 설명하는 주요 이론은 규모의 경제(Economies of Scale)와 범위의 경제(Economies of Scope)이다. 그러나 최근 다국적기업이 지속적인 성장을 유지하기 위해 필요한 경쟁우위의 근원이 국제기동성(International Mobility)이라는 사실이 밝혀지고 있다. 국제기동성은 국가 간의 경계를 넘어 손쉽게 자원을 이전할 수 있는 기업의 능력을 의미한다. 제2차 세계대전 종전 이후 수십 년간 특히 미국 기업들은 국제화전략을 통해 외국 자회사들을 설립하게 되는데, 이는 주로 진출한 국가의 시장에 진입하기 위해서였다. 기업들은 완화된 무역장벽과 낮아진 운송비용이란 호전된 경영환경을 기반으로 해서 제품을 판매할 새로운 시장뿐만 아니라 저비용 생산기회를 위해 외국진출을 탐색하게 되었다.

외국의 저임금 노동력을 확보한 다국적기업은 아직도 고임금 노동력에 의존해야 하는 기동성이 낮은 경쟁기업에 비해 상당한 우위를 차지하게 되었다. 저비용 노동력은 특히 전자 및 의류산업에 속한 다국적기업의 성장에 크게 기여하였다. 저임금의 외국 노동자에 의한 비용절감은 주로 외부 공급자와의 계약에 의해 달성되었는데 이를 흔히 아웃소싱이라 한다. 그러나 값싼 외국 노동력에 의한 아웃소싱이 확대되면서 선진국에서는 블루칼라 노동자의 일자리가 점차 사라지게 되는 결과가 만들어져 현재까지도 큰 사회적 문제가 되고 있다.

하청업체(Subcontractor)의 이용은 다국적기업에게 여러 가지 이점을 제공하고 있다. 첫째, 다국적기업은 단기계약 조건을 유지하고 또 대량의 자본투자가 불필요했기 때문에 만일 더 좋은 조건이 제공되는 장소를 찾게 되면 손쉽게 다른 나라로 계약을 이전할 수 있었다. 둘째, 외국에 진출한 다국적기업은 적절한 공정임금 및 환경기준 제도의 준수에 소요되는 노력을 하청업체에게 떠넘김으로써 이에 대한 책임을 회피할 수 있었다. 그러나 이처럼 하청업체에 의해 제공된 다국적기업의 유연성은 결국 심각한 사회적 및 환경적 폐해를 낳게 되었다.

한편 다국적기업의 지속적 성장과 더불어 나타나는 현상의 하나가 노동조합의 약화이다. 특히 미국에서는 노동조합의 전성기인 1950년대 중반 전체 노동인력의 약 ⅓이 노동조합에 가입하였으나, 현재는 10% 정도로 크게 낮아졌다고 한다. 이런 결과는 제조업이 주도했던 종전과 달리 현재는 노동조합 결성이 보다 힘든 서비스업 직종에서 훨씬 많은 고용이 이루어지기 때문이라고 한다. 또한 조건이 좋은 외국으로 생산거점을 이전할 수 있는 옵션을 보유한 기업은 노동조합에 보다 공격적인 자세를 취하게 되었다. 마지막으로 1980년 영국의 대처수상과 미국의 레이건대통령이 행했던 것처럼 일부 정부는 노동유연성을 강화한다는 취지 아래 반노동조합적인 정책을 시행하였다.

또한 일부 정부의 고용창출을 위한 친기업 정책과 기업들의 집단적 로비활동이 성공을 거두게 되면서 다국적기업들의 세금부담이 크게 경감하게 되었다. 즉 세계 각 국가에서 기업들이 부담하는 실효세율이 명목세율에 비해 크게 낮아지고 있다. 또 일부 다국적기업들은 세율이 상이한 여러 국가에서 활동하므로 기업내거래(Interfirm Trade)를 통해 세금부담을 덜고 좀 더 나아가서 조세피난처를 이용해 아예 세금을 회피하려고 한다.

다국적기업이 크게 성장하면서 이들의 정치적 영향력이 점점 강화되고 있다. 정치적 헌금과 로비활동을 통해 정부의 정책개발에 영향을 미치고 있다. 미국의 경우를 보면 2006년 미국 기업들이 로비활동에 소비한 금액은 약 26억 달러에 달했는데 이는 2000년도에 비하면 약 62%나 증가된 액수라고 한다. 미국에는 약 4천명의 로비스트가 등록되어 있는데 이는 미국 국회의 의원 한 명당 7명 이상

의 로비스트가 존재하는 격이다. 로비활동에 소요되는 총액수를 의원수로 나누어 보면 무려 5백만 달러에 이른다고 한다. 거대한 다국적기업들은 미국 대통령 선거 등 다양한 정치캠페인 등에 거액의 헌금을 납부하여 공공정책의 개발에 영향을 미치고 있다.

다국적기업의 기동성이 높으면 높을수록 세계 각 국가에서 노동기준, 최저임금, 환경보호 등에 대한 규제가 변경될 때마다 더욱더 민첩하게 생산거점을 이전하거나 새로운 하청업체를 찾을 수 있다. 게다가 고용창출과 세수확보를 위해 많은 국가들이 규제를 완화하고 있으며, 일부에서는 아예 규제를 없애버리고 있다. 국민국가들의 이런 바닥을 향한 경쟁(Race to the Bottom)은 결국 다국적기업을 유치하기 위한 최소기준의 경쟁으로 변질되고 말았다. 이런 불균형적인 정책으로 말미암아 결국 환경은 파괴되고, 인권남용이 횡행하게 되었으며, 결국 부정적인 사회적 결과를 낳게 되었다. 기동성이 높은 다국적기업은 세금부담을 낮추기 위해 생산거점과 이윤을 국경 너머로 이동하였다. 국가들은 다국적기업을 유치하기 위해 이윤과 투자에 대한 세율을 낮춰주었다. 또한 최근 자유무역협정을 체결하기 위한 국민국가들의 경쟁으로 인해 다국적기업은 여러 분야에서 친기업적인 정책을 특혜적으로 양도받고 있는 현실이다.

전통적인 경제이론에 의하면 지속적으로 보다 많은 이윤을 추구할 때 기업은 사회에 최대한 혜택을 제공하는 개체라고 했다. 그러나 최소한 현재까지는 다국적기업은 스스로의 자유의지에 의해 최선의 사회적 혜택을 제공하고 있지 않기 때문에 이 관점은 이제 유용성이 떨어졌다고 볼 수 있다. 현대 자본주의의 심장이라 할 수 있는 미국에서도 남북전쟁 이전까지 기업의 활동은 철저히 공익(Public Good)을 추구하기 위해 행해졌다고 한다. 그만큼 기업의 성장 및 탐욕의 역사는 인류의 유구한 역사에 비하면 매우 짧은 시간을 통해 압축적으로 이루어졌다고 볼 수 있다. 19세기 다국적기업들과 달리 현대 다국적기업들은 대다수 세계인들의 안녕에 크나큰 영향을 미치고 있으며, 지구 인류의 1년 365일 일상생활을 지배하고 있다. 일례로 근무환경 및 복지, 임금에 대한 다국적기업의 사고가 많은 세계인들의 삶의 질을 결정하고 있다. 다국적기업이 세계 각국에서 사회 안녕을 위해 최선의 역할을 다하기 위해서는 먼저 스스로 사익과 공익을 일치(Alignment)시키는 것에 대한 확고한 의지가 구축되어야 하며, 이를 바탕으로 하여 합리적인 자유시장체제의 확립과 적절한 정부의 개입이 요구된다.

1960년대 초반에는 소수의 다국적기업이 약 3,500개의 외국자회사를 거느리고 있었으나 1994년에 이르러는 38,747개의 다국적기업이 265,551개의 외국자회사를 두고 있었다고 한다. 그리고 UNCTAD의 통계에 의하면 2008년 연말 기준으로 현재 세계에는 약 82,053여 개의 다국적기업이 존재하고 있으며, 이들은 807,363개의 해외법인 또는 지사들을 거느리고 있다고 한다. 이런 통계를 보면 지난 50년 동안 다국적기업의 엄청난 성장은 실로 괄목한 만한 현상이라고 할 수 있다.

다국적기업의 세계경제에 미치는 영향은 실로 막강하다고 할 수 있다. 2007년 연말을 기준으로 한 통계를 보면 다국적기업들이 해외에 직접투자한 금액의 누적총액(FDI Stock)은 약 15조 달러에 이른다고 한다. 2007년 다국적기업에 의해 창출된 부가가치(Value added)는 약 6조 달러에 이른다. 역시 같은 해 이들이 달성한 총매출액은 약 31.2조 달러에 달했는데, 같은 해 세계무역의 수출총액은 약 17조 달러라고 한다. 한편 2007년 다국적기업의 외국자회사가 달성한 총생산액은 세계총생산액(World GDP)의 약 11%를 차지했다(1990년 7%). 한편 〈표 4-4〉는 과거 20여 년간 크게 확대된 다국적기업의 활동상을 보여주고 있다.

표 4-4 세계경제에서 다국적기업의 성장 추세

분야	1982	2007
다국적기업 외국자회사의 직원 수(Employees)	21.5백만(명)	81.6백만(명)
다국적기업 외국자회사의 총생산액(Gross Product)	0.6조 (달러)	6.1조 (달러)
다국적기업 외국자회사의 총매출액(Total Sales)	2.7조 (달러)	31.2조 (달러)
다국적기업 외국자회사의 총수출액(Exports)	0.7조 (달러)	5.7조 (달러)
다국적기업 외국자회사의 총자산(Total Assets)	2.2조 (달러)	68.7조 (달러)

(출처: UNCTAD)

미국의 유명 비즈니스잡지인 Fortune은 매년 Fortune Global 500이라고 매출액 기준으로 세계 500대 대기업을 선정하여 발표하고 있다. 〈표 4-5〉는 2013년에 발표된 자료에 의하여 2012년 기준으로 매출액 상위 100대 기업을 보여주고 있다.

한편 〈표 4-6〉은 Fortune Global 500에 선정된 다국적기업의 국적별 분포를 보

표 4-5 세계 100대 대기업(매출액 기준) 2012년 실적 기준 (단위: 십억 달러)

순위	기업명	매출액	이익	순위	기업명	매출액	이익
1	Royal Dutch Shell	481.7	26.6	51	UnitedHealth Group	110.6	5.5
2	Wal-Mart	469.2	17.0	52	Enel	109.1	1.1
3	ExxonMobil	449.9	44.9	53	Simens	109.0	5.8
4	Sinopec Group	428.2	8.2	54	Hitachi	108.9	2.1
5	China Nat'l Petroleum	408.6	18.2	55	JP Morgan Chase	108.2	21.3
6	BP	388.3	11.6	56	Cardinal Health	107.6	1.1
7	State Grid	298.4	12.3	57	SK Holdings	106.3	0.9
8	Toyota	265.7	11.6	58	Banco Santander	106.1	2.8
9	Volkswagen	247.6	27.9	59	Carrefour	106.0	1.6
10	Total	234.3	13.7	60	HSBC Holdings	105.3	14.0
11	Chevron	233.9	26.2	61	Societe Generale	105.1	1.0
12	Glencore Xstrata	214.4	1.0	62	IBM	104.5	16.6
13	Japan Post Holdings	190.9	6.8	63	Tesco	104.4	0.2
14	Samsung Electronics	178.6	20.6	64	Agricul'l Bank of China	103.5	23.0
15	E.ON	169.8	2.8	65	BASF	101.2	6.3
16	Phillips 66	169.6	4.1	66	Bank of America	100.1	4.2
17	ENI	167.9	10.0	67	Costco	99.1	1.7
18	Berkshire Hathaway	162.5	14.8	68	BMW	98.8	6.5
19	Apple	156.5	41.7	69	Nestle	98.5	11.3
20	AXA	154.6	5.3	70	Bank of China	98.4	22.1
21	Gazprom	153.5	38.1	71	China Mobile	96.9	11.9
22	GM	152.3	6.2	72	Kroger	96.8	1.5
23	Daimler	146.9	7.8	73	Credit Agricole	95.2	-8.3
24	GE	146.9	13.6	74	Express Scripts	94.4	1.3
25	Petrobras	144.1	11.0	75	Petronas	94.3	16.0
26	EXOR Group	142.2	0.5	76	Noble Group	94.0	0.5
27	Valero Energy	138.3	2.1	77	Electricite de France	93.5	4.3
28	Ford	134.3	5.7	78	Wells Fargo	91.2	18.9
29	I&C Bank of China	133.6	37.8	79	Citigroup	90.8	7.5
30	Hon Hai Precision	132.1	3.2	80	Chain State Cons. Eng.	90.6	1.3
31	Allianz	130.8	6.6	81	PTT	89.9	3.4
32	NTT	128.9	6.3	82	Archer Daniels Midland	89.0	1.2
33	ING	128.3	4.2	83	Panasonic	87.9	-9.1
34	AT&T	127.4	7.3	84	Prudential	87.9	3.5
35	Fannie Mae	127.2	17.2	85	Lloyds Banking Group	86.8	-2.3
36	Pemex	125.2	0.2	86	Nippon Life Insurance	86.7	3.0
37	GDF Suez	124.7	2.0	87	Metro	85.8	0.0

38	PDVSA	124.5	2.7	88	Indian Oil	85.5	0.8
39	Statoil	124.4	11.8	89	P&G	85.1	10.8
40	CVS Caremark	123.1	3.9	90	Prudential Financial	84.8	0.5
41	BNP Paribas	123.0	8.4	91	ArcelorMittal	84.2	−3.7
42	McKesson	122.5	1.3	92	Munich Re Group	84.0	4.1
43	HP	120.4	−12.7	93	China Natl Offshore Oil	83.5	7.7
44	JX Holdings	119.5	1.9	94	Sony	81.9	0.5
45	Honda	119.0	4.4	95	Boeing	81.7	3.9
46	Lukoil	116.3	11.0	96	Freddie mac	80.6	11.0
47	Nissan	116.0	4.1	97	Telefonica	80.1	5.0
48	Verizon	115.8	0.9	98	AmerisourceBergen	79.7	0.7
49	Assicurazioni Generali	113.8	0.1	99	Rosneft Oil	79.6	11.0
50	China Const. Bank	113.4	30.6	100	China Railway Cons.	77.2	0.8

(출처: Fortune Global 500, 2013)

표 4-6 세계 500대 대기업의 국적별 분포

국명	500대 대기업의 수	국명	500대 대기업의 수
미국	132	이탈리아	8
중국	88	스페인	8
일본	62	인도	8
프랑스	31	브라질	8
독일	29	러시아	7
영국	26	대만	6
스위스	14	벨기에	3
대한민국	14	스웨덴	3
네덜란드	11	멕시코	3
캐나다	9	싱가포르	2
호주	9		

(출처: Fortune Global 500, 2013)

여주고 있다. 다국적기업의 본사가 가장 많이 소재하는 국가는 단연 미국으로 500대 기업 중 132개(26.4%) 기업이 미국 국적으로 나타나고 있다. 다음으로는 중국으로 88개(17.6%)이며, 일본은 62개 대기업을 보유하고 있다. 전통적인 경제대국인 미국 · 영국 · 프랑스 · 독일 · 일본 국적의 기업들을 모두 합하면 500개 기업 중 약 311개(62.2%)로 이들 국가는 아직도 막강한 경제력을 보유하고 있는 것으로 나타났다.

제4절 다국적기업의 해외진출 동기

특정국의 시장에 대한 진출은 대부분 뚜렷한 전략적 목표를 가지고 있는 다국적기업들에 의해 수행되고 있으며, 다른 국가에 존재하는 자회사는 각기 다른 역할과 과업을 수행한다. 그러므로 다국적기업의 해외진출 동기는 다양하다고 볼 수 있다. 일반적으로 다국적기업의 해외진출 동기는 다섯 가지로 요약될 수 있다.

첫째, 해외진출의 가장 두드러진 동기는 새로운 시장의 접근과 외국시장의 판매 잠재력이다(Market-seeking). 모국 시장의 포화는 서구, 미국, 일본과 같은 선진국에서 흔히 발생하는데, 기업의 성장을 담보하기 위해서 해외시장에 대한 진출을 도모하게 된다. 판매시장을 확대하는 것이 해외진출의 동기라면 진출국은 다국적기업이 제공하는 상품의 판매 잠재력에 의해 선택된다. 보통 해외진출국은 시장규모, 시장성장성, 매력적인 세분시장의 존재, 해당기업의 상품과 서비스에 대한 수요 등에 의해 결정이 된다.

둘째, 천연자원이나 외국회사의 특정 부품처럼 관련 자원에 대한 접근 및 확보하기 위해서이다(Resource-seeking). 예를 들면, 정유회사, 타이어회사, 화학회사 등은 천연자원에 대한 의존도가 매우 높기 때문에 이들은 일찍부터 필수적인 투입요소를 확보하기 위해 해외진출을 감행하였다. 이들이 해외진출을 고려할 때 선호하는 국가적 특성에는 중요 자원의 가용성, 해외진출국에서 자원의 가격, 해외진출국의 자원배분정책 등이 있다.

셋째, 다국적기업은 전반적인 비용의 효율성을 향상하기 위해 해외진출을 감행한다(Efficiency-seeking). 이런 경우 보통 해외 자회사는 국제적으로 구성된 생산활동의 일부분으로 간주된다. 특정 활동을 위한 특정 입지의 우위를 활용하고 생산공정의 합리화를 도모할 수 있는 생산 네트워크를 설계하고자 하는 것이 다국적기업의 의도이다. 해외 자회사는 종종 국제생산체제 안에서 모기업이나 다른 자회사를 위해 부품 또는 완제품의 제조하는 역할을 담당한다. 인도를 통한 콜센터 또는 소프트웨어 제작의 Outsourcing이나 Offshoring(역외생산)은 전형적으로 효율성을 추구하기 위한 동기에서 비롯된 것이다. 또한 세계를 상대로 값싼 원재료 또는 임금 등을 찾는 글로벌소싱과 동일 상품에 대한 수요를 갖는 국가들을 한데 묶어 규모의 경제를 실현하는 것도 효율성의 동기에서 비롯되었다. 이와 같은 동기에 의해 선호되는 국가적 조건은 확연한 차이가 존재하는 해외진출국의 생산비용, 관련 시장과의 거리(물류비용에 영향), 전반적인 국제생산체제에서 통합가능성, 적절하고 효율적인 공급자의 존재 여부 등이다.

넷째, 다국적기업은 현지국의 지식, 역량, 기술적 자원, 혁신 등에 접근하기 위해서 해외진출을 고려한다(Strategic Asset-seeking). 이 동기는 다국적기업의 국제적 존재는 보유하고 있는 기업 네트워크의 진단 및 학습 잠재력을 바탕으로 다른 기업에 비해 월등한 정보우위를 제공한다는 전제 하에 성립된 것이다. 연구기관, 공급자, 고객, 경쟁사 등은 기술적 지식의 중요한 근원이다. 전략적 자원동기에 의하면 다국적기업은 해외진출을 고려할 때 혁신능력, 수요의 합리성, 관련 및 지원 산업의 가용성, 관련 산업에서 혁신클러스터의 존재 여부 등을 기준으로 하여 진출국을 선정한다.

다섯째, 과점적 산업에서 경쟁하는 기업은 다른 기업의 움직임에 매우 민감하게 반응한다. 따라서 선도기업이 해외국가로 진출하면 경쟁기업은 바로 따라서 해외로 진출하게 된다(Follow-the-Leader). 동종 산업에서 경쟁하는 과점적 기업들 사이의 상호의존성은 과점적 균형유지, 과점적 경쟁의 본질이라고 할 수 있다. 직접적으로 경합을 벌이고 있는 기업의 해외시장 진출에 자극을 받아 자회사의 진출을 결정하는 기업들이 많다. 이런 경우 풍부한 잠재시장과 저렴한 원료의 공급원을 경쟁기업이 선점할지도 모른다는 위기감이 의사결정자의 관심을 사로잡게 된다.

위에 소개한 다섯 가지 동기들은 서로 독립적으로 존재하는 것이 아니다. 이 동기들은 상호 간에 동시에 또는 보완적으로 존재하는 경우도 많다. 때때로 다국적기업은 서로 다른 입지마다 특정 동기는 유리하게 작동하고 또 다른 동기는 불리하게 작동함으로써 서로 상쇄된다는 것에 당면하게 된다.

이 외에도 최근 들어 여러 연구를 통해 다국적기업이 해외진출에 대한 다른 동기들이 밝혀지고 있다. 첫째, 관세 및 비관세 장벽의 회피이다. 수입국의 보호무역을 회피하고 수출시장의 지속적인 점유 및 확산을 위해 직접투자 또는 합작투자를 도모한다. 둘째, 본국에서의 불황 대응책이다. 지리적인 확장과 그것을 포함하는 제품 다양화의 동기에 의한 해외투자 확대를 의미한다. 셋째, 장기적 확대전략의 전개이다. 본국에서는 불완전하게 활용되고 있는 경영자원의 보다 유효한 이용, 자원 및 시장에 대한 전 세계적인 계획과 전략의 개발에 의한 효과적인 사업기회의 활용, 기술 제휴선의 사업확장에 대한 공동출자이다. 넷째, 외국정부 및 기업으로부터의 요청이다. 개발도상국 정부의 외국투자에 대한 적극적인 투자촉진정책, 조세우대조치, 저리융자, 보조금 등 또는 개발도상국 기업의 선진기술 및 노하우의 획득 요구에 의한 동기를 말한다. 다섯째, 과잉생산의 회피이다. 국내의 특정산업에서 구조조정정책이 실패하게 되어 본국에서의 과잉 생산된 것을 해외로 수출하려는 전진기지의 목적으로 직접투자를 하는 경우이다.

세계화 추세에 따라 무역 및 투자에 대한 시장개방이 가속화됨에 따라 무역뿐만 아니라 해외직접투자(FDI: Foreign Direct Investment) 규모도 같이 크게 증가하고 있다. 다국적기업의 활동을 잘 이해기 위해서는 해외직접투자(또는 외국인직접투자)를 반드시 숙지해야 한다. 해외직접투자는 투자기업이 외국의 현지회사에

표 4-7 해외직접투자의 동기(미국 다국적기업의 경우)

투자 동기	내용
피투자국의 시장요인	• 시장점유율 유지 및 확대 • 피투자국을 수출기지로 활용하기 위함
비용관련 요인	• 저렴한 노동력과 숙련노동의 이용가능성 • 저렴한 투입운송비용 • 정부의 금융상의 유인책
수직적 통합	• 저렴한 원재료의 이용가능성 • 투입물의 안정적인 공급확보 필요성
투자여건	• 정치적 안정성 • 본국과의 문화적 유사성
외부적 요청에 대한 대응	• 현지정부로부터의 요청 • 현지의 대리점, 유통업자, 허가사용자로부터의 요청 • 공급업자로부터의 요청
본국과 관련한 Push요인	• 위험다변화 • 여타 수단에 의한 해외시장 공급의 어려움 • 우위요소를 해외에서 이용하고자 할 때

(출처: Brooke & Buckley, 1988)

대한 직·간접적인 경영통제권의 행사를 통한 이득을 얻기 위해 투자를 행하는 것을 말하며, 투자의 결과로 자본, 경영노하우, 상품, 기술, 특허 등과 같은 자원의 이동이 동시에 이루어진다. 해외직접투자의 주요 유형에는 외국에 현지법인 설립, 기존의 현지기업에 대한 자본참여, 지점의 설치, 부동산 취득 등이 있다.

또한 해외직접투자는 투자를 유치한 국가에게 투자자본의 확충, 국내투자의 촉진, 고용창출, 선진기술의 이전 등을 통하여 경제성장에 큰 효과를 제공하고 있다. 따라서 현재 전 세계의 많은 국가들은, 특히 개발도상국, 경제발전을 위한 개발을 촉진하기 위해 소요되는 자본을 획득하기 위해 다국적기업의 해외직접투자를 적극적으로 추진하고 있다. 일례로 오늘날과 같은 중국의 눈부신 경제성장은 다국적기업들의 투자가 선행되지 않았으면 불가능했다고 볼 수 있다. 기업하기 좋은 환경을 조성하여 다국적기업의 투자를 촉진하기 위해서는 풀어야 할 여러 과제가 존재하고 있다. 첫째, 외국인투자법 및 각종 규제정책을 완화 또는 철폐해야 한다. 둘째, 부정부패를 근절하고 교육을 통해 숙련된 인력을 보충해야 한다. 셋째, 도로 및 항만과 같은 인프라스트럭처를 확대하고 교통체증 및 전력난의 해소해야 한다.

〈표 4-8〉은 전 세계 FDI 유입액(Inflows)과 유출액(Outflows)의 성장추세를 잘 보여주고 있으며, 또한 지속적으로 성장하고 있는 다국적기업의 경제활동에 관한 여러 지표들을 보여주고 있다. 한편 〈표 4-9〉는 총자산, 총매출, 총고용 등의 분야에서 세계 100대 비금융 산업분야 다국적기업의 경제활동의 규모와 비중을 잘 설명해 주고 있다.

2014년 1월 UNCTAD(국제연합무역개발회의)가 발간한 보고서 'Global Investment Trends Monitor'를 보면 2013년 전 세계 총 FDI 유입액(Inflows)은 약 1조 4,610억 달러에 이른다고 한다(〈그림 4-1〉). 이중 선진국에 유치된 FDI 유입액(Inflows)은 총 5,760억 달러로 세계 전체의 약 39%를 차지하는데 그쳤다. 선진국의 FDI 유입액은 2012년 이어 2년 연속 역사상 가장 낮은 수준을 보이고 있으며, 또 2012년에 비해서는 12% 증가했지만 최고 수준이었던 2007년에 비하면 약 44%에 그친다고 한다. 반면에 2013년 개발도상국에 유입된 FDI는 종전 기록을 깨고 총 7,590억 달러로 전체의 약 52%를 차지하였다. 이는 다국적기업들이 여전히

표 4-8 해외직접투자(FDI) 및 국제생산에 대한 선택적 지표(1990-2012년)

항목	현재가격 가치 (단위: 십억달러)				
	1990	2005-2007 (경제위기전 평균)	2010	2011	2012
FDI 유입액	207	1,491	1,409	1,652	1,351
FDI 유출액	241	1,634	1,505	1,678	1,391
FDI 유입잔액	2,078	14,706	20,380	20,873	22,813
FDI 유출잔액	2,091	15,895	21,130	21,442	23,593
FDI 유입액 이익[1]	75	1,076	1,377	1,500	1,507
FDI 유입액 이익률(%)[2]	4	7	6.8	7.2	6.6
FDI 유출액 이익[1]	122	1,148	1,387	1,548	1,461
FDI 유출액 이익률(%)[2]	6	7	6.6	7.2	6.2
국제 인수합병(M&A)	99	703	344	555	308
외국자회사의 매출액	5,102	19,579	22,574	24,198[3]	25,980[3]
외국자회사의 부가가치 창출액	1,018	4,124	5,735	6,260[3]	6,607[3]
외국자회사의 총자산	4,599	43,836	78,631	83,043[3]	86,574[3]
외국자회사의 총수출액	1,498	5,003	6,320	7,436	7,479
외국자회사의 총고용(천명)	21,458	51,795	63,043	67,852[3]	71,695[3]
〈비교지표〉					
GDP	22,206	50,319	63,468	70,221[4]	71,707[4]
총고정자본형성	5,109	11,208	13,940	15,770	16,278
로열티 및 허가 수수료 수입	27	161	215	240	235
제품 및 서비스 수출액	4,382	15,008	18,956	22,303[4]	22,432[4]

(출처: UNCTAD World Investment Report 2013)

[1] FDI 유입액 이익은 168개국, FDI 유출액 이익은 136개국 2012년 자료를 바탕으로 작성됨.

[2] FDI 이익 및 누적액이 공히 존재하는 국가만 대상으로 작성됨.

[3] 2011 및 2012 자료는 통계추정치.

[4] 자료출처: IMF의 World Economic Outlook, April 2013.

개발도상국의 성장잠재력에 특별한 관심을 가지고 장기투자를 행하고 있는 것으로 판단된다.

2013년 FDI 유입액의 지역별 분포를 보면 2012년과 유사하게 아시아는 세계에서 가장 많은 FDI를 유치하는 지역으로 자리매김하고 있다. 이는 다국적기업들이 지속적 성장을 위해 아시아 시장을 매우 중요시하고 있다는 반증이기도 하다.

표 4-9 세계와 개발도상국 및 전환경제국의 100대 비금융 초국적기업의 국제화 통계 (2010-2012년)

항목	100대 초국적기업(세계)					100대 초국적기업 (개발도상국 및 전환경제국		
	2010	2011[1]	변동률	2012[2]	변동률	2010	2011	변동률
총자산(십억달러)								
국외	7,285	7,634	4.8	7,698	0.8	1,104	1,321	19.7
국내	4,654	4,897	5.2	5,143	5.0	3,207	3,561	11.0
총계	11,939	12,531	5.0	12,842	2.5	4,311	4,882	13.2
총계 대비 국외비율 %	61	61	-0.1	60	-1.0	26	27	1.5
총매출액(십억달러)								
국외	4,883	5,783	18.4	5,662	-2.1	1,220	1,650	35.3
국내	2,841	3,045	7.2	3,065	0.7	1,699	1,831	7.8
총계	7,723	8,827	14.9	8,727	-1.1	2,918	3,481	19.3
총계 대비 국외비율 %	63	66	2.3	65	-0.6	42	47	5.6
총고용(천명)								
국외	9,392	9,911	5.5	9,845	-0.7	3,561	3,979	11.7
국내	6,742	6,585	-2.3	7,030	6.8	5,483	6,218	13.4
총계	16,134	16,496	2.2	16,875	2.3	9,044	10,197	12.7
총계 대비 국외비율 %	58	60	1.9	58	-1.7	39	39	-0.3

(출처: UNCTAD World Investment Report 2013)
[1] 수정치, [2] 예비 추정치

그림 4-1 세계 FDI 유입액 추세 (단위: 십억 달러)

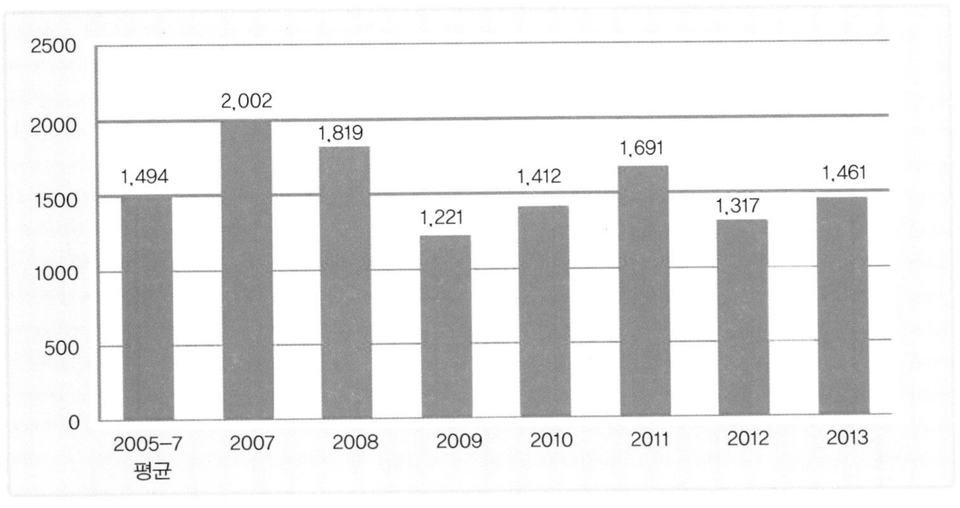

(출처: UNCTAD)
[1] 수정치, [2] 예비 추정치

2013년 중미와 카리브해의 FDI 신장세가 가장 두드러지게 나타났다. 또한 사회주의 계획경제 국가였던 러시아 및 동유럽 국가들이 속한 전환경제국(Transitional Economies)에는 전년보다 약 44% 증가한 약 1,260억 달러의 FDI가 유입되었는데, 이는 새로운 기록이다(〈표 4-10〉).

한편 국가별 FDI 유입액 분포를 보면 미국이 약 1,590억 달러로 가장 많은 금액을 유치했다. 그러나 2위인 중국은 약 1,270억 달러를 유치하는데 그쳤으나, 실제 중국에 속하는 5위 홍콩의 금액인 720억 달러를 합하면 미국을 능가하는 것으로 나타나고 있다(〈그림 4-2〉).

그리고 〈표 4-11〉은 지역 및 경제권역별 FDI 유입액 분포를 보여주고 있다. APEC과 BRICs는 2008년 세계금융위기 이전 수준에 약 2배 정도 더 유치하는 성

표 4-10 세계 및 주요 지역별 FDI 유입액 추세(1990-2012년) (단위: 십억 달러)

지역/경제	2011	2012[1]	2013[2]	2012/2013 변동률(%)
세계전체	1691	1317	1461	10.9
선진국(Developed Economies)	866	516	576	11.6
유럽	521	236	296	25.2
EU	473	207	286	37.7
북미	267	211	223	5.8
개발도상국(Developing Economies)	729	715	759	6.2
아프리카	46	53	56	6.8
북아프리카	9	14	14	-1.8
기타 아프리카	37	39	42	10.0
남미 및 카리브해	242	250	294	17.5
남미	131	144	134	-6.8
중미	33	25	48	92.7
카리브해	79	82	113	37.8
아시아 개발도상국	439	409	406	-0.8
서아시아	49	48	38	-19.6
동아시아	236	216	219	1.1
남아시아	44	32	33	3.2
동남아시아	110	113	116	2.4
전환경제국(Transitional Economies)	96	87	126	45.1

(출처: UNCTAD, 2014)

[1] 수정치, [2] 예비 추정치

그림 4-2 2013년 세계 20대 FDI 유입액 유치국 (단위: 십억 달러)

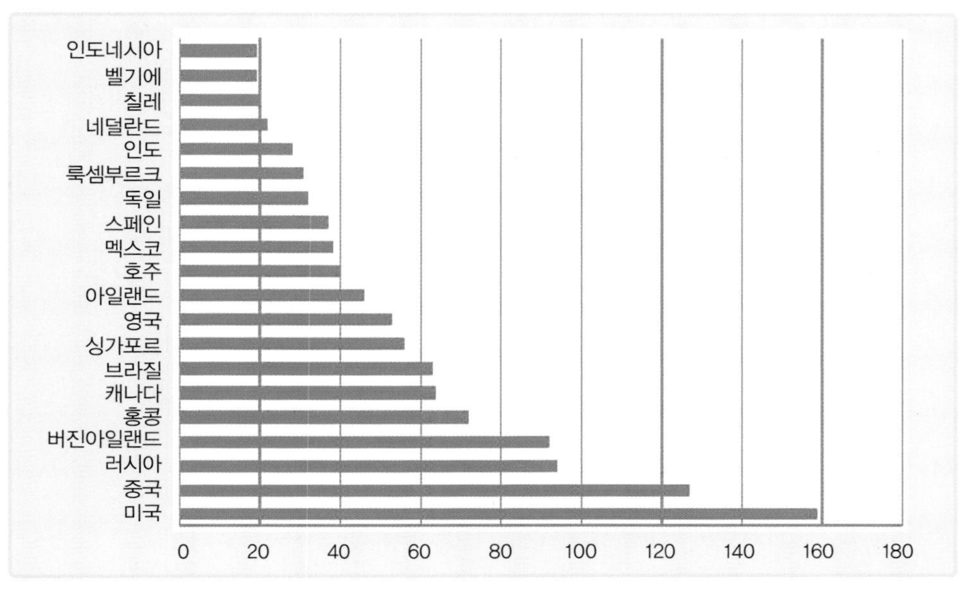

(출처: UNCTAD)

표 4-11 주요 지역/경제권역별 FDI 유입액 추세 (단위: 십억 달러)

지역/경제권역	2005–7 평균	%	2008	%	2009	%	2010	%	2011	%	2012	%	2013	%
G20[1]	879	59	992	55	629	52	740	52	887	52	712	54	789	54
APEC[1]	559	37	809	44	486	40	656	46	781	46	699	53	757	52
TTIP[1]	834	56	852	47	502	41	573	41	700	41	375	28	444	30
TPP[1]	362	24	523	29	276	23	379	27	466	28	404	31	413	28
RCEP[1]	195	13	293	16	227	19	284	20	350	21	329	25	326	22
BRICs[1]	158	11	284	16	201	16	237	17	286	17	267	20	322	22
NAFTA[1]	279	19	396	22	183	15	249	18	290	17	226	17	260	18
ASEAN[1]	64	4	51	3	48	4	98	7	110	7	113	9	116	8
MERCOSUR[1]	31	2	59	3	30	2	61	4	85	5	85	6	83	8

(출처: UNCTAD)

[1] G20: 19개 유럽 개별국가 + EU; APEC: Asia Pacific Economic Cooperation; TTIP: Transatlantic Trade & Investment Partnership; TPP: Trans-Pacific Partnership; RCEP: Regional Comprehensive Economic Partnership; BRICs: Brazil, Russia Federation, India, China and South Africa; NAFTA: North American Free Trade Agreement; ASEAN: Association of Southeast Asian Nations; MERCOSUR: Common Market of the South.

과를 보였다. 특히 G20과 APEC은 공히 전체 FDI 유입액의 절반 이상을 차지하고 있으며, BRICs는 약 ⅕ 정도를 차지하고 있다. ASEAN과 MERCOSUR도 경제위기 이전에 비해 약 2배 정도 많은 금액을 유치하고 있다. 그러나 선진국 경제인 G20과 NAFTA의 FDI 유치실적은 매우 더디게 회복되고 있는 것으로 나타났다.

현재 논의 중인 3개의 거대 경제협력체인 TTIP, TPP, RCEP의 FDI 유치 실적을 보면 다양한 결과가 나타나고 있다. 첫째, 미국과 EU가 구성을 논의 중인 TTIP의 실적을 보면 경제위기 전에는 약 56%였으나, 2013년에는 그 절반인 약 30% 정도에 불과한 것으로 나타나고 있다. 둘째, 현재 12개국이 경제협력체를 논의 중인 TPP는 2013년 기준으로 약 28%를 차지하고 있다. 하지만 이들의 세계 GDP 점유율은 약 40%에 달하고 있다고 한다. 셋째, ASEAN 회원국과 6개 자유무역협정국 간에 교섭되고 있는 RCEP의 FDI 유입액 점유율은 전체 FDI 유입액의 약 20% 정도지만 이는 경제위기 전에 비해 2배 정도 증가한 수준이다.

한편 해외직접투자를 산업별로 보면 제조업이 가장 많은 약 40%를 차지하고 있으며, 서비스업은 세계 금융위기 전인 2005년-2007년 평균 약 50%에서 2011년 약 40%로 감소하였다. 이는 위기 이후 서비스업이 주축산업인 선진국에 대한 해외직접투자가 감소하고 있는 것을 잘 반영하고 있다(〈표 4-12〉).

다국적기업의 해외직접투자를 이해하기 위해서는 다음과 같은 질문에 답할 수 있어야 한다. 첫째, 현지국 기업에 유리한 경제 · 사회 · 법률제도, 사회적 관습, 소비자의 기호, 교통 및 통신의 비용, 현지국 국민 또는 공공기관으로부터 받는 차별대우, 현지국 사정에 대한 지식 결여 등과 같은 외국비용(Cost of

표 4-12 세계 해외직접투자의 산업별 분포 추이

연도	투자금액(십억 달러)			비중(%)		
	1차산업	제조업	서비스업	1차산업	제조업	서비스업
2005-2007 평균	130	670	820	8	41	50
2008	230	980	1,130	10	42	48
2009	170	510	630	13	39	48
2010	140	620	490	11	50	39
2011	200	660	570	14	46	40

(출처: UNCTAD)

Foreignness)의 존재에도 불구하고 기업의 해외진출을 유인하는 요인은 무엇인가? 둘째, 기업이 해외기업에 수출이나 라이센싱(Licensing) 등과 같은 진출방법을 피하고 굳이 직접투자를 통해 해외로 진출하는 이유는 무엇인가?

기업의 궁극적인 목적은 성장과 생존이라고 할 수 있다. 제2차 세계대전 이후 다국적기업은 성장을 위해 많은 해외직접투자(FDI)를 감행한다. 전통적인 신고전 경제학파는 해외직접투자를 자본이 풍부한 국가에서 부족한 국가로 이동한다는 포트폴리오 투자이론으로 치부하였다. 그러나 이 이론은 자본의 희소 수준이 유사한 선진국 사이에 일어나는 자본이동 현상은 설명할 수 없는 한계가 있었다.

다국적기업에 의한 해외직접투자가 비로소 독립적인 경제현상으로 인식되기 시작한 것은 Hymer가 1960년 MIT에 박사학위논문으로 제출한 'The International Operations of National Firms'가 그 효시이다. 그는 다국적기업의 미시적인 분석에 중점을 두고 타기업과의 경쟁을 고려했다. Hymer는 기업의 외국비용이란 타국에서의 활동이 갖는 불이익에도 불구하고 해외로 진출할 수 있는 것은 이런 비용을 상쇄하고도 남을 수 있는 기업특유의 우위(Firm-specific Advantage)를 투자기업이 갖고 있어야 한다고 주장했다. 그는 기업특유의 우위요소로 특수한 생산요소에 대한 접근가능성, 기술적 노하우, 브랜드 가치, 경영기술, 규모의 경제, 특허, 저렴한 자본조달비용 등을 지적했다. 이런 우위는 특정기업에 한정되어 있어야 하며, 기업 내부적으로는 국경을 넘어 쉽게 이동이 가능해야 한다고 했다. 또한 독점적 우위인 지식은 공공재적인 특성이 있기 때문에 다국적기업은 이를 사유화한다고 파악하였다. Hymer의 이론을 독점적 우위이론(Monopolistic Advantage Theory)이라고도 한다. 그러나 기업특유의 우위요소를 왜 해외직접투자라는 자금이 많이 소요되고 위험도가 높은 사업형태를 통해 활용해야 하는가에 대해 이 이론은 설명을 제시하지 못하고 있다.

Hymer에 이어 다국적기업의 해외직접투자를 독립적인 경제현상으로 파악한 연구에는 제1절에서 소개한 바 있는 Vernon(1966)의 제품주기(The Product Cycle) 이론이 있다. 이 이론에 의하면 본국을 기점으로 신제품 도입단계 ⇒ 보급단계 ⇒ 성숙단계라는 제품주기(Product Cycle)의 국제적 이동에 따라 다국적기업은 해외직접투자를 통해 세계 각국 시장에 생산거점을 구축하게 된다.

해외직접투자라는 경제현상을 설명한 다음 이론으로 거래비용이론(Transaction Cost Theory)과 이를 더욱 발전 · 승화시킨 내부화이론(Theory of Internalization)이 있다. Coase(1960)에 의하면 기업은 생산활동에 필요한 자원을 시장에서 조달할 수도 있고 기업내부로 통합할 수도 있다고 했다. 이런 의사결정의 기준이 되는 근거가 바로 거래비용이다. 거래비용이란 시장을 통해 거래를 하는 경우 불확실성이 높은 시장에서 거래 상대방을 찾는데 소요되는 탐색비용, 계약체결비용, 감시비용을 말하며 이는 생산비용과 구분이 된다. 거래비용이론의 주된 관점은 거래를 경제적 분석의 기본단위로 삼고 시장을 통해서 거래를 하는 경우 거래비용이 발생하기 때문에 거래에 따르는 비용을 절약하기 위해서 비용이 많이 드는 시장을 이용하기보다는 기업 내부에서 거래하는 것이 더 유리하기 때문에 이런 기업이 나타나고 점차 성장하게 된다는 것이다.

내부화이론은 해외직접투자를 시장이란 기구를 통하여 수행되는 여러 가지 외부시장 기능을 다국적기업 체계 내로 내부화하려는 것과 관련시켜 설명하려는 이론이다. 외부시장이 불완전하게 되면 내부화에 대한 유인이 존재하게 된다. 국제시장은 국내시장보다 시장불완전성의 요소가 더욱 많기 때문에 그만큼 내부화의 유인이 강하다. 따라서 특유의 독점우위를 보유하고 기업은 이를 외부시장을 통하여 판매하지 않고 해외직접투자를 통해 내부화하여 이용한다. 즉 해외직접투자를 통해서 외부시장에서 수행하던 여러 가지 기능들을 다국적기업 내부로 수렴하려는 것이다. 해외직접투자를 통해 자회사의 활동을 통제함으로써 원재료의 이동, 연구 · 개발, 경영기술, 금융기능 등을 내부화하는 것이다. 이와 같은 시장기능들은 충분히 외부시장을 통해서도 수행될 수 있으나, 이보다는 내부시장 거래를 이용하는 방식이 보다 효율적인 통제가 가능하다고 보는 것이다. 이는 요소시장, 기술시장, 금융시장 등에는 불완전성이 존재하기 때문이다. 다국적기업은 이와 같은 외부시장의 불완전성을 이용하여 내부시장화함으로써 수익을 극대화할 수 있다고 본다. 그러므로 해외직접투자는 어떤 시장거래를 수행함에 있어 시장이 불완전성으로 인한 국제적 시장실패 때문에 생겨나는 거래비용을 회피하거나 절감하기 위해서 기업체계 내에서 그 거래를 수행 · 내부화하는 과정의 산물로 보고 있다.

다국적기업이 해외진출을 시도할 때 합작투자나 라이센싱 등과 같은 방식을 이용하지 않고 직접투자를 통하여 자회사를 설립하는 것은 자산특수성과 기회주의적 행동의 위험으로 높은 거래비용이 소요되기 때문에 시장을 통한 계약보다는 직접투자가 선호된다고 하며, 이와는 다르게 다국적기업이 소유한 암묵적 지식이나 노하우 등의 공공재적 지식자산의 경우 전유 가능성 등으로 인해 직접투자가 수행된다고 한다.

그러나 내부화이론은 다음과 같은 한계를 가지고 있다. 첫째, 기업은 외부적인 시장불완전성에 반응할 뿐만 아니라 스스로 시장의 불완전성을 창출할 수 있다는 가능성을 고려하지 않고 있다. 둘째, 해외진출에 동기가 명확하게 설명되지 않고 있다. 셋째, 생산입지에 대한 고려가 전혀 없다.

Dunning(1980)은 독점적 우위이론과 내부화이론을 통합하여 절충이론(Eclectic Theory)을 개발한다. 그는 다국적기업이 해외직접투자는 그 기업이 현지 국가의 기업과 비교했을 때 보유하고 있는 기업특유(또는 소유권)의 우위요소(Ownership Advantage), 내부화 우위요소(Internalization Advantage), 입지상의 우위(Location Advantage)의 세 가지 요건에 의해 결정된다고 주장했다.

Dunning에 의하면 다국적기업이 해외직접투자를 위한 첫째 요건은 고유한 기업특유의 우위요소를 보유하는 것이다. 기업특유의 우위요소는 아래에서 보듯이 특정 기업이 일정기간 동안 독점적 · 배타적으로 사용할 수 있는 무형자산을 말한다. 해외직접투자를 위한 둘째 요건은 해당 기업이 보유한 고유한 우위요소를 외국기업에게 임대 또는 판매하는 것보다 이를 직접 이용해서 얻는 이익이 더 많아야 한다는 내부화의 우위요소를 보유해야 한다는 것이다. Dunning은 종전의 두 가지 이론으로는 다국적기업의 해외직접투자 현상을 설명하기에는 다소 부족하다는 판단아래 해외직접투자를 위한 셋째 요건으로 입지상의 우위요소를 추가한다. 입지우위요소는 시장잠재성과 시장위험과 같이 현지국의 고유요인과 관련이 있는데, 이를 구성하는 요소로 시장수요, 잠재수요, 시장구조의 유사성, 정치와 무역정책, 경제와 법률, 문화적 차이, 저렴한 생산비의 효용성 등을 들고 있다. 〈표 4-13〉은 절충이론의 3요소를 정리 · 요약한 것이다. 이를 기반

표 4-13 절충이론의 세 가지 우위요소

우위요소	세부 변수
기업특유(소유권)의 우위요소	◎ **재산권과 무형자산 우위** • 기업의 자산(자원)구조; 상품혁신; 생산관리; 조직 및 마케팅 시스템; 혁신능력; 암묵지; 마케팅·재무관리 등에서 축적된 경험; 조직 간 및 조직 내의 비용절감 능력 ◎ **동일 지배구조 우위(기업특유의 우위와 보완적 자산의 결합)** • **기존기업의 현지기업이 신생기업에 대해 누리는 우위** 규모; 상품의 다양성; 기업의 학습경험(범위경제와 특화); 노동력, 천연자원, 자금, 정보와 같은 투입요소에 대한 배타적 또는 유리한 접근성; 투입요소를 유리한 조건으로 획득할 수 있는 능력(규모나 독점적 영향력에 의한 결과); 기업 간에 생산적 및 협조적 관계를 이끌어 낼 수 있는 모기업의 능력; 상품시장에 대한 배타적 또는 유리한 접근성; 모기업의 자원에 대해 한계비용으로 접근 가능; 시너지 창출(생산, 구매, 마케팅, 자금 등) • **다국적성(Multinationality)에 의해 특화된 우위** 차익거래, 생산거점 이동, 투입요소의 글로벌 소싱과 같은 많은 기회의 제공에 의한 운영의 유연성을 향상; 국제시장에 대한 유리한 접근이나 월등한 지식(노동력, 정보, 자금 등); 부존자원, 정부규제, 시장 등에 대한 지역적 차이를 우위로 활용할 수 있는 능력; 위험을 분산하거나 줄일 수 있는 능력; 조직적 및 관리적 절차와 시스템의 사회적 차이를 학습하는 능력 • **제도적 자산(조직 내, 조직 간, 이해당사자 사이에서 가치창출과정을 지배하는 공식적 또는 비공식적 제도)** 행동강령; 가치관 및 조직문화; 보상 및 평가 시스템; 리더십 및 관리의 다양성
내부화의 우위요소	• 탐색 및 협상 비용의 회피 • 도덕적 해이 및 역선택 비용의 회피, 기업 내부화의 명성 보호 • 계약파기의 비용 회피와 소송의 보장 • 판매중인 기술처럼 투입요소의 속성과 가치에 구매자의 불확실성 • 시장이 가격 차별화를 용인하지 않을 경우 • 상호의존 활동의 경제 획득 • 시장의 유통망을 통제하기 위해 • 쿼터, 관세, 가격통제, 세제 차이 등과 같은 정부의 간섭을 회피 또는 활용하기 위해
입지상의 우위요소	• 부존자원과 시장의 공간적 분포 • 노동력, 에너지, 원재료, 부품, 반제품 등과 같은 투입요소의 가격, 품질, 생산성 • 국제 통신 및 교통 비용 • 투자 유인정책 및 억제정책 • 상품과 서비스의 교역에서 수입통제와 같은 인공장벽 • 교육, 교통 및 통신과 같은 인프라스트럭처의 여건 • 국가 간 이념, 언어, 문화, 비즈니스, 정치적 차이 • 집적경제와 과잉 • 경제시스템과 정부 전략 • 자원배분을 위한 제도적 틀 • 법률 및 규제 시스템(재산권의 보호, 신뢰성 있는 법 집행)

(출처: Dunning, 2008)

으로 하여 〈표 4-14〉는 절충이론에 의한 해외직접투자의 결정요인과 진출방식과의 관계를 요약한 것이다.

절충이론은 다국적기업의 해외직접투자와 관련된 가장 일반화된 이론이지만 이 역시 한계를 가지고 있다. 첫째, 이 이론은 결과적으로 독과점적인 거대 다국적기업의 행위들을 이념적으로 합리화하고 옹호하는 결과를 낳고 말았다는 비판을 받고 있다. 둘째, 미시적인 관점에서 해외직접투자를 설명한 절충이론은 거시적인 경제단위인 국가경제의 존재를 설명하지 못했다.

표 4-14 다국적기업의 해외시장 진출방식과 결정요인

		결정요인(우위요소)		
		기업특유 우위요소	내부화 요소	입지상 요소
진출방식	해외직접투자	○	○	○
	수출	○	○	×
	계약방식	○	×	×

(출처: 어윤대 외, 2001)

제5절 다국적기업의 글로벌 경영전략

세계화된 환경에서 다국적기업의 경영활동은 상당 부분이 물리적 국경을 넘어서 이루어지고 있는 것이 사실이다. 또한 인터넷혁명은 일부 산업 간의 경계도 없애버리고 있는 형편이다. 이런 환경에서 더 이상 특정산업을 개별적인 국가단위의 입장에서 파악하는 것은 시대에 뒤떨어진 사고이다. 그래서 글로벌화된 세계에서는 전 세계적인 시각으로 바라보는 산업의 글로벌화가 매우 중요하게 되었다. 산업의 글로벌화와 관련해서 Yip(1995)은 〈그림 4-3〉에서 나타난 것처럼 네 가지 요인을 산업의 글로벌화되는 원동력으로 파악했다. Yip은 정보통신의 혁명, 금융시장의 세계화, 항공여행의 향상 및 국제체인호텔의 등장으로 인한 비즈니스여행의 향상 등을 추가적인 요인으로 파악했다.

그림 4-3 산업의 글로벌화 촉진 요인

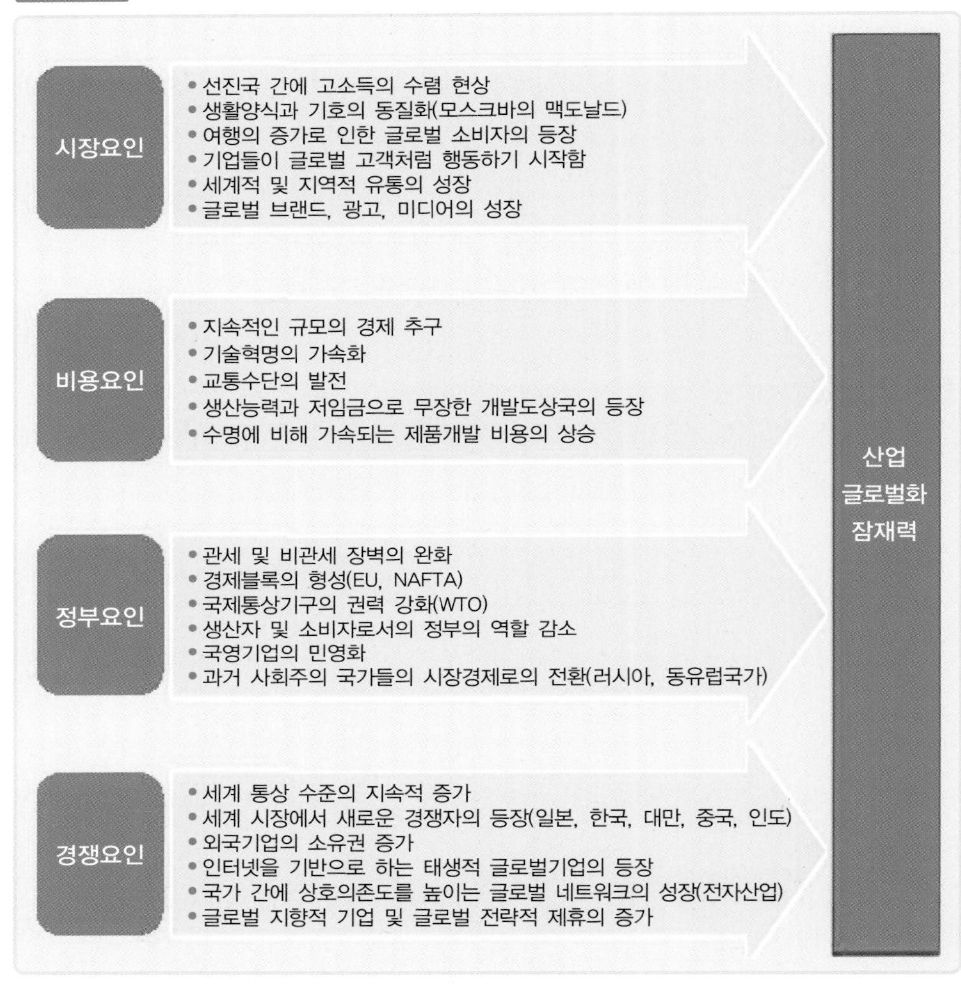

(출처: Yip, 1995)

글로벌화된 산업에서 활동을 하는 다국적기업들은 서로 배치되는 두 가지 목표에 직면하는 경우가 많다. 한편으로는 각기 다른 현지국가의 환경에 적응해야 하는 현지적응 압력(Local Responsiveness)이며, 다른 한편으로는 글로벌 효율성을 창출하기 위해 표준화를 통해 전 세계시장의 통합을 도모하려는 글로벌통합 압력(Global Integration)이다(〈그림 4-4〉). 이를 통합-적응모형(Integration-Responsiveness Framework)이라고 한다.

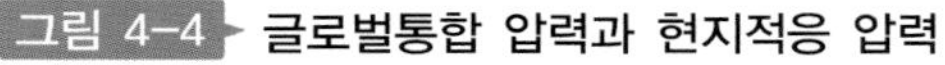
그림 4-4 글로벌통합 압력과 현지적응 압력

첫째, 다국적기업이 세계시장에 진출할 때는 소비자, 정부정책, 시장특성, 문화가 모국(Home Country)과 상이한 현지국가(Host Country)의 환경에 잘 적응하기 위한 다국적 유연성(Multinational Flexibility)이 특히 요구된다고 할 수 있다. 다국적기업은 세계 각국의 서로 이질적인 지역적 · 문화적 특색에 입각하여 차별화된 상품을 생산해야 하는 필요성을 인지하게 된다. 그리고 생산기지를 특정 지역에 편중하면 환율 등의 변화에 대한 취약하게 되므로 생산거점을 여러 지역으로 분산하여 건설함으로써 환율변동에 효과적으로 대응하는 한편, 각국의 보호무역장벽에 대응하는 전략을 모색하게 된다.

둘째, 세계 도처에 존재하는 다국적기업의 여러 활동들의 상호 연계를 통한 시너지효과를 창출해서 글로벌 효율성(Global-scale Efficiency)을 극대화하려고 한다. 다국적기업은 비용우위를 창출하기 위해 단일 지역에 생산시설을 집중하고 규모의 경제를 이룩하여 대량생산을 통한 가격경쟁력을 갖춘 상품을 세계시장에 판매하는 전략의 필요성을 인지하게 된다. 이런 목표를 달성하기 위해서 세계에서 가장 낮은 비용으로 생산할 수 있는 입지를 확보하고, 또 규모의 경제를 십분 활용하기 위해서는 세계 소비자들의 욕구가 동질적이라고 보고 표준화된 상품의 생산 및 판매에 전력을 집중할 것이다.

그러므로 글로벌 효율성의 극대화를 목표로 하는 다국적기업은 표준화전략(Standardization Strategy)을 채택하게 될 것이며, 반면에 각 개별국가의 시장환경에 잘 맞춰서 다국적 유연성을 높이려는 다국적기업은 현지화전략(Localization Strategy)을 선택하게 될 것이다. 하지만 동시에 다국적 유연성과 글로벌 효율성을 모두 취하려는 다국적기업은 두 가지 특성을 잘 혼합한 전략을 선택하게 될 수도 있다.

1. 표준화전략과 현지화전략의 이해

1) 다국적기업의 표준화전략

표준화이론은 기본적으로 인간의 욕구와 기대는 국가적 · 지리적 · 문화적 경계를 초월하여 동일하다는 것이다. 세계시장의 동질화에 근거한 이 이론은 각국의 소비자들은 근본적으로 정신적 · 육체적 차이가 인정된다고 하더라도 이는 기술혁신에 의해 전 세계가 사고방식 · 문화 · 생활수준 등이 비슷해짐으로써 그 격차를 해소할 수 있다고 한다. 세계시장의 동질화 트렌드는 교통 및 통신의 지속적인 혁신 및 발전, 자유무역 지역과 관세동맹의 결성, 국가 간 생활수준의 수렴성 증대, 국제적 경쟁의 심화, 보다 많은 다국적 소비자의 출현, 국제여행의 확대, 글로벌 전략을 추구하는 기업체의 증가 등에 의해 더욱 가속화되고 있다.

제품 표준화전략은 다수의 해외시장에서 각 시장국가 간의 환경 차이를 고려하지 않고 동일한 제품을 생산 · 판매하는 것을 말한다. Levitt(1983)은 '시장의 국제화'란 논문을 통해 오늘날 기술혁신으로 인해 전 세계 소비자들의 기호나 욕구 등이 국가적 · 지리적 · 문화적인 경계를 초월하여 동질화되고 있기 때문에 표준화전략을 이용하는 것이 가능하다는 것을 주장했다. Levitt는 "세계를 하나의 시장으로 동질화시켜 나가는 강력한 힘이 존재하는데 그것은 바로 기술이며, 이로 인해 통신과 교통수단이 발달하고 해외여행이 증가함으로써 세계시장이 점점 동질화되어 가는 현상을 보이고 있기 때문에 해외시장 소비자들의 다양한 욕구를 충족시키기 위해 현지화전략을 선택하는 다국적기업(Multinational Corporation)의 시대는 쇠퇴할 것이고 전 세계적으로 표준화된 전략을 수행하는 글로벌

기업(Global Corporation)은 성공할 것이다"라고 주장했다. 표준화전략은 규모의 경제효과를 가져오고 소비자에게 전 세계적으로 동일한 이미지를 창출하는 등 마케팅 및 생산 측면에서 큰 공헌을 했다.

제품 표준화전략을 통해 얻게 되는 비용상의 이득은 다음과 같다. 첫째, 생산에서 규모의 경제를 통한 비용절감 효과이다. 세계 수요가 대량생산을 만족시킬 수 있을 정도로 크다면 생산량의 증가에 따라 총생산비는 증가하더라도 단위당 원가는 감소하게 된다. 둘째, 제품의 연구·개발에 대한 경제성을 달성할 수 있다. 표준화된 제품을 전 세계에 도입함으로써 제품의 단위당 연구개발비가 낮아지게 된다. 따라서 보다 많은 연구개발비를 신제품 개발에 투자할 수 있으며 신제품 개발 노력이 보다 효과적으로 이루어진다. 셋째, 제품의 표준화를 통해 효율적인 재고관리가 가능하며 안전재고 수준의 감소를 도모할 수 있어 저장비용이 감축된다. 또한 제품이 동일하기 때문에 운송비를 절감할 수 있고 제품 및 부품공급의 안정성을 기할 수 있다.

한편 제품을 표준화함으로써 얻을 수 있는 수익 증가의 이점은 다음과 같다. 첫째, 표준화된 제품으로 인해 전 세계시장에 일관성 있고 통일된 제품 및 기업 이미지가 향상되고 더 나아가 세계의 고객들로 하여금 브랜드 충성도를 갖게 한다. 특정 다국적기업이 국제적으로 유명한 브랜드를 갖고 있거나 또는 상품제조국가가 전 세계적으로 좋은 이미지를 보유하고 있어 이를 활용할 수 있다면 표준화는 판매증대의 좋은 계기가 될 수 있다. 둘째, 제품의 표준화는 마케팅의 표준화를 가능하게 한다. 제품이나 브랜드가 표준화되어 있을 경우에 광고 등 판매촉진 활동의 표준화 가능성은 훨씬 증대될 수 있으며 그 브랜드가 세계적인 명성을 보유하고 있다면 동일한 광고전략을 통해 효과적으로 판매촉진을 강화할 수 있다. 셋째, 제품표준화는 새로운 시장에서 판매가능성에 대한 예측을 용이하게 한다. 표준화된 제품은 시장경험을 전제로 하고 있기 때문에 새롭게 진출하는 시장이 기존의 시장과 유사할 경우에는 제품의 수용가능성에 대한 예측을 보다 효과적으로 할 수 있다.

한편 제품표준화 전략이 간과하고 있는 면도 존재하고 있다. 첫째, 특정 제품시장에서는 세계시장의 동질화 현상과 유사한 형태의 관심과 반응을 보이고 있는 것이 사실이지만 그렇다고 이런 현상이 전 세계적인 트렌드는 아니다. 더군다나 국가 간 뿐만 아니라 동일 국가 내에서도 이질적인 시장이 존재하고 있는 것을 목격할 수 있다. 둘째, 가격에 민감한 즉 저가격 제품에 대한 세계적인 선호경향이 존재하고 있지만, 이것이 세계적으로 일반화된 현상이라고 단정할 수 없다. 예들 들면, 은행 및 보험, 시계, 가전제품 등의 분야에서는 오히려 다양한 제품특성이나 제품의 품질 및 서비스에 대한 관심이 고조되고 있는 것이 사실이다.

2) 다국적기업의 현지화전략

현지화전략은 다국적기업이 진출하는 현지국의 시장 여건이 본국과 다르기 때문에 제품 및 유통망 등을 현지 시장에 알맞게 적응(Adaptation)하는 전략을 말한다. 먼저 살펴본 표준화전략의 효용성은 1980년대로 접어들면서 의문이 제기되기 시작했다. 즉 표준화전략은 각 국가의 경제 및 문화, 생활양식과 무관하게 동일한 방식으로 전 세계시장을 공략한다는 것인데,이에 대한 문제점이 명확하게 드러나게 되었다. 실제로 글로벌 브랜드의 성공은 Coca Cola나 Marlboro와 같은 일부 브랜드로 한정되어 있었다. 따라서 이와 같은 문제를 해결하기 위해 현지화전략이 대안으로 대두되기에 이르렀다.

현지화전략은 동일성을 추구하는 표준화전략과 달리 서로 다른 각 지역마다 상이한 특성이나 취향을 고려하여 유연성 있게 제품 출시전략을 구축하는 것이 골자이다. 바꾸어 말하면, 제품에 대한 소비자의 경험이나 인지가 국가마다 다르고 또 그 제품이 각 시장마다 추구하는 위치가 상이할 수 있기 때문에 이를 위해 현지화전략을 추구해야 한다는 것이다. 그러나 현지화전략을 채택한 다국적기업은 서로 다른 현지시장에서 소비자의 요구를 충족시킬 수 있지만, 반면에 기업 전체적인 차원에서 일관성을 저해할 수 있고 비용부담이 커질 수 있기도 하다.

현재까지의 연구결과를 종합해보면 현지화전략을 주장하는 학자들은 각 나라마다 정치와 법률제도, 경제발전의 정도와 문화, 시장의 발전 정도, 소비자들의 가치관과 생활양식 등의 차이는 극복이 불가능하기 때문에 현지시장의 조건에 맞게 적절하게 적응하는 것이 중요하다고 본다. 기본적으로 표준화전략을 옹호하는 자들은 인간의 욕구와 필요의 전 세계적 보편성을 기반으로 하고 있으나, 반면에 현지화전략을 지지하는 사람들은 각 나라마다 소비자들의 욕구가 서로 상이하기 때문에 제품전략을 소비자의 특성에 맞도록 적절하게 변경해야 한다고 말한다.

현지시장에 잘 적응하기 위해서 잘 고려해야 하는 것 중에 하나가 현지 국가의 문화이다. 많은 다국적기업들이 본국시장과 다른 상이한 문화권에서 실패를 거듭하고 있는데 이에 대한 원인은 시장의 세계화와 문화의 동질성이 가속화되고 있다는 잘못된 관점에 의한 표준화전략의 수용에 있다. 세계시장에서 문화적 동질성을 전제로 한 글로벌 또는 표준화전략은 적절하지 못하다. 이질적 문화권에서 다국적기업의 성공 여부는 현지문화와 잘 결합된 조직과 전략을 개발하는 데 달려 있다(Kim & Maubourgne, 1987).

제품이 무엇이며 그 제품이 제공하는 만족이 무엇인가를 결정하는 것이 바로 그 국가의 문화이다. 따라서 제품이 특정 문화가 보유하고 있는 욕구와 일치될 수 있도록 제품의 여러 요소를 변경시킬 필요가 있다. 제품의 현지화 정도는 본국시장과 현지시장 간에 존재하는 제품상 또는 제품지각 측면에서 문화적 차이가 얼마나 다른가에 달려 있다고 할 수 있다. 두 시장 간에 이러한 문화적 차이가 클수록 제품현지화의 필요성도 다 커질 것이다. 그러나 현지화를 위한 제품의 변경에는 비용이 추가되며 또한 위험이 수반된다. 따라서 특정 제품이 현지국 시장에 잘 적응하기 위해서는 제품의 어떤 속성이나 측면을 시장조건에 알맞게 현지화시켜야 하며, 어느 정도, 그리고 어떤 방법으로 변경해야 할 것인가를 결정하는 것이 효과적인 제품현지화를 위한 중요한 전략적 도전과제라고 할 수 있다.

표 4-15 표준화전략과 현지화전략의 장 · 단점

	표준화전략	현지화전략
장점	• 관리비용의 절감 • 조직 통제가 용이 • 공통된 브랜드 이미지 구축 가능 • 좋은 아이디어를 널리 활용 가능	• 세분화된 시장 접근이 가능 • 특정시장에서의 실패가 다른 시장으로 전이되지 않음
단점	• 특정시장의 변화를 반영 못함	• 범세계적 브랜드 구축이 불가능 • 비용절감 효과가 없음

2. 다국적기업의 글로벌전략

기업이 첨예한 경쟁에서 지속적 성장을 달성하기 위해서는 지속가능한 경쟁우위를 창출하고 유지할 수 있어야 한다. 다국적기업이 세계시장에서 무수한 경쟁사를 물리치기 위해서는 반드시 글로벌 효율성(Global-scale Efficiency), 다국적 유연성(Multinational Flexibility), 글로벌 혁신 및 학습역량(Global Innovation & Learning Competence) 등의 전략적 목표를 성취할 수 있어야 한다. 바꾸어 말하면 세계적인 경쟁력을 갖춘 다국적기업이 되기 위해서는 첫째, 기존 관리활동에서 글로벌규모의 효율성을 강화하고, 둘째, 각 국가마다의 특성에 기인하는 다양한 기회 및 위험을 극복하기 위한 다국적 유연성을 개발하고, 셋째, 전 세계를 무대로 하는 학습능력의 개발에 집중해야 한다.

이와 같은 세 가지 전략적 목표들을 각각 또는 동시에 달성하기 위해 다국적기업은 매우 다른 접근방식을 활용해야 할 것이다. 첫째, 글로벌 효율성에 대한 목표를 달성하기 위해서는 세계 도처에 존재하는 활동들의 통합에 의한 규모의 경제를 극대화해야 하고, 둘째, 활동하고 있는 각 국가마다 존재하는 상이한 차이점을 잘 활용해야 하며, 셋째, 생산이나 영업 등의 다양한 활동분야에서 범위의 경제 실현을 통해 시너지를 창출할 수 있어야 한다. 요약하면 글로벌 효율성, 다국적 유연성, 글로벌 혁신 및 학습역량 등과 같은 전략적 목표들을 달성하기 위해 다국적기업은 반드시 규모의 경제, 국가별 차이, 범위의 경제와 같은 글로벌 경쟁우위의 원천을 개발할 수 있어야 한다. 〈표 4-16〉은 다국적기업이 글로벌 경쟁우위를 창출 및 유지하기 위해서 요구되는 서로 다른 전략적 목표와 접근방식과의 관계를 잘 보여주고 있다.

이 절의 처음에 현지적응 압력(Local Responsiveness)과 글로벌통합 압력(Global Integration)의 긴장관계를 통합-적응모형(Integration-Responsiveness Framework)이라고 했다. 통합-적응모형에 근거하여 〈그림 4-5〉처럼 다국적기업을 네 가지 유형으로 단순화할 수 있다.

〈그림 4-5〉 모형이 개발된 이후 다국적기업이 경쟁우위를 창출하기 위해 제안된 일반화된 지침은 국제기업은 국제전략, 글로벌기업은 글로벌전략, 다국적기

표 4-16 글로벌 경쟁우위: 목표와 접근방식

전략적 목표	글로벌 경쟁우위의 원천		
	국가별 차이	규모의 경제	범위의 경제
현재 활동(들)에 대한 글로벌 효율성 향상	임금이나 자본비용 등과 같은 요소비용의 차이에서 비롯되는 혜택	각 활동에서 잠재적 규모의 경제를 확대하고 개발	여러 시장 및 비즈니스의 교차를 통한 투자와 비용의 공유
다국적 유연성을 통한 위험관리	비교우위가 서로 다른 국가의 시장 또는 정책에서 유래되는 다양한 위험의 관리	규모와 전략적 · 운영적 유연성 간의 조화	포트폴리오 다각화를 통합 위험분산과 옵션 및 부차적 기회
글로벌 혁신 및 학습능력	조직과 관리 절차 · 시스템의 사회적 차이를 인지하는 학습	비용절감 및 혁신 등과 같은 경험을 통한 혜택	서로 다른 제품, 시장, 비즈니스에서 조직 기능의 교차를 통한 학습기회의 공유

(출처: Bartlett & Beamish, 2011)

그림 4-5 다국적기업의 유형

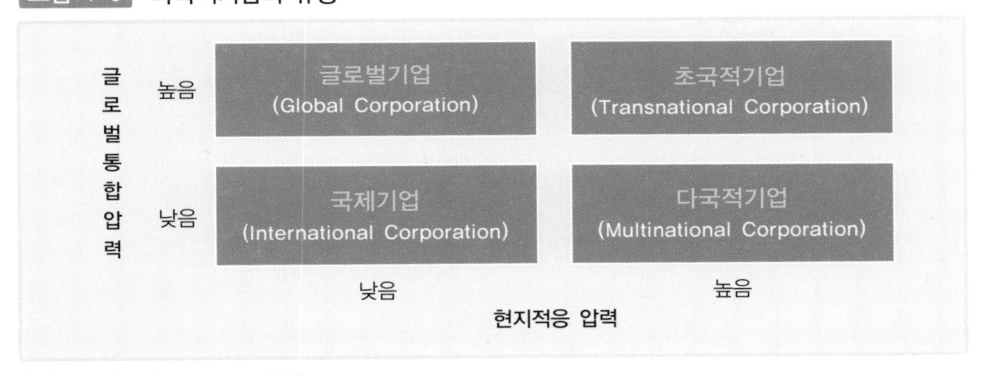

(출처: Bartlett & Ghoshal, 1989)

업은 다국적전략, 초국적기업은 초국적전략을 수행하는 것이 당연한 것으로 여겨졌다. 그러나 최근 변화하는 새로운 환경에서는 진정한 형태의 글로벌기업, 다국적기업, 국제기업 등의 예는 점점 사라지고 있다고 한다. 대신에 점점 더 많은 산업에서 글로벌 효율성, 다국적 유연성, 글로벌 혁신 및 학습 등의 전략적 목표를 동시에 요구하고 있는 양상으로 변하고 있다고 한다. 이를 초국적 산업이라고 한다. 새롭게 등장하고 있는 초국적 산업에서 경쟁우위를 창출하기 위해서는 위에 나열한 세 가지 전략적 목표 중에서 한 가지 만을 성취해서는 부족하며 동시에 모든 목표가 달성가능 해야 한다. 즉 세 가지 다른 전략적 목표들은 서로 충돌하고 대체적인 관계가 아니라 상호 보완적인 관계가 되어야 하는 것이다.

지금부터는 조직유형에 따른 네 가지 전략의 유형에 대해 살펴보기로 한다. 첫째, 국제전략(International Strategy)이다. 이를 수행하는 국제기업은 전 세계를 무대로 각기 다른 접근방법을 통해 혁신을 개발하는데 집중하는 성향이 있다. 일반적으로 보다 진보된 기술을 보유하고 있는 거대한 국가에 본부를 두고 있는 국제기업은 국제전략을 채택하고 있다. 이 전략을 채택하는 국제기업은 해외에서 경쟁력을 강화하기 위해 모국에서의 혁신개발에 주안점을 두는데, 모국에서 개발된 새로운 제품, 프로세스, 전략을 비교적 경제적으로 덜 발전된 국가로 이전한다.

미국의 거대한 다국적기업들이 이 전략을 주로 이용했다고 한다. 많은 미국의 기업들은 혁신 창출에 현저한 강점을 가지고 있다고 한다. 그러나 국제전략을 채택한 다국적기업들은 효율성과 유연성에서 약점을 보인다고 한다. 즉 이 전략을 선택한 기업들은 거대하고 중앙집중적인 규모의 경제 우위를 보이는 글로벌 기업이나 또는 자율적 · 자족적이며 기업가정신으로 무장된 현지 영업활동을 통해 현지국 시장의 사정에 높은 적응능력을 보이는 다국적기업에 비해 유연성에서 취약한 것으로 나타나고 있다.

둘째, 다국적전략(Multinational Strategy)이다. 다국적전략은 전략적 목표를 달성하기 위해 주로 국가별 차이에 집중하는 접근방법을 취한다. 이 전략을 채택하는 기업은 매출향상에 집중하는데, 이를 달성하기 위해 소비자 선호도, 산업특성, 정부 규제 등과 같은 국가별 차이에 대응하여 각 국가마다 차별화된 제품과 서비스를 개발하는데 집중한다. 그리고 이런 접근방법을 이용하는 많은 다국적기업들은 각 지역별로 특화된 혁신에 의존하는데, 현지자회사는 현지 시장의 욕구를 파악할 뿐만 아니라 그런 욕구에 대응하기 위해 소유하고 있는 자체 지역 자원을 이용한다.

유럽의 다국적기업들이 이와 같은 접근방법을 이용했다고 한다. 이 전략을 사용하는 기업의 자원과 자산은 전 지역으로 널리 퍼져 있어서 개발, 생산, 판매 및 서비스 등의 활동을 해외 자회사들 스스로 행할 수 있다고 한다. 이런 강한 자족성은 외국자회사에 상당한 자율권을 부여함으로써 가능할 수 있다. 이런 독립적인 국가단위별 조직은 지역시장의 변화에 아주 유연하고 잘 적응하는 경향이 있다. 하지만 이 접근방법은 비효율성에 대한 문제점과 다른 국가의 경험에서 유래되는 지식과 역량을 개발할 수 없는 취약점에 노출되어 있다.

셋째, 글로벌전략(Global Strategy)이다. 글로벌전략을 채택하는 글로벌기업은 전적으로 글로벌 규모에 의한 효율성의 극대화에 집중한다. 이 전략을 이용하는 기업은 저비용 및 고품질의 제품을 생산하기 위해 이용가능한 모든 방법을 활용한다.

글로벌전략은 일본 다국적기업들의 전유물처럼 사용되었다. 그러나 글로벌 전략을 통해 달성된 효율성은 일부 유연성과 학습기회의 상실이란 절충적인 방법을 통해서만 가능했다. 예를 들면, 단일체제의 글로벌 생산거점을 구축을 위해서는 제품 및 부품을 이동하기 위해 많은 국가 간 제품선적이 요구되는데, 이는 각 국가의 규제정책이란 위험에 노출되는 결과를 만들어 낸다. 또한 이 전략을 이용하는 기업은 효율성 제고를 위해 중앙집중적인 연구·개발체제를 구축한다. 그러나 이런 체제는 현지국에서 유래되는 새로운 기회의 포착하는 능력이나 여러 해외 자회사에서 창출되는 혁신을 개발하는 능력에 매우 제한적이다. 또한 높은 수준의 글로벌 규모를 달성하기 위해 연구·개발이나 생산과 같은 활동에 매우 집중하는 이 접근방법은 구매활동에서 환율 노출과 같은 위험에 직면하게 된다.

마지막으로, 초국적전략(Transnational Strategy)이다. 초국적전략은 효율성(Efficiency), 유연성(Flexibility), 학습(Learning)과 같은 모든 전략적 목표를 성취하는 것을 목적으로 추진된다. 이 전략은 판매와 비용을 동시에 관리한다. 이를 위해 효율성과 혁신이 공히 중요시되며, 혁신은 기업이 위치하고 있는 세계 도처에서 나타날 수 있다. 이와 같은 특별한 목적을 달성하기 위해서 초국적기업은 다른 세 가지 유형의 기업과는 매우 다른 자원의 배치(Configuration of Resources)를 시도해야 한다.

글로벌기업은 각 관리활동에서 규모의 경제를 실현하기 위해 모국 또는 해외 생산거점에 기업의 모든 자원을 집중시킨다. 다국적기업은 현지 욕구에 부응하

기 위해 위치하고 있는 각 지역마다의 생산거점으로 자원을 분산한다. 그리고 국제기업은 혁신개발을 위해 중요한 자원은 집중화하고 다른 지역에서 변형되는 혁신은 분권화한다. 그러나 초국적기업은 세 유형의 기업들에 비해 보다 합리적이고 차별화된 자원배치를 추진해야 한다. 이를 위해 초국적전략은 먼저 규모의 경제를 실현할 뿐만 아니라, 핵심역량의 보호 및 관리활동의 감독을 위해 모국 내에서 집중(Centralization)해야 하는 자원의 유형을 결정해야 한다(예: 연구 · 개발 활동의 모국 집중).

다음으로 특정 자원의 경우에는 분권화(Decentralization)를 선택하기보다는 굳이 모국만을 고집하지 않으면서 적절한 국가로 배치의 집중을 도모한다(Excentralization). 예를 들면, 노동집약적인 제품을 생산하기 위한 세계적 규모의 생산거점은 저임금 노동력의 활용이 가능한 중국이나 멕시코 등에 건설하고, 혁신적인 특정 기술을 이용해야 하는 제품의 개발을 위해 연구 · 개발에 소요되는 자원 및 활동은 독일, 일본, 미국 등지에 집중하는 것이다. 이런 유연한 특화전략은 규모의 경제와 유연성의 혜택을 상호 보완적으로 이용하는 것이다.

마지막으로 규모의 경제에 대한 잠재력이 적게 예상되거나 또는 단일 생산거점에 과도하게 집중돼서 유연성을 해칠 수 있는 다른 일부 자원은 권역(Regional) 또는 현지(Local)에 분산하여 배치하는 것이 최선이다. 현지 또는 권역에 위치하는 생산거점은 환율변동, 노동분규, 자연재해 등의 위험에 대처할 수 있을 뿐만 아니라 물류 및 조정 비용을 절감할 수 있으며, 또한 독립적인 운영체제로 인해 동기유발을 촉진하거나 고유한 자체 역량을 개발할 수 있다.

〈표 4-17〉은 다국적기업 유형별로 서로 다른 전략적 성향과 그것을 지원하는 자산 및 역량의 배치에 대한 차이점을 요약하고 있으며, 〈표 4-18〉은 역시 다국적기업의 유형별로 조직구조의 특성에 대해 보여주고 있다.

표 4-17 다국적기업의 유형별 전략적 성향과 자산 및 역량의 배치

	국제기업	다국적기업	글로벌기업	초국적기업
전략적 성향	글로벌 확산과 적응을 통한 모기업의 지식 및 역량을 개발	강하고, 전략적이며, 기업가정신으로 무장한 현지 활동을 통해 국가별 차이에 대응하기 위한 유연성의 구축	중앙 집중화된 글로벌 규모의 활동을 통해 비용우위를 구축	글로벌 효율성, 유연성, 학습능력을 동시에 개발
자산 및 역량의 배치	핵심역량의 원천은 중앙 집중화하고, 나머지는 분권화	각 국가별 분권화와 자기완결형	글로벌 규모를 위해 본부에 중앙집중됨	분산되고, 특화되어 있으나, 상호의존적임

(출처: Bartlett & Beamish, 2011)

표 4-18 다국적기업의 유형별 조직구조 특성

항목	국제기업	다국적기업	글로벌기업	초국적기업
해외사업의 역할	모기업의 핵심역량을 확장함	각 지역의 시장 기회를 이용	모기업 전략의 효율적 집행	세계적으로 통합된 사업에 대한 각 지역의 차별적 기여
지식의 창출과 전파	중앙에서 창출된 지식을 전파	각 지역조직이 창출하고 보유	중앙에서 창출하고 보유함	공통적으로 창출, 전세계적 공유
전략 및 의사결정 권한	주요전략은 본부, 운영결정은 각 지역	각 지역조직이 자율적으로 결정	본부에서 모두 결정	본부와 지역조직, 지역조직들 간 공동결정
대표적인 통제 및 조정 수단	체계화된 회계 및 관리시스템(Formalization)	경제적 성과 목표와 비공식적 인간관계(Socialization)	직접적인 의사결정과 감독(Centralization)	통제가 아닌 상호 협의에 의한 조정과 파트너십(Portfolio)
핵심 경영자	각 기능부문 경영자	각 지역 경영자	각 제품사업 경영자	전략적 파트너
경영자의 의식	모국시장의 부속물	독립 지역사업의 포트폴리오	통일된 국제시장의 파이프라인	차별화되고 상호 의존적인 역할과 책임
장점	경쟁우위의 원천인 지식과 핵심역량의 세계적 보유/학습	각 지역 시장요구에 신속하게 대응하는 차별화된 전략과 제품	일사불란함에서 오는 효율성	다국적 유연성, 세계적 경쟁력, 전세계적 학습
조직형태	조정된 연방제	분권화된 연방제	집권화된 허브	통합적 네트워크
대표적 기업	GE, P&G(미국)	Ericsson, Philips, Unilever(유럽)	NEC, Matsushita, Kao(일본)	이상적 형태

(출처: Bartlett & Beamish, 2011)

5 글로벌 관광산업의 이해

제1절 세계화와 글로벌 관광산업

제2절 비즈니스 여행과 국제무역

글로벌 관광산업의 이해

세계화는 교역 및 자본 자유화의 추진으로 제품 · 서비스 · 자본 · 기술 · 노동력 등의 흐름이 자유롭게 각국으로 통제 없이 이동이 가능하여 세계가 단일시장으로 통합되는 현상이라고 정의될 수 있다. 같은 맥락에서 세계화가 가속됨에 따라 여행을 통한 사람들의 자유로운 이동과 교류도 증가하게 되었다. 다른 지역 또는 나라를 여행함으로써 우리는 서로의 다름을 명확히 이해할 수 있다. 사람, 역사, 의상, 음식, 예절, 생활수준, 건축양식, 교통시스템, 그리고 특히 자연에 대한 작고 큰 차이를 우리는 여행을 통해서 확실히 알 수 있다.

또한 우리는 여행을 통해서 다른 나라에도 상당한 수준의 공통점이 존재한다는 사실도 경험할 수 있다. 이를 통해 우리는 식견을 확대하고 때로는 사고의 오류를 수정할 있는 기회를 갖게 된다. 이런 여행이란 교류과정을 통해 우리 인류는 장구한 공존의 역사를 함께 해왔다. 본장에서는 첫째, 세계화와 관광산업의 관계에 대하여 알아보고, 둘째, 비즈니스 여행과 무역 간의 긍정적인 관계에 대해 살펴보도록 하겠다.

제1절 세계화와 글로벌 관광산업

모든 흐름이 자유로워지는 세계화 트렌드는 관광산업에 긍정적인 영향과 부정적인 영향을 동시에 미치고 있다. 긍정적인 면을 보면 첫째, 규모의 경제효과로 인하여 항공교통 등에 대한 가격이 낮아져서 결국 대량관광(Mass Tourism)을 낳게 되었다. 둘째, 다국적기업들이 기존에 보유하고 있는 기술, 브랜드, 경험 등을 갖고 새로운 시장에 진출함으로써 세계인들은 모두 유사한 상품과 서비스를 구매하게 되었다. 이로 인해 세계를 여행하기가 훨씬 쉬워지고 덜 위험해졌다. 예를 들면, 여행 중 현지 음식이 맞지 않으면 쉽게 McDonald's나 KFC 같은 패스트푸드를 섭취하면 된다. 셋째, 외국여행이 한결 쉬워졌다. 인터넷의 등장으로 인해 세계인들은 사전에 낯선 여행지에 대한 충분한 정보를 접하게 되었다. 편리하게 예약뿐만 아니라 사전에 먼저 여행을 했었던 사람들의 후기나 관광상품에 대한 평가를 통해 불확실성을 크게 해소할 수 있게 되었다.

반면에 부정적인 면은 첫째, 수익누출(Leakage)의 가속화이다. 관광객 유입으로 발생하는 수익의 대다수가 해당 지역에 배분되지 않고, 오히려 다국적기업의 이윤을 확대하는 역할을 하게 된다. 둘째, 다국적기업의 경제지배력의 강화이다. 다국적기업의 지배력이 강화될수록 관광소비자는 선택의 폭이 좁아져서 다양한 구매를 행할 수 없게 된다. 셋째, 해당 국가 및 민족 또는 지역의 정체성이 약화된다. 밀물처럼 밀려드는 선진국의 문화와 문물은 장기적으로 해당 지역 또는 국가의 고유성을 약화시켜 자긍심이 약화된다. 넷째, 환경파괴이다. 외국관광객들을 위한 인프라와 관광자원을 개발하기 시작하면서 자연환경은 본래의 모습을 지켜나가기가 점점 어려워지고 있다. 특히 토지와 수자원의 손실이 매우 크다고 볼 수 있다. 세계화를 통해 많은 수익과 부가 창출된다고 한다. 그러나 그런 부를 창출하기 위해 희생해야 되는 환경파괴로 인한 손실과 비용은 아마 돈으로 환산할 수 없을지도 모른다.

세계화가 깊어감에 따라 세계를 여행하는 국제관광객들도 크게 증가하고 있다. 보다 많은 여행 기회를 통해 더 많은 세계인들은 서로의 차이를 이해하고 이를 인정할 수 있게 되었다. 우리 인류는 서로 간에 대한 차이점을 여행을 통해 체득한 상호이해와 물리적 이동 없이, 그리고 정치적, 문화적, 지정학적, 기후적 차이에 대한 경험 없이는 결코 학습할 수 없다. 관광산업의 이런 면모가 바람직한 세계화에 공헌할 수 있는 부분이다.

세계화와 관광은 사람(들)의 이동, 사고의 이동, 자본의 이동이라는 관점에서 실제 내용은 다르지만 유사한 흐름을 보이고 있다. 첫째, 세계화를 통해 이민자 및 취업자들이 증가하면서 그들의 문화도 함께 이동하게 되며, 여행을 통해 여행자와 관광산업의 종사자들도 이동하게 된다. 둘째, 세계화를 통해 새로운 혁신적인 기술에 대한 사고가 이동하게 되었으며, 여행자의 이동과 함께 새로운 문화가치도 이동을 하고 또 관광산업을 운용하는 비즈니스 방식도 이동하게 된다. 셋째, 세계화를 사업기회로 이용하려는 투자활동을 통해 자본이 국경을 넘어 전 세계로 이동하고 있으며, 세계 관광산업에 대한 투자로 인해 자본이 이동하는 한편 여행자들이 방문지역에서 행하는 소비활동은 이들을 유치한 국가에게 외국환을 벌어들이는 기회를 제공하고 있다.

그러나 제2장에서 논의된 것처럼 잘못된 세계화가 빨리 치유되지 않고 계속해서 진행되면 관광산업에도 심각하게 부정적인 영향을 미칠 수 있다. 즉 선진국 국민들은 자신들의 나라를 여행하는 저개발 또는 개발도상국의 여행자들에 대해서는 비우호적인 입장을 유지하면서도, 자신들이 상대편 나라들을 여행할 때는 어떠한 불편도 없이 자유롭게 여행할 수 있기를 희망하게 될 것이다. 반면에 후진국 국민들은 자신의 나라를 방문한 선진국 여행자들에게 적대감을 나타내며 마음을 닫아 버릴 수 있다. 그러나 바람직한 세계화를 통해 세계인들은 보다 더 자유롭게 다른 지역을 여행하면서 서로의 차이를 실감하고 이를 인정함으로써 상호 간의 발전에 활용해서 바람직한 국제교류의 증진에 큰 공헌을 할 수 있다.

세계 관광산업은 계속해서 괄목할 만한 성장을 유지해오고 있다. 1950년 2천 5백만 명에 머물렀던 국제여행객의 수는 2012년 드디어 최초로 10억 명을 돌파하기에 이르렀다(〈표 5-1〉). 외국을 여행하는 국제관광객은 1982년의 천안문 사태, 2001년의 9 · 11 사건, 2003년 미군의 이라크 침공, 2009년 세계 금융위기 등과 같은 큰 인재가 발생하는 시기를 제외하고는 지속적으로 성장하였다. 특히

표 5-1 연도별 세계 국제관광객 추세

연도	국제 관광객 수 (백만 명)	성장률(%)	연도	국제 관광객 수 (백만 명)	성장률(%)
1950	25	-	1990	459	7.49
1955	47	88.0	1991	465	1.31
1960	69	46.8	1992	503	8.17
1965	113	63.8	1993	519	3.18
1970	166	46.9	1994	554	6.74
1971	179	7.80	1995	569	2.71
1972	189	5.60	1996	600	5.45
1973	199	5.29	1997	620	3.33
1974	206	3.52	1998	636	2.58
1975	223	8.25	1999	657	3.30
1976	229	2.69	2000	682	3.81
1977	250	9.17	2001	682	0.00
1978	267	6.80	2002	709	3.96
1979	283	5.99	2003	689	-2.83
1980	286	1.06	2004	761	10.4
1981	288	0.70	2005	807	6.04
1982	286	-0.70	2006	847	4.96
1983	290	1.40	2007	898	6.02
1984	317	9.30	2008	917	2.12
1985	328	3.47	2009	884	-3.60
1986	339	3.35	2010	949	7.35
1987	364	7.37	2011	995	4.85
1988	395	8.52	2012	1,035	4.02
1989	427	8.10	2013	1,087	5.02

(출처: UNWTO, 2013)

최근 전 세계적인 현상으로 나타나고 있는 중저가항공사(LCC: Low-Cost Carriers)의 등장은 세계를 여행하는 사람들의 증가를 더욱 가속화하고 있다. 한편 UNWTO에 의하면 2030년 세계를 여행하는 국제관광객은 약 18억 명에 달할 것이라고 한다.

관광산업은 이제 세계 최대산업의 하나로 성장하였다. 보다 구체적인 통계를 보면, 관광산업은 2012년 기준으로 세계 총 GDP의 약 9.3%(6조 6,300억 달러)를 차지하는 큰 산업으로 성장하였다. 또 관광산업은 약 2억 6천5백만 명을 고용함으로써 세계 총고용의 약 8.7%를 담당하고 있다. 그리고 2012년 세계 관광산업의 수출액은 약 13조 달러에 이르는데, 이는 같은 해 세계 총 수출액의 약 6%에 달하는 금액이다.

2012년을 기준으로 하는 세계 관광산업 통계에 대해 살펴보면 다음과 같다. 첫째, 국제여행객들이 여행을 하는 가장 큰 목적은 52%를 차지한 여가, 레크리에이션, 그리고 휴일을 보내기 위한 것이었다. 다음으로 친구 및 친척 방문, 건강, 종교, 그리고 기타 목적(27%)이었으며, 비즈니스 및 프로페셔널 여행은 14%였다. 나머지 7%는 구체적인 목적이 명시되지 않았다(〈그림 5-1〉).

그림 5-1 세계 인바운드 국제관광객의 여행목적(2012년 기준)

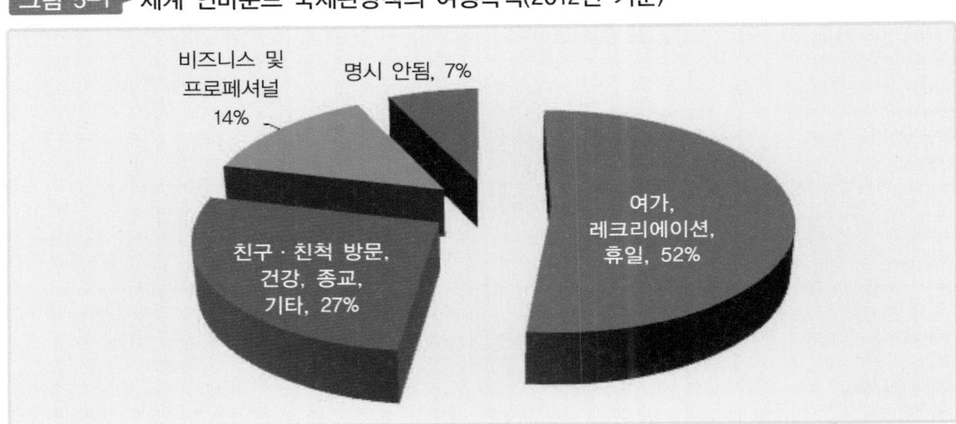

(출처: UNWTO, 2013)

한편 국제여행객들이 가장 많이 이용하는 교통수단은 52%를 차지한 항공교통이었다. 다음으로는 도로로서 40%를 차지했다. 해상을 통한 교통수단은 다른 방식에 비해 훨씬 못 미친 6%였다. 최근 트렌드를 보면 항공여행은 도로여행에 비해 빠른 성장을 유지하고 있는데, 그 결과 항공교통의 점유율은 계속해서 증가하고 있다(〈그림 5-2〉).

세계를 여행하는 관광객(International Tourist Arrivals)들의 약 53.2%는 선진국들을, 그리고 약 46.8%는 개발도상국들을 방문하고 있는 것으로 나타났다. 그리고 2005년부터 2012년까지 국제여행객은 연평균 약 3.6% 정도로 성장하고 있다.

그런데 개발도상국 관광시장(4.8%)이 선진국 관광시장(2.6%)에 비해 높은 성

그림 5-2 세계 인바운드 국제관광객의 교통수단(2012년 기준)

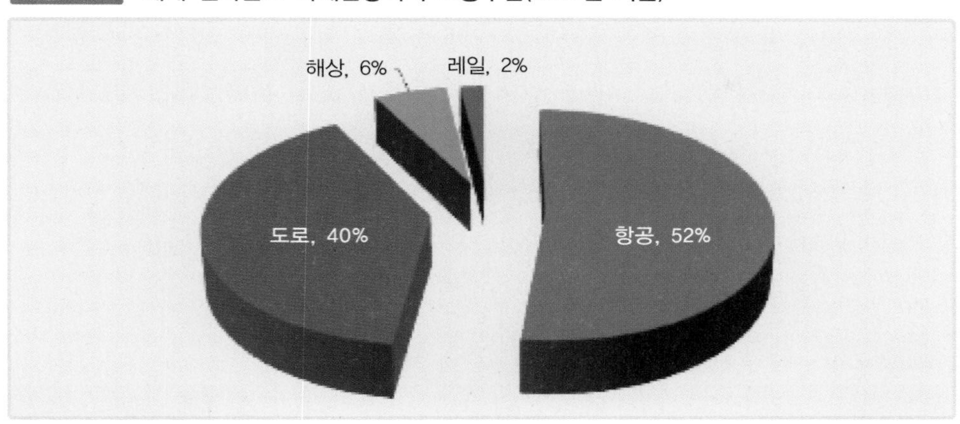

(출처: UNWTO, 2013)

장세를 보이고 있다. 한편 지역별 관광시장을 보면 아직도 유럽지역이 51.6%로 가장 많은 관광객들이 방문하고 있는 지역인 것으로 나타났다. 그러나 2005년부터 2012년까지 성장 속도가 가장 빠른 지역은 아시아 · 태평양 지역으로 연평균 6.2% 정도로 성장하고 있으며, 반면에 유럽지역은 2.5%로 가장 낮은 성장률을 기록하고 있다. 아시아 · 태평양 지역 다음으로 신속한 성장을 하는 곳은 6.0%의 성장률을 기록한 아프리카 지역이었다(〈표 5-2〉).

표 5-2 지역별 국제관광객 유입 추세

	국제여행객 방문자 수 (백만 명)							시장 점유율(%)	성장률 (%)	연평균성장률 (%)
	1990	1995	2000	2005	2010	2011	2012	2012	2012	'05-'12
세계	436	529	677	807	949	995	1035	100	4.0	3.6
선진국	297	336	420	459	506	530	551	53.2	3.8	2.6
개발도상국	139	193	256	348	443	465	484	46.8	4.3	4.8
UNWTO 지역별										
유럽	263	306	388	449	486	516	534	51.6	3.4	2.5
아시아 · 태평양	56	82	110	154	205	218	234	22.6	7.0	6.2
북미 · 중남미	93	109	128	133	150	156	163	15.8	4.6	2.9
아프리카	15	19	26	35	50	49	52	5.1	5.9	6.0
중동	10	14	24	36	58	55	52	5.0	-5.4	5.2

(출처: UNWTO, 2013)

2012년 전 세계 국제여행객들이 지출한 금액(International Tourism Receipts)은 약 1조 750억 달러에 달하였다. 관광산업을 통해 벌어들인 수입액이 가장 많은 지역은 약 4,578억 달러(42.6%)를 벌어들인 유럽이었다. 다음으로는 약 3,239억 달러의 관광수입을 기록한 아시아·태평양 지역이었다. 유럽, 아시아·태평양, 북미 및 중남미 세 지역이 세계 관광수입의 80% 이상을 점유하고 있는 것으로 나타났다(〈표 5-3〉).

표 5-3 지역별 국제관광 수입액 추세

	시장점유율 (%)	관광수입액 (십억 달러)		
	2012	2011	2012	2012 (1인당, 달러)
세계	100	1,042	1,075	1,040
선진국	64.1	672	689	1,250
개발도상국	35.9	371	386	800
UNWTO 지역별				
유럽	42.6	466.7	457.8	860
아시아·태평양	30.1	298.6	323.9	1,390
북미·중남미	19.8	197.9	212.6	1,300
아프리카	3.1	32.7	33.6	640
중동	4.4	46.4	47.0	900

(출처: UNWTO, 2013)

2012년을 기준으로 했을 때 세계를 여행하는 관광객들이 가장 많이 방문하는 국가는 바로 프랑스(8천3백만 명)였다. 이어서 미국(6천7백만 명), 중국(5천8백만 명), 스페인(5천8백만 명) 등의 순으로 인기를 많이 끌고 있다(〈표 5-4〉). 그러나 관광수입에서는 월등한 차이로 미국이 차지하고 있는데 약 1,262억 달러를 벌어들이고 있다. 이는 2위보다 2배 이상 많은 액수이다. 다음으로 스페인(559억 달러), 프랑스(537억 달러), 중국(500억 달러) 등이 많은 관광수입을 올리고 있다. 그러나 마카오와 홍콩을 포함하는 실제 중국(Greater China)을 합하면 미국과 거의 대등한 관광수입을 올리고 있는 것으로 나타났다(〈표 5-5〉).

한편 2012년 기준으로 세계를 여행하는 관광객들을 가장 많이 배출한 지역은 유럽이었다(〈표 5-6〉). 즉 약 5억 4천만 명(52.1%)의 유럽 여행자들이 유럽 또는 다른 지역을 여행하였다. 다음으로 아시아·태평양(2억 3천6백만 명, 22.8%), 북

표 5-4 세계 최고 인기관광지

순위	국제관광 방문객 수 (백만 명)		성장률 (%)
	2011	2012	2012
1. 프랑스	81.6	83.0	1.8
2. 미국	62.7	67.0	6.8
3. 중국	57.6	57.7	0.3
4. 스페인	56.2	57.7	2.7
5. 이탈리아	46.1	46.4	0.5
6. 터키	34.7	35.7	3.0
7. 독일	28.4	30.4	7.3
8. 영국	29.3	29.3	−0.1
9. 러시아	22.7	25.7	13.4
10. 말레이시아	24.7	25.0	1.3

(출처: UNWTO, 2013)

표 5-5 세계 최대 국제관광수입국

순위	국제관광 수입액 (십억 달러)		성장률 (%)
	2011	2012	2012
1. 미국	115.6	126.2	9.2
2. 스페인	59.9	55.9	−6.6
3. 프랑스	54.5	53.7	−1.5
4. 중국	48.5	50.0	3.2
5. 마카오, 중국	38.5	43.7	13.7
6. 이탈리아	43.0	41.2	−4.2
7. 독일	38.9	38.1	−1.9
8. 영국	35.1	36.4	3.7
9. 홍콩, 중국	27.7	32.1	16.0
10. 호주	31.5	31.5	0.2

(출처: UNWTO, 2013)

미 · 중남미(1억 7천1백만 명, 16.6%) 순이었다. 그리고 2005년부터 2012년 동안 국제여행객의 수가 가장 크게 성장한 지역은 6.9%의 아프리카였다. 다음으로 아시아 · 태평양 지역으로 약 6.4%의 성장률을 기록했는데, 이는 유럽지역의 성장률 2.6%를 훨씬 상회하는 것이다. 또한 2012년 국제여행을 실행한 10억 3천5백만 명의 관광객 중 대다수인 약 8억 명(77.3%)은 같은 지역(예: 유럽 마드리드 - 유

표 5-6 지역별 국제관광 송출객 수

	국제관광 송출객 수(백만 명)								시장 점유율 (%)	성장률 (%)	연평균 성장률 (%)
	1990	1995	2000	2005	2009	2010	2011	2012	2012	2012	'05-'12
세계	436	529	677	807	892	949	995	1035	100	4.0	3.6
지역별:											
유럽	252	303	389	450	478	497	521	540	52.1	3.7	2.6
아시아 · 태평양	58.7	86.4	114	153	181	206	222	236	22.8	6.3	6.4
북미 · 중남미	99.3	109	131	136	147	156	164	171	16.6	4.4	3.3
중동	8.2	9.3	14.1	22.9	32.2	34.5	33.8	31.7	3.1	-6.2	4.8
아프리카	9.8	11.5	14.9	19.3	25.6	28.1	29.8	30.8	3.0	3.3	6.9
파악불가	7.9	10.3	14.0	25.4	28.2	26.5	24.1	25.0	2.4	-	-
같은 지역	350	423	532	630	688	728	769	800	77.3	4.0	3.5
다른 지역	77.6	95.7	130	151	176	194	202	210	20.3	4.4	4.9

(출처: UNWTO, 2013)

럽 비엔나) 내에서 여행을 하는 것으로 나타났으며, 반면에 다른 지역(예: 유럽 마드리드 - 미국 뉴욕)을 여행하는 관광객은 약 2억 1천만 명(20.3%)이었다. 따라서 대부분 여행자들은 동일한 지역을 여행하는 것으로 나타났다. 그러나 최근 트렌드를 보면 다른 지역을 여행하는 즉 장거리 여행자들(4.9%)의 성장률이 같은 지역을 여행하는 즉 단거리 여행자들(3.5%)에 비해 보다 빨리 성장하고 있는 것으로 나타났다.

또한 2012년 기준으로 세계에서 국제여행에 가장 많은 돈을 지출하는 국가는 중국으로 약 1,020억 달러(9.5%)에 달했다(〈표 5-7〉). 이는 최근 급속하게 성장하는 중국경제의 힘을 잘 보여주고 있다. 한편 2011년 세계 1위 관광소비국이었던 독일은 836억 달러(7.8%)로 2위를 차지했으며, 3위는 미국으로 약 835억 달러(7.8%)를 기록했다. 여기서 주목해야 할 점으로는 중국을 제외하고는 모두가 기존의 선진국들로 관광산업의 최대 소비국이라는 사실이다.

관광산업의 미래는 밝다고 할 수 있다. 국제교역이 증가함에 따라 개발도상국가의 국민들이 소득이 향상되면서 국내 및 국제관광은 지속적으로 증가하고 있

표 5-7 국가별 국제관광 지출액

순위	국제관광 지출액 (십억 달러)		시장점유율 (%)	인구 (백만 명)	1인당 지출액
	2011	2012	2012	2012	(달러)
1. 중국	72.6	102.0	9.5	1,354	75
2. 독일	85.9	83.8	7.8	82	1,023
3. 미국	78.2	83.5	7.8	314	266
4. 영국	51.0	52.3	4.9	63	828
5. 러시아	32.9	42.8	4.0	142	302
6. 프랑스	44.1	37.2	3.5	63	586
7. 캐나다	33.3	35.1	3.3	35	1,007
8. 일본	27.2	27.9	2.6	128	218
9. 호주	26.7	27.6	2.6	23	1,210
10. 이탈리아	28.7	26.4	2.5	61	433

(출처: UNWTO, 2013)

표 5-8 세계 관광산업의 현재와 미래

항목	2012		2023		
	십억 달러	전체대비 %	십억 달러	전체대비 %	평균성장률 %
총GDP에 대한 직접 공헌	2,056.6	2.9	3,249.2	3.1	4.4
총GDP에 대한 직·간접·유인 공헌	6,630.4	9.3	10,507.1	10.0	4.4
총고용에 대한 직접 공헌	101,118	3.4	125,288	3.7	2.0
총고용에 대한 직·간접·유인 공헌	261,394	8.7	337,819	9.9	2.4
국제여행객 수입액	1,243.0	5.4	1,934.8	4.8	4.2
국내여행객 지출액	2,996.3	4.2	4,831.2	3.5	4.6
레저여행 지출액	3,222.1	2.2	5,196.0	2.3	4.6
비즈니스여행 지출액	1,017.4	0.7	1,572.8	0.7	4.1
자본투자액	764.7	4.7	1,341.4	4.9	5.3

(출처: WTTC, 2013)

다. WTTC(2011)의 관광산업에 대한 미래예측을 나타낸 〈표 5-8〉을 보면 세계를 여행하거나 국내 지역을 여행하는 사람들은 2012년부터 2023년까지 공히 연평균 4% 이상 계속해서 성장할 것으로 예상되고 있으며, 아울러 이들이 여행을 통해 지출하는 금액도 해마다 4% 이상 성장할 것으로 예측되고 있다. 관광산업이 세계 총 GDP에 대한 공헌도는 2012년 9.3%에서 2023년 10.0%로 확대될 것으로 예

상되고 있다(이는 관광산업의 직접(Direct), 간접(Indirect), 유인(Induced) 공헌효과를 모두 합한 것임). 또한 2023년이 되면 세계 전체를 통해 관광산업에 종사하는 사람들의 숫자는 총 3억 3천만 명을 넘어설 것으로 예측되고 있다.

한편 2023년이 되면 여가를 목적으로 세계를 여행하는 사람들에 대한 인구통계학적 변화가 거세질 것으로 예상되고 있다. 여가여행 지출액의 상당수를 차지하던 미국, 서구유럽, 일본 등과 같은 선진국의 비중은 줄어들고, 개발도상국인 중국, 브라질, 인도 등이 여가여행에서 차지하는 비중은 지속적으로 증가될 것으로 예상되고 있다(〈표 5-9〉). 특히 2023년 중국은 미국을 제치고 세계 최고의 관광소비국으로 등장하게 될 전망이다.

한편 세계경제포럼(WEF: World Economic Forum)은 매 2년마다 세계 140여 국가의 관광 및 여행경쟁력(Travel & Tourism Competitiveness) 보고서를 발표한다. WEF는 이 평가를 위해 다차원적인 평가지표를 이용하고 있다. 여행 및 관광산업 경쟁력 지표를 살펴보면 다음과 같은 세 가지 차원으로 구성되어 있다. 첫째, 여행 및 관광산업 관련 정책체계이다. 여기서는 정책과 규제, 지속가능한 환경보호, 안전보장, 건강과 위생, 여행 및 관광의 민영화 등에 관한 항목을 조사한다. 둘째, 여행 및 관광산업의 비즈니스 환경과 인프라에 대한 항목이다. 세부항

표 5-9 여가여행 지출액 국가순위 전망

2012			2023		
순위	국명	2012년 고정가치 (십억 달러)	순위	국명	2012년 고정가치 (십억 달러)
1	미국	641.3	1	중국	979.7
2	중국	377.8	2	미국	929.5
3	일본	168.1	3	브라질	206.4
4	프랑스	153.9	4	일본	201.5
5	스페인	124.1	5	프랑스	187.1
6	이탈리아	122.0	6	인도	154.8
7	브라질	116.9	7	이탈리아	153.5
8	멕시코	93.2	8	멕시코	151.0
9	호주	84.5	9	스페인	137.4
10	영국	83.2	10	영국	137.1

(출처: WTTC, 2013)

목을 보면 항공교통 인프라, 육상교통 인프라, 관광 인프라(호텔객실, 렌터카, ATM), 정보통신 인프라, 여행 및 관광산업의 가격경쟁력 등이 있다. 셋째, 인적, 문화적 천연자원과 같은 여행 및 관광자원에 대한 항목이다. 구체적인 조사항목을 보면 인적자원, 노동력의 품질, 여행 및 관광산업에 대한 친밀도, 천연자원(자연환경), 문화자원 등이 존재하고 있다. 〈표 5-10〉에는 2013년 WEF 세계여행 및 관광경쟁력에 대한 국가별 순위가 나타나 있다.

표 5-10 WEF 세계 여행 및 관광 국가순위(2013년 기준)

순위	국명	점수	순위	국명	점수	순위	국명	점수
1	스위스	5.66	21	덴마크	4.98	41	카타르	4.49
2	독일	5.39	22	노르웨이	4.95	42	폴란드	4.47
3	오스트리아	5.39	23	룩셈부르크	4.93	43	태국	4.47
4	스페인	5.38	24	몰타	4.92	44	멕시코	4.46
5	영국	5.38	25	한국	4.91	45	중국	4.45
6	미국	5.32	26	이탈리아	4.90	46	터키	4.44
7	프랑스	5.31	27	바베이도스	4.88	47	코스타리카	4.44
8	캐나다	5.28	28	UAE	4.86	48	라트비아	4.43
9	스웨덴	5.24	29	사이프러스	4.84	49	리투아니아	4.39
10	싱가포르	5.23	30	에스토니아	4.82	50	불가리아	4.38
11	호주	5.17	31	체코	4.78	51	브라질	4.37
12	뉴질랜드	5.17	32	그리스	4.75	52	푸에르토리코	4.36
13	네덜란드	5.14	33	대만	4.71	53	이스라엘	4.34
14	일본	5.13	34	말레이시아	4.70	54	슬로바키아	4.32
15	홍콩	5.11	35	크로아티아	4.59	55	바레인	4.30
16	아이슬란드	5.10	36	슬로베니아	4.58	56	칠레	4.29
17	핀란드	5.10	37	파나마	4.54	57	오만	4.29
18	벨기에	5.04	38	세이셸	4.51	58	모리셔스	4.28
19	아일랜드	5.01	39	헝가리	4.51	59	우루과이	4.23
20	포르투갈	5.01	40	몬테니그로	4.50	60	요르단	4.18

(출처: WEF, 2013)

제2절 비즈니스 여행과 국제무역

제1절에서 우리는 10억 명이 넘는 사람들이 세계를 여행하며, 그 중 약 14%는 비즈니스를 목적으로 하는 것으로 나타났다. 비즈니스 여행이 증가함에 따라 세계경제는 긍정적인 영향을 받게 된다. 즉 비즈니스 여행이 증가할수록 제품 및 서비스의 판매가 증진되고, 소비자들을 지킬 수 있게 되며, 세계 각 지역을 통해 파트너십 관계를 구축할 수 있으며, 혁신이 촉진되고, 따라서 결국 국제교역이 증가하게 된다.

다국적기업이 비즈니스 여행을 수행하는 구체적인 목적은 다음과 같다. 첫째, 기업 내부(Intra-Firm) 비즈니스를 위한 여행이다. 이는 같은 기업에서 발생하는 기능부서 간, 사업부서 간, 다른 지역 사무실 간의 미팅에 참여와 같은 조직적 목적, 신규 사업의 개시나 새로운 프로젝트와 같은 전략적 목적, 인사관리를 목적으로 하는 교육훈련이나 세미나 참여, 기술적 문제 해결 또는 인력 부족과 같은 분쟁 중재 등을 위해 여행을 수행한다. 둘째, 기업 외부(Inter-Firm) 비즈니스를 위한 목적이다. 이 목적은 제품과 서비스판매 지원을 위한 고객관계관리, 외국 하청업체와의 품질관리와 같은 공급자관계관리, 답사나 상담 또는 판매와 같은 창업가형 활동을 하기 위함이다. 셋째, 외부 이해관계자(External Stakeholders)를 만나기 위한 여행이다. 이는 허가문제의 협상과 같은 외국정부와의 관계를 도모하거나, 외국과의 교역사절로 참가하는 것이다. 넷째, 학습을 위한 비즈니스 여행인데, 여기에는 무역박람회, 컨벤션, 또는 컨퍼런스에 참가하기 위해 여행을 수행한다.

최근 들어 비즈니스 여행의 행태에 새로운 변화가 나타나고 있다. 즉 2009년 이래 MICE(Meetings, Incentives, Conventions and Exhibitions) 시장이 전통적인 비즈니스 여행시장에 비해 보다 빠르게 성장하고 있다. 이는 금융위기 이후 기업들이 비즈니스 여행에 대한 비용을 크게 줄였기 때문이다. 2013년을 기준으로 했을 때 이제 MICE 세분시장은 전체 비즈니스 여행시장의 약 54%를 차지하기에 이르렀다. 또한 2009년 이후 MICE 세분시장 중에서 인센티브 여행은 61%, 또 컨벤션분야는 44% 성장하였다.

관광산업에서 비즈니스 여행자의 중요성은 아무리 강조해도 지나치지 않을 것이다. 다른 목적으로 여행하는 사람들에 비해 이들은 가격에 분명히 덜 민감하다는 것이 거의 기정사실이다. 따라서 비교적 품질이 높은 관광상품과 서비스를 판매하고 있는 항공사, 호텔, 렌터카, 레스토랑 기업들에게 이들의 소비 또는 구매활동은 생사를 결정하는 중요한 요인이 되고 있다. 이런 기업들의 상품과 서비스를 비즈니스 여행객들이 충분히 구매해주지 않는다면 흑자를 유지할 수 있는 기업은 거의 존재하지 않을 것이다. 우리가 9·11 테러나 2008년 세계 금융위기를 통해 보았듯이, 위기로 인한 불경기가 확대되면 기업들은 인원을 즉각적으로 감축하는 한편 특히 여행 및 접대(Travel & Entertainment)분야에 대한 비용을 대대적으로 감축하여 결국 많은 관광기업이나 호스피탈리티 기업들은 위기를 극복하고 생존하기 위해 대폭적인 할인판매 등과 같은 뼈를 깎는 고통을 감내해야만 했다.

WTTC(2011)에 의하면 2010년 전 세계 비즈니스 여행자들이 소비한 비용은 약 8,560억 달러에 달하며, 이는 세계 총 GDP의 약 1.5%에 달하는 것으로 나타났다. 또한 비즈니스 여행에 소요되는 총 비용 중에서 국제여행을 의미하는 아웃바운드 비중은 평균적으로 약 20%를 차지하고 있다. 여기서 특기할 점은 국토가 넓은 북미지역인 미국과 캐나다의 비즈니스 여행자들의 국내여행이 대다수를 차지하고 있으며, 상대적으로 낮은 국외여행(Outbound)의 점유율은 약 8%에 머무르고 있다. 하지만 면적에 비해 국가의 수가 많은 유럽지역은 아웃바운드 점유율이 높아서 27-31% 정도를 차지하고 있다(〈표 5-11〉).

그렇다면 이렇게 관광 또는 호스피탈리티 기업의 생사여탈권을 쥐고 있는 다른 기업들은 비즈니스 여행에 얼마나 투자하고 있을까? 이에 대해 알아보는 것도 상당히 흥미롭고 의미 있는 작업일 것이다. 세계를 무대로 활약하는 미국의 대표적인 다국적기업들이 해마다 국내 및 국외 지역에서 비즈니스를 수행하기 위해 항공운임으로 지출하는 금액이 〈표 5-12〉에 나타나 있다. 이는 미국 기업들이 미국 국내에서 예약한 금액만을 나타내며, 기업들의 해외지사에서 예약한 항공운임은 제외되어 있다.

한편 전 세계의 비즈니스 여행자들이 가장 많이 방문하는 국제도시는 런던이

표 5-11 비즈니스 여행 지출액(2010년 기준)

지역	비즈니스 여행 총지출액 (십억 달러)	비중(%)	비즈니스 여행 강도(GDP대비 %)	총여행 지출액 중 국외여행 비중(%)
북미	275	32.1	1.7	8
중남미	27	3.2	0.9	26
EU	243	28.4	1.5	31
(EU를 제외한) 유럽	47	5.5	1.4	27
아시아 · 태평양	226	26.4	1.7	17
중동	18	2.1	1.2	58
아프리카	21	2.4	1.5	27
세계	856	100%	1.5	20

(출처: WTTC, 2011)

표 5-12 미국 기업들의 비즈니스 여행 지출액(2012년 기준)

순위	기업명	항공운임 지출액 (백만 달러)	순위	기업명	항공운임 지출 (백만 달러)
1	IBM	566	26	Caterpillar	127
2	Deloitte	388	26	Chevron	127
3	Boeing	321	26	Fedex	127
4	GE	315	29	Citigroup	126
5	General Dynamics	286	29	Novartis	126
6	PWC	245	31	Walt Disney	125.3
7	Exxon Mobil	238	32	KPMG	125
8	Accenture	237	33	Abbott Laboratories	120
9	Ernst & Young	200	34	Northrop Grumman	119
10	Lockheed Martin	198	35	Pepsico	110
11	Wells Fargo	189	36	BP	109
12	JPMorgan Chase	184	37	Goldman, Sachs & Co.	103
13	Microsoft	181	37	Pfizer	103
14	Bank of America	180	39	Merck	98
15	Apple	175	40	Royal Dutch Shell	97
16	Oracle	174	41	Cisco Systems	95
17	Siemens	170	42	Honeywell	90
18	World Bank Group	169	42	Time Warner	90
19	Johnson & Johnson	162	44	SAP	86
20	H&P	160	45	Schlumberger	85
21	United Technologies Co.	148	46	Medtronic	81
22	Raytheon	140	47	P&G	80

23	Roche	135	48	L-3 Communications	76
24	Eli Lilly & Co.	130	49	IMF	72
25	McKinsey & Co.	129	49	Sanofi	72

(출처: Business Travel News, 2013)

표 5-13 비즈니스 여행 방문객이 가장 많은 국제도시

순위	도시	국명	순위	도시	국명
1	런던	영국	13	암스테르담	네덜란드
2	상하이	중국	14	시드니	호주
3	싱가포르	싱가포르	15	스톡홀름	스웨덴
4	베이징	중국	16	캘거리	캐나다
5	토론토	캐나다	17	두바이	UAE
6	홍콩	중국	18	선전	중국
7	파리	프랑스	19	밴쿠버	캐나다
8	도쿄	일본	20	뭄바이	인도
9	몬트리올	캐나다	21	타이페이	대만
10	멕시코시티	멕시코	22	마드리드	스페인
11	방갈로르	인도	23	더블린	아일랜드
12	상파울로	브라질	24	쿠알라룸푸르	말레이시아

(출처: Exmainer.com, 2011)

었으며, 다음으로 상하이. 싱가포르, 베이징, 토론토 등이었다. 아시아, 특히 중국의 부상이 특기할 만하다(〈표 5-13〉). 그리고 〈표 5-14〉, 〈표 5-15〉, 〈표 5-16〉은 각각 전 세계에 존재하는 유명 국제도시 중에서 호텔비용(Hotel Cost), 식사비용(Food Costs), 일일경비(Per Diem) 등이 비싼 도시들을 소개하고 있다. 호텔비용, 식사비용, 일일비용은 항공비용과 더불어 비즈니스 여행자들이 세계를 여행하면서 소요되는 거의 모든 비용을 대변하고 있다. 이와 같은 여행경비가 낮으면 낮아질수록 세계를 무대로 사업기회를 탐색하고 있는 비즈니스 여행자들의 수는 증가하게 된다. 실제로 비즈니스 여행이 증가할수록 국제교역도 증가한다고 한다.

WTTC(2011)는 국제교역에서 비즈니스 여행은 핵심적인 역할을 하며, 비즈니스 여행과 국제교역, 생산성, 경제적 성과 간에는 인과관계가 존재한다는 것을 보고했다. 이 보고서에 의하면 과거 수십 년 간 국제교역 증가액의 약 ⅓은 비즈

표 5-14 호텔비용이 가장 비싼 국제도시 Top 50(2010년 기준) (단위: US$)

순위	도시	호텔비	기타	합계	순위	도시	호텔비	기타	합계
1	무스카트	316	19	335	26	두바이	238	13	251
2	아부다비	322	12	334	27	이스탄불	234	12	246
3	모스크바	309	23	332	28	홍콩	229	14	243
4	카라카스	273	33	306	29	코펜하겐	206	32	238
5	제네바	269	36	305	30	마드리드	173	60	233
6	취리히	259	38	297	31	암스테르담	197	35	232
7	키예프	288	7	295	32	브뤼셀	206	26	232
8	쿠웨이트	267	25	292	33	프랑크푸르트	203	28	231
9	파리	262	28	290	34	뮌헨	196	29	225
10	스타방에르	234	56	290	35	툴루즈	196	29	225
11	오슬로	230	53	283	36	리용	194	28	222
12	도하	267	13	280	37	뉴델리	212	4	216
12	텔아비브	264	16	280	38	비엔나	186	26	212
14	도쿄	246	31	277	39	로테르담	178	33	211
15	로마	249	22	271	39	시드니	185	26	211
16	바젤	233	37	270	39	헤이그	179	32	211
17	런던	240	23	263	42	산후안	191	18	209
18	상트페테르부르크	237	24	261	43	요하네스버그	198	10	208
19	니스	233	27	260	43	마나마	192	16	208
20	아테네	239	18	257	43	오사카-고베	178	30	208
20	밀란	234	23	257	46	뭄바이	202	5	207
20	나이로비	244	13	257	47	싱가포르	191	14	205
23	리야드	242	14	256	48	방갈로르	198	4	202
24	스톡홀름	223	30	253	49	베를린	171	29	200
25	헬싱키	217	35	252	50	에든버러	180	18	198

(출처: Business Travel News, 2010)

표 5-15 식사비용이 가장 비싼 국제도시 Top 50(2010년 기준) (단위: US$)

순위	도시	조식	중식	석식	합계	순위	도시	조식	중식	석식	합계
1	암스테르담	50	70	136	256	26	뒤셀도르프	25	46	103	174
2	파리	43	63	130	236	26	함부르크	24	50	100	174
3	오슬로	25	68	132	225	28	베를린	19	52	96	167
4	스톡홀름	31	67	126	224	29	슈투트가르트	24	41	94	159
5	코페하겐	19	62	136	217	30	상파울로	21	42	94	157
6	도쿄	30	61	124	215	31	카라카스	29	41	86	156
7	오사카-고베	30	65	118	213	31	싱가포르	13	49	94	156

8	시드니	33	59	111	203	33	리오데자네이로	23	42	90	155
9	로테르담	31	58	108	197	34	앤트워프	22	43	88	153
10	프랑크푸르트	31	53	112	196	34	툴루즈	25	39	89	153
11	스타방에르	20	61	112	193	36	쾰른	22	39	91	152
12	더블린	29	52	110	191	37	로마	22	43	84	149
13	브뤼셀	28	54	108	190	38	아테네	28	39	80	147
13	헤이그	32	54	104	190	38	런던	31	37	79	147
15	헬싱키	35	53	101	189	40	서울	29	38	78	145
15	니스	30	52	107	189	41	그르노블	21	38	83	142
17	리용	28	55	105	188	42	무스카트	23	41	77	141
18	바르셀로나	33	55	98	186	43	뮌헨	24	36	79	139
19	도하	26	49	109	184	44	멜버른	32	35	70	137
20	제네바	29	50	104	183	45	리야드	16	40	80	136
21	밀란	24	55	101	180	46	모스크바	15	38	81	134
22	룩셈부르크	28	54	97	179	47	부다페스트	35	31	67	133
23	홍콩	35	43	99	177	47	비엔나	28	34	71	133
24	마드리드	40	43	93	176	49	토론토	21	33	78	132
25	두바이	33	45	97	175	50	맨체스터	27	31	73	131

(출처: Business Travel News, 2010)

표 5-16 일일경비가 가장 많이 소요되는 국제도시 Top 60(2010년 기준) (단위: US$)

순위	도시	비용	순위	도시	비용	순위	도시	비용
1	파리	526	21	오사카-고베	421	41	베를린	367
2	오슬로	508	22	홍콩	420	41	이스탄불	367
3	도쿄	492	22	로마	420	43	함부르크	366
4	암스테르담	488	24	시드니	414	44	뒤셀도르프	365
4	제네바	488	25	런던	410	45	뮌헨	364
6	스타방에르	483	25	리용	410	46	싱가포르	361
7	스톡홀름	477	27	마드리드	408	47	쾰른	348
8	무스카트	476	27	로테르담	408	48	비엔나	345
9	모스크바	466	29	아테네	404	49	슈투트가르트	344
10	도하	464	30	쿠웨이트	403	50	서울	337
11	카라카스	462	31	헤이그	401	51	그르노블	336
12	아부다비	457	32	리야드	392	52	멜버른	335
13	코펜하겐	455	33	바젤	388	53	리오데자네이로	330
14	니스	449	33	더블린	388	54	에인트호벤	325
15	헬싱키	441	35	바르셀로나	381	55	나이로비	324
16	밀란	437	36	상트페테르부르크	381	56	앤트워프	323
17	프랑크푸르트	427	37	툴루즈	378	56	프라하	323

18	두바이	426	38	룩셈부르크	377	58	에든버러	320
19	브뤼셀	422	39	키예프	375	59	상파울로	310
20	취리히	422	40	텔아비브	371	60	부다페스트	309

(출처: Business Travel News, 2010)

니스여행이 공헌한 것이라고 주장했다. 평균적으로 보았을 때 비즈니스 여행에 1단위가 추가되면, 이는 약 10배의 투자수익을 창출한다고 밝혔다. 또한 비즈니스 여행이 10% 증가하면 세계 교역량은 평균 3% 정도 증가하는 것으로 나타났다. 이와는 반대로 만일 비즈니스 여행이 2년 동안 25%씩 감소하면 5년 후 세계 GDP가 약 5%정도 줄어드는 것으로 나타났다. 아울러 이로 인해 취업률은 각 해마다 약 1%씩 감소하는 것으로 나타났는데, 이는 약 3천만 명이 직업을 잃게 되는 것을 의미하고 있다.

WTTC가 190여 개국을 조사한 결과 아웃바운드 비즈니스 여행시장(Outbound Business Travel)이 큰 국가들이 보다 많은 수출액을 기록하는 경향을 보였으며, 비즈니스 여행이 신속히 증가하면 무역도 따라서 신속히 증가한다고 밝혔다. 또 높은 비즈니스 여행 강도(GDP대비 비즈니스 여행 지출액의 %)는 높은 교역강도(GDP대비 수출액 및 수입액)를 촉진하였다고 설명했다.

〈그림 5-3〉은 비즈니스 여행이 세계 교역과 경제에 미치는 영향을 보여주고 있다. WTTC 보고서에서 밝힌 바와 같이 비즈니스 여행의 증가는 교역의 증가에 지대한 영향을 미치고 있다. 교역이 증가하면 다국적기업들의 이윤이 증가할 뿐만 아니라 세계적인 차원에서 제품가격이 인하되고, 규모의 경제가 창출된다. 각 국가들은 비교우위가 있는 분야에 집중하게 되고, 기술이전과 혁신이 촉진돼서 경쟁이 강화되면서 경제개발 및 성장도 이루어지게 된다. 한편 교역 증가와 일인당 GDP의 증가 사이에는 강한 양의 관계가 성립된다는 것이 많은 연구를 통해 밝혀졌다(Gray, 1970; Kulendran & Wilson, 2000; Shan & Wilson, 2001; Aradhyula & Tronstad, 2003; Keum, 2011). 교역의 증가는 GDP의 증가를 촉진하고 따라서 고용이 증가하고 소득이 향상되어 거시경제가 안정이 되면서, 사람들의 경제력이 향상되고 이는 결국 여가여행의 증가로 이어지게 된다. 그러므로 비즈니스 여행은 세계 교역의 촉진을 통해 세계경제의 성장에 공헌하고 더 나아가

그림 5-3 비즈니스 여행이 세계 교역 및 경제에 미치는 영향

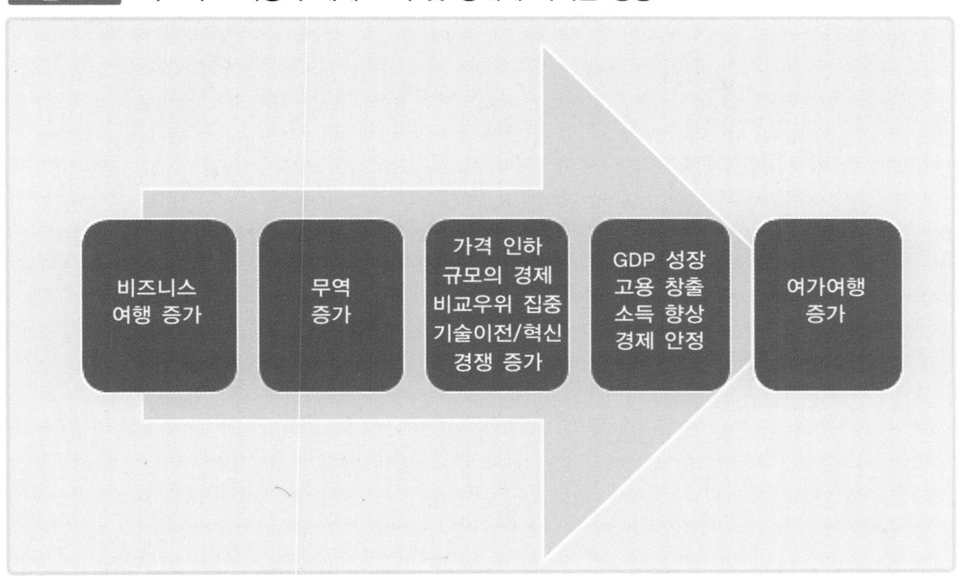

(출처: WTTC(2011)를 바탕으로 하여 저자 재작성)

여가활동의 증진 등을 통해 우리 인류의 삶의 질을 향상하는데 중요한 기폭제 역할을 하고 있다.

현재 비즈니스 여행은 주로 미국, 유럽, 일본 등과 같은 선진국에 의해 주도되고 있다. 그러나 향후에는 개발도상국들이 경제성장의 지속적인 추진을 위해 선행적으로 비즈니스 여행을 주도하게 될 것으로 전망되고 있다(〈표 5-17〉). 중국, 인도, 말레이시아, 브라질 등의 비즈니스 여행시장에서의 부상은 앞으로 세계경제의 성장을 이들에 의해 주도될 것이라는 것을 암시하고 있다. 특히 2023년이 되면 동아시아(중국, 일본, 말레이시아) 지역은 세계 최대의 단일 비즈니스 여행시장으로 부상하게 될 전망이다.

표 5-17 비즈니스여행 지출액 국가순위 미래 전망

2012			2023		
순위	국명	2012년 고정가치 (십억 달러)	순위	국명	2012년 고정가치 (십억 달러)
1	미국	234.0	1	미국	329.8
2	중국	135.1	2	중국	287.4
3	일본	87.2	3	일본	103.1
4	독일	47.4	4	영국	68.8
5	영국	46.6	5	인도	59.7
6	프랑스	36.6	6	독일	57.3
7	이탈리아	29.5	7	말레이시아	47.4
8	인도	26.4	8	프랑스	42.3
9	스웨덴	20.3	9	이탈리아	34.5
10	브라질	19.3	10	브라질	30.2

(출처: WTTC, 2013)

6
글로벌 호텔산업의 이해

제1절 글로벌 호텔산업의 규모

제2절 글로벌 호텔산업의 체인화

제3절 글로벌 호텔산업의 이해

글로벌 호텔산업의 이해

제1절 글로벌 호텔산업의 규모

세계 호텔산업의 규모를 정확하게 파악하는 것은 생각처럼 쉬운 것이 아니다. 글로벌 호텔시장의 규모를 보고한 보고서는 별로 많지 않으며, 설사 있다고 해도 호텔의 범위를 결정함에 있어 대부분 주관적이기 때문이다.

먼저 2009년 영국 유명 리서치기업인 Mintel에 의하면 2008년 기준으로 전 세계에는 약 2천 1십만 실의 호텔객실이 존재하고 있다고 한다. 이 통계는 세계관광기구(UNWTO)의 자료를 인용한 것이라고 한다. 같은 보고서에 의하면 대륙별

표 6-1 UNWTO의 대륙별 호텔객실 분포

지 역	호텔객실의 수	비중 (%)
유럽	7,236,000	36
북미 + 중남미	7,035,000	35
아시아/태평양	4,824,000	24
중동	402,000	2
아프리카	402,000	2

(출처: UNWTO & Mintel)

호텔객실의 분포는 <표 6-1>과 같다. 그러나 UNWTO의 통계에는 호텔뿐만 아니라 통계분류에 의해 파악되지 않는 호텔과 모텔, 게스트하우스, Hostel, B&B(Bed & Breakfast) 등과 같은 유사 숙박시설(Similar Establishments)도 포함하고 있어서 실제 호텔산업의 규모보다 과대평가될 여지가 많다는 것이 중론이다.

한편 미국의 유명 호텔산업 리서치기업인 STR(Smith Travel Research)에 의하면 전 세계에는 146,357개소의 호텔이 존재하고 있으며, 이들에 의해 운영되고 있는 총 객실의 수는 13,671,113실에 달한다고 한다. <표 6-2>는 STR Global에 의해 조사된 각 대륙별 호텔의 수와 객실의 수를 보여주고 있다. 그러나 <표 6-2>의 결과는 <표 6-1>에 비해 다른 대륙들의 비율은 유사하게 나타나고 있지만, 유럽과 남·북미의 비율에서는 완전히 상반된 결과가 나타나고 있다. 즉 UNWTO의 통

표 6-2 STR Global의 세계 호텔객실 분포

대륙	하위대륙	호텔수	객실수
북미 & 중남미	카리브해	2,270	246,102
	중앙아메리카	847	48,738
	북미	63,186	5,636,306
	남미	2,788	299,409
	소계	69,091(47.2%)	6,230,555(45.6%)
아시아/태평양	호주 & 오세아니아	4,953	298,358
	중앙 & 남아시아	2,991	198,599
	동북아시아	9,464	1,830,382
	동남아시아	3,245	486,755
	소계	20,653(14.1%)	2,814,094(20.6%)
유럽	동유럽	3,819	259,268
	북유럽	11,345	795,884
	남유럽	15,882	1,561,239
	서유럽	21,598	1,288,134
	소계	52,644(36.0%)	3,904,525(28.6%)
중동 & 아프리카	중동	1,120	199,008
	북아프리카	1,300	276,356
	남아프리카	1,549	146,575
	소계	3,969(2.7%)	621,939(4.5%)
세계 전체		**146,357**	**13,671,113**

(출처: STR, 2011)

계에서는 유럽은 36%, 남 · 북미는 35%로 유럽의 객실이 조금 더 많은 것으로 나타났지만, STR Global의 자료에서는 남 · 북미가 45.6%이지만 유럽은 훨씬 적은 28.6%에 불과한 것으로 나타나고 있다. 이런 결과는 유럽에서 상당수의 객실이 Inn이나 B&B처럼 가족에 의해 영세규모로 이용되는 숙박시설이 많다는 것으로 추측할 수 있다.

또한 미국의 일부 다국적 체인호텔의 보고서를 보면 또 다른 통계가 산출되고 있다. Marriott International은 2011년을 기준으로 했을 때 세계 호텔객실의 총수는 약 1,690만 실에 달한다고 발표했다. Marriott의 통계는 WTTC, STR Global, MKG Hospitality의 연구조사와 Marriott의 자체적인 연구조사를 종합하여 산출한 결과였다. 여기에서 대륙별 객실 분포는 유럽(670만실), 북미(520만실), 중남미(120만실), 아시아 · 태평양(280만실), 중동 및 아프리카(90만실)으로 UNWTO나 STR의 통계와 또 다르게 보고되었다.

그리고 또 다른 미국의 다국적 체인호텔인 Wyndham Hotel Group의 2103년 연간 사업보고서(Annual Report)를 보면 북미(59,000개소에 530만실), 유럽(58,000개소에 440만실), 아시아 · 태평양(25,000개소에 250만실), 남미 및 중동(7,000개소에 90만실)으로 전 세계에는 총 1,400만개의 객실과 총 149,000개소의 호텔이 존재하고 있다고 보고되었다. 그리고 세계 전체 객실의 80%는 20개국에 집중되어 있다고 한다. 한편 2013년 기준 전 세계 호텔산업의 총매출액은 약 4,120억 달러에 달한다고 한다.

이처럼 각 조사마다 다른 결과가 산출되는 것은 처음에 언급한 것처럼 서로 주관적인 관점에서 조사가 이루어진 결과라고 할 수 있다. 위의 결과를 종합적으로 판단해 보면 유사 숙박시설이 포함된 UNWTO의 통계를 제외했을 때, 글로벌 호텔산업에는 대략 1,400-1,500만 실의 호텔객실이 존재하고 있는 것으로 판단할 수 있다.

〈표 6-3〉은 Mintel이 2011년부터 2016년 사이에 세계 20개 주요 관광국에서 호텔의 수에 대한 트렌드를 예측한 결과를 보여주고 있다. 조사결과를 보면 향후 당분간 세계 호텔산업의 성장은 주로 BRICs와 아시아의 개발도상국에 의해 주도될 것으로 예측이 되고 있다. 먼저 세계경제의 성장을 이끄는 견인차 역할을

표 6-3 세계 Top 20 관광국의 호텔수 예상 트렌드: 2011-16년

지역	2011	2012 (추정)	2013 (예상)	2014 (예상)	2015 (예상)	2016 (예상)	성장률 2011-2016
호주	5,990	5,957	5,902	5,840	5,772	5,700	(4.8)
브라질	27,250	27,686	28,164	29,019	30,153	31,207	14.5
캐나다	8,486	8,569	8,575	8,631	8,650	8,693	2.4
중국	80,776	87,276	97,339	107,933	120,100	128,505	59.1
콜롬비아	7,572	7,970	8,346	8,725	9,106	9,494	25.4
프랑스	58,500	59,100	60,400	61,600	62,900	64,200	9.7
독일	45,600	46,203	46,698	47,434	48,160	48,881	7.2
인도	52,640	58,860	64,940	72,650	80,620	89,630	70.3
인도네시아	15,283	16,551	17,636	18,954	20,398	21,881	43.2
이탈리아	77,350	77,650	78,340	80,110	82,510	85,430	10.4
일본	79,066	77,727	76,196	74,566	72,932	71,302	(9.8)
멕시코	12,794	17,975	18,470	19,072	19,646	20,278	17.3
러시아	5,655	5,956	6,254	6,540	6,787	7,045	24.6
남아공	5,320	5,668	6,054	6,427	6,863	7,355	38.3
한국	711	726	749	773	795	818	15.0
스페인	35,114	36,031	36,907	37,401	38,143	39,231	11.7
터키	12,721	12,635	12,655	12,943	13,281	13,629	7.1
영국	46,388	46,348	46,625	46,932	47,762	48,285	4.1
미국	51,210	51,700	52,100	52,500	52,800	53,200	3.9
베트남	13,000	13,706	14,677	15,718	16,986	18,296	40.7
합 계	**645,926**	**664,294**	**687,027**	**713,768**	**744,364**	**773,060**	19.7

(출처: Mintel Global Market Navigator- Travel Accommodation 2013)

BRICs 지역 국가들의 호텔산업 성장률을 보면 브라질(14.5%), 러시아(24.8%), 인도(70.3%0, 중국(59.1%), 남아프리카공화국(38.3%)으로 이들이 향후 세계 호텔산업의 성장을 주도하게 될 것으로 예측된다. 또한 아시아의 신생 개발도상국인 인도네시아(43.2%), 베트남(40.7%) 등도 급속히 성장할 것으로 보인다.

반면에 선진국을 보면 이탈리아를 제외하고는 대다수가 한자리수 성장에 머물게 될 것으로 예측되고 있으며, 특히 일본과 호주는 오히려 호텔의 수가 줄어들 것으로 예상되고 있다. 일본의 경우는 일본의 고유한 전통숙박시설인 영세규모의 료칸의 수가 지속적으로 줄어드는 반면 규모가 큰 현대적 호텔의 수는 증가하고 있다고 한다. 이 조사의 특징은 선정된 20개국에서 콜롬비아와 베트남을

제외하면 현재 세계경제를 이끄는 경제협의체인 G20 회원국과 거의 일치하고 있다(G20에서 사우디아라비아와 아르헨티나가 제외됨).

한편 STR은 2011년 기준으로 세계에서 가장 많은 호텔객실을 보유하고 있는 국가들을 조사하였다. 그 결과 전 세계에서 75,000실 이상의 호텔객실을 보유한 국가는 총 26개 국가에 달하였다(〈표 6-4〉). 미국이 단연 세계 최대의 단일국가 호텔시장이었다. 미국은 단일국가이지만 세계 총 객실의 약 35.6%를 보유하고 있다. 빠르게 경제성장을 이룩하고 있는 중국이 2위를 기록했으며, 3위는 유럽 최대의 경제대국 독일이었다. 미국을 비롯한 서구 선진국이 대부분 리스트에 포함되어 있으며, BRICs 국가들도 모두 포함되어 있다. 총 26개 국가에 존재하는 총 객실수는 11,780,026실로 세계 전체 객실 수 13,671,113실의 약 86.2%를 차지하고 있다. 이런 결과는 위에서 본 Wyndham Hotel Group의 보고서에서 세계 전체 객실의 80%는 선두 20개국에 집중되어 있다는 조사결과와 거의 맥락을 같이하고 있다.

한편 STR은 2011년 기준으로 세계에서 가장 많은 호텔객실을 보유하고 있는

표 6-4 세계 Top 26 호텔객실 보유 국가(2011년 기준)

국명	호텔수	객실수	국명	호텔수	객실수
미국	51,954	4,860,339	인도	2,678	166,687
중국	6,872	1,326,242	이집트	595	153,289
독일	8,855	544,482	태국	823	137,018
스페인	4,279	532,975	포르투갈	1,328	111,652
영국	7,910	491,114	스위스	2,373	106,235
캐나다	7,888	438,442	인도네시아	896	103,284
프랑스	6,932	417,784	말레이시아	421	102,348
일본	2,078	404,523	UAE	465	89,555
멕시코	3,340	337,233	오스트리아	1,402	85,612
이탈리아	5,388	329,348	스웨덴	889	82,628
호주	3,913	232,498	러시아	524	79,747
터키	1,446	224,896	네덜란드	1,140	78,677
브라질	1,365	174,871	**합 계**	**127,649(87.2%)**	**11,780,026(86.2%)**
그리스	1,895	168,547	**세계 전체**	**146,357**	**13,671,113**

(출처: STR, 2011)

도시 또는 지역을 조사하였다. 〈표 6-5〉를 보면 중국의 동부지역이 가장 많은 호텔객실을 보유하고 있으며, 2위는 역시 중국의 중앙남부지역으로 나타났다. 중국은 이 외에도 상하이, 베이징, 서부지역 등이 최상위권에 속하고 있다. 미국은 카지노 복합도시인 라스베이거스와 월트 디즈니와 테마파크가 밀집해 있는 올랜도가 상위권에 자리하고 있다. 리조트 지역은 이 외에도 홍해(Red Sea)의 리조트 지역과 카나리아제도(Canary Islands)에 많은 리조트호텔이 위치하고 있다. 또 세계적으로 도심호텔(City 또는 Commercial Hotel)이 많이 공급된 대도시는 상하

표 6-5 세계 Top 25 호텔객실 보유 도시/지역(2011년 기준)

도시/지역명	호텔수	객실수	지역명	호텔수	객실수
동부중국(항저우 제외)	1,800	296,190	포르투갈	1,337	112,040
중앙남부중국	1,159	246,742	런던	1,173	110,836
터키	1,448	222,997	말레이시아	468	106,934
상하이	926	175,576	시카고	712	106,675
베이징	889	170,028	워싱턴DC	673	104,778
라스베이거스	372	169,195	동스페인(바르셀로나 제외)	890	102,248
중앙멕시코	1,974	161,232	카나리아제도	462	101,793
서중국	827	153,192	뉴욕	548	101,453
그리스	1,695	145,223	LA-롱비치	985	97,029
남독일	2,907	138,164	브라질	757	95,292
서프랑스	2,371	125,794	애틀랜타	783	93,293
올랜도	469	117,521	서독일	1,896	92,842
홍해 리조트	400	115,370	-		

(출처: STR, 2011)

표 6-6 세계 호텔산업의 등급별 분포(2011년 기준)

등급(Class)	호텔수	객실수
Luxury	4,856 (3.3%)	779,467 (5.7%)
Upper Upscale	10,325 (7.0%)	1,847,046 (13.4%)
Upscale	21,348 (14.5%)	2,769,999 (20.2%)
Upper Midscale	25,939 (17.6%)	2,664,167 (19.4%)
Midscale	28,328 (19.3%)	2,416,445 (17.6%)
Economy	56,212 (38.2%)	3,264,979 (23.7%)
Total	147,008 (100%)	13,742,103 (100%)

(출처: STR, 2011)

이, 베이징, 런던, 시카고, 워싱턴DC, 뉴욕, LA, 애틀랜타 등의 순이다.

그리고 〈표 6-6〉은 STR에 의해 조사된 세계 호텔시장에서 등급(Class)별 분포를 보여주고 있다. 가격대가 가장 낮으며 또 가장 작은 규모의 등급인 Economy 호텔들이 가장 많은 것으로 조사되었다. 반면에 최고 가격등급인 Luxury는 전체 호텔수로는 3.3%, 객실수로는 5.7%를 차지하고 있다.

제2절 글로벌 호텔산업의 체인화

현재처럼 세계화된 질서에서 세계를 무대로 활발한 활동을 수행하는 다국적 체인호텔에 대한 통계자료도 조사되고 있다. 글로벌 호텔시장에서 다국적 체인 호텔들이 보유하고 있는 브랜드에 의해 운영되는 호텔들에 대한 점유율을 나타내는 시장점유율(Market Penetration)도 세계적으로 인정되는 유일한 통계자료는 존재하지 않고 있다.

그러나 3개 조사기관의 통계인 〈표 6-7〉을 보면 단일국가로 세계 최대의 시장인 미국은 체인호텔의 시장점유율의 거의 70%에 달하였다. 즉 미국시장에서 여러 브랜드를 보유한 체인호텔의 성장은 한계에 이르렀다고 볼 수 있다. 반면에 미국을 제외한 세계의 다른 시장들은 미국시장에 비해 체인호텔의 시장점유율이 현저하게 낮게 나타나고 있다. 세계 다른 지역들이 과거 미국시장의 경우처럼 체인호텔들의 성장이 확대될 것인지는 지켜 볼 일이다. 한편 STR에 의하면 2011년 기준으로 전 세계에는 약 92,000개소의 독립경영호텔(Independent Hotel)

표 6-7 세계 지역별 체인호텔의 시장점유율

<table>
<tr><th colspan="2">Mintel(2004)</th><th colspan="2">Wyndham(2013)</th><th colspan="2">STR(2011)</th></tr>
<tr><td>미국</td><td>65%</td><td>북미</td><td>68%</td><td rowspan="2">미국</td><td rowspan="2">70%</td></tr>
<tr><td>동아시아</td><td>25%</td><td>아시아/태평양</td><td>46%</td></tr>
<tr><td>중동</td><td>25% 이상</td><td>중동</td><td>45%</td><td rowspan="3">세계 전체
(미국 제외)</td><td rowspan="3">40%</td></tr>
<tr><td>남미</td><td>20% 이하</td><td>남미</td><td>45%</td></tr>
<tr><td>유럽</td><td>25%</td><td>유럽</td><td>40%</td></tr>
</table>

(출처: Mintel, Wyndham & STR)

들이 존재하고 있으며, 객실수는 약 670만 실에 달하고 있다고 한다.

제3절 글로벌 호텔산업의 이해

1. 미국 호텔산업의 이해

위에서 〈표 6-4〉에서 보았듯이 미국의 호텔산업은 총 51,954개의 호텔과 총 4,860,339실로 구성되어 있다. STR에 의하면 2011년 기준 미국 호텔산업의 전체 매출액은 약 1,375억 달러에 달하며, 평균객실점유율(Occupancy)은 60.1%이며 평균객실요금(ADR)은 101달러였다.

호텔산업의 기원은 유럽이지만 현대 호텔경영의 성장과 발전은 미국 호텔산업에서 비롯되었다고 말할 수 있다. 현재 세계 호텔산업에서 활발한 활동을 하고 있는 주요 다국적 체인호텔들은 거의 모두가 미국 국적이거나 또는 미국방식의 호텔경영에 영향을 받고 있다는 것은 숨길 수 없는 사실이다. 예로 들면, 영국의 IHG는 미국의 Holiday Inn과 InterContinental을 인수하면서 미국식 호텔경영을 전수받았으며, 프랑스의 자랑이자 유럽대륙의 강자 Accor의 설립도 미국에서 Holiday Inn 등의 성장을 보면서 합리적이고 과학적인 미국식 호텔경영방식에 감명을 받은 창립자에 의해 주도되었다는 사실도 이제는 모두가 다 아는 사실이다.

〈표 6-8〉은 미국에서 호텔객실이 가장 많은 도시들을 정리한 것이다. 미국의 대도시 중 카지노호텔이 대다수인 라스베이거스를 제외하면 테마파크가 몰려 있는 플로리다 주의 올랜도에 117,842실로 가장 많은 호텔객실이 존재하는 것으로 나타났다. 다음으로 시카고, 워싱턴DC, 뉴욕, LA 등 주로 미국을 대표하는 대도시에 호텔들이 집중되어 있는 것으로 나타났다.

〈표 6-9〉는 미국 국내 호텔산업에서 활동하는 20개의 최대 체인호텔을 정리한 것이다. 미국 최대의 체인호텔은 Marriott International이며, 다음으로 Hilton Worldwide, Wyndham Hotel Group 등이다. 4위인 영국의 IHG는 세계 최대 체인호텔이지만 미국에서는 4위를 차지하고 있으며, 특기할 점은 IHG는 유럽의 호텔체

표 6-8 미국 Top 25 호텔시장(2011년 기준)

도시명	호텔수	객실수	도시명	호텔수	객실수
올랜도, 플로리다	473	117,842	마이애미, 플로리다	363	47,879
시카고, 일리노이	720	107,606	탬파, 플로리다	443	44,279
워싱턴DC	670	104,654	필라델피아, 펜실베이니아	364	43,572
뉴욕, 뉴욕	552	101,606	디트로이트, 미시건	374	41,128
LA-롱비치, 캘리포니아	991	98,138	시애틀, 워싱턴	334	40,552
애틀랜타, 조지아	784	93,673	덴버, 콜로라도	290	40.052
댈러스, 텍사스	622	76,866	노폭-버지니아비치, 버지니아	365	39,357
휴스턴, 텍사스	723	72,689	세인트루이스, 몬태나	331	39,044
피닉스, 애리조나	437	61,094	미니애폴리스, 미네소타	314	38,841
샌디에이고, 캘리포니아	465	58,149	뉴올리언스, 루이지애나	259	36,635
애너하임, 캘리포니아	427	53,697	내슈빌, 테네시	314	35,390
샌프란시스코, 캘리포니아	395	51,509	오아후, 하와이	89	29,125
보스턴, 매사추세츠	347	50,086	-		

(출처: STR, 2011; 라스베이거스는 제외됨)

표 6-9 미국 Top 20 체인호텔(2013년 기준)

순위	체인호텔명	국내 호텔수	국내 객실수	전세계 호텔수	전세계 객실수
1	Marriott International	537,250	3,286	666,132	3,847
2	Hinton Worldwide	531,451	3,511	661,549	4,025
3	Wyndham Hotel Group	502,228	6,361	635,143	7,414
4	IHG	452,505	3,603	677,966	4,643
5	Choice Hotel International	434,455	5,523	501,923	6,287
6	Starwood Hotels & Rs	199,433	663	343,798	1,162
7	Best Western International	187,867	2,280	313,670	4,051
8	Magnuson Hotels WW	128,080	1,894	132,580	N/A
9	GG Hospitality	107,603	1,122	107,603	1,122
10	Hyatt Hotels Corporation	101,311	394	141,778	524
11	La Quinta Inns & Suites	84,824	838	84,824	838
12	Extended Stay America	75,900	682	75,900	682
13	Westmont Hospitality G.	73,425	588	99,788	719
14	Vantage Hospitality Group	71,059	1,105	71,890	1,107
15	Carlson Rezidor Hotel G.	70,421	612	167,216	1,073
16	Interstate Hotels & Rs	59,226	311	67,994	357
17	Red Roof Franchising	35,836	351	35,836	351
18	Apple REIT Companies	28,198	226	28,198	226
19	White Lodging Services C.	25,839	168	25,839	168
20	Aimbridge Hospitality	24,658	185	25,297	188

(출처: Hotel Management, 2013)

인이지만 미국에서 운영되는 객실이 전체의 66.7%로 미국시장에 대한 의존도가 매우 높다.

미국 호텔산업을 분류하는 방법에는 여러 가지가 있다. 〈표 6-10〉은 미국 호텔산업을 가장 많이 이용하는 분류방식인 등급(Scale)에 의해 분류한 것이다. STR에 의해 고안된 이 방식은 평균객실요금(ADR) 순에 의해 여섯 등급으로 분류하고 있으며, 독립경영호텔은 따로 구분하고 있다. 또 〈표 6-11〉은 각 등급별로 비교적 인기가 높은 구체적인 브랜드를 열거하고 있다. 여섯 등급의 호텔은 지리적으로 서로 다른 곳에 집중적으로 위치하고 있는 것으로 나타나고 있다. STR에 의하면 가격대가 가장 높은 Luxury 등급의 호텔들은 주로 미국의 대도시와 유명 리조트 지역에 위치하고 있으며, 다음 가격대 등급인 Upper Upscale 등급의 호텔들은 주로 대도시와 상업지역에 위치하고 있다. 반면에 Midscale과 Economy 등급의 호텔들은 비교적 소도시와 비교적 시골지역에 집중되어 있다고 한다.

미국 호텔산업에서는 고급호텔(Full-Service) 시장만큼이나 중저가 또는 한정가(Limited-Service) 호텔시장도 매우 발달되어 있다. 〈표 6-12〉를 보면 미국 최대의 중저가 브랜드는 Hampton Inn이다. Hampton Inn은 미국 호텔산업에서 단일 브랜드로는 가장 많은 호텔을 운영하고 있는 인기가 높은 브랜드이다. 다음으로 Best Western, Holiday Inn Express, Days Inn, Comfort Inn 등이 뒤를 따르고 있다.

이 브랜드 호텔들은 고급(Upscale 또는 Upper Upscale) 또는 최고급(Luxury)호텔처럼 화려한 외관이나 풍부한 서비스를 제공하고 있지 않지만, 철저한 객실판매 위주의 영업전략을 채택한 결과 대다수 고급호텔들에 비해 거의 1.5-2배의 영

표 6-10 미국 호텔산업의 등급별 분포(2011년 기준)

등급(Scale)	호텔수	객실수
Luxury Brands	378	124,185
Upper Upscale Brands	1,494	547,641
Upscale Brands	3,652	565,703
Upper Midscale Brands	7,674	766,494
Midscale Brands	6,374	563,582
Economy Brands	10,271	781,825
Independents	20,919	1,438,525

(출처: STR, 2011)

표 6-11 미국 호텔산업의 등급별 체인브랜드 분포(2011년 기준)

체인브랜드	호텔수	객실수	체인브랜드	호텔수	객실수
Luxury Brands					
JW Marriott	21	12,096	Luxury Collection	13	3,920
Ritz-Carlton	38	11,346	Sofitel	8	2,635
InterContinental	24	9,766	Trump	5	2,370
W	26	8,371	Affinia	7	2,064
Grand Hyatt	11	8,211	St Regis	9	2,061
Four Seasons	29	7,908	Mandarin Oriental	6	1,672
Loews	16	7,511	RockResorts	10	1,165
Waldorf-Astoria	13	7,172	AKA	9	963
Fairmont	17	7,155	Rosewood	7	900
Upper Upscale Brands					
Marriott	323	127,793	Kimpton	49	9,496
Hilton	256	104,517	Millennium	14	5,915
Sheraton	185	68,556	Autograph Collection	17	5,239
Hyatt	105	52,612	Joie De Vivre	29	3,681
Embassy Suites	204	49,579	Hard Rock	6	3,354
Westin	96	42,740	Marriott Conference Center	10	3,127
Renaissance	79	28,707	Club Quarters	11	2,866
Wyndham	52	14,681	Le Meridien	7	1,959
Omni	38	14,530	Dolce	7	1,684
Upscale Brands					
Courtyard	801	112,543	Hyatt Place	161	20,382
Residence Inn	597	72,075	Staybridge Suites	180	19,685
Hilton Garden Inn	486	65,844	Four Points	84	13,385
Doubletree	214	55,572	aloft	42	6,096
Crowne Plaza	161	45,874	Hyatt Summerfields Suites	38	5,249
Springhill Suites	284	33,376	Ashton	26	4,416
Homewood Suites	298	32,821	Ascend Collection	47	4,252
Radisson	111	26,494	Great Wolf Lodge	10	3,747
Disney Hotels	20	24,082	Indigo	30	3,652
Upper Midscale Brands					
Holiday Inn Express	1,733	146,966	TownePlace Suites	198	19,880
Holiday Inn	660	117,275	Drury Inn & Suites	73	11,142
Hampton Inn	1,192	113,054	Ramada Plaza	33	7,765
Comfort Inn	1,419	111,124	Wyndham Garden	19	3,676
Best Western Plus	706	63,906	Xanterra Parks & Resorts	23	3,280
Hampton Inn Suites	591	60,399	Isle of Capri	9	3,171
Fairfield Inn	665	60,166	Ayres	20	2,625
Comfort Suites	617	47,473	Lexington	19	2,414

Clarion	191	27,895	Drury Inn	19	2,220
Midscale Brands					
Best Western	1,272	97,337	AmericInn	221	12,644
Quality Inn	1,013	88,363	Howard Johnson	90	9,868
La Quinta Inn & Suites	802	81,690	Red Lion	44	8,487
Ramada	469	51,589	Hawthorn Suites	73	6,939
Country Inn & Suites	455	36,317	Shilo Inn	41	4,565
Candlewood Suites	300	29,260	Quality Suites	35	3,398
Sleep Inn	393	28,499	Mainstay Suites	40	3,079
Baymont Inn & Suites	259	21,701	Vagabond Inn	42	3,003
Wingate	162	14,771	Oak Tree Inn	28	2,060
Economy Brands					
Days Inn	1,667	129,092	Microtel	302	21,402
Super 8	1,851	111,300	Knights Inn	336	21,021
Motel 6	998	97,141	Value Place	175	20,735
Americas Best Value Inn	905	56,067	InTown Suites	138	17,974
Econo Lodge	798	49,597	Homestead	131	16,728
Extended Stay America	366	40,535	Howard Johnson Express	219	16,312
Red Roof Inn	348	36,215	Extended Stay Deluxe	105	10,549
Travelodge	349	24,467	Jameson Inn	116	7,345
Rodeway Inn	388	21,580	Suburban Extended Stay	60	7,205

(출처: STR, 2011)

업이익률을 달성하고 있다. 매출액(Revenue)보다 더욱 중요한 것은 수익(Profit)이다. 중심지에 위치하면서 화려한 외관을 중시하는 낭만적이고 비과학적인 종전의 고급호텔 위주의 호텔경영은 글로벌 관점에서 이제 지구상에서 발붙일 곳이 점점 사라지고 있다. 기본으로 돌아가자(Back to the Basics). 호텔경영도 비즈니스이다. 비즈니스의 목적이 화려함이나 허세를 뽐내는 것이 아니라는 것은 삼척동자도 아는 사실이다. 비즈니스는 어떻게 보면 무에서 유를 창조하는 것이다. 변두리나 교외 등 입지가 좋지 않은 곳에서도 이윤을 창출하는 것이 기업가 정신(Entrepreneurship)으로 무장한 젊은 호텔 비즈니스맨들의 역할이자 사명이다.

표 6-12 미국 Top 20 Limited-Service 체인 브랜드(2013년 기준)

순위	브랜드명	모기업	가격등급	객실수	호텔수
1	Hampton Hotels	Hilton Worldwide	Midscale	174,667	1,799
2	Best Western International	좌동	Midscale	156,638	1,944
3	Holiday Inn Express	IHG	Midscale	152,814	1,795
4	Days Inn	Wyndham Hotel Group	Economy	125,210	1,615
5	Super 8	Wyndham Hotel Group	Economy	107,278	1,773
6	Comfort Inn	Choice Hotels Int'l	Upper Midscale	105,471	1,349
7	Motel 6	GG Hospitlaity	Economy	98,231	1,026
8	Quality Inn	Choice Hotels Int'l	Midscale	98,078	1,152
9	La Quinta Inns & Suites	LQ Management LLC	Midscale	83,941	829
10	Americas Best Value Inn	Vantage Hospitality G.	Economy	64,282	1,031
11	Fairfield Inn & Suites	Marriott International	Upper Midscale	62,560	688
12	Extended Stay America	좌동	Economy	60,475	550
13	Econo Lodge	Choice Hotels Int'l	Economy	49,951	817
14	Comfort Suites	Choice Hotels Int'l	Upper Midscale	46,045	597
15	Red Roof Inn	좌동	Economy	36,249	349
16	Country Inn & Suites	carlson Rezidor Hotel G.	Upper Midscale	35,379	444
17	Candlewood Suite Hotels	IHG	Midscale	28,530	298
18	Sleep inn	Choice Hotels Int'l	Midscale	28,087	387
19	Clarion	Choice Hotels Int'l	Upper Midscale	27,441	191
20	Howard Johnson	Wyndham Hotel Group	Economy	26,222	306

(출처: Hotel Management, 2013)

한편 STR에 의하면 2011년 기준으로 미국 호텔산업에는 약 22,000여 개의 독립경영호텔(Independent Hotel)이 존재하며, 이들은 약 150만개 객실을 운영하고 있다고 한다(〈표 6-13〉). 유명 체인호텔들의 브랜드나 중앙예약시스템을 이용하지 않고 있는 독립경영호텔들은 그동안 체인호텔들에 위세에 고전을 면치 못해 왔지만 시장점유율 25-30%는 지속적으로 유지하고 있다. 체인호텔의 성장이 장기간 침체되고 있는 미국 호텔산업을 보면 아마도 체인호텔 성장의 한계점은 70% 근처가 아닌가하는 의심이 들기도 한다. 제2차 세계대전 이후부터 세계시장을 지배하던 미국 다국적 체인호텔의 주도권은 중국과 같은 라이벌의 등장에도 불구하고 향후에도 상당기간 유지될 것으로 예측된다.

표 6-13 미국 독립경영호텔 분포(2011년 기준)

가격등급	독립경영 호텔수	입지	독립경영 호텔수
Economy	13,901	도심	2,190
Midscale	2,781	교외	5,083
Upper Midscale	1,834	공항	404
Upscale	1,581	리조트	2,525
Upper Upscale	1,259	고속도로	2,290
Luxury	780	소도시	9,652

(출처: STR, 2011)

2014년 STR은 미국 호텔산업에 대한 새로운 통계를 발표했다. STR에 의하면 2013년 12월 31일을 기준으로 미국 호텔산업에는 약 53,000여 개소의 호텔과 494만 여개의 객실이 존재하고 있다(〈표 6-14〉). 2013년에 객실 공급이 약 54,000실이 증가했는데, 이는 전년도에 비해 약 0.8% 증가한 것이다. 새로운 객실이 증가한 등급은 주로 Upper Midscale, Midscale, Economy로서 전체 객실 증가분의 48%를 차지했다. 2013년 말을 기준으로 했을 때 미국 호텔산업에서 체인호텔의 브랜드에 의해 운영되는 객실은 약 69%이다. 체인호텔의 시장점유율은 1990년에는 46%였다고 한다. 과거 5-6년간 체인호텔의 점유율은 크게 증가하지 않고 답보상태를 유지하고 있다.

표 6-14 미국 호텔산업의 등급별 분포(2013년 12월 31일 기준)

등급(Scale)	브랜드 예	객실수	비중	평균객실규모
Luxury	Four Seasons, Ritz-Carlton, W	107,007	2.2%	340.8
Upper Upscale	Marriott, Hilton, Sheraton, Hyatt	560,884	11.4%	360.0
Upscale	Hilton Garden Inn, Courtyard, Cambria Suites	612,480	12.4%	153.4
Upper Midscale	Comfort Inn, Holiday Inn, Hampton Inn	875,268	17.7%	97.7
Midscale	Quality, Best Western, Ramada, La Quinta	473,861	9.6%	86.6
Economy	Econo Lodge, Days Inn, Super 8, Red Roof Inn	772,313	15.6%	76.1
체인호텔 Total		3,401,813	68.9%	111.7
독립경영호텔		1,537,960	31.1%	68.2
미국 전체		4,939,773	100%	93.2

(출처: STR & Choice Annual Report 2013)

2. 유럽 호텔산업의 이해

영국의 유명 리서치기업인 Otus에 의하면 2011년 연말 기준으로 호텔산업의 본고장인 유럽에는 약 540만 개의 호텔객실이 존재한다고 한다. 그리고 유럽에서 체인호텔에 소속된 약 15,900개의 호텔이 영업을 하고 있으며, 이들은 약 199만 실의 객실을 운영하고 있다고 한다. 따라서 유럽에서 체인호텔의 시장점유율이 약 37%에 달하고 있다. 체인호텔들은 940여 개의 브랜드로 유럽의 총 54개국 중 48개국 4,900여 도시, 소도시, 마을 등지에 진출하여 활동하고 있다고 한다.

유럽 최대의 체인호텔은 25만 이상의 객실에 2,345개소의 호텔들을 운영하고 있는 프랑스의 Accor이다(〈표 6-15〉). 2위와는 거의 3배나 큰 규모를 자랑하고 있다. 미국의 체인호텔에는 2위 Best Western, 5위 Carlson Rezidor, 9위 Hilton 등이 있다. EU국가에서 Marriott이나 Hilton 같은 미국의 다국적 체인호텔들은 주로 도심지역의 호텔에서 비즈니스 여행자들을 목표고객으로 하고 있으며, Club Med 같은 호텔은 여가여행자를 목표로 하고 있다. 미국을 제외하고는 영국, 프랑스, 스페인 국적의 체인호텔이 유럽 호텔시장을 주도하고 있다.

영국의 유명 리서치기업인 MKG Hospitality에 의하면 유럽의 가장 규모가 큰 호텔 브랜드는 유럽 최대의 체인호텔인 Accor의 서브브랜드인 ibis이다. ibis는 715개소의 호텔에서 76,003실의 객실을 운영하고 있다(〈표 6-16〉). Accor는 이 외

표 6-15 유럽 Top 10 체인호텔(2011년 연말 기준)

순위	체인명	호텔수	객실수
1	Accor(프랑스)	2,345	254,553
2	Best Western(미국)	1,316	89,743
3	IHG(영국)	559	86,780
4	Louvre(프랑스)	956	67,687
5	Carlson Rezidor(미국+벨기에)	253	51,498
6	NH Hotels(스페인)	356	51,453
7	Whitbread Hotels & Restaurants(영국)	606	45,496
8	Melia International(스페인)	201	45,145
9	Hilton Worldwide(미국)	184	43,189
10	TUI Hotels & Resorts(독일)	161	40,804

(출처: MKG Hospitality, 2012)

표 6-16 유럽 호텔산업의 Top 10 브랜드(2011년 연말 기준)

브랜드명	호텔수	객실수	평균 객실규모	체인호텔 총객실수대비 비율 %
ibis	715	76,303	107	3.8%
Mercure	503	57,349	114	2.9%
Holiday Inn	284	46,000	162	2.3%
Premier Inn	606	44,929	74	2.3%
Novotel	259	42,877	166	2.2%
NH Hotels	276	41,550	151	2.1%
Radisson Blu	175	40,305	230	2.0%
Hilton	155	40,285	260	2.0%
Etap(Accor)	431	36,827	85	1.9%
Travelodge	493	33,528	68	1.7%

(출처: Otus, 2012)

에도 상위권에 Mercure, Novotel, Etap 등을 포함하고 있다.

한편 유럽 호텔시장에서는 Mid-market 등급이 전체의 45%인 900,221개의 객실에 6,420개 호텔로 가장 규모가 큰 세분시장이다. 최상위 등급인 Luxury는 2%, 최하위 등급인 Budget은 5%를 각각 차지하고 있다(〈표 6-17〉). 또한 유럽 호텔시장에서는 각 국가의 국내 브랜드의 체인호텔에 비해 유럽 내의 국제 체인호텔과

표 6-17 유럽 체인호텔의 등급별 & 브랜드형태별 분포(2011년 연말 기준)

	호텔수	객실수	평균 객실규모	체인호텔 총객실수 대비 비율 %
등급(Level)				
Luxury	315	42,193	134	2%
Up-market	2,890	512,399	177	26%
Mid-market	6,420	900,221	140	45%
Economy	4,872	431,046	88	22%
Budget	1,363	99,312	73	5%
체인호텔 전체	15,860	1,985,171	125	100%
브랜드형태(Brand Type)				
Global	4,788	662,459	138	33%
International	4,407	613,589	139	31%
National	6,665	709,123	106	36%

(출처: Otus, 2012)

표 6-18 유럽 체인호텔 등급별 대표 브랜드

Luxury	Up-market	Mid-market	Economy	Budget
Four Seasons	Clarion	Courtyard	Campanile	Etap
Luxury Collection	Crowne Plaza	Four Points	Comfort	Formule 1
Mandarin Oriental	Hilton	Holiday Inn	Days Inn	Premiere Classe
Orient Express	InterContinental	Novotel	Holiday Inn Express	
Ritz-Carlton	Le Meridien	Park Inn	ibis	
Rccco Forte	Marriott	Quality	Premier Inn	
St Regis	Pullman	Ramada	Travelodge	
Waldorf-Astoria	Radisson Blu	Scandic		
	Renaissance			
	Sheraton			

세계를 무대로 하는 글로벌 체인호텔이 훨씬 시장점유율이 높은 것으로 나타나고 있다.

유럽에는 총 540만 여개의 객실이 존재하고 있으며, 이 중에서 체인호텔들이 약 200만 실을 운영하고 있다. 그렇다면 약 340만 실은 독립경영호텔에 의해 운영되고 있다. 네덜란드의 리서치기업인 ECORYS에 의하면 EU 27개국에서는 보통 1-9인을 고용해서 운영되는 소규모 호텔이 약 26만여 개 존재하는 것으로 조사됐다. 영국, 네덜란드, 덴마크를 제외한 대다수 EU국가에서 약 75% 호텔들이 이런 소규모 호텔이라고 한다. 또 거의 모든 EU 회원국에서 중가 규모(50인 이상 고용)나 대규모(250인 이상 고용) 호텔은 10% 이하라고 한다.

이로 인하여 EU에서 체인호텔의 시장점유율도 낮게 나타나고 있다. 슬로베니아, 루마니아, 이탈리아, 그리스 같은 국가는 체인호텔의 시장점유율이 5%에도 미치지 못하고 있다. 반면에 네덜란드는 55%를 초과하며 벨기에, 핀란드, 스페인, 프랑스, 영국에서도 비교적 높게 나타나고 있다.

〈표 6-19〉는 스칸디나비아 반도에서 활동하는 다국적 체인호텔들을 정리한 것이다. 글로벌 체인호텔인 Choice와 이 지역 체인호텔인 Scandic이 가장 큰 규모로 운영되고 있다.

〈표 6-20〉은 유럽 15개국에서 활발한 활동을 하는 가장 규모가 큰 체인호텔들을 정리한 것이다. 이 표의 목적은 각 국가별로 소비자에게 선호되는 호텔이 무엇인가를 파악하기 위함이다. 대부분의 자료가 너무 오래되었지만 그래도 일부

표 6-19 스칸디나비아 Top 9 체인호텔(2011년 12월 기준)

기업명	호텔수	객실수	평균 객실규모
Choice Hotels	169	24,435	145
Scandic Hotels	112	20,647	184
Rezidor Hotel Group	47	11,138	237
Rica Hotels	78	10,318	132
Best Western	125	9,861	79
Thon Hotels	59	8,661	147
First Hotels	47	6,381	136
Hilton Worldwide	4	940	235
IHG	2	734	367
합 계	641	92,381	144

(출처: Hotel Yearbook, 2011)

표 6-20 유럽 국가별 상위 체인호텔 분포

체인명	호텔수	객실수	체인명	호텔수	객실수
영국, 2007. 09. 기준					
Whitbread	488	32,600	Marriott International	63	13,,041
IHG	241	32,540	Wyndham Hotels Group	99	9,696
Travelodge	310	18,950	Thistle Hotels	39	8,792
Accor	119	15,722	Choice Hotels	104	8,154
Hilton Worldwide	73	15,300	Carlson Hotels Worldwide	33	7,069
프랑스, 2014. 1. 1. 기준					
Accor	1,460	130,857	IHG	56	6,968
Louvre	821	53,494	DHM	113	6,210
Best Western	304	15,891	Walt Disney	6	5,167
Groupe B&B Hotels	214	15,723	Brit Hotel	98	4,491
Choice	115	7,043	Marriott International	20	4,046
독일, 2003. 12. 기준					
Accor	356	46,589	NH Hotels	53	8,863
IHG	64	14,220	Marriott	39	7,836
Steigenberger	69	11,130	Starwood	24	5,957
Maritim	36	9,795	Hilton	18	5,472
Ramada/Treff	42	9,322	Queens Gruppe	24	4,307
이탈리아, 2013. 11. 기준					
Best Western	162	11,668	Bluserena	–	3,130
NH Hotels	50	8,081	Blu Hotels	25	2,911
ATA Hotels	20	5,514	Orovacanze	20	2,848

Sheraton	–	3,445	Aeroviaggi	–	2,680
Star Hotels	20	3,403	Mercure	25	2,663
스페인, 2004. 12. 기준					
Sol Melia	173	37,054	Fiesta	33	8,061
Riu(TUI)	57	15,662	Paradores	85	5,260
NH Hotels	104	11,494	Occidental	23	4,089
Husa	118	9,715	Accor	39	4,085
Barcelo	31	8,757	IHG	10	2,158
포르투갈, 2004. 1. 기준					
Tivoli	12	2,500	Riu Hotels	4	1,224
Best Western	15	1,473	Pousadas Do Portugal	44	1,141
ibis	17	1,442			
네덜란드, 2004. 1. 기준					
Golden Tulip	71	5,682	Best Western	51	3,527
NH Hotels	27	5,269	Mercure	25	2,392
Van der Valk	47	4,858			
벨기에, 2004. 1. 기준					
ibis	20	2,082	NH Hotels	11	1,601
Best Western	40	1,880	Holiday Inn	10	1,432
Novotel	12	1,1619			
아일랜드, 2004. 1. 기준					
Jurys Doyle	13	2,598	Radisson	4	621
Best Western	18	1,619	Holiday Inn	4	561
Quality	13	1,165			
스위스, 2004. 1. 기준					
Accor	29	3,320	Hilton	3	947
IHG	6	1,371	Raffles/Swissotel	4	947
Movenpick	8	1,366			
오스트리아, 2004. 1. 기준					
Austria Trend	23	3,635	Robinson	4	972
Best Western	38	1,915	Renaissance	3	908
Mercure	13	1,603			
스웨덴, 2004. 1. 기준					
Scandic	67	12,384	Radisson	16	3,538
First Hotel	43	4,764	Best Western	34	3,519
Quality	27	4,243			
노르웨이, 2004. 1. 기준					
Choice	68	8,291	Golden Tulip	23	3,320
Rica	46	5,762	Hilton (Scandic)	18	2,654

Radisson	19	4,825			
덴마크, 2004. 1. 기준					
Scandic	18	2,970	Quality	8	1,129
Radisson	10	1,912	Comfort	6	802
Best Western	18	1,701			
핀란드, 2004. 1. 기준					
Sokos Hotel	35	5,198	Radisson	6	1,646
Scandic	24	4,363	Rantasipi	9	1,491
Cumulus	23	2,941			
그리스, 2009. 6. 기준					
Mitsis Hotels	16	4,787	Club alltoura	10	3,206
Grecotel	19	4,473	Louis Hotels	10	2,831
Iberostar	12	3,377	Atlantica Hotels (TUI)	11	2,634

(출처: Mintel, 2004 외)

트렌드는 현재까지 지속되고 있다고 믿고 있다. 체인호텔 간의 인수합병과 사업 실패 등으로 현재는 없어진 체인호텔들이 많다.

한편 러시아에는 2013년 10월을 기준으로 외국 체인호텔에 의해 운영되는 호텔이 100여 개에 이르며 객실 수는 24,823실에 달하고 있다. 러시아에서 가장 활발한 영업활동을 벌이고 있는 체인호텔은 Rezidor이다(〈표 6-21〉). Rezidor는 2012년 미국의 Carlson Group의 호텔사업부와 합병되면서 Carlson Rezidor Hotel

표 6-21 러시아 Top 20 체인호텔(2013년 10월 기준)

기업명	호텔수	객실수	기업명	호텔수	객실수
Rezidor Hotel Group	22	6,871	Hyatt Hotels	2	502
Accor	16	3,311	Rocco Forte Hotels	2	361
IHG	14	3,900	Vienna International H.	2	348
Marriott International	14	3,494	Orient Express	1	275
Hilton Worldwide	5	868	Corinthia Hotels	1	388
Kempinski Hotels	4	1,017	Domina Hotels	1	109
Starwood Hotels & Resorts	4	897	Fairmont Raffles Hotels	1	233
Wyndham Hotel Group	3	447	Four Seasons Hotels	1	177
Sokos Hotels	3	927	Lotte Hotels & Resorts	1	304
Golden Tulip	2	310	MaMaison Hotels	1	84
합 계				100	24,823

(출처: EY, 2013)

Group으로 보다 글로벌화된 체인호텔로 거듭나게 된다.

중앙 및 동유럽(Central & Eastern Europe)에는 2007년 기준으로 대략 10,000여 개의 호텔과 500,000여 실의 호텔객실이 공급되고 있다. 한편 동양과 서양의 접경지역이며 세계적인 관광지역인 터키에는 총 172,810실의 호텔객실이 공급되고 있다. 터키에서도 다국적 체인호텔들이 많이 진출해 있다. Hilton이 26개, IHG가 18개, Best Western 15개, Wyndham 14개, Accor 13개, Marriott 10개, Carlson Rezidor 6개, Hyatt 2개의 호텔들로 영업활동을 수행하고 있다.

세르비아, 몬테니그로, 크로아티아, 보스니아 & 헤르체코비나, 슬로베니아, 마케도니아, 알바니아, 그리스, 불가리아, 루마니아 등의 국가가 모여 있는 발칸반도와 유럽 동남부(South Eastern Europe)에도 다국적 체인호텔들은 관심을 놓치

표 6-22 발칸반도 및 동남부 유럽 체인호텔 진출 현황(2013년 10월 기준)

기업명	세르비아	몬테니그로	크로아티아	슬로베니아	마케도니아	알바니아	그리스	불가리아	루마니아	합계
Best Western	4	1	3	2	1	1	20	4	12	48
Falkensteiner	2	–	8	–	–	–	–	–	–	10
Hyatt	1	–	–	–	–	–	–	–	–	1
Louvre	1	–	–	–	–	–	–	1	6	8
IHG	3	–	–	–	1	–	4	1	2	11
Kempinski	1	–	1	1	–	–	–	2	–	5
Aman Resort	–	2	–	–	–	–	–	–	–	2
Iberostar	–	1	3	–	–	–	3	3	–	10
Hilton	–	1	1	–	–	–	1	1	2	6
Melia	–	–	20	–	–	–	3	5	–	28
Starwood	–	–	4	–	–	–	11	–	–	15
Carlson	–	–	2	–	1	–	–	2	2	7
Accor	–	–	–	–	–	–	2	1	5	8
Club Med	–	–	–	–	–	–	1	–	–	1
Marriott	–	–	–	–	–	–	1	–	1	2
TUI	–	–	–	–	–	–	23	5	–	28
Barcelo	–	–	–	–	–	–	–	1	–	1
Danubius	–	–	–	–	–	–	–	–	3	3
NH Hotels	–	–	–	–	–	–	–	–	2	2
Wyndham	–	–	–	–	–	–	–	–	10	10
Eix Hotels	1	–	–	–	–	–	–	–	–	1

(출처: Petrovic, Jovicic, Markovic & Gagic, 2013)

지 않고 있다. 그리스, 불가리아, 루마니아, 크로아티아 등이 가장 높은 관심을 받고 있다. 반면에 인종 및 종교간 갈등과 분쟁이 심한 국가인 보스니아 & 헤르체코비나에는 아무도 관심을 두고 있지 않다. 또한 발칸반도 및 동남부유럽 지역에서는 미국의 체인호텔인 Best Western, Starwood, Wyndham과 독일의 TUI, 스페인의 Melia 등이 가장 활발하게 활동하고 있다(〈표 6-22〉).

3. 라틴아메리카 호텔산업의 이해

2007년 UNWTO에 의해 발표된 통계자료에는 라틴아메리카(중남미)에는 약 2백만 실의 객실이 존재하고 있다고 한다. 그 중에서 남아메리카에는 약 120만 실이 존재하고 있다. 그러나 UNWTO의 통계에는 호텔뿐만 아니라 통계분류에 의해 파악되지 않는 호텔과 모텔, 게스트하우스, Hostel, B&B(Bed & Breakfast) 등과 같은 유사 숙박시설(Similar Establishments)도 포함되고 있기 때문에 실제 호텔의 수는 훨씬 적을 것으로 판단된다. 그리고 다국적 체인호텔의 시장점유율도 매우 낮을 것으로 판단되고 있다.

그러나 브라질에서 개최되는 2014년 월드컵과 2016년 하계 올림픽은 개최국인 브라질뿐만 아니라 여러 주변국가에도 세계인들의 관심이 집중되어 그 결과 경제 및 관광산업의 성장에 좋은 촉매제 역할을 할 것으로 기대되고 있다.

미국의 유명 부동산 컨설팅기업인 Jones Lang LaSalle은 라틴아메리카에서 향후 신속한 경제성장이 가장 유망한 4개국, 즉 브라질, 멕시코, 페루, 콜롬비아의 호텔시장을 집중 분석한 연구조사를 발표했다(〈표 6-23〉). 4개국 인구를 합하면 거의 4억 명에 가깝다. 발표에 의하면 4개국은 규제완화, 민영화, 자본시장개혁, 노동개혁 등과 경제개혁정책을 꾸준히 추진해 왔으며, 예상대로 경제성장이 이루어진다면 4개국이 보유하는 호텔객실의 수는 현재의 642,200실에서 66.3% 대폭 증가하여 약 106만 실로 성장할 것으로 예측했다. 한편 국가별로 인구 천 명당 객실공급의 비율을 나타내는 호텔공급비율(Hotel Supply Ratio)이 현재 미국은 15.5, 영국은 8.6이라고 한다. 예상대로 객실공급의 증가가 이루어지면 4개국의 호텔공급비율은 현재 평균 1.6에서 2022년에는 2.5로 향상되는 것으로 나타났다.

표 6-23 라틴아메리카 4개국 호텔시장 분석(2013년 9월 기준)

국명	인구 (백만명)	2012년 호텔수	2012년 객실수	호텔공급비율	2022년 예상 객실수
브라질	198.4	2,500	270,500	1.4	463,300
콜롬비아	47.6	329	36,000	0.8	61,100
멕시코	116.1	2,075	314,600	2.7	506,200
페루	29.7	215	21,100	0.7	37,500
합계	**391.8**	**5,119**	**642,200**	**1.6 (평균)**	**1,068,100**

(출처: Jones Lang LaSalle, 2013)

표 6-24 라틴아메리카 4개국 체인호텔 시장점유율 분석(2013년 9월 기준)

	브라질		콜롬비아		멕시코		페루		4개국 평균	
	2012	2022	2012	2022	2012	2022	2012	2022	2012	2022
글로벌 및 지역 체인호텔	45%	55%	44%	57%	45%	58%	38%	51%	45%	57%
독립경영호텔	55%	45%	56%	43%	55%	42%	62%	49%	55%	43%

(출처: Jones Lang LaSalle, 2013)

한편 같은 연구조사에 의하면 현재 4개국에서 글로벌 및 지역 체인호텔에 대한 시장점유율은 평균 45%이지만 2022년에는 57%로 체인호텔의 점유율이 크게 향상되는 것으로 나타났다(〈표 6-24〉). 즉 향후 이 지역에서는 독립경영호텔보다는 체인호텔에 의한 성장이 가속화될 것으로 예상된다. 또한 지역 브랜드의 체인호텔보다는 IHG, Accor, Hilton, Marriott 등과 글로벌 체인호텔의 성장이 더 가파르게 이루어질 것으로 보인다.

〈표 6-25〉는 라틴아메리카 즉 중남미 지역에서 가장 큰 규모로 활동하는 다국적 체인호텔들을 정리한 한 것이다. 영국의 IHG가 라틴아메리카에서 최대 규모로 영업활동을 수행하고 있으며, 2위는 프랑스의 Accor이다. 라틴아메리카 국가들과 유사한 문화를 공유하는 스페인 국적의 체인호텔들의 활동도 눈부시다. 3위인 Sol Melia를 비롯하여 Riu, Barcelo도 스페인의 대표적인 체인호텔이다. 이웃 국가인 미국의 체인호텔에는 Marriott, Wyndham, Starwood, Hilton, Carlson 등 대다수 미국의 유력 체인들이 라틴아메리카에 진출하고 있다. 한편 〈표 6-26〉은 세계 최대의 다국적 체인호텔들이 라틴아메리카에 진출하고 있는 세부 지역을 조

표 6-25 라틴아메리카 Top 10 체인호텔(2010년 연말 기준)

순위	체인명	객실수
1	IHG	31,782
2	Accor	28,634
3	Sol Melia (현 Melia)	22,000
4	Marriott International	17,000
5	Riu Hotels & Resorts	14,653
6	Barcelo Hotels & Resorts	14,353
7	Wyndham Hotel Group	14,200
8	Starwood Hotels & Resorts	12,753
9	Hilton Worldwide	9,159
10	Carlson Hotels Worldwide	6,956
Total		171,490

(출처: Latin Business Chronicle, 2011)

표 6-26 다국적 체인호텔의 라틴아메리카 시장 분포(2007년 연말 기준)

	Accor	Hilton	IHG	Marriott	Starwood
중앙아메리카					
코스타리카	–	1	2	3	–
엘살바도르	–	1	2	1	1
과테말라	1	–	3	1	1
온두라스	–	1	3	1	–
멕시코	8	18	104	16	20
니카라과	–	1	3	–	–
파나마	–	–	3	2	2
소 계	9	22	120	24	24
카리브해					
아루바	–	–	1	4	1
바하마	1	1	–	1	3
바베이도스	–	1	–	–	–
케이만 아일랜드	–	–	–	3	1
쿠바	3	–	–	–	–
쿠라카오	–	1	–	2	–
도미니카	4	2	1	3	–
과달루페	1	–	–	–	–
자메이카	–	1	1	1	–
마티니크	3	–	–	–	–
푸에르토리코	–	5	5	6	–

세인트 키츠	–	–	–	2	–
세인트 마틴	2	–	–	–	1
트리니다드토바고	–	2	2	1	–
턱스 & 카이코	1	–	–	–	–
US 버진아일랜드	–	–	1	3	1
소 계	15	13	11	26	7
남아메리카					
아르헨티나	4	1	6	1	9
브라질	140	2	15	6	5
칠레	1	–	9	2	4
콜롬비아	4	2	4	–	3
에콰도르	1	3	–	1	2
기아나	2	–	–	–	–
구야나	–	–	–	–	1
파라과이	–	–	1	–	1
페루	2	1	1	1	1
우루과이	1	1	1	–	3
베네수엘라	–	2	4	1	–
소 계	155	12	41	12	29
합 계	179	47	172	62	60

(출처: Badenes, 2008)

표 6-27 브라질 호텔산업 Top 20 체인호텔(2012년 연말 기준)

체인호텔	객실수	호텔수	체인호텔	객실수	호텔수
Accor	30,260	181	Slaviero	2,740	21
Choice	9,445	62	Othon	2,450	15
Louvre	6,737	38	Starwood	2,158	8
Blue Tree	4,838	24	Carlson	2,060	9
Nacional Inn	4,593	41	Vila Gale	2,055	6
Transamerica	4,447	22	Intercity	1,916	14
Wynsor	3,010	12	Best Western	1,767	17
Wyndham	2,860	15	Estanplaza	1,733	12
IHG	2,803	12	Bristol Hotelaria	1,660	13
Bourbon	2,791	12	Pestana	1,566	9

(출처: Jones Lang LaSalle, 2013)

사한 것이다. 영국의 IHG와 프랑스의 Accor는 모두 170여 개 이상의 지역에 호텔들을 운영하고 있다. 이는 이웃 국가인 미국 국적의 체인호텔들을 압도하고 있는 현상이다. 특히 IHG는 멕시코에, Accor는 브라질에 100여 개소 이상의 호텔들을 집중적으로 운영하고 있다. 다른 체인호텔들도 역시 브라질과 멕시코에서 비교적 많은 호텔들을 운영하고 있다. 〈표 6-27〉은 브라질 호텔산업에서 활동하고 있는 상위 20대 체인호텔을 분석한 것이다. 프랑스의 Accor가 브라질 호텔시장을 거의 지배하고 있다고 해도 과언이 아닐 것이다.

4. 아시아 · 태평양 호텔산업의 이해

아시아지역의 호텔산업을 이해하기 위해서는 먼저 중국의 호텔산업을 이해하는 것이 순서라고 본다. 1978년 시작된 경제개혁과 2001년 세계무역기구(WTO)에 가입한 이후 중국경제는 눈부신 성장을 지속해오고 있다. 경제성장이 가속되면서 관광산업과 호텔산업도 고속 성장을 구가하고 있다. 1988년 중국에서 처음으로 호텔등급제가 시행되면서 소비자들이 비교 · 평가할 수 있게 되었고, 이와 같은 평가시스템의 개발과 관광통계시스템의 시행은 이후 호텔개발에 매우 긍정적인 영향을 미치게 되었다고 한다.

1991년부터 2010년까지 20년간 중국의 호텔산업에서 호텔의 수는 경제성장률보다 훨씬 높은 수준인 연평균 20%씩 성장했다고 한다(〈표 6-28〉). 가장 많이 호텔의 수가 증가한 해는 2000년으로 58% 성장했다고 하며, 이어 1991년 36%, 1994년 31%로 그야말로 초고속 성장을 거듭하였다. 고속성장을 거듭하던 호텔의 수는 2008년 세계금융위기의 여파로 1991년 이후 처음으로 2010년에 6.15% 감소했다고 한다. 그럼에도 불구하고 객실 수는 감소 없이 계속해서 증가했다고 한다.

〈표 6-29〉는 각 등급별 객실의 수를 정리한 것이다. 1991년 9.34%를 점유했던 1성급 호텔은 2010년에는 1% 이하로 크게 감소한다. 이와 같은 결과는 경제성장으로 소득이 증가해서 나타나는 현상이라고 볼 수 있다. 2성급 호텔도 1991년 33%에서 2010년 18%로 크게 감소한 것으로 나타났다. 이 등급은 오랜 기간에 걸쳐 전체 객실의 ⅓ 수준을 유지해왔으나, 2008년부터 급격히 감소했다. 한편 최

표 6-28 중국 호텔산업의 성장 트렌드(호텔수 기준)

연도	호텔수	5성급	4성급	3성급	2성급	1성급
1991	853	21	21	235	393	156
1992	1,028	24	24	280	470	187
1993	1,186	32	32	337	541	198
1994	1,556	35	35	452	737	236
1995	1,913	38	38	591	930	248
1996	2,349	46	46	743	1,148	284
1997	2,724	57	57	895	1,339	276
1998	3,248	64	64	1,085	1,610	313
1999	3,856	77	77	1,292	1,898	385
2000	6,029	117	352	1,899	3,061	600
2001	7,358	129	441	2,287	3,748	753
2002	8,880	175	635	2,846	4,414	810
2003	9,751	198	727	3,166	4,864	796
2004	10,888	242	971	3,914	5,096	665
2005	11,828	281	1,146	4,291	5,497	613
2006	12,751	302	1,369	4,779	5,698	603
2007	13,583	369	1,595	5,307	5,718	594
2008	14,099	432	1,821	5,712	5,616	518
2009	14,639	462	1,968	6,436	6,705	676
2010	13,991	595	2,219	6,268	4,612	297

(출처: 중국 CNTA 연도별 통계 & Gu, Ryan & Yu, 2012)

고등급인 5성급 호텔객실은 20여 년간 꾸준히 7-10% 수준을 유지해왔으나, 최근에 12% 수준으로 증가하였다. 4성급 객실도 꾸준히 증가하여 1991년에는 전체 객실의 13%에 불과했으나 2010년에는 2배 성장한 26% 수준을 점유하고 있다.

이와 같이 급속하게 호텔공급이 증가한 이유는 다음과 같다. 첫째, 중국을 방문하는 해외여행자들의 증가이다. 1978년 72만 명에 불과하던 국제여행객의 수가 2010년에는 5천7백만 명으로 크게 증하였다. 둘째, 중국 국내를 여행하는 여행자의 급속한 증가이다. 중국의 국내 여행자는 2003년에 발생했던 조류독감으로 인한 일시적 감소를 제외하고 1994년부터 2010년 사이에 엄청나게 증가한다. 즉 1994년 5억 2천4백만 명에 불과하던 중국의 국내 여행자는 2010년 21억 명으로 4배 이상 크게 성장하였다. 셋째, 중국을 방문하는 외국인 여행자들은 주

표 6-29 중국 호텔산업의 성장 트렌드(객실수 기준)

연도	객실수	5성급	4성급	3성급	2성급	1성급
1991	167,195	14,993	21,375	58,985	56,229	15,613
1992	196,513	15,531	29,957	67,125	66,771	17,129
1993	232,002	19,529	32,511	81,482	78,293	20,187
1994	269,106	21,027	39,938	94,735	93,923	19,483
1995	308,587	21,924	40,975	116,047	110,227	19,414
1996	364,059	24,701	48,160	138,773	130,450	21,975
1997	403,570	29,131	54,036	157,312	143,656	19,435
1998	450,872	30,966	60,536	176,865	159,865	23,120
1999	524,894	36,160	66,689	206,905	187,899	27,241
2000	594,678	45,208	84,890	231,244	205,110	28,226
2001	816,260	50,342	106,063	327,420	294,694	37,741
2002	897,206	64,899	143,478	346,482	305,984	36,363
2003	992,804	69,576	157,610	377,493	346,903	41,222
2004	1,237,851	87,386	222,161	495,423	390,823	42,058
2005	1,332,100	106,532	240,448	542,207	410,982	31,914
2006	1,459,836	116,164	289,983	598,455	424,143	32,091
2007	1,573,784	137,327	236,910	647,583	420,399	31,565
2008	1,591,379	156,885	369,597	646,974	391,511	26,412
2009	1,673,475	181,072	397,049	689,262	380,438	22,054
2010	1,709,966	218,064	449,207	714,850−	313,871	13,974

(출처: 중국 CNTA 연도별 통계 & Gu, Ryan & Yu, 2012)

로 높은 등급의 호텔에 체류하게 된다. 이렇게 품질수준이 높은 고급호텔을 건설하는데 소요되는 자금은 주로 홍콩과 싱가포르에 거주하는 화상들이 제공하는 투자자금이 밑거름이 되었으며 이후 대만의 화상들도 합세하게 된다. 이후 외국의 체인호텔들도 주로 위탁경영계약을 이용하여 진출을 가속화하게 된다. 서구의 체인호텔들은 주로 4성급과 5성급 호텔에만 사업을 집중하였다. 그러나 이들이 관심을 보이지 않는 사이 중저가 호텔사업은 결국 중국의 국내 체인호텔들의 독무대가 되었다. 예를 들어, 2011년 기준으로 Home Inn은 931개, Green Tree Inn은 611개, Han Ting은 603개, 7 Days Inn은 454개소의 호텔들을 보유하게 된다.

중국 호텔산업에서 중요한 특징은 국가가 소유권을 보유하고 있는 국유기업

(State Owned Enterprise)의 존재이다. 중국에서 국유기업은 소유권은 국가에 귀속되지만 경영권은 기업대표에게 주어지고 있다. 2011년 기준으로 국유기업은 5성급 152개, 4성급 658개, 3성급 1,711개, 2성급 47개, 1성급 47개 등 총 3,647개소의 호텔들을 소유하고 있으며, 일부 호텔은 다른 기업이나 개인과 합작투자(Joint Venture) 형태로 공동으로 소유하고 있다.

한편 같은 기간 동안 호텔개발의 패턴은 초기에는 주로 상하이, 베이징, 광저우, 선전과 같은 대도시와 해안도시에 집중이 되었다가 현재는 보다 덜 발전된 도시와 지역으로 확대되고 있다고 한다.

〈표 6-30〉은 서구의 글로벌 체인호텔을 포함해서 아시아 지역에서 가장 규모가 큰 체인호텔들을 정리한 것이다. 아시아 최대 체인호텔인 Home Inn(如家)을 비롯하여 상위 10개 체인에 중국의 체인호텔들이 4곳이나 점유하고 있다. 또 〈표 6-31〉은 중국에서 영업활동을 수행하는 서구 선진국의 다국적 체인호텔들을 보여주고 있다. IHG, Wyndham, Accor, Marriott, Starwood 등이 가장 점유율이 가장 높게 나타나고 있다. 〈표 6-32〉는 중국 호텔시장에서 서구의 체인호텔들과 경쟁을 벌이고 있는 중국의 국내 체인호텔들을 정리한 것이다. 특히 Jin Jiang(錦江)과 Home Inn은 성장을 거듭한 결과 2013년에 결국 세계 체인호텔 순위 9위와 10위에 각각 등극하게 되는데, 아시아 체인호텔로서는 최초이다.

표 6-30 아시아 · 태평양 Top 10 체인호텔(2011년 9월 기준)

순위	기업명	국적	객실수	호텔수
1	Home Inn	중국	147,524	1,299
2	Jin Jiang Hotels	중국	93,520	608
3	IHG	영국	92,804	300
4	Accor	프랑스	85,870	446
5	7 Days Inn	중국	83,487	838
6	China Lodging Group	중국	65,524	580
7	Starwood Hotels & Resorts	미국	62,964	197
8	Wyndham Hotel Group	미국	61,700	425
9	Toyoko Inn	일본	43,128	217
10	Marriott International	미국	41,186	131

(출처: Jiahao & Ling, 2012)

표 6-31 중국 호텔산업 Top 12 글로벌 체인호텔(2011년 12월 기준)

순위	기업명	호텔수	객실수	순위	기업명	호텔수	객실수
1	IHG	227	50,440	7	Best Western	34	6,396
2	Wyndham	326	48,821	8	Carlson	9	3,817
3	Accor	107	28,002	9	Shangri-La	36	-
4	Starwood	72	26,704	10	Hyatt	17	-
5	Marriott	58	21,970	11	Banyan Tree	5	502
6	Hilton	24	8,695	12	Choice	3	455

(출처: Gu, Ryan & Yu, 2012)

표 6-32 중국 Top 20 국내 체인호텔(2011년 연말 기준)

순위	기업명	객실수	호텔수	순위	기업명	객실수	호텔수
1	Jin Jiang International	105,149	703	11	SGF International	12,346	37
2	New Century Hotels	24,610	83	12	Zhegiang Narada Hos.	12,032	42
3	CTS HK Metro Park	23,964	74	13	Guangdong (Int'l) Hotels	12,024	41
4	Jinling Hotels	23,057	92	14	Plains Hotel, Henan	11,998	62
5	BTG-Jianguo	20,283	67	15	Minshan Hotel	10,132	69
6	Blue Horizon	16,239	51	16	Soluxe Hotel	9,698	53
7	Biguiyuan Phoenix	15,707	50	17	Nanyuan Hotel	9,566	69
8	Guangzhou Lingnan Int	14,511	55	18	Shandong Silver	8,585	66
9	Ladison	13,782	70	19	Shaanxi Provincial	7,810	46
10	Hunan Huatian	13,266	63	20	Centuries	7,400	16

(출처: Gu, Ryan & Yu, 2012)

중국 호텔산업은 경제성장과 더불어 급속한 성장을 이룩해왔다. 벌써부터 일부에서는 공급과잉을 경고하고 있지만 중국 호텔산업은 향후에도 지속적인 성장이 예상되고 있다. 또한 과거 수십 년처럼 미래에도 중국 호텔산업은 세계 호텔산업의 성장에 견인차 역할을 담당하게 될 것으로 보인다.

아시아의 경제대국 일본의 호텔산업은 과거 20년 동안 꾸준히 성장하였다. 실제로 1990년에는 5,374개소의 호텔에 397,346실의 규모였던 일본의 호텔산업은 2008년에는 780,505실의 객실을 보유하는 9,603개의 호텔로 구성되는 엄청난 규모로 성장을 이룩하였다. 그 후에도 성장이 유지되면서 2012년 3월을 기준으로 했을 때 총 9,863개소의 호텔과 그에 따른 814,355실의 객실이 존재하고 있다고

표 6-33 일본 호텔산업의 객실 공급 규모(2012년 3월 기준)

	호텔수	객실수
호텔	9,863	814,355
료칸	46,196	761,488
합계	56,059	1,575,843

(출처: Jones Lang LaSalle, 2013)

표 6-34 일본 호텔산업 글로벌 체인호텔 진출 현황(2008년 5월 기준)

기업명	호텔수
Choice Hotels International	43
IHG	42
Starwood Hotels & Resorts	14
Marriott International	9
Hilton Worldwide	8
Best Western	6
Radisson	1

(출처: Smith, 2008)

한다. 수도 도쿄에 684개소의 호텔과 96,113실의 객실이 존재하며, 일본 2대 도시인 오사카에는 356개소의 호텔들이 총 54,733실의 객실을 보유하고 있다.

한편 일본에는 호텔 외에 전통 숙박시설인 료칸이 총 46,196개소에서 761,488실의 객실을 보유하고 있다(〈표 6-33〉). 1년 전에 비해 710개소의 료칸과 2,868실의 객실이 감소한 것이다. 일본 호텔산업에서 전통숙박시설인 료칸이 감소하기 시작한 것은 이미 오래된 사실이다. 실제로 1990년에 일본에는 총 1,014,765실을 보유한 75,952개소의 료칸이 존재했다고 한다. 그러나 2008년에 료칸은 총 807,696실을 보유한 50,846개소로 대폭 감소하게 된다. 료칸이 줄어드는 이유는 가족단위 및 영세규모의 경영으로 인한 경영부진과 경영세습 문제가 붉어지면서 가속되고 있다고 한다.

일본에서는 2000년 이후 도쿄와 오사카 등에 Ritz-Carlton과 Four Seasons 등과 같은 글로벌 체인호텔들의 최고급(Luxury) 브랜드 호텔들이 진입이 가속화되기 시작했다. 도쿄에서만 2002년 Four Seasons, 2003년 Grand Hyatt, 2005년 Conrad와 Mandarin Oriental, 2007년 Ritz-Carlton과 Peninsula, 2009년 Shangri-La 등이 속속 개

관하였다. 이후 오사카에 동급의 호텔들이 개관하고 현재는 교토 등의 도시로 확산되고 있다.

2011년 도호쿠 대지진으로 크게 흔들렸던 호텔산업은 2012년 중반 이후 지진 전의 실적수준을 완전히 회복하였다. 회복된 이유는 국내여행객과 외국여행객이 모두 증가했기 때문이다(<표 6-35>). 한편 2012년을 기준으로 숙박객의 유형을 보면 국내여행객이 전체 숙박객수의 93.6%를 차지하고 있는 반면에 외국여행객은 단지 6.4%만을 점유하고 있다. 이런 사실은 일본 호텔산업은 외국인 여행객에 대한 의존도가 별로 높지 않다는 것을 증명하고 있다. 한편 2012년을 기준으로 숙박유형별로 분석해 보면 전체 숙박객의 74.7%는 호텔을 이용하며, 22%는 료칸을 이용하고 있는 것으로 나타났다(<표 6-36>).

최근 일본에서는 중저가 체인호텔인 Toyoko Inn이 급속히 성장하여 2012년 연말 기준으로 237개 호텔에 45,694실의 객실을 보유하고 있다. 이로써 Toyoko

표 6-35 일본 호텔산업 숙박객수 (단위: 백만 명)

	2008	2009	2010	2011	2012
국내여행객	287.5	283.0	322.8	322.3	333.4
성장률	–	–1.5%	14.1%	–0.1%	3.4%
외국여행객	22.2	18.3	26.0	17.0	22.9
성장률	–	–17.8	42.2%	–34.6%	34.5%
합계	309.7	301.3	348.8	339.3	356.3
성장률	–	–2.7%	15.8%	–2.7%	5.0%

(출처: 일본관광청)

표 6-36 일본 호텔산업 숙박유형별 숙박객수 (단위: 백만 명)

숙박유형	2009	비중%	2010	비중%	2011	비중%	2012	비중%
Limited-service 호텔	105.2	34.9	130.1	37.3	132.4	39.0	140.8	39.5
Full-service 호텔	58.3	19.4	66.3	19.0	61.9	18.2	65.1	18.3
리조트 호텔	55.0	18.3	60.3	17.3	57.0	16.9	60.2	16.9
료칸	79.1	26.2	82.2	23.6	77.4	22.8	78.4	22.0
기타	3.7	1.2	9.9	2.8	10.6	3.1	11.9	3.3
합계	301.3	100.0	348.8	100.0	339.3	100.0	356.3	100.0
성장률	–2.8%	–	13.6%	–	–2.7%	–	5.0%	–

(출처: 일본관광청)

Inn은 2013년 세계 체인호텔 순위에서 28위를 차지하며 일본 최대의 체인호텔로 성장하였다. 한편 일본 정부의 아베노믹스 정책은 호텔산업에 긍정적인 영향을 미칠 것으로 평가되고 있으며, 또한 일본중앙은행의 통화 완화정책으로 인하여 시중에 넘치는 자금이 호텔 등 부동산으로 유입될 것으로 예측되고 있다.

미래의 경제강국 인도의 호텔산업은 2013년 기준으로 3,400여 개의 호텔에 객실은 약 168,300실에 달하고 있다. 인도 호텔산업은 객실 수 기준으로 연평균 성장률 10% 이상의 초고속 성장을 해왔다. 예를 들면 2010년에는 전년도에 비해 27%나 성장했다고 한다. 또 2013년부터 2017년까지 기간에도 10% 이상의 성장을 이루어 2017년에는 총 5,500개의 호텔에 객실 수는 약 225,000실에 달할 것으로 예측되고 있다.

〈표 6-37〉은 인도 호텔산업에 존재하고 있는 호텔유형 및 호텔수를 보여주고 있다. 특이한 점은 최고급호텔로 5성급 디럭스(Deluxe)가 따로 존재하며, 과거 궁전들을 개조해서 새로 건축한 Heritage Hotel의 존재이다.

호텔객실 총수요의 74%는 내국인 여행객에 의해 점유되고 있다. 그러나 인도에서 최고급호텔인 5성급 디럭스와 Heritage Hotel은 외국인 여행객의 점유율이

표 6-37 인도 호텔산업의 호텔유형별 분포(2010년 연말 기준)

호텔유형	호텔수	객실수
1성급	67	2,537
2성급	307	8,446
3성급	869	36,585
4성급	157	12,059
5성급	149	17,144
5성급 디럭스	153	34,187
아파트형 호텔	8	756
Time Share Resort	1	62
Heritage Hotel	146	3,879
Silver B&B	469	1,540
게스트 하우스	1	40
기타(비분류)	156	580
합 계	2,483	117,815

(출처: Indian Ministry of Tourism, 2011)

각각 53%와 60%로 높게 나타나고 있다. 주요 외국인 여행객은 영국, 미국, 프랑스 순이며, Heritage Hotel에 대한 수요는 영국과 프랑스 여행객에게 높다고 한다. 외국인 여행객의 평균 숙박일수는 3.4일이며 반면에 내국인 여행자는 2.8일로 나타나고 있다. 전체 고객의 60%는 비즈니스 여행자이며 나머지 40%는 여가 여행자가 점유하고 있다.

떠오르는 시장인 인도에는 세계적인 다국적 체인호텔들이 총출동하여 각축을 벌이고 있다. 〈표 6-38〉은 인도에서 활약하고 있는 체인호텔들을 정리한 것이다. 다른 지역에 비해 Carlson Rezidor의 활약이 눈부시게 나타나고 있다. 표에 있는 체인호텔들은 모두 대대적인 인도시장에서 미래 확장전략을 속속 발표하고 있다. 한편 인도에는 몇몇 대표적인 국내 체인호텔들이 존재하고 있다. 1903년에 설립된 인도를 대표하는 다국적 체인호텔인 Taj Hotels & Palaces는 인도 국내에 93개, 해외지역에 16개로 총 109개의 호텔을 운영하고 있다. 또 다른 고급호텔 체인인 Oberoi Hotels & Resorts는 6개국에서 30개소의 호텔을 운영하고 있다.

한편 2011년 9월을 기준으로 했을 때 남태평양 지역인 호주에는 총 88,484실, 뉴질랜드에는 총 21,346실의 호텔객실이 공급되고 있다.

표 6-38 인도 호텔산업 Top 10 글로벌 체인호텔(2011년 12월 기준)

체인명	호텔수	진출 브랜드
Carlson Rezidor Hotel Group	63	Radisson, Park Plaza, Park Inn, Country Inn & Suites
Starwood Hotels & Resorts	34	Sheraton, Le Meridien, Westin, Four Points, W
Choice Hotels International	28	Quality Inn, Comfort Inn, Clarion
Marriott International	22	Courtyard, Ritz-Carlton, JW Marriott
Accor	21	Sofitel, Pullamn, Novotel, Mercure, ibis, Formula 1
Best Western International	17	Best Western
Wyndham Hotel Group	17	Wyndham, Ramada, Howard Johnson
IHG	15	Holiday Inn, Crowne Plaza
Hilton	12	Hampton Inn, Doubletree, Hilton, Eros
Hyatt	11	Park Hyatt, Grand Hyatt, Hyatt Regency, Hyatt Place

(출처: BMI, 2013)

5. 중동 · 아프리카 호텔산업의 이해

2011년 연말을 기준으로 페르시아 만의 걸프협력회의(GCC: Gulf Cooperation Council) 회원국 6개국, 즉 사우디아라비아. UAE, 오만, 카타르, 쿠웨이트, 바레인에는 총 377,036실의 호텔객실이 여행자들에게 공급되고 있다(〈표 6-39〉). 2002년에는 193,000실이었으나 2011년까지 객실공급이 연평균 7.8%씩 성장하였다. 사우디아라비아가 과반을 훨씬 초과하고 있으며 UAE와 합하면 6개국 전체 호텔객실의 90%를 점유하고 있다. 도시별로는 2012년 12월 기준으로 두바이가 57,350실, 아부다비가 15,700실, 도하가 11,341실의 호텔객실을 공급하고 있다.

중동 호텔산업에서 여러 다국적 체인호텔들이 활발한 활동을 벌이고 있다. Accor, IHG, Starwood, Hilton, Marriott 등은 모두 10,000실 이상의 호텔객실을 운영하고 있다(〈표 6-40〉). 한편 UAE의 대표적 체인호텔이자 세계적으로 유명한 돛단배 모양의 최고급호텔 버즈 알 아랍호텔의 모기업인 Jumeirah도 4,000실 이상의 객실을 보유하고 있다.

한편 이집트에는 2012년 연말 기준으로 총 1,240개소의 호텔에서 138,380실의 객실이 공급되고 있다. 이집트에 진출한 다국적 체인호텔은 Hilton이 19개, Accor 18개, Starwood 11개, Marriott 9개, IHG 7개, Carlson Rezidor 5개의 호텔들을 각각 운영하고 있다.

아프리카 최남단에 위치하고 있는 남아프리카공화국에는 2011년 연말 기준으

표 6-39 걸프협력회의(GCC) 호텔객실 분포(2011년 12월 기준)

국명	객실수	비중
사우디아라비아	243,117	64.4%
UAE	96,922	25.7%
오만	12,195	3.2%
카타르	11,341	3.0%
쿠웨이트	6,977	1.9%
바레인	6,484	1.7%
합 계	377,036	100%

(출처: Alpen Capital, 2012)

표 6-40 중동 · 아프리카 호텔산업 Top 15 체인호텔(2012년 12월 기준)

순위	기업명	호텔수	객실수	비중
1	Accor	155	26,598	14%
2	IHG	90	23,952	13%
3	Starwood Hotels & Resorts	80	22,209	12%
4	Hilton Worldwide	57	16,918	9%
5	Rotana	46	12,282	6%
6	Marriott International	38	11,444	6%
7	Tsogo Sun Hotels	63	11,439	6%
8	Movenpick	40	10,920	6%
9	Carlson Hospitality	44	10,843	6%
10	Protea	117	10,150	5%
11	Golden Tulip Group	44	9,104	5%
12	Riu Hotels	20	6,869	4%
13	City Lodge Hotels Group	53	6,369	3%
14	Wyndham Hotel Group	34	6,281	3%
15	Iberotel-Touristik Union International	20	6,207	3%
합계		901	191,585	

(출처: STR Global, 2012)

로 약 62,000개소의 호텔이 존재하고 있다. 영업활동을 전개하고 있는 다국적 체인호텔에는 Carlson Rezidor 6개, Accor 5개, Hilton 5개, Hyatt 2개, IHG 2개, Starwood 2개 등이 진출하여 있다. 한편 지역 체인호텔인 Protea는 100여 개 이상의 호텔들을 운영하고 있다(〈표 6-41〉).

표 6-41 남아프리카공화국 호텔산업 Top 4 국내 체인호텔(2011년 12월 기준)

기업명	호텔수	진출도시
Tsogo Sun Holdings	90	케냐, 모잠비크, 나이지리아, 탄자니아, 잠비아, 세이셸
Sun International	19	보츠와나, 레소토, 나미비아, 스와질랜드, 잠비아, 나이지리아, 칠레
City Lodge Hotels	52	보츠와나, 케냐
Protea Hotel Group	100	9개국

(출처: Taal, 2012)

6. 세계 주요 도시별 호텔객실 공급 현황

〈표 6-42〉는 세계에 존재하는 주요 도시별로 호텔객실의 공급 현황을 조사한 것이다. 세계에서 호텔객실이 가장 많은 도시는 중국의 상하이로 나타났다. 상하이처럼 10만실 이상의 객실을 보유한 도시로는 베이징, 라스베이거스, 런던, 올랜도, 베를린, 시카고, 워싱턴DC 등이다. 표에 있는 39개 도시의 객실 수를 합하면 2,355,229실로 전 세계 총객실 1,500만 실의 15%를 점유하고 있다.

표 6-42 세계 주요 도시별 호텔객실 공급 현황

도시명	호텔수	객실수	기준일
뉴욕(맨해튼)	337	80,519	2012. 12
로마	942	47,400	2013. 03
파리	1,475	78,382	2013. 01
뮌헨	394	58,975	2013. 06
밀라노	395	24,000	2012. 12
마드리드	484	51,058	2013. 12
런던	1,276	127,424	2013. 09
함부르크	339	53,116	2013. 06
프랑크푸르트	272	41,270	2013. 06
피렌체	378	14,100	2013. 03
브뤼셀	165	16,200	2013. 03
암스테르담	398	24,000	2013. 01
베를린	531	105,508	2013. 06
베니스	416	15,000	2012. 07
바르샤바	64	12,000	2013. 03
라스베이거스	372	169,195	2012. 12
바르셀로나	–	31,018	2011. 12
비엔나	426	30,100	2012. 12
상하이	926	175,576	2011. 12
베이징	889	170,028	2011. 12
도쿄	684	96,113	2012. 03
오사카	356	54,733	2012. 03
홍콩	196	63,442	2012. 03
서울	160	27,140	2012. 12
올랜도	469	117,521	2011. 12
시카고	712	106,675	2011. 12

워싱턴DC	673	104,778	2011. 12
LA-롱비치	985	97,029	2011. 12
애틀랜타	783	93,293	2011. 12
두바이	–	57,350	2012. 12
아부다비	–	15,700	2012. 12
도하	74	11,341	2011. 12
싱가포르	–	42,600	2011. 12
시드니	–	20,000	2012. 05
리오 데 자네이로	107	13,526	2010. 12
방콕	–	37,500	2013. 06
취리히	–	7,881	2010. 12
모스크바	–	24,823	2013. 12
상파울로	–	38,915	2012. 12

(출처: Jones Lang LaSalle & 저자 작성)

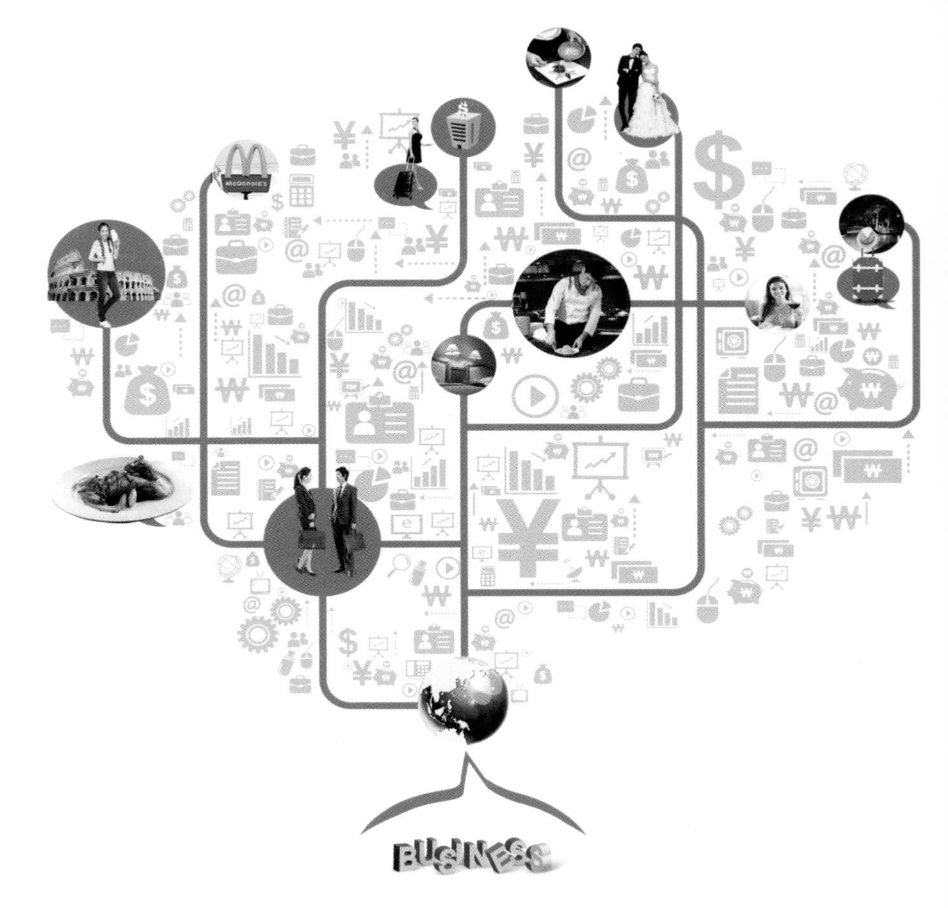

7

관광산업 세계화의 첨병 : 다국적 체인호텔

제1절 체인호텔의 태동과 성장

제2절 체인호텔의 세계화

제3절 다국적 체인호텔의 경영현황 분석

제7장 관광산업 세계화의 첨병: 다국적 체인호텔

대부분 가족단위에 의해 영세하게 운영되던 호텔사업은 20세기에 들어서면서 유럽의 Ritz와 미국의 Statler는 체인호텔이란 개념을 확립하게 된다. 이후 Hilton, Sheraton, Holiday Inn, Marriott 등과 같은 체인호텔이 속속 등장하게 된다. 특히 제2차 세계대전 후 Hilton과 InterContinental은 패권적인 미국정부와 미국인 여행자의 욕구를 충족시키기 위해 해외에 호텔건설을 시작하게 되며, 본격적인 체인호텔의 국제화시대가 개막이 된다. 그때부터 이 기업들은 성장을 거듭하여 현재와 같은 거대한 다국적 체인호텔(Multinational Hotel Chain: MHC)로 성장하게 된다.

제1절 체인호텔의 태동과 성장

호텔의 본고장인 유럽에서 전설적인 호텔리어 Cesar Ritz(1850-1918)의 전성기 시절 이전의 시기에는 전통적으로 호텔은 주요 도시 등 특정 지역에서 가족에 의해서 운영되는 비교적 소규모 사업의 형태로 운영되었다. 체계적인 구조와 규

Cesar Ritz

모를 갖춘 체인호텔은 아직 존재하기 전이었다. Ritz는 오랜 경험을 통해 호화호텔의 경영에 전문지식을 쌓은 후 막대한 부를 가진 친구들과 자신의 서비스를 애용했던 부유한 손님들과 공동으로 리츠 호텔개발회사(Ritz Hotel Development Company)를 창립하고 사장에 취임한다. 이후 이탈리아 로마의 Grand Hotel을 인수하여 영업을 개시했으며, 1898년 프랑스 파리에 비로소 자신의 이름을 사용한 Hotel Ritz를 개관한다. 또 1906년 영국 런던과 1910년 스페인 마드리드에 The Ritz를 차례로 개관한다. 절정기 시절에 그와 그의 회사는 유럽의 여러 주요 도시에서 8개 호텔(2,000개의 침대)을 경영했다고 한다. 이런 사실로 보았을 때 실제적으로 Ritz는 전 세계에서 최초로 체인호텔 개념을 도입한 호텔리어로 볼 수 있으며, 동시에 그는 체인호텔의 국제화(Internationalization)를 이룩한 최초의 인물로 볼 수 있다.

1900년대 초반 영국에서는 또 하나의 체인호텔이 탄생하게 된다. 1904년 Earl Grey 4세는 Hertfordshire에 최초의 Trust House 호텔을 개업한다. 청결, 서비스, 좋은 식사로 큰 인기를 끌게 된 Trust House 호텔은 대성공을 거두어 제1차 세계대전이 종전될 시점에는 약 100여 개의 호텔을 경영하였다고 한다. Trust House는 1920년대와 1930년에도 계속해서 성장해서 제2차 세계대전이 발발하기 직전에는 222개의 호텔을 거느린 거대한 체인호텔로 거듭나게 되었다. 이후 Trust House는 The Cavendish, The Grosvenor House 등과 같은 영국의 유명 호화호텔들을 차례로 인수하면서 고급호텔로서의 명성을 쌓게 된다. 1970년 Trust House Group과 Forte's Holdings Limited의 합병을 통해 Trust House Forte(THF)가 새로이 탄생하게 된다. 1971년 Trust House Forte는 일부 16세기 Inn들과 호화호텔들로 구성된 181개 호텔들과 약 10,300실의 객실을 보유하게 된다.

이들보다 먼저 1897년 독일 베를린에는 최초의 Kempinski 호텔이 건립됐다. Ritz와 Trust House 이후 유럽에서는 1950년 프랑스의 Club Med, 1956년 스페인의 Melia, 1966년 스위스의 Movenpick, 1967년 프랑스의 Accor, 1976년 프랑스의

Louvre, 1978년 스페인의 NH Hotels 등과 같은 체인호텔이 속속 등장하였다.

한편 미국에서는 미국 호텔산업의 아버지라고 불리는 E. M. Statler(1863-1928)에 의해 본격적인 체인호텔 사업이 태동하게 된다. 어린 시절부터 오랫동안 호텔리어로서 많은 경험을 축적한 그는 1908년 뉴욕 주의 버펄로 시에 Buffalo Statler Hotel을 개관한다. 이 호텔은 당시의 호텔의 대명사였던 그랜드 호텔(Grand Hotel)개념과는 전혀 다른 혁신적인 사업개념을 지닌 호텔이었다. 요금이 매우 비싸며 거대하고 호화로운 종전의 호텔들과는 달리 Buffalo Statler Hotel은 세계호텔 역사상 최초로 대중적인 개념의 상용호텔로서 합리적인 가격에 편리하고 쾌적한 서비스를 처음으로 중산층에도 제공하여 큰 성공을 거두게 된다. 또 그는 상당수의 손님들은 로비 등의 장소에서 사람들과 어울리기보다는 객실에서의 프라이버시를 더 선호한다는 것을 감지해서 이를 객실 디자인에 반영했다고 한다. 첫 호텔을 성공적으로 개관한 후 그는 계속해서 클리블랜드, 디트로이트, 세인트루이스, 뉴욕, 보스턴 등지에 차례로 Statler 호텔을 개관하여 미국 최초의 현대적인 체인호텔로서의 위용을 갖추게 된다.

Statler의 성공은 여러 개의 대규모 호텔들을 단일 경영진에 의해 운영되는 것에 대한 경제적 및 재무적 우위를 미국에서 최초로 인지한 결과였다. Statler는 구매, 비용통제, 마케팅활동 등에 대한 중앙집중경영을 통해 영업이익을 크게 향상시켰다. 여러 도시에 존재하는 Statler 호텔들은 대부분 이름, 스타일, 규모 등에서 유사하게 운영되었다고 한다. 이런 Statler의 성공에도 불구하고 먼저 개관했던 미국 대도시의 유명 초호화호텔의 소유주들은 Statler 체인호텔의 출현을 경시했다고 한다. 1928년 Statler가 급사한 이후에도 경영권을 대신 맡은 아내 Alice는 체인을 더욱 확장했으며, 1929년 발발한 경제대공황 시기에도 사업 실패를 경험하는 대다수 다른 호텔들과 달리 합리적인 비용구조로 인해 위기를 효과

E. M. Statler

Mobley Hotel

적으로 극복한 유일한 호텔회사가 되었다. 그러나 Alice는 결국 1954년 Statler 호텔회사는 Hilton Hotels Corporation에 미국 부동산 역사상 가장 큰 액수인 1억 1천 1백만 달러에 매각하게 된다.

같은 시기에 Statler와 자웅을 겨루던 또 다른 호텔산업의 강자였던 Conrad Hilton(1887-1979)은 1919년 은행을 인수하러 방문했었던 텍사스 주의 시스코 시에서 은행 대신에 40실을 갖춘 Mobley Hotel을 4만 달러에 매입하면서 운명적으로 호텔사업에 뛰어들게 된다.

그의 호텔사업은 이후 승승장구하면서 1920년대에는 8개의 호텔을 거느린 체인회사로 성장하게 된다. 그러나 많은 부채와 함께 하는 그의 호텔사업은 1929년 경제대공황이 발생하면서 최대의 위기를 맞게 된다. 경제대공황은 당시까지 전성기를 누리던 거대하고 호화로운 호텔들에게 치명적인 영향을 미쳐서 결국 85%의 호텔들이 모두 문을 닫는 상황에 이르렀다고 한다. 1935년 미국 호텔산업의 객실점유율은 51%였다고 한다. Hilton의 회사도 예외가 아니었다. 그 역시 모든 호텔을 잃게 되었다. 그러나 Hilton의 호텔사업에 대한 열정과 능력을 높이 평가한 투자자들의 도움으로 1933년부터 재기에 성공하게 되었으며, 이후 그의 호텔사업은 성장을 거듭하게 되었다. 특히 Hilton은 공황기에 부도가 나서 매물로 나와 있던 미국 대도시의 대표적인 호화호텔들을 헐값에 사들이는 것에 관심을 기울이게 된다. 결국 그는 샌프란시스코의 Sir Francis Drake를 필두로 뉴욕의

Conrad N. Hilton

Roosevelt와 Plaza를 매입하였으며, 1945년에는 2천6백만 달러가 투자됐었던 시카고의 Palmer House를 1천9백4십만 달러에 구입한다. 같은 해 그는 3천만 달러에 건설된 당시 세계 최대 규모의 호텔이었던 시카고의 Stevens 호텔을 단 7백5십만 달러에 구입한다. 더 나아가 그는 1949년 그의 최대의 숙원이자 당시 적자투성이로 영업 중이던 뉴욕의 Waldorf-Astoria 호텔을 헐값인 4백5십만 달러에 인수하는데 성공한다. 1947년 상장기업으로 변경한 이후 Hilton 호텔은 승승장구를 거듭하게 된다.

미국에서 경제대공황이 한창이던 1937년 보스턴의 하버드대 동창생 두 기업가인 Ernest Henderson과 Robert Moore는 매사추세츠 주의 스프링필드 시에 있는 Stonehaven Hotel을 구입하면서 호텔사업을 시작하게 된다. 호텔사업에 대한 경험이 없었지만 그들은 현금을 소유하고 있었으며 부동산 사업과 부채의 레버리지 효과를 잘 이해하고 있었다. 그들은 당시 가격이 떨어질 때로 떨어진 호텔들의 시장가치와 매각협상에 필사적인 판매자들의 심리를 잘 이용해서 좋은 조건으로 4개의 호텔을 1941년에 추가로 구매하게 된다. 이때부터 Sheraton이란 브랜드를 회사명으로 사용하기 시작한다. 1947년 주식시장에 주식을 상장하며, 이후 Sheraton은 Hilton과 더불어 미국 최대의 체인호텔로 크게 성장하게 된다.

1930년 미국 워싱턴 주 야키마 시에서 호텔을 운영하던 Severt W. Thurston과 Frank Dupar는 보유하고 있는 호텔들을 보다 효과적으로 경영하기 위해 전략적 제휴를 한다. 그 후 Peter Schmidt와 Adolph Schmidt가 사업에 합류하게 되면서 워싱턴 주에서만 17개소의 호텔을 운영하는 Western Hotels(현재의 Westin Hotel)란 체인호텔을 창립하게 된다.

한편 Choice Hotels International은 1939년 미국 남부에서 7명의 모텔 소유주에 의한 공동투자로 설립되었다. 초기에 Quality Court는 최초로 Referral(소개) 네트워크를 구축하연서 큰 성공을 거두게 된다. Choice는 체인을 저가호텔, 중가호텔, 고가호텔의 세분시장으로 분류하고 그에 맞는 브랜드를 도입하는 전략인 시장세분화(Market Segmentation) 전략을 세계 최초로 도입하게 된다.

이후에도 미국에서는 많은 체인호텔이 등장하게 되는데, 1946년 Best Western, 1946년 InterContinental, 1952년 Holiday inn, 1954년 Howard Johnson, 1950년대 중반 Ramada, 1954년 Hyatt, 1957년 Marriott, 1962년 Carlson의 Radisson 등 현재도 활발하게 활동을 하는 유명 체인호텔들이 속속 탄생하였다.

한편 아시아 지역 체인호텔의 진화과정을 살펴보면 먼저 일본에서는 1891년 일본의 제국호텔(Imperial Hotel), 1956년 프린스호텔, 1962년 오쿠라호텔, 1964년 뉴오타니호텔 등이 차례로 설립되었다. 동남아시아에서는 1928년 The Peninsula, 1963년 Mandarin Oriental이 홍콩에, 1971년 싱가포르에는 Shangri-La와 같은 초호화 체인호텔들이 들어선다. 인도에서는 1903년 Taj Hotel, 1933년 Oberoi Hotel이 각각 개관하며, 태국에서는 1948년 Dusit Hotel이 설립된다.

제2절 체인호텔의 세계화

본격적인 체인호텔의 국제화는 제2차 세계대전 이후인 1940년대 말에 이르러서야 미국에서 비로소 시작되었다. 당시 유럽에서는 이미 영국과 스위스의 체인호텔들이 외국으로 진출하고 있었지만 그 수는 아주 적었다고 한다.

효율적 경영, 표준화, 일관성, 그리고 과학적 경영 등에 힘입어 미국의 Hilton과 Sheraton 과 같은 체인호텔들은 괄목할 만한 성장을 이룬다. 특히 제2차 세계대전 이전에 체인호텔들은 세계무대에서 높아진 미국의 위상에 걸맞게 해외 진출을 고려하기 시작한다. 결국 1949년 미국의 InterContinental과 Hilton International에 의해 최초로 본격적인 의미의 체인호텔의 세계화가 시작된다.

국내시장을 넘어 해외시장에 진출하여 투자하기 위해서는 매우 높은 위험을 감수해야 했다. 첫째, 해외시장에서 좋은 입지(Location)를 파악하기란 여간해서 쉽지 않은 일이었다. 둘째, 자본조달을 위한 금융은 국내에 비해 더욱 복잡했으며 소요자금을 확보하기가 어려웠다. 국외은행들은 호텔건설에 소요되는 자금

을 융통하는 것을 달가워하지 않았다. 셋째, 특히 개발도상국의 경우에는 호텔 건축, 직원의 충원, 지역 풍습, 사업 관행 등에서 다른 면이 많았다. 넷째, 정국이 불안정한 개발도상국에서는 강제적인 호텔자산의 국유화 위험이 존재했으며, 아울러 정치 환경이 매우 혼란스러울 때 손님들의 수는 급격하게 감소해서 호텔 영업에 심각한 영향을 미치게 되었다. 다섯째, 다른 기업들처럼 해외에서 영업 활동을 수행하는 호텔들은 급격한 환율변동, 가격통제, 이윤의 본국 송금에 대한 제한, 불공정한 세제, 이윤과 경영수수료에 대한 제한 등의 제약을 받아들여야 하는 경우가 존재하였다. 이와 더불어 진출한 지역의 호텔들과 경쟁을 벌여야 하는데, 특히 정부가 소유하거나 상당부분 지분을 확보하고 있는 호텔기업들과 경쟁하는 경우도 있었다.

그러나 제2차 세계대전이 종전된 후 상황은 급격히 변하였다. 미국에서는 전쟁기간 동안 연합국과 동맹국의 여러 지역들과 그 풍물이 영화관에서 뉴스 보도로 상영되면서 군인 및 그의 가족과 일반 시민들은 지구상에 존재하는 다른 국가들의 이국적인 모습에 관심을 갖기 시작했다고 한다. 종전이 돼서 다시 평화와 번영의 시기가 도래하게 되자 수많은 미국인들에게는 뉴스에서 보았던 여러 이국적인 국가를 방문하고자 하는 욕구가 형성되기 시작했다. 게다가 높은 달러화의 가치와 더욱 발전된 항공여행은 이런 미국인들의 해외여행 욕구를 현실화하는데 촉매제 역할을 하게 되었다.

미국 체인호텔의 국제화는 InterContinental Hotels Corporation에 의해 비로소 시작되었다. InterContinental은 1946년 당시 미국의 최대 항공사이자 20세기에서 가장 유명하고 성공한 항공사인 Pan American World Airways(Pan Am)의 설립자인 Juan Terry Trippe(1899-1981)에 의해 Pan Am의 자회사로 창립되었다. Pan AM이란 이름이 세계적인 호텔기업의 호칭으로는 덜 어울리며 또 International보다는 더 잘 어울리는 InterContinental을 브랜드로 선정하게 된다. 회사 창립의 목적은 브랜드명에서 보듯이 국내보다는 해외에 호텔을 건설하기 위함이었다.

당시 미국정부는 Pax Americana라고 불리는 패권적 지배를 통해 주변국 또는 우방국에 대한 영향력을 강화하는 한편 미국 문화의 우월성을 세계에 전파하기를 희망하고 있었다. 또 해외를 여행하는 미국 여행자들에 의해 소비되는 달러에 의해 경제부흥을 지원하고자 했다. 그래서 미국 정부는 해외지역에 대한 호텔의 건설을 기업들에게 독려하게 되었다. 이런 환경에서 처음에 Trippe는 호텔기업을 설립하는 것을 달가워하지 않았고 Statler와 기존 호텔기업들이 참여해 줄 것을 원하였다. 그러나 초기에 아무도 이런 미국 정부의 요구에 응하지 않게 되자 그는 결국 자회사 설립을 결심하게 된다. 그리고 정부는 해외 호텔건설을 위한 지원책으로 2천5백만 달러를 저리로 융자해 준다.

Hotel Grande, Belem

1947년에는 InterContinental의 최고경영자로 35년의 경험을 보유한 Byron Calhoun을 채용하게 된다. 숱한 우여곡절을 겪은 뒤에 결국 1949년 브라질의 북부도시 Belem에 최초의 호텔인 85실을 갖춘 Grande Hotel을 개관하게 된다. 이듬해인 1950년에는 칠레의 Santiago에 400실의 Hotel Carrera, 콜롬비아의 Baranquilla에 250실의 Hotel El Prado를 연속으로 개관하게 된다. 계속해서 1951년 InterContinental은 멕시코시티에 있는 270실의 Reforma Hotel을 매입한다.

이후 InterContinental은 모기업인 Pan Am의 취항지인 아시아 · 태평양, 아프리카, 중동 등지에 진출하면서 미국 여행자와 승무원에게 숙소를 제공했으며, 개관하는 지역마다 최초의 국제 호텔기업으로 명성을 쌓게 된다. 1953년 InterContinental은 버뮤다, 몬테비데오, 보고타, 마라카이보, 카라카스 등에 진출하며 기업의 규모를 두 배 이상으로 확대하게 되며, 1955년에는 쿠바의 아바나에 있는 세계적인 명성을 보유한 550실의 Hotel Nacional의 대주주가 된다. 1970년에 이르러 InterContinental은 50개 국가에서 20,000실의 객실을 운영하는 60개소의 호텔을 경영하기에 이른다. InterContinental은 주로 위탁경영을 이용했으며 일부는 직접투자방식을 채택했다. 그러나 1981년 미국의 InterContinental 체인은 1981년 영국의 Grand Metropolitan에 매각되기에 이르며, 1998년에는 역시 영국의 맥주회사인 Bass PLC에 기업지배권이 넘어가게 된다. 이 회사는 이미 세계 최대의 호텔 브랜드인 Holiday Inn을 인수해서 소유하고 있었다.

1946년에 시작된 InterContinental의 호텔사업은 1996년에는 이르러서는 총 222개소의 호텔들을 운영하는 거대한 국제 체인호텔로 성장하게 된다(〈표 7-1〉). 미국에서 탄생했지만 현재는 영국국적이 된 InterContinental은 2000년대 중반 모기업인 Bass PLC가 주력사업이었던 맥주사업을 포기하고 호텔사업에 전력을 다하게 되면서 현재의 명칭인 InterContinental Hotels Group(IHG)으로 거듭나게 되었다. Holiday Inn과 InterContinental을 소유하고 있는 IHG는 2014년 현재 세계 최대의 체인호텔이다.

1919년 호텔사업을 개시한 이후 큰 성공을 경험한 Conrad Hilton은 세계대전 이후 미국정부의 패권주의적 세계정책에 적극 찬성하며 해외지역 진출을 꾀하게 된다. 이런 목적을 위해 1947년 전액을 투자하여 자회사인 Hilton International을 창립한다. 그러나 Hilton Hotels Corporation 이사회가 무모하게 보이는 그의 계획을 적극 반대하면서 투자자금을 확보하기가 여간 쉽지 않았다. 그러던 차에 푸에르토리코 정부는 미국 사업가들을 유인하기 위한 조세피난처(Tax Heaven)를 만들었다. 이런 목적과 더불어 미국인 관광객들의 달러를 벌어들이기 위해 푸에르토리코 정부는 고급호텔의 필요성을 인지하게 되었다. 그 후 여러 미국 유명 체인호텔들의 제안서를 검토한 후 Hilton International을 선택하게 되었다.

그래서 드디어 1949년 12월 산후안에 Caribe Hilton을 개관하게 된다. Hilton International은 푸에르토리코 정부기관이 8백만 달러를 투자하여 건축한 호텔을 임차하여 운영하기로 했으며, Hilton International이 투자한 금액은 이사회에서 승인한 30만 달러가 운전자금 및 개관 전 비용으로 사용된 것이 전부였다. 임차

표 7-1 1996년 당시 InterContinental 사업 현황

지역	호텔수	지역	호텔수
남미	17	유럽	80
카리브해	13	극동	31
중미	10	캐나다	3
중동	32	미국	18
아프리카	18	**합 계**	222

(출처: Turkel, 2009)

료로 총영업이익의 ⅔를 푸에르토리코 정부가 가져갔으며 Hilton은 나머지 ⅓의 이익을 차지하였다. 이윤분배 리스계약(Profit-sharing Lease Agreement)이라고 불렸던 이 방식은 당시로서는 혁신적인 방법이었다. 후일 이 방식은 더욱 발전하여 현재의 위탁경영계약(Management Contract)으로 발전하게 되었다. Caribe Hilton 사업은 대성공이었다. 푸에르토리코 정부는 투자금을 불과 수 년 만에 회수했으며 남는 자금은 다른 관광목적 사업에 투자되었다고 한다.

이후 1950년대와 1960년대에 Hilton International은 이스탄불, 마드리드, 홍콩, 카이로, 아디스아바바, 베를린, 로마, 바베이도스, 나이지리아 등에 진출하게 된다. 1963년에는 한 해 동안에만 도쿄에서 로마에 이르기까지 8개소의 호텔을 개관했다고 한다. 특히 이스탄불과 베를린에 대한 진출 결정은 당시 소련과의 냉전 대결을 벌이고 있던 미국정부의 요청으로 소련 영토에 최대한 접근하게 되었다고 한다.

Hilton International의 세계화전략은 바로 표준화전략이었다. 주로 세계를 여행하는 미국여행자들을 목표고객으로 삼았기 때문에 이스탄불, 마드리드, 홍콩 등 어디에서도 같은 양식의 호텔을 건설했다고 한다. Hilton의 말대로 외지에서 '작은 미국'을 구축하려고 했다.

한편 Hilton International은 세계 여러 나라에 진출하면서 유연한 진입전략을 채택했다고 한다. 즉 파리나 런던 같은 유럽지역에서는 임차방식을 선택했으며, 저개발국에는 위험이 덜한 위탁경영계약을 이용했다고 한다. 그리고 고급호텔 체인으로서 품질저하가 우려되는 프랜차이즈는 고려하지 않았다고 한다. 또한 확장을 가속화하기 위해 호텔 건축전문가, 엔지니어, 실내장식 전문가, 프로젝트 관리자, 주방 및 지원업무 전문가 등의 지원인력부서를 따로 두어 관리했다고 한다. 1964년에 이르러 Hilton International은 22개국에서 29개의 호텔을 운영하는 규모로 크게 성장하였으며, 한편 같은 해 모기업인 Hilton Hotels Corporation으로부터 분사(Spin-off)를 감행한다.

Hilton International은 국제 호텔시장에서 고급호텔 경영회사로서 큰 경쟁우위를 갖추게 되었다. 1970년 말부터 Hilton International은 좋은 조건으로 위탁경영 계약을 체결하게 되었다. 이 당시 보편적인 계약조건은 계약기간은 보통 50년으로 증가했으며 기본수수료로 총매출액의 3-5%와 인센티브수수료는 총영업이익의 10%를 경영수수료로 지급받았으며 경영성과 평가나 계약해지 조항은 존재하지 않았다고 한다.

그러나 1967년 Hilton International은 당시 Pan Am과 치열한 경쟁을 벌이고 있던 항공사인 TWA의 소유주인 전설적인 부호 Howard Hughes에게 8천6백만 달러에 매각하게 된다. 1949년 30만 달러를 투자한 이후 약 20년 만에 엄청난 투자수익률을 거두게 된다. TWA가 Hilton International처럼 가치있는 기업을 인수한 것은 좋은 결정이었으나 잘못된 동기에 의해 수행되었다. TWA의 인수 동기는 항공사와 체인호텔 간의 시너지를 노린 것이었다. 그러나 시너지는 없었다. TWA의 승객들은 대부분 가격에 민감한 손님들이어서 Hilton 같은 고급호텔을 찾지 않았으며 또 TWA의 취항지와 Hilton 호텔이 위치한 지역들은 부분적으로 보완적이었다. 그럼에도 불구하고 인수결정은 TWA를 위해서 아주 좋은 거래였다. 즉 1969년 이후부터 TWA는 막대한 적자를 기록하기 시작했으며, 이를 Hilton International의 이익으로 메워 나갔다고 한다. 결국 인수한 지 약 20년 후인 1987년 TWA는 Hilton International을 미국 United Airlines의 모기업인 Allegis Corporation에 9억 8천만 달러에 매각하게 된다. 그러나 6개월 후 Allegis는 다시 영국의 Ladbroke에 10억 달러에 매각하게 된다. 이후 Hilton International은 영국의 대표적인 체인호텔로서 성장하게 된다. 2006년 미국의 Hilton Hotels Corporation은 영국의 Hilton International을 인수하여 40년 만에 다시 결합하게 된다.

Sheraton은 1949년 캐나다에서 두 개의 체인호텔을 인수하면서 처음으로 국제무대에 데뷔하게 된다. 이후 1961년에는 이스라엘의 텔아비브에 최초의 중동 호텔을, 1963년에는 남미지역에서 최초로 베네수엘라에 Macuto Sheraton을 개관하였다. 1965년 보스턴에 전 세계 100번째 호텔을 개관하며, 1985년에는 외국체인으로서는 최초로 중국의 베이징에 호텔을 개관한다. 그러나 1968년 Sheraton 체인은 Harold Geneen의 ITT에 의해 인수된다. ITT Sheraton은 1998년 Starwood Capital에 의해 인수되었으며, 현재는 Starwood Hotels & Resorts에서 가장 규모가 큰 대표 브랜드로서 활동하고 있다.

Western Hotels는 1954년 최초로 국외지역인 캐나다로 진출하면서 회사명을

Western International으로 변경한다. 그러나 체인은 1970년 United Airlines에게 매각되며, 1980년에는 창립 50주년을 기해 기업명을 Westin으로 변경된다. 그러나 체인은 다시 1987년 일본의 아오키 그룹에 다시 매각되며, 1998년 Starwood Lodging Trust에 의해 인수된 후 2014년 현재는 Starwood Hotels & Resorts의 주력 브랜드가 되어 있다.

한편 1952년 Kemmons Wilson은 미국 테네시 주 멤피스 시 근처에 최초의 120실 규모의 Holiday Inn이 개관한다. 이 호텔은 넓은 객실, 두 개의 더블베드, 레스토랑, 수영장을 근간으로 운영이 됐으며, 개업 초기부터 15년 이상을 계속해서 80% 이상의 객실점유율을 유지하는 큰 성공을 거두었다. 1954년에는 같은 지역에 3개의 호텔을 추가로 건설한다. 여러 면에서 Holiday Inn은 경쟁호텔에 비해 차별화된 면을 강조했다. 첫째, Holiday Inn은 처음부터 자동차 여행을 즐기는 가족들을 목표고객으로 삼았다. 둘째, 당시 평균규모가 30실이었던 경쟁호텔에 비해 훨씬 큰 120실 규모를 유지했다. 셋째, 어느 호텔에서나 일관적인 서비스 제공을 강조했다. 1954년 Holiday Inns of America Inc.가 설립되었으며, 미시시피 주 클락스데일 시에 체인 최초의 프랜차이즈 호텔을 오픈한다. 최초의 프랜차이즈 수수료는 500달러에 추가로 판매된 객실당 5센트를 지급받았다고 한다. 1957년에는 상장기업으로 변신한다.

Holiday Inn이 성장가도를 달리던 1956년 미국 연방정부는 760억 달러의 예산이 투입되는 Interstate Highway 건설계획을 발표하게 된다. 이 소식은 Holiday Inn에게는 큰 선물이 되었다. 한편 최초의 75개소 Holiday Inn은 1층으로 건설되었지만 1950년 후반부터 2층 양식이 표준이 되었으며, 보통 150실에서 300실 정도의 규모로 운영이 되었다. Holiday Inn은 지속적으로 성장하여 1958년 50번째, 1959년 100번째, 1964년 500번째 호텔이 오픈하게 된다. 1965년에는 세계 호텔산업 최초로 중앙예약시스템(CRS)인 HOLIDEX를 개발하여 여행사 및 항공사와 연계하여 객실예약이 가능하게 하였다.

1960년대부터 Holiday Inn은 프랜차이즈를 진입전략으로 삼고 해외시장으로 진출을 시도한다. 1960년에 Holiday Inn은 캐나다의 몬트리올에 최초로 국외지역에 호텔을 오픈한다. 이후 1967년 최초의 유럽 및 중동지역 호텔을 네덜란드에

오픈하면서 지속적으로 성장을 도모했으며, 1973년에 아시아시장, 그리고 1974년에는 남미시장에 각각 최초로 진출하였다. 특히 1984년에는 '죽의 장막' 중국의 베이징에 최초의 국제 체인호텔을 건립하게 된다. 해외시장에서 Holiday Inn은 프랜차이즈의 영업표준을 준수하는 것을 매우 강조했다고 하였다. 따라서 세계 어디서나 동일한 시설과 일관적인 서비스가 제공되었다.

고속성장을 거듭하던 Holiday Inn은 1970년 전 세계에 약 175,000실을 운영하는 대제국을 건설하게 된다. 그러나 세계 최대의 호텔제국을 건설한 Holiday Inn은 1988년에는 해외사업부 1990년에는 북미사업부가 차례로 영국의 맥주회사인 Bass PLC에 의해 인수되면서 현재까지 영국에 존속되고 있다. 2014년 3월 말 현재 Holiday Inn은 자매브랜드인 Holiday Inn Express와 합하면 3,425개소의 호텔에 총 426,445실을 운영하는 세계 최대의 호텔브랜드이다.

Choice는 1958년 미국의 피닉스와 영국의 런던에 새로운 예약센터를 건립하면서 해외시장에 진출을 시도한다. 처음에는 영국, 스위스, 독일 등지에 호텔을 오픈한다. 이후 1986년에는 프랑스와 이탈리아에, 1989년에는 일본, 터키, 남미, 캐리비언 등지로 진출하며, 이후에는 캐나다, 영국, 호주, 유럽대륙으로 더욱 확장을 시도한다.

Hyatt는 1969년 해외시장 진출을 위해 Hyatt International을 설립하고 위탁경영계약을 진입전략으로 채택한다. 1969년 홍콩에 최초의 해외호텔을 개관하며, 이어서 밀라노와 멕시코의 아카풀코에 호텔을 오픈한다.

영국을 대표하는 체인호텔인 Forte는 1960년대 파리에 있는 George V, Plaza Athenee, Tremoille 등을 인수하면서 체인의 국제화를 처음 시도하게 된다. 그리고 1994년 Forte는 프랑스의 대표항공사 Air France가 소유하고 있었으며 세계 50여 도시에서 54개 호텔을 운영하는 Le Meridien Hotel을 인수한다. Forte는 1979년부터 1996년까지 영국 최대의 체인호텔로 명성을 유지했으며, 1983년부터 1994년까지 글로벌 순위는 10-11위를 항상 유지했다고 한다. 그러나 1996년 영국 Grand Metropolitan의 적대적 인수(Hostile Takeover)의 희생양이 되어 체인이 해체되는 비운을 맞이하게 된다. 현재는 아들이 고급호텔 체인인 Rocco Forte Hotel을 설립하여 명맥을 유지하고 있다.

프랑스를 대표하는 체인호텔 Accor는 먼저 유럽대륙에 진출하여 큰 성장을 이룩한다. 1979년에는 Sofitel이란 고급호텔 브랜드로 미국시장에 진출을 시도한다. Accor는 계속해서 1990년 미국의 Motel 6를, 1999년에는 Red Roof Inn을 인수한다. 그러나 두 브랜드는 2007년과 2013년에 다시 미국기업에 매각된다. 스페인의 체인호텔인 Melia는 1985년 국제사업부를 설립하고 발리를 시발로 해서 베네수엘라, 콜롬비아, 이라크 등지로 진출하게 된다.

아시아 지역의 체인호텔로 일본의 프린스호텔은 1974년 캐나다의 토론토에 처음으로 호텔을 오픈하며 이어서 하와이, 대만, 말레이시아, 태국 등지로 연이어 진출한다. 역시 일본의 뉴오타니호텔은 1976년 최초로 하와이에 진출한 이후 LA, 북경에 호텔을 오픈한다. 1970년 일본의 대표 항공사인 JAL의 자회사로 설립된 Nikko호텔은 초기에는 점보제트기의 등장과 해외여행 규제의 완화로 인해 증가하는 일본의 해외여행객에게 서비스를 제공하는 것이 목적이었다. Nikko는 동남아시아에 먼저 진출한 후 이어서 독일과 프랑스로 확장하며, 1985년에는 뉴욕의 에섹스 하우스를 인수하면서 미국으로 진출한다. 해외에 오픈된 Nikko 호텔은 대부분 서구식 건축 및 설계양식으로 건설되었지만, 일본식 조경, 일본식 다다미 객실, 일본식 꽃꽂이, 일본 전통차 서비스, 안락한 고객 서비스를 가미하는 등 일본 고유의 특성을 곁들였다고 한다.

홍콩의 Mandarin Oriental호텔은 먼저 동남아시아 시장을 거쳐 1984년 캐나다의 밴쿠버에 북미 최초의 호텔을 개관한다. 특히 체인은 뉴욕에 본사 브랜드의 호텔을 개관하기 전에 The Mark Hotel을 먼저 매입하여 경험을 쌓은 후 본격적인 진출을 꾀했다고 한다. 또 홍콩의 Peninsula는 상하이, 베이징, 도쿄, 마닐라, 방콕, 뉴욕, 비버리힐스, 시카고, 파리 등지에 진출하고 있다. 역시 홍콩의 Shangri-La는 중국을 주력시장으로 동남아시아로 진출을 도모한 후 2003년에 호주와 중동에 최초로 호텔을 오픈하며, 2006년에는 파리에 2008년에는 밴쿠버로 진출하게 된다.

한편 인도의 Taj는 1980년 예멘에 최초의 해외호텔을 개관한다. 2004년에는 미국 뉴욕의 유명호텔인 Pierre의 위탁경영권을 확보하며, 2006년 시드니와 2007년 보스턴에 각각 호텔을 오픈한다. 또 하나의 인도 체인호텔인 Oberoi호텔은 1960

년 최초로 네팔 카트만두에 Soaltee Oberoi와 이집트의 카이로에 Mena House Oberoi를 해외호텔로 오픈한다.

처음에는 유럽의 호사스런 그랜드호텔 양식이 미국으로 수출되었다. 미국의 호텔들도 초기에는 유럽식 그랜드호텔 양식과 호화로운 프랑스식 식사 및 서비스 양식을 모방하였으나, 시간이 흐르면서 효율, 표준화, 일관성을 중시하는 테일러리즘으로 불리는 과학적 경영에 몰입하게 된다. 미국에서는 유럽식 가족경영의 단계를 뛰어넘어 보다 상업적인 기업형 체인호텔들이 20세기 초반부터 들어서게 된다. 이런 기업형 체인호텔들은 1950년대를 전후로 호텔산업 세계화의 전면에 나서게 되며, 미국식 호텔경영은 유럽 등 전 세계로 전파되며 큰 성공을 거두게 된다. 유럽의 호텔기업들도 과학적 관리를 주요 골자로 하는 미국식 호텔경영에 심취하게 된다. 또 세계 각국의 체인호텔들은 미국 체인호텔들의 경영방식을 모방하기에 급급했다. 그러나 1970년대 중반 이후 미국의 국력이 약해지면서 상황은 조금씩 변하기 시작했다. 특히 유럽의 체인호텔들은 초기에는 표준화를 중시하는 미국식 호텔경영을 따라했으나 시간이 흐르면서 지역별 문화의 차이를 인정하는 현지화전략을 채택하게 된다.

1985년부터 1990년까지 5년 사이에 미국 호텔산업에는 약 556,000실의 호텔객실이 공급되었다고 한다. 그 결과 미국 호텔산업은 심각한 공급과잉(Overbuilding)을 경험하게 된다. 이렇게 성장이 불가능하게 되자 미국 체인호텔들은 성장을 위해 더더욱 해외시장 진출을 가속화하게 된다.

1980년대 중반부터 1990년대 초반까지 당시 세계대전의 악몽에서 벗어나 경제부흥을 달성하는 한편 그 당시 달러가치의 하락과 유리한 부동산세제 등과 같은 우호적인 경영환경에 편승한 유럽, 일본, 홍콩의 기업들이 미국의 주요 체인호텔들을 인수하는 대격변의 시대가 개막된다. 즉 1981년 영국의 Metropolitan은 InterContiental을, 1987년 영국의 Ladbroke는 Hilton International을 인수하게 되며, 1989년 영국의 Bass PLC는 Holiday Inn을, 역시 영국의 Forte는 Travelodge를 각각 인수한다. 한편 1987년 일본의 아오키 그룹은 Westin을, 세이부 그룹은 Inter-Continenetal을 각각 인수한다. 1989년 홍콩의 New World Development는 Ramada

를 인수하며, 프랑스의 Accor는 1990년 Motel 6와 1999년 Red Roof Inn을 역시 각각 매입한다. 따라서 1990년 초 경험했던 경기침체와 더불어 미국 호텔산업과 체인호텔들의 위상은 예전 같지 않은 다소 초라한 형상으로 변모하게 된다.

체인호텔의 세계화는 글로벌 호텔산업의 눈부신 발전을 가져왔다. 그 선두에 섰던 저력이 있는 미국 체인호텔들은 1990년 중후반부터 다시 성장을 지속하게 되면서 2000년대에 들어서 세계무대의 중심축으로 다시 등장하고 있다. 그러나 Mandarin Oriental, Peninsula, Taj와 같이 미국식 호텔경영을 답습하는 한편 지역 고유의 특성을 가미한 체인호텔의 미국 및 유럽으로의 역수출은 계속해서 눈여겨 봐야 할 트렌드이다.

〈표 7-2〉에서 보는 바와 같이 다국적 체인호텔들의 규모는 점점 더 성장하고 있다. 호텔산업도 다른 산업처럼 점점 몇 개의 주요기업이 시장을 지배하는 산업통합(Industry Consolidation)이 서서히 진행되고 있다. 2012년 기준으로 세계 Top 50대 체인호텔이 전 세계 총객실의 50% 정도를 점유하고 있으며, Top 50 체인호텔의 60%를 Top 8 체인이 점유하고 있다.

표 7-2 세계 Top 8, 35, 50 체인호텔들에 운영되는 객실수(연말 기준)

	2000	2001	2002	2003	2004	2005	2012
Top 8	3,014,703	3,137,864	3,201,925	3,275,625	3,302,792	3,590,777	4,253,361
Top 35	4,220,662	4,430,556	4,541,926	4,609,046	4,760,501	4,990,918	6,711,683
Top 50	4,528,301	4,748,735	4,862,572	4,955,566	5,090,736	5,268,638	7,116,163

(출처: Hotels)

2012년 연말을 기준으로 했을 때 세계 최대의 다국적 체인호텔은 영국의 IHG(InterContinental Hotel Group)로서 4,602개의 호텔에서 총 675,982실의 객실을 운영하고 있다(〈표 7-3〉). 이어서 미국의 Marriott, Hilton, Wyndham, Choice 등이 뒤를 따르고 있는데, 이 체인호텔들은 전 세계에 걸쳐 모두 50만실 이상의 객실을 관리하고 있다. 20만실 이상의 객실을 운영하는 체인호텔은 전 세계 11개가 존재하고 있으며, 10만실 이상을 운영하는 체인은 모두 17개이다. 중국의 Jin Jiang과 Home Inn이 각각 9위와 10위로 부상한 것은 향후 새로운 트렌드를 말해

표 7-3 세계 Top 50 체인호텔(2012년 12월 31일 기준)

순위	체인명	객실수	호텔수	순위	체인명	객실수	호텔수
1	IHG	675,982	4,602	26	MGM Resorts Int'l	52,033	20
2	Marriott International	660,394	3,800	27	Whitbread	52,000	650
3	Hilton Worldwide	652,957	3,966	28	Toyoko Inn Co.	45,694	237
4	Wyndham Hotel Group	627,437	7,342	29	Riu Hotels & Resorts	43,036	107
5	Choice Hotels Int'l	538,222	6,725	30	Caesars Entertainment	40,960	40
6	Accor	450,487	3,516	31	Fairmont Raffles Hotels	40,212	104
7	Starwood Hotels	335,415	1,134	32	Travelodge Hotels	38,594	529
8	Best Western Int'l	312,467	4,050	33	Barcelo Hotels	37,761	140
9	Shanghai Jin Jiang	214,796	1,401	34	Walt Disney Co.	35,859	33
10	Home Inns & Hotels	214,070	1,772	35	Red Roof Inns	35,733	349
11	Magnuson Hotels	201,692	1,866	36	Shangri-La Hotels	33,553	78
12	Carlson Rezidor Hotel	165,241	1,077	37	Jinling Hotels & Resorts	32,040	120
13	Hyatt Hotels Corp.	135,144	500	38	Millennium & Copthorne	30,939	110
14	7Days Group Holdings	133,497	1,345	39	Iberostar Hotels	30,030	100
15	Westmont Hospitality	116,334	850	40	Scandic Hotels	30,000	160
16	China Lodging Group	113,650	1,035	41	HK CTS Hotels Co.	27,739	81
17	G6 Hospitality	107,767	1,117	42	Pyramid Hotel Group	27,246	70
18	GreenTree Inns Hotel	96,800	880	43	Aimbridge Hospitality	26,168	192
19	Melia Hotels Int'l	90,831	351	44	Nordic Choice Hotels	25,000	163
20	Louvre Hotels Group	87,509	1,099	45	Pandox	25,000	120
21	LQ Management	84,659	835	46	Barony Hotels	24,224	83
22	Extended Stay Hotels	76,234	684	47	White Lodging Service	24,177	160
23	Interstate Hotels	69,850	373	48	Hotel Okura Co.	23,674	76
24	Vantage Hospitality	69,502	1,091	49	Ascott	22,719	176
25	NH Hotels	58,864	391	50	GF Management	21,971	126

(출처: Hotels, 2013)

주고 있다.

Top 50 체인호텔을 국적별로 분석해 보면 미국 23개, 중국 8개, 영국 5개, 스페인 5개, 프랑스 2개, 일본 2개, 스웨덴 2개 등이며 캐나다, 노르웨이, 싱가포르가 각 1개의 Top 50 체인호텔을 보유하고 있는 것으로 나타났다. 이런 사실을 바탕으로 아직도 막강한 미국 체인호텔의 위력을 느낄 수 있는 한편 중국 체인호텔들의 무서운 성장속도를 체감할 수 있다.

〈표 7-4〉는 전 세계 Top 50 호텔브랜드를 정리한 것이다. 세계에서 가장 규모

표 7-4 세계 Top 50 호텔 브랜드(2012년 12월 31일 기준)

순위	브랜드명	객실수	호텔수	순위	브랜드명	객실수	호텔수
1	Beat Western	312,467	4,050	26	Four Points	74,626	171
2	Holiday Inn	231,488	1,247	27	Westin	74,626	192
3	Holiday Inn Express	205,631	2,192	28	Novotel	74,502	395
4	Marriott	204,917	558	29	Hyatt Regency	66,841	144
5	Hilton	194,040	551	30	Americas Best Value Inn	65,782	1,061
6	Comfort Inn	193,253	2,498	31	Fairfield Inn	63,045	691
7	Hampton Hotels	185,640	1,887	32	Extended Stay America	60,475	550
8	Home Inns	162,802	1,431	33	NH Hotels	58,864	391
9	Sheraton	149,784	427	34	InterContinental	57,314	170
10	Days Inn	147,808	1,826	35	Econo Lodge	53,693	899
11	Super 8	147,512	2,314	36	Renaissance	53,289	155
12	Courtyard	136,553	929	37	Premier Inn	52,000	650
13	7Days	133,497	1,345	38	Embassy Suites	50,592	210
14	Quality Inn	128,863	1,450	39	Motel 168	49,745	334
15	Ibis	121,004	983	40	Clarion	46,506	320
16	Ramada	115,811	850	41	Howard Johnson	46,203	455
17	Crowne Plaza	108,307	392	42	Toyoko Inn	45,694	237
18	Motel 6	100,129	1,047	43	Ibis budget	44,954	492
19	Jin Jiang Inn	95,584	773	44	Riu	41,623	103
20	Radisson	94,847	426	45	Red Roof	41,249	347
21	Mercure	93,406	746	46	Travelodge	38,594	529
22	La Quinta Inns	84,659	835	47	Country Inns & Suites	37,958	474
23	Doubletree	81,570	326	48	Jin Jiang	37,310	124
24	Hilton Garden Inn	77,004	560	49	Melia	35,876	119
25	Residence Inn	75,871	625	50	SpringHill Suites	35,143	299

(출처: Hotels, 2013)

가 큰 단일브랜드는 미국의 Best Western이다. 그러나 2위와 3위인 Holiday Inn과 Holiday Inn Express를 합하면 Best Western보다 10만실 이상 규모가 더 크게 나타나고 있다. Upscale 이상 고급호텔 브랜드로 세계 제일의 브랜드는 미국의 Marriott이며, 이어서 Hilton, Sheraton 등이 존재하고 있다. 이 세 브랜드를 제외하면 나머지 7개 브랜드는 모두 중저가호텔 브랜드이다. 상위 10개 브랜드는 모두 미국 브랜드이거나 미국태생의 브랜드이며, 상위 20개 브랜드도 대부분 미국 브랜드이다. 한편 중국의 중저가 브랜드인 Home Inn은 8위로 성장가도를 달리고

있다. 유럽 최대의 브랜드인 ibis는 15위에 속하고 있으며, 자매브랜드인 ibis Budget을 합하면 Top 10에 속하게 된다.

한편 〈표 7-5〉는 독립경영호텔이나 일부 중소 규모의 체인호텔들이 거대한 체인호텔에 대항하기 위해 결성한 호텔협력체 조직인 Consortia를 정리한 것이다. Consortia에 가입한 호텔들은 거대한 다국적 체인호텔과 경쟁하기 위해 중앙예약시스템을 구축하고 공동마케팅 활동을 강화하고 있다. 이들은 독립경영호텔로서의 지위를 유지하면서 체인호텔에 비해 훨씬 저렴한 비용으로 체인호텔이 보유하고 있는 규모경제의 우위를 추격하고 있다. 실제로 한국의 신라호텔과 부산 파라다이스호텔은 The Leading Hotels of the World의 회원호텔이다.

많은 체인호텔들이 자국 영토를 벗어나 세계로 진출하고 있다. 호텔산업에서 호텔기업들의 세계화지수를 평가하는 방법의 하나는 얼마나 많은 국가에 진출했는가를 보는 것이다. 전 세계 체인호텔 중에서 세계화 정도가 가장 높은 체인은 Best Western, IHG, Starwood로 모두 100여 개국에 진출하여 활발한 영업활동을 벌이고 있다. 다음으로 Accor와 Hilton이 모두 90개국 이상에서 활동하고 있

표 7-5 세계 Top 15 호텔 Consortia(2012년 12월 31일 기준)

순위	기업명	본사	객실수	호텔수
1	Hotusa Hotels	바르셀로나, 스페인	234,360	2,604
2	Best Eurasian Hotels	모스크바, 러시아	179,800	1,600
3	Preferred Hotel Group	시카고, 미국	173,557	976
4	Great Hotels of the World	런던, 영국	172,348	890
5	Keytel	바르셀로나, 스페인	144,081	1,540
6	Associated Luxury Hotels International	올랜도, 미국	111,945	155
7	Worldhotels	프랑크푸르트, 독일	102,000	451
8	Supranational Hotels	런던, 영국	93,518	851
9	Sceptre Hospitality Resources	콜로라도, 미국	77,950	3,127
10	Global Hotel Alliance	제네바, 스위스	69,471	329
11	The Leading Hotels of the World	뉴욕, 미국	68,000	430
12	Logis Hotels	파리, 프랑스	54,248	2,556
13	Hotel Republic	런던, 영국	34,250	157
14	Small Luxury Hotels of the World	서리, 영국	26,000	525
15	Prestige Resorts & Destinations	미네소타, 미국	24,537	43

(출처: Hotels, 2013)

다. 상위 10개 중에서 7개가 미국의 체인호텔로서 역시 미국의 다국적 체인호텔들의 위상을 실감하게 하고 있다.

표 7-6 세계 Top 10 다국적 체인호텔(2012년 12월 31일 기준)

순위	기업명	본부 소재지	해외진출국가 수	총영업 호텔수
1	Best Western International	애리조나, 미국	100	4,050
1	IHG(InterContinental Hotels Group)	댄햄, 영국	100	4,602
1	Starwood Hotels & Resorts Worldwide	코네티컷, 미국	100	1,134
4	Accor	코코너스, 프랑스	92	3,516
5	Hilton Worldwide	버지니아, 미국	90	3,966
6	Carlson Rezidor Hotel Group	미네소타, 미국	83	1,077
7	Marriott International	메릴랜드, 미국	74	3,800
8	Wyndham Hotel Group	뉴저지, 미국	66	7,342
9	Hyatt Hotels Corporation	일리노이, 미국	46	500
10	Louvre Hotels Group	파리, 프랑스	43	1,099

(출처: Hotels, 2013)

제3절 다국적 체인호텔의 경영현황 분석

여기서는 대표적인 일부 다국적 체인호텔의 경영 현황에 대하여 분석하기로 하겠다. 분석대상 체인호텔은 세계 1위와 2위 체인인 IHG와 Marriott이다.

1. IHG(InterContinental Hotels Group)

InterContinental호텔은 1946년 당시 최대 항공사인 Pan Am이 전체지분을 보유한 자회사로 설립되었다. 당시 Pan Am은 남아메리카 국가와의 무역과 관광활동의 증진은 물론이고 미국정부의 외교력을 강화하기 위한 노력을 지원하기 위해 호텔 자회사의 설립을 결정하였다. 최초의 호텔은 브라질의 Belem에서 오픈했으며 이후 InterContinental호텔은 남아메리카 및 카리브해 지역으로 영업지역을 확대한다.

1960년대 초기에 InterContinental호텔은 유럽, 아시아, 태평양 등을 여행하는 미국인 비즈니스 및 여가 여행자의 증가로 인하여 동 지역에 새로운 호텔들을 개관하였다. 아시아에서 InterContinental호텔은 최초로 인도네시아의 이국적인 섬인 발리에 호텔을 오픈하는데, 이 호텔의 객실에 대한 수요가 엄청나서 객실 예약을 보장받기 위해 소비자들은 Pan Am 비행기 좌석을 예약해야만 했다고 한다. 역시 1960년대 초에 InterContinental호텔은 중동의 레바논에 최초의 호텔을 개관했으며, 이어서 1964년에는 동유럽에도 진출한다.

InterContinental은 현지호텔이 고유한 지역환경을 잘 반영하여 설계하는 독특한 호텔건축으로 유명하며, 또한 호텔의 복원으로도 유명하였다. 궁전, 관공서 건물, 오래된 유곽 등은 InterContinental호텔이 선정하는 복원대상이었다. 이러한 문화적 환경에 대한 공헌 중에서 가장 유명한 예는 시드니에서 과거 재무성 빌딩을 복원하여 호텔로 전환한 사례이다.

InterContinental호텔은 1981년에 영국의 Grand Metropolitan PLC에 5억 달러에 피인수되었다가, 1988년에 다시 일본의 Saison Group(60%)과 SAS International (40%)에 재매각되었으며, 1991년 Saison은 SAS의 지분을 전량 인수한다. 그러나 1998년 3월 InterContinental호텔은 다시 영국의 맥주회사인 Bass PLC의 자회사인 Bass Hotels에 의해 인수되었으며 Bass PLC가 이미 1989년 인수한 세계 최대의 호텔브랜드인 Holiday Inn과 함께 2000년 Six Continents Hotels로 편입된다. 그러다가 2003년 모기업인 Bass PLC가 주력사업이었던 맥주사업의 포기를 결정하면서 InterContinental Hotels Group PLC로 재탄생하게 되었다. 현재는 회사명을 약자를 써서 IHG로 브랜드화하고 있다. 미국에서 탄생한 호텔기업이 영국이 자랑하는 세계 최대의 호텔기업으로 탈바꿈했다.

2014년 3월 기준으로 IHG는 InterContinental, Holiday Inn 등 9개 대표브랜드와 2개의 종속브랜드로 세계 100개 국가에서 688,517실을 보유한 4,704개의 호텔을 운영하는 세계 최대의 호텔기업이다. IHG의 Full-service사업 분야의 주력브랜드는 InterContinental(Upper Upscale)과 1983년 도입된 Crowne Plaza(Upscale)이다. 또 최근 호응도가 높은 부티크호텔 브랜드로 Hotel Indigo를 2004년 도입하여 성장을 가속화하고 있다. Mid-scale with F&B분야는 Holiday Inn이 자리하고 있으며,

표 7-7 IHG의 호텔 브랜드 포트폴리오(2014년 3월 31일 기준)

브랜드명	호텔수	객실수	오픈예정(Pipeline)
InterContinental	181	60,958	49
Crowne Plaza	395	109,926	91
Hotel Indigo	57	6,382	52
Holiday Inn	1,157	210,316	248
Holiday Inn Express	2,268	216,129	491
Holiday Inn Resort	38	8,854	14
Holiday Inn Club Vacations	10	3,701	1
Staybridge Suites	197	21,637	83
Candlewood Suites	313	29,862	81
HUALUXE	0	0	22
EVEN	0	0	5
Other	88	20,752	9
합계	4,704	688,517	1,146

(출처: IHG Annual Report, 2013)

종속브랜드(Sub-brand)로 Holiday Inn Resort와 Holiday Inn Club Vacations를 보유하고 있다. Limited-service사업의 주력 브랜드는 가장 많은 객실을 보유한 Holiday Inn Express이다. 또한 장기체류(Extended Stay) 세분시장에는 북미를 주요 목표로 하는 Candlewood Suite와 Staybridge Suites를 포진하고 있다. 그리고 2012년 2월에 웰빙을 중요시하는 손님을 목표로 하는 EVEN을 출시하여 현재 건설 중이며, 역시 2012년 3월 중국시장만을 고려한 브랜드인 HUALUXE를 출시하여 역시 현재 건설 중이다. 두 브랜드 모두 2014년 시장에 선을 보이게 될 예정

이다.

영국기업인 IHG의 주력시장은 북미 및 중남미이다. IHG가 보유한 4,704개의 호텔과 688,517실의 객실 중에서 호텔의 77%, 객실의 65%는 북미 및 중남미 시장에 편중되어 있다. 북미 및 중남미에서도 특히 미국시장에 대한 집중도가 높다고 볼 수 있다. 객실 수에 의하면 유럽은 전체의 15%, 아시아 · 중동 · 아프리카는 10%, 중국 · 홍콩 · 마카오 · 대만(Greater China)은 10%를 각각 점유하고 있다. 기함브랜드인 InterContinental은 아시아 · 중동 · 아프리카 지역에서 가장 활발한 영업활동을 벌이고 있는 것으로 나타나고 있으며, 나머지 브랜드들은 모두 북미 및 중남미 시장에 집중되어 있는 편이다.

한편 IHG의 Full-service 사업부의 주력브랜드인 InterContinental과 Crowne Plaza는 각각 북미 및 중남미에 51개와 177개이지만, 다른 지역들을 모두 합하면 130개와 218개로 북미 및 중남미보다 훨씬 앞서고 있다. 그러나 Mid-scale과 Limited-service의 주력브랜드인 Holiday Inn과 Holiday Inn Express를 보면 북미 및 중남미에 각각 748개와 1,988개이다. 그러나 다른 지역들을 모두 합하면 각각 409개와 280개로 북미 및 중남미 지역에 훨씬 못 미치고 있다. 이런 사실로 봤을

표 7-8 IHG의 세계 지역별 진출 현황(2014년 3월 31일 기준)

브랜드	북미 및 중남미 (호텔수/객실수)	유럽	아시아 · 중동 · 아프리카	중국 · 홍콩 · 마카오 · 대만
InterContinental	51/17,450	31/9,523	68/21,587	31/12,398
Crowne Plaza	177/47,382	83/19,483	67/19,096	68/23,965
Hotel Indigo	37/4,344	15/1,426	–	5/612
Holiday Inn	748/129,191	276/44,597	70/16,045	63/20,483
Holiday Inn Express	1,988/174,934	219/25,711	18/4,093	43/11,391
Holiday Inn Resort	18/4,438	2/212	14/3,003	4/1,201
Holiday Inn Club Va	10/3,701	–	–	–
Staybridge Suites	189/20,428	5/784	3/425	–
Candlewood Suites	313/29,862	–	–	–
Other	78/18,764	–	10/1,988	–
소계	3,609/450,494	631/101,736	250/66,237	214/70,050
비중 %	76.7/65.4	13.4/14.8	5.3/9.6	4.5/10.2
합계	4,704/688,517			

(출처: IHG Annual Report, 2013)

때 IHG는 북미시장 이외의 지역에 진출할 때는 주로 고급브랜드에 집중하고 있다는 것을 알 수 있다. 그리고 가장 가격대가 낮은 Holiday Inn Express는 북미시장 특히 미국에 집중되어 있다는 사실도 미루어 짐작할 수 있다.

IHG의 주력사업은 프랜차이즈이다. 전체 호텔의 84.5%, 전체 객실의 72.8%가 프랜차이즈 사업모델에 의해 운영되고 있으며, 위탁경영에 의해 운영되는 호텔은 전체의 15.4%, 객실은 전체의 26.8%를 점유하고 있다. 직접 소유하거나 리스로 운영되는 호텔은 단지 7개소로 존재감이 거의 없다고 볼 수 있다.

IHG는 전반적으로 프랜차이즈 사업에 비중을 많이 두고 있다. 그러나 〈표 7-9〉에서 보는 바와 같이 아시아 · 중동 · 아프리카 지역과 중국 · 홍콩 · 마카오 · 대만지역은 프랜차이즈에 집중하는 북미나 유럽 지역들과 달리 위탁경영을 채

표 7-9 IHG의 사업모델별 호텔 분포(2014년 3월 31일 기준)

브랜드	프랜차이즈 (호텔수/객실수)	위탁경영계약	소유 & 리스	합 계
북미 및 중남미				
InterContinental	28/8,104	22/8,920	1/424	51/17,450
Crowne Plaza	166/43,891	11/3,491	–	177/47,382
Holiday Inn	757/131,095	17/5,325	2/910	776/137,330
Holiday Inn Express	1,987/174,682	1/252	–	1,988/176,934
Staybridge Suites	163/17,213	26/3,215	–	189/20,428
Candlewood Suites	252/22,310	61/7,552	–	313/29,862
Hotel Indigo	34/3,829	3/515	–	37/4,344
Other	2/6,986	76/11,778	–	78/18,764
소계	3,389/408,112	217/41,048	3/1,334	3,609/450,494
유럽				
InterContinental	8/1,914	22/7,139	1/470	31/9,523
Crowne Plaza	70/16,140	13/3,343	–	83/19,483
Holiday Inn	214/33,330	44/11,479	–	278/44,809
Holiday Inn Express	218/25,593	1/118	–	219/25,711
Staybridge Suites	5/784	–	–	5/784
Hotel Indigo	15/1,426	–	–	15/1,426
소계	530/79,187	100/22,079	1/470	631/101,736
아시아 · 중동 · 아프리카				
InterContinental	7/2,517	60/18,690	1/380	68/21,587

Crowne Plaza	9/1,870	58/17,226	–	67/19,096
Holiday Inn	23/4,450	60/14,391	1/207	84/19,048
Holiday Inn Express	9/2,126	9/1,967	–	18/4,093
Staybridge Suites	–	3/425	–	3/425
Other	3/650	7/1,338	–	10/1,988
소계	51/11,613	197/54,037	2/587	250/66,237
중국 · 홍콩 · 마카오 · 대만				
InterContinental	1/570	29/11,325	1/503	31/12,398
Crowne Plaza	–	68/23,965	–	68/23,965
Holiday Inn	2/1,476	65/20,208	–	67/21,684
Holiday Inn Express	1/138	42/11,253	–	43/11,391
Hotel Indigo	–	5/612	–	5/612
소계	4/2,184	209/67,363	1/503	214/70,050
IHG 전체				
InterContinental	44/13,107	133/46,074	4/1,777	181/60,958
Crowne Plaza	245/61,091	150/48,025	–	395/109,926
Holiday Inn	996/170,351	206/51,403	3/1,117	1,205/222,871
Holiday Inn Express	2,215/202,539	53/13,590	–	2,268/216,129
Staybridge Suites	168/17,997	29/3,640	–	197/21,637
Candlewood Suites	252/22,310	61/7,552	–	313/29,862
Hotel Indigo	49/5,255	8/1,127	–	57/6,382
Other	5/7,636	83/13,116	–	88/20,752
합계	**3,974/501,096**	**723/184,527**	**7/2,894**	**4,704/688,517**

(출처: IHG Annual Report, 2013)

택하는 호텔들이 더 많은 것을 알 수 있다. 이것을 보면 IHG는 경제발전이 비교적 늦은 지역에서는 위탁경영을 주력 사업모델로 이용하고 있다는 것을 알 수 있다. 위탁경영으로 운영되는 총 723개소 중 56%가 이 지역에 존재하고 있으며, InterContinental, Crowne Plaza, Holiday Inn처럼 높은 등급의 브랜드가 이용되고 있다.

한편 브랜드별로 보았을 때 최고등급 브랜드인 InterContinental은 위탁경영에 의해 운영되는 호텔이 133개인 반면에 프랜차이즈 호텔은 훨씬 적은 44개소에 불과하다. 역시 고급브랜드인 Crowne Plaza도 다른 브랜드에 비해 위탁경영의 비율이 현저하게 높게 나타나고 있다.

직접 소유하는 호텔이 거의 없는 IHG의 주요 수입원은 프랜차이즈 수수료와

표 7-10 IHG 2011년-2013년 손익계산서 (단위: 백만 달러)

	2013년	2012년	2011년
매출액	1,903	1,835	1,768
판매비용	(784)	(772)	(771)
관리비용	(541)	(388)	(370)
제휴 및 합자투자에서의 이익	8	3	1
기타 영업이익 및 손실	172	(6)	56
	758	672	684
감가상각	(85)	(94)	(99)
손상(Impairment)	–	23	20
영업이익(Operating Income)	673	601	605
금융수익	5	3	2
금융비용	(78)	(57)	(64)
세금공제 전 이익	600	547	543
세금	(226)	(9)	(78)
순이익(Profit)	374	538	465

(출처: IHG Annual Report, 2013)

표 7-11 IHG 2013년 지역별 경영성과 분석 (단위: 백만 달러)

	2013년	성장률	2012년	성장률	2011
매출액(Revenue)					
북미 및 중남미	916	9.4	837	0.8	830
유럽	400	(8.3)	436	7.7	405
아시아 · 중동 · 아프리카	230	5.5	218	0.9	216
중국 · 홍콩 · 마카오 · 대만	236	2.6	230	12.2	205
중앙시스템	121	6.1	114	1.8	112
합계	1,903	3.7	1,835	3.8	1,768
영업이익(Operating Income)					
북미 및 중남미	550	13.2	486	7.8	451
유럽	105	(6.3)	112	12.0	100
아시아 · 중동 · 아프리카	86	(2.3)	88	4.8	84
중국 · 홍콩 · 마카오 · 대만	82	1.2	81	20.9	67
중앙시스템	(155)	4.3	(162)	(5.2)	(154)
예외적 항목 전 영업이익	668	10.4	605	10.4	548
예외적 영업항목	5	–	(4)	(107.0)	57
	673	12.0	601	(0.7)	605
순금융비용	(73)	(35.2)	(54)	12.9	(62)
세금공제 전 이익	600	9.7	547	0.7	543

(출처: IHG Annual Report, 2013)

위탁경영의 경영수수료이다. IHG의 매출액은 2012년과 2012년 모두 전년도에 비해 3.8%씩 증가했으며, 영업이익은 2012년은 전년에 비해 0.7% 감소했으나 2013년에는 12% 증가했다. 매출액 대비 영업이익률은 2011년 34.2%, 2012년 32.8%, 2013년 35.4%로 모두 30% 이상을 유지하고 있다.

2013년 IHG의 북미 및 중남미 사업부는 매출액이 비교적 크게 신장되며 영업이익도 비교적 많이 증가했다. 그러나 유럽 사업부는 2012년의 선방에도 불구하고 2013년에는 매출과 영업이익이 각각 -8.3%와 -6.3% 감소했다. 아시아 · 중동 · 아프리카 지역도 2012년에는 비교적 선방했으며 2103년에는 매출은 증가했지만 영업이익은 마이너스 성장했다. 중국지역은 2012년에는 훌륭한 성과를 보였지만 2013년에는 전년도에 비해 성장률이 크게 감소한다.

2. Marriott International, Inc.

1927년 Marriott의 설립자인 J. W. Marriott 1세는 미국의 수도 워싱턴DC에서 자

그마한 맥주 바(Root-beer Bar)를 오픈하였다. 개점 후 얼마 안되어 Marriott은 이 가게를 Hot Shoppe란 멕시칸 레스토랑으로 개조하였는데, 이 시기에 미국의 서부지방은 멕시코 음식이 매우 유행하고 있었다. 이에 반해 동부지역은 아직 멕시코 음식이 덜 알려진 상황이었다. Marriott과 아내 Allie는 하루 근로시간이 16시간일 정도로 열심히 일했고, 그 결과 Hot Shoppe는 워싱턴에서만 여섯 점포로 성장하였으며, 필라델피아와 볼티모어 지역으로도 확장하였다. 성장세를 유지하기 위해 Marriott은 보수적인 재무관리시스템을 시도하였고, 메뉴의 표준화와 식재료의 중앙공급 방식을 도입하고, 기타 모든 소요 물자들을 중앙집하장(Central Warehouse)에서 공급하도록 하였다.

이후 항공기 승객에게 점심 도시락을 팔기 시작해서 결국 1937년 Marriott은 본격적으로 항공기내식(Catering) 사업을 최초로 시작하였다. 한편, 1940년대에 Marriott은 성장세가 주춤하였지만 1950년대에 다시 사업을 확장하여 1950년대 말경에는 90여 개소의 Hot Shoppe 점포를 운영하게 되었다. 1953년 Hot Shoppe는 주식시장에 상장하였고, 1957년 Marriott은 워싱턴에 360여 개의 객실을 갖춘 첫 번째 호텔인 Twin Bridge Marriott을 오픈하면서 처음으로 호텔사업에 뛰어들게 된다. 이후 Marriott의 레스토랑 사업은 점차 부진하였으나, 호텔사업에 대한 관심은 점점 고조되었다.

설립자의 아들인 J. W. Marriott 2세는 1964년 부친으로부터 경영권을 인수한 후 레스토랑 사업에서 더욱 공격적인 성장전략을 전개했는데, 1967년 Marriott은 Big Boy 레스토랑 체인과 Farrell's 아이스크림 회사를 인수하였다. 또한 Marriott은 같은 시기에 Roy Rogers 패스트푸드 체인을 창업하고, 1982년에는 Gino's 패스트푸드 체인을 인수하여 대부분 Gino's 점포들을 Roy Rogers 상호로 전환하였다.

한편 호텔사업부문에서의 Marriott의 확장전략은 더욱 가공할 만했다. 1970년에 Marriott은 총 4,770여 개의 객실을 보유한 11개의 호텔을 운영하고 있었으나, 1970년대 말에는 100여 개소의 호텔과 45,000여 개의 객실을 운영하게 되는 획기적인 성장을 이룩한다. 1980년대에도 Marriott은 멈추지 않고 사업영역의 확장을 도모하였다. 예를 들면 1982년 Marriott은 200여 개의 Big Boy 레스토랑, 365여 개의 패스트푸드 점포를 소유하기에 이르렀고, 51개소의 국내선 공항과 21개소의

국제선 여객터미널에 기내식 주방시설을 운영했으며, 급식계약(Contract Food Services)을 통하여 140여 개의 일반기업, 100여 개의 병원과 20여개 대학의 식당을 운영하게 되었다. 부친과 마찬가지로 Marriott 2세도 일관된 상품과 서비스를 고객에게 제공하기 위해서 모든 사업부서들을 강력한 중앙통제식 방법으로 관리하였다. 이렇게 일관적이고 표준화된 기업운영을 고수함으로써 Marriott은 기업의 명성을 유지할 수 있었다. 1980년대에 있어서 Marriott의 성장에 가장 중요한 사항은 호텔사업과 호텔사업의 확장뿐만 아니라 부동산 회사로서의 일면도 갖추게 되었다는 것이다. 다른 호텔기업들과는 달리, 1980년대에 Marriott은 잠재 투자자나 소유자들의 요청을 기다리기보다는 공격적으로 새로운 호텔건설에 뛰어 들었다. 공교롭게도, 이러한 공격적인 확장전략은 Marriott에게 비교적 짧은 시간에 커다란 성장기회도 제공하였지만, 반면에 무리한 확장전략은 이후 창업 이래 최악의 위기로 내몰리게 된다.

1990년대 초부터 불거져 나온 저조한 경영성과의 누적으로 비롯된 과도한 재무적 어려움을 극복하기 위해 1993년 10월 8일 Marriott은 분사(Spin-off)란 고육지책을 수행하게 된다. 분사로 종전의 단일 기업은 2개의 독립된 회사로 다시 탄생하게 되었다. 즉 구 "Marriott Corporation"은 "Host Marriott"으로 상호를 바꾸었고, "Marriott International, Inc."란 새로운 회사가 탄생했다. 분사란 고육지책을 감행하게 된 배경으로는, 1980년대와 1990년대 초까지 Marriott은 특히 호텔사업부에서 공격적인 확장전략을 전개하였는데, 그 결과로 호텔사업부문은 1980년 1개 브랜드 밑에 75개의 호텔과 약 30,000여 개의 객실에서 1993년 말 시점에서 4개의 브랜드에 784개의 직영점 또는 프랜차이즈 호텔과 173,000여 개의 객실을 운영하는 거대한 호텔체인으로 탈바꿈하기에 이르렀다.

Marriott 1세는 회사의 최고경영자(CEO)로서 재직하는 기간인 1927년부터 1964년까지 철저히 부채(Debt)를 이용하지 않는 재무전략을 유지하였다. 하지만 Marriott 2세는 부채를 다른 시각으로 보았는데, 그는 연매출 20% 향상이란 기업의 성장목표를 지속적으로 달성하기 위해 부채의 레버리지 효과를 십분 활용하였다. 확장전략을 수행하기 위한 충분한 투자재원을 확보하기 위해, Marriott은 유상증자보다는 주로 어음과 회사채(Notes and Debentures)를 발행하였다. 이런 어음과 회사채(약 18억 7천만 달러)가 1992년 11월 시점에서 Marriott의 장기부채(Long-term Debt)의 65.7%를 차지하기에 이르렀고, 반면에 담보부사채(Mortgage Debt)는 4억 9천3백만 달러로 장기부채의 약 17.3%를 점하기에 이르렀다. 여기서 특이한 점은 1980년대와 1990년대를 통하여 Marriott은 전혀 유상증자를 실행하지 않았다는 점이다. 오히려 Marriott의 보통주(Common Stocks)는 1982년 142,000,000주에서 1991년 95,000,000주로 오히려 감소되었다. 이것은 Marriott 패밀리가 안정적인 경영권을 확보하기 위한 전략으로 해석이 되고 있다.

1980년대와 1990년대 초까지 Marriott의 성장전략은 다음과 같은 세 가지 측면으로 이해할 수 있다. 첫째, 기업 외부로부터 가능한 최대한의 자금을 확보한다(borrow as much money as possible from outside of the company). 둘째, 많은 양호한 입지조건을 확보한 곳에 새로운 호텔들을 건립한다(build new hotels in variety of the best locations). 셋째, 새로 건설된 호텔들을 투자자에게 판매하는 동시에 위탁경영계약을 통해 운영권을 확보한다(sell those new hotels while holding the right to operate them). Marriott의 확장전략을 부연해서 설명하면, 호텔의 소유권(Ownership)과 경영(Management)의 분리는 Marriott에게 빠른 성장을 위해 필수적인 투자자본의 확보란 부담을 덜어주었을 뿐만 아니라, 위탁경영계약을 통해 Marriott은 직접비용과 간접비용을 부담해야 하는 직접 소유방식보다는 덜 변동적인 현금흐름(Cash Flow)의 체제를 유지할 수 있었다. 또 호텔들로부터 총 매출액의 3%-5%에 달하는 기본수수료(Base Fees)와 영업이익의 일부를 인센티브수수료(Incentive Fees)로 확보할 수 있었다. 이러한 위탁경영으로부터 유래된 비교적 안정된 현금흐름의 확보는 Marriott이 직접 소유해서 경영하는 방식에 비해 자체 현금흐름 대비 높은 수준의 부채비율을 유지하는 것을 가능하게 하였다.

하지만 1980년 동안 지속적인 상승세를 유지하던 미국 호텔산업의 경기는 1989년 말부터 심한 하강기로 빠져들게 되었다. 1986년의 세제개혁(Tax Reform), 경기침체(Recession)와 걸프전(The Gulf War) 등의 부정적인 요소들은 호텔시장을 심각한 지경으로 몰고 갔다. 그 결과 객실 수요의 감소와 미국 기업들의 전반적인 경영환경의 악화는 호텔산업의 환경을 최악의 상황으로 몰고 갔다. 이런

총체적인 위기상황은 Marriott에게 심각한 문제로 부각되기에 이르렀는데, 특히 객실점유율(Occupancy)의 저하는 현금흐름의 현저한 감소를 가져왔다(예: 1989년 5억 9백만 달러에서 1990년 3억 7천5백만 달러). 그러나 Marriott은 새로운 호텔들을 개발하기 위해 비롯된 장기부채의 이자를 충당하기 위해서도 훨씬 많은 현금이 필요한 상황이었다.

엎친 데 덮친 격으로 높은 비율의 부채를 안고 건설된 새로운 호텔들의 판매 상황도 최악에 이르렀고, 판매를 위해 건립된 새 호텔들의 재고도 최고조에 이르게 되었다. Marriott은 새로 건설된 호텔들을 매각해서 이자비용을 충당할 수도 있었다. 그러나 1991년 시장에서 호텔부동산의 시장가치는 1989년에 비해 18%나 감소되어 있었다. 이러한 환경변화는 Marriott 경영진에게 호텔 매각을 주저하게 만들었다. Marriott의 재무구조 악화는 결국 신용평가회사인 무디스(Moody's)가 1990년과 1991년에 걸쳐 계속하여 Marriott의 부채 등급을 강등하는 결정적인 요인을 제공하게 되었다. 따라서 재무구조의 악화를 극복하기 위하여 경영진은 문제를 해결하고 기업의 미래 성장을 지속할 수 있는 대안을 찾기에 전력을 기울이게 된다.

그 시점에서 Marriott은 어떻게 기업을 재활성화(Re-invigorate)할 수 있는가를 결정해야 했다. 해결책을 발견하기는 어려웠으며, 변화된 전략의 실행은 큰 위험을 감수해야 했다. 결국, Marriott 2세는 기업의 최고재무경영자(CFO)인 Steven Bollenbach에 의해 개발된 전략적 결정을 실행에 옮기기로 결심한다. 드디어 1992년 10월 5일 Marriott은 장기 전략인 기업분사 계획을 발표하기에 이르렀다. 이 계획의 핵심내용은 Marriott Corporation의 대다수 부채와 소유 호텔들의 소유권은 상호를 바꿔서 Host Marriott에 넘기고, Marriott International이란 새로운 기업은 부채부담에서 벗어나서 위탁경영계약에 의한 실질적인 호텔운영에만 전담케 하자는 것이었다.

경영진들이 예상한대로 분사 발표의 소식에 월스트리트 주식시장은 우호적으로 반응하였다. Marriott의 주식가격은 발표 후 3일 동안에 11.68%가 상승하였는데, 구체적으로 1992년 10월 2일 $17.125이던 주식가격이 $19.125로 상향되었다. 그러나 Marriott의 회사채 채권자(Bondholders)들은 주식투자자(Stockholders)의 주식가격 상승으로 인한 이득은 반대로 채권의 가치가 절하됨에 따라 그들이 부담하는 비용이란 것을 비로소 알게 되었다. 채권자들의 자본이 주식투자자와 Marriott 본사한테로 이전된 것이었다. 이 결과는 분사 소식에 무디스가 Marriott의 부채 투자등급을 Baa3에서 Ba2로 하향 조정한 데서 기인된 것이었다. 등급 강등으로 인하여 Marriott의 부채와 우선주의 총 가치는 약 3억 5천8백만 달러가 감소하였는데, 이는 분사 발표 전과 비교하여 14.35%란 총가치의 감소를 의미하였다.

분노한 채권자들은 분사계획의 실행을 막기 위하여 분사계획 발표 후 십여 일 사이에 두 건의 법적 소송을 제기하였고, 연말에 이르러서는 열 건으로 증가되었다. 따라서 분노한 채권자들의 요구에 부응하기 위하여 경영진은 초기 분사계획을 수정하게 되었다. Marriott 패밀리는 채권자들의 강한 반발이 Marriott의 명성을 훼손하게 되는 것을 크게 걱정했다고 한다. 수정된 분사계획은 1993년 7월 23일 주주들에 의해 승인되었고, 1993년 10월 8일 Marriott은 특별 배당금(Special Dividends)의 지급을 통해 분사계획을 실행에 옮기게 되었다. 수정안의 핵심 내용은 초안에 의해 부채부담이 거의 없게 설계된 Marriott International에 상당액의 장기부채를 이월하여, Host Marriott의 부채에 대한 과도한 부담을 덜게 해주었다.

특별배당이 실행된 날을 기준으로 했을 때, 분사발표 이래로 누적된 채권자들의 부(Wealth)의 손실은 약 1억 9천5백만 달러에 이르렀고, 반대로 주식투자자들의 이득은 약 8천1백만 달러에 달하였다. 결과적으로 발표 전 Marriott의 유가증권(Securities = Stocks and Bonds)의 총가치 감소액은 약 1억 1천4백만 달러에 달하였다. 그러나 분사 이후 Marriott International은 다시 경쟁력을 되찾게 되었다. 왜냐하면 개선된 재무구조로 인하여 성장에 소요되는 부채를 다시 자본시장에서 조달할 수 있게 되어 미래의 기회를 포착할 수 있는 좋은 위치에 놓이게 되었기 때문이다. Marriott International은 이후 지속적으로 성장하게 된다.

2013년 12월 31일을 기준으로 했을 때 Marriott은 세계 72개국에서 총 675,623실의 객실과 총 3,916개소의 호텔을 운영하는 세계 2위의 다국적 체인호텔로 눈부신 성장을 이룩하였다. Marriott의 눈부신 성장을 가능하게 한 경쟁우위는 경험 및 문화, 주요 브랜드, 브랜드 선호도, 글로벌 규모 및 활용(공유 서비스, Marriott.com,

Marriott Rewards, Ritz-Carlton Rewards) 등으로 확인되고 있다.

Marriott은 총 객실의 41%는 위탁경영계약에 의해 운영되고 있으며, 53%는 프랜차이즈 계약에 의해 운영되고 있다. 2%는 Marriott이 직접 소유하거나 리스로 운영되고 있으며, 나머지는 Marriott이 위탁경영하는 호텔에 합작투자(Joint Venture)된 것이다. 그리고 총 3,916개소의 호텔에서 68%인 2,672개의 호텔은 프랜차이즈, 26%인 1,018개의 호텔은 위탁경영으로 운영이 되고 있다. Marriott이 직접 소유하여 운영하는 호텔은 불과 9개소에 불과하며, 35개소는 임차(Lease)하여 운영되고 있다(〈표 7-12〉).

그리고 〈표 7-12〉를 살펴보면 Marriott은 Ritz-Carlton, Marriott, Renaissance 등과 같은 고급브랜드에서는 위탁경영을 강조하고 있으며, Courtyard, Residence Inn, Fairfield Inn, TownePlace Suites, SpringHill Suites med과 같은 비교적 저가브랜드

표 7-12 Marriott의 브랜드별/사업모델별 호텔 분포(2013년 12월 31일 기준)

브랜드	직접소유		리스		위탁경영		프랜차이즈		기타	
	호텔수	객실수	호텔수	객실수	호텔수	객실수	호텔수	객실수	호텔수	객실수
Marriott Hotels	2	716	7	3,325	320	130,639	230	70,221	–	–
Renaissance	–	–	8	1,998	80	31,028	65	18,874	–	–
Autograph Col.	–	–	–	–	2	395	49	10,720	5	348
Gaylord Hotels	–	–	–	–	5	8,098	–	–	–	–
Ritz-Carlton	1	180	2	552	85	24,837	–	–	40	4,228
Bulgari	–	–	–	–	2	117	1	85	–	–
EDITION	1	173	–	–	1	78	–	–	–	–
AC Hotels	–	–	–	–	–	–	–	–	75	8,491
Courtyard	4	699	18	2,667	313	52,792	618	84,391	–	–
Residence Inn	1	192	–	–	127	18,210	525	61,003	–	–
TownePlace Ss	–	–	–	–	22	2,440	202	19,877	–	–
Fairfield Inn	–	–	–	–	5	1,345	703	63,620	–	–
SpringHill Suites	–	–	–	–	29	4,582	279	31,605	–	–
Timeshare	–	–	–	–	–	–	–	–	62	12,802
Marriott Exe. A.	–	–	–	–	27	4,295	–	–	–	–
소계	9	1,960	35	8,542	1,018	278,856	2,672	360,396	182	25,869
	0.2%	0.3%	0.9%	1%	26%	41%	68%	53%	5%	4%
Marriott 전체	3,916/675,623									

(출처: Marriott Annual Report, 2013)

표 7-13 Marriott의 호텔 브랜드/사업모델 포트폴리오(2013년 12월 31일 기준)

브랜드	소유 · 리스 · 위탁경영		프랜차이즈		비통합 합작투자	
	호텔수	객실수	호텔수	객실수	호텔수	실수
미국						
Marriott Hotels	130	67,762	182	55,534	–	–
Marriott Conference Center	10	2,915	–	–	–	–
JW Marriott	15	9,735	7	2,914	–	–
Renaissance Hotels	33	15,035	41	11,805	–	–
Renaissance ClubSport	–	–	2	349	–	–
Gaylord Hotels	5	8,098	–	–	–	–
Autograph Collection	–	–	32	8,410	–	–
The Ritz-Carlton	37	11,040	–	–	–	–
The Ritz-Carlton-Residential	30	3,598	–	–	–	–
Courtyard	274	43,200	562	74,493	–	–
Fairfield Inn & Suites	4	1,197	687	61,724	–	–
SpringHill Suites	29	4,582	277	31,306	–	–
Residence Inn	122	17,653	507	58,403	–	–
TownPlace Suites	22	2,440	200	19,509	–	–
Timeshare	–	–	47	10,506	–	–
소계	711	187,255	2,544	355,043	–	–
미국 외 지역						
Marriott Hotels	137	40,456	37	10,757	–	–
JW Marriott	37	13,812	4	1,016	–	–
Renaissance Hotels	55	17,991	22	6,720	–	–
Autograph Collection	2	395	17	2,310	5	348
The Ritz-Carlton	47	13,950	–	–	–	–
The Ritz-Carlton-Residential	9	575	1	55	–	–
The Ritz-Carlton S Aparts	4	579	–	–	–	–
EDITION	2	251	–	–	–	–
Bulgari Hotels & Resorts	2	117	1	85	–	–
Marriott Executive Aparts	27	4,295	–	–	–	–
AC Hotels by Marriott	–	–	–	–	75	8,491
Courtyard	61	12,958	56	9,898	–	–
Fairfield Inn & Suites	–	148	16	1,896	–	–
SpringHill Suites	–	–	2	299	–	–
Residence Inn	6	749	18	2,600	–	–
TownPlace Suites	–	–	2	278	–	–
Timeshare	–	–	15	2,296	–	–
소계	390	106,276	191	38,210	80	8,839
Marriott 합계	1,101	293,531	2,735	373,253	80	8,839

(출처: Marriott Annual Report, 2013)

는 프랜차이즈를 주력으로 이용하고 있다는 사실을 파악할 수 있다.

〈표 7-13〉은 Marriott의 브랜드를 사업모델별 및 지역별로 분류한 것이다. 여기서도 고급 브랜드는 위탁경영, 저가 브랜드는 프랜차이즈를 이용하는 성향을 다시 확인할 수 있다. 그러나 〈표 7-13〉에서 볼 수 있는 다른 중요한 사실은 미국 이외의 지역에서는 프랜차이즈를 주로 채택하는 미국지역과 달리 오히려 위탁경영을 훨씬 많이 이용하고 있다는 사실을 확인할 수 있다. 특히 Marriott의 대표적인 최고급 브랜드인 Ritz-Carlton은 프랜차이즈를 전혀 채택하지 않고 있다. 또한 Marriott은 자국인 미국을 제외한 지역에 진출할 때는 주로 고급 브랜드와 위탁경영을 조합하는 방식을 채택하고 있다는 것을 알 수 있다.

또한 〈표 7-14〉를 보면 Marriott은 미국시장에 대한 의존도가 매우 높다는 사실을 알 수 있다. Marriott이란 전체 시스템에서 미국시장은 무려 총 객실의 77%, 총 호텔의 83%를 차지하고 있다. 다른 지역을 보면 어떤 지역도 10%를 넘게 점유하는 곳은 없다. 미국시장에 대한 지나친 편중은 세계화란 트렌드에 비춰봤을 때 강점으로 내세울 수 있는 사항은 아닐 것이다.

한편 2013년에 161개의 호텔(25,430실)이 새로 Marriott 체인에 가입한 반면에 51개의 호텔(10,299실)은 체인을 탈퇴하였다. 또 2012년에는 122개의 호텔(27,059실)이 새롭게 Marriott 시스템에 가입하며 반대로 42개의 호텔(8,883실)은 탈퇴를

표 7-14 Marriott의 세계 지역별 진출 현황(2013년 12월 31일 기준)

지역	호텔수	비중 %	객실수	비중 %
미국	3,255	83.1	522,298	77.3
캐나다	80	2.0	15,749	2.3
중남미	89	2.2	19,983	3.0
영국 및 아일랜드	66	1.7	12,645	1.8
중동 및 아프리카	44	1.1	13,095	1.9
중국	67	1.7	25,140	3.7
아시아	53	1.4	23,271	3.4
호주	5	0.1	1,527	0.2
유럽	227	5.8	41,915	6.2
합계	**3,916**	**100%**	**675,623**	**100%**

(출처: Marriott Annual Report, 2013)

표 7-15 Marriott 2011년-2013년 손익계산서 (단위: 백만 달러)

	2013	2012	2011
매출(Revenue)			
위탁경영 기본수수료	621	581	602
프랜차이즈 수수료	666	607	506
위탁경영 인센티브수수료	256	232	195
소유, 리스, 기타의 판매액	950	989	1,083
Timeshare sales and services	–	–	1,088
중앙시스템비용 실비정산(Cost Reimbursements)	10,291	9,405	8,843
	12,784	**11,814**	**12,317**
영업비용(Operating Costs and Expenses)			
소유, 리스, 기타의 영업비용	779	824	943
Timeshare-direct	–	–	929
Timeshare strategy-impairment charges	–	–	324
중앙시스템비용 실비정산(Cost Reimbursements)	10,291	9,405	8,843
일반관리비	726	645	752
	11,796	**10,874**	**11,791**
영업이익(Operating Income)	**988**	**940**	**526**
이득 및 기타 수익	11	42	(7)
이자비용	(120)	(137)	(164)
이자수익	23	18	14
지분손실	(5)	(13)	(13)
법인세공제 전 이익(Income Before Income Taxes)	**897**	**849**	**356**
법인세	(271)	(278)	(158)
당기순이익(Net Income)	**626**	**571**	**198**

(출처: Marriott Annual Report, 2013)

했다.

Marriott의 매출액은 크게 세 가지 분야에서 유래된다. 첫째, 위탁경영과 프랜차이즈 계약을 통해 지급받는 수수료 수입이다. 둘째, 직접 소유해서 운영하는 9개의 호텔과 임차하여 운영되고 있는 35개 호텔에서 벌어들이는 판매액이다. 셋째, 중앙시스템비용의 실비정산(Cost Reimbursements) 수입이다. 위탁경영 및 프랜차이즈를 지원하기 위해 Marriott 본사의 예약시스템, 마케팅 등에 대한 서비스 제공에 소요되는 비용으로 이는 호텔 소유주들이 Marriott에게 실비로 정산하고 있다. 즉 Marriott은 제공되는 서비스에 대한 비용을 이윤을 고려하지 않고 실비로 정산하여 받는다. 따라서 Marriott의 이익수준에 영향을 미치는 매출은 결국 수수료 수입과 소유 및 리스 호텔에서 유래되는 수입이 거의 전부인 것이다.

2013년 Marriott의 매출액은 전년에 비해 9% 증가한 127억 달러이며, 영업이익은 9억 8천8백만 달러(7.7%), 당기순이익은 6억 2천6백만 달러(4.9%)이다〈표 7-15〉). 2012년은 매출은 마이너스 성장을 기록했지만 영업이익과 당기순이익의 수준은 오히려 2011년보다 더 높게 나타났다.

2013년 매출이 증가한 원인은 실비정산을 제외하면 프랜차이즈 수수료가 2012년에 비해 5천9백만 달러 증가했으며, 또 위탁경영의 기본수수료는 4천만 달러, 인센티브수수료는 2천4백만 달러가 증가한 것에 기인한다. 또 2013년에 위탁경영에 의해 운영되는 총 호텔의 39%가 인센티브수수료를 지급했으며, 2012년의 33%에 비해 조금 개선됐다. 한편 같은 해 북미 이외의 지역에서 위탁경영되는 호텔의 58%가 인센티브수수료를 지급했는데, 2012년에는 69%가 지급했다. 반면에 2013년 북미에서 위탁경영되는 호텔의 22%가 인센티브수수료를 지급했는데, 이는 2012년의 15%에 비해 개선된 것이다.

표 7-16 Marriott의 위탁경영/프랜차이즈 수수료 트렌드 (단위: 백만 달러)

연도	북미(미국+캐나다)	북미 이외 지역	수수료 합계
2004	682(78%)	191(22%)	873
2005	809(79%)	218(21%)	1,027
2006	955(78%)	269(22%)	1,224
2007	1,115(78%)	313(22%)	1,428
2008	1,038(74%)	359(26%)	1,397
2009	806(74%)	278(26%)	1,084
2010	878(74%)	307(26%)	1,185
2011	970(74%)	333(26%)	1,303
2012	1,074(76%)	346(24%)	1,420
2013	1,186(77%)	357(23%)	1,543

(출처: Marriott Annual Report, 2013)

8

다국적 체인호텔의 글로벌전략

제1절 체인호텔의 경쟁력

제2절 다국적 체인호텔의 해외진출 동기

제3절 글로벌 호텔산업의 외부환경 분석

제4절 다국적 체인호텔의 해외시장 진입전략

제5절 다국적 체인호텔의 세계화전략: 표준화와 현지화

제6절 다국적 체인호텔의 글로벌 성장전략

다국적 체인호텔의 글로벌전략

제1절 체인호텔의 경쟁력

호텔산업을 크게 분류하면 독립경영호텔(Independent Hotel)과 체인호텔(Chain Hotel)이란 두 개의 조직형태로 분류할 수 있다. 독립경영호텔은 체인호텔과는 아무런 관계를 맺지 않고 호텔 소유주가 독립적으로 하나 또는 그 이상의 호텔을 운영하는 조직형태를 말한다. 반면에 체인호텔은 다른 호텔들과 함께 특정 브랜드에 가입하여(Affiliated) 운영되는 호텔을 말한다. 체인에 가입한 호텔은 첫째, 체인본부(HQ)에 의해 소유(Owned)되고 운영되는 호텔, 둘째, 체인본부가 타인 소유의 호텔을 임차(Leased)하여 운영하는 호텔, 셋째, 체인본부와의 프랜차이즈 계약에 의해 운영되는 호텔, 넷째, 소유주를 대리하여 위탁경영회사(Managing Company)에 의해 운영(Management Contract)되는 호텔로 구분할 수 있다.

제7장에서 우리는 다국적 체인호텔들이 고속으로 성장한 것을 보았다. 특히 제2차 세계대전 이후 미국에서는 Statler, Hilton, Sheraton을 중심으로 체인호텔들은 급속한 성장을 이룩하게 된다. 이런 고속성장의 결과로 1987년에는 미국 호

텔의 약 62%가 체인호텔에 의해 운영되었다고 한다. 그렇다면 여러분은 아마도 왜 체인호텔들은 그렇게 빨리 성장할 수 있었을까에 대한 의문을 가질 수 있을 것이다. 이에 대한 답은 한마디로 효율성(Efficiency)이다. 이에 대한 사례로서 미국 호텔시장의 경우를 아래에서 보기로 한다.

체인호텔이 독립경영호텔과 비교했을 때 보유되는 장점은 다음과 같다. 첫째, 중앙예약시스템(CRS)을 통해 체인의 특정 호텔에서 체인 내의 다른 호텔로 쉽게 객실예약을 유인할 수 있어 엄청난 거래를 확보할 수 있다. 유명한 체인호텔 브랜드의 중앙예약시스템은 소비자가 객실을 예약하려 할 때 선점효과를 거둘 수 있다. 둘째, 마케팅과 판촉활동이다. 독립경영호텔은 감히 할 수 없는 신문, 잡지, 라디오, TV, 인터넷 등의 매체를 통해 전국적인 광고캠페인을 시행할 수 있다. 체인에 가입된 호텔들은 배분된 적은 비용으로 총비용을 투자한 효과를 거둘 수 있다. 유명 브랜드에 가입한 호텔은 광고효과가 즉각적으로 나타날 수 있다. 또한 비용이 많이 소요되는 소비자에 대한 시장조사도 같은 이치이다. 셋째, 체인호텔은 객실의 가구부터 전화기에 이르기까지 많은 물품들을 구매함에 있어 대량으로 구매가 가능하기 때문에 비용을 크게 절감할 수 있다. 넷째, 비용을 가입한 호텔들에게 전가할 수 있기 때문에 체인호텔은 합리적인 호텔경영에 필요한 여러 분야에서 다양한 전문가들을 고용할 수 있다. 다섯째, 본부로 중앙화된 회계, 연구개발, 건설 및 건축, 부동산 개발 등의 활동을 통해 독립경영에 비해 훨씬 저렴한 비용으로 경영합리화를 이룩할 수 있다. 여섯째, 규모가 큰 체인호텔은 독립경영호텔에 비해 훨씬 쉽게 자금을 조달할 수 있으며, 따라서 비교적 빨리 성장할 수 있다

독립경영호텔도 체인호텔이 보유하지 못한 여러 장점을 보유하고 있다. 첫째, 거대한 관료제 조직에서 볼 수 있는 여러 단계의 결재절차 없이 신속하게 의사결정을 내릴 수 있다. 둘째, 자유롭게 기업가정신(Entrepreneurship)을 발휘하여 시장에서 새롭게 등장하는 기회를 선점할 수 있다. 셋째, 프랜차이즈 로열티와 위탁경영 수수료를 지출하지 않으므로 비용을 절감하여 이윤을 극대화할 수 있다.

과거 미국에서 각 시장에서 체인호텔과 격한 경쟁을 벌였던 독립경영호텔은

다음과 같은 선택에 직면했었다고 한다. 첫째, 매출액이 감소함에 따라 이에 대응하기 위해 독립경영호텔은 유지보수에 대한 비용을 삭감하고 객실요금을 인상하였다. 이런 대응은 매우 흔한 전략이었지만 대부분 효과적이지 않았다고 한다. 둘째, 독립경영호텔이 시설향상, 현대화, 판촉활동을 위한 자금을 염출할 수 있는 경우 이에 투자하는 모험을 감행하였다고 한다. 이 전략은 매우 효과적이었으며, 이로 인해 많은 독립경영호텔들이 독립적인 위상을 유지할 수 있었다고 한다. 셋째, 경쟁이 더욱 심화되어 더 늦어지기 전에 조그만 이윤을 위해 호텔을 매각했다고 한다. 이런 이유로 해서 미국의 체인호텔들은 새로운 호텔건설에 대한 큰 노력을 기울이지 않고서도 신속하게 성장할 수 있었다고 한다.

역시 과거 미국에서 조그마한 지역의 작은 호텔들은 두 가지 시련에 맞닥치게 되었다고 한다. 첫째는 체인호텔의 효율성이었으며, 둘째는 새롭게 등장하는 모텔(Motel)과의 경쟁이었다. 이런 곤경을 헤쳐 나가기 위해서 독립경영호텔들은 영업방식을 변경했다고 한다. 즉 생존을 담보하기 위해 많은 독립경영호텔들은 줄어드는 객실판매액으로 인한 손실을 보충하기 위해 식음료(F&B) 판매를 확대하는 전략을 시행했다고 한다. 일부의 경우에는 성공했지만 많은 독립경영호텔들은 결국 문을 닫아야만 했다.

체인호텔들이 급속히 성장해서 생존을 위협하게 되자 독립경영호텔들도 생존을 위한 몸부림을 치게 된다. 최고의 서비스와 명성을 자랑하는 미국의 대표적인 크고 호화로운 독립경영호텔은 서로의 자율성(Autonomy)을 헤치지 않으면서 체인경영의 장점을 확보할 수 있는 여러 가지 방법들을 모색하게 된다. The Robert Warner Agency는 독립적으로 운영되는 여러 유명한 호화호텔들을 설득한 끝에 The Distinguished Hotels를 창립한다. 이 조직은 참가호텔들의 자원을 통합하여 체인호텔처럼 예약, 광고, 판촉 등에 대한 효율적인 활동을 개시하게 된다. 이런 형태의 조직은 현재 Consortia 형태로 발전하여 운영되고 있다. 제7장 〈표 7-5〉에는 현재 활동하는 Consortia의 조직형태를 보여주고 있다.

리퍼럴조직(Referral Organization) 조직은 체인호텔의 독주에 대항하기 위해 독립경영호텔들이 만든 또 하나의 조직형태이다. 체인호텔과 같은 브랜드, 중앙예약시스템, 마케팅, 광고 등에 대한 이점을 확보하기 위해 만들어진 이 조직이 독립경영호텔들의 자율성을 보장하였다고 한다. 위에 소개한 The Distinguished Hotels와 달리 리퍼럴조직은 체인호텔처럼 중앙예약시스템을 운용할 뿐만 아니라 호텔들에게 멤버십을 유지하기 위해서 특정한 수준의 최소표준을 준수할 것을 요구했다고 한다. 이런 목적을 달성하기 위해서 호텔들은 주기적으로 시설, 서비스, 표준 등에 대한 평가를 받아야 했다. 좋지 않은 평가결과가 나오면 해당 호텔은 탈퇴해야만 했다. 각 호텔은 광고, 예약시스템의 유지 등에 대한 비용을 충당하기 위해 해마다 이용요금을 냈는데, 비용의 산출은 호텔의 객실 규모를 기준으로 했다고 한다. 당시 유명했던 리퍼럴조직에는 Quality Court, Best Western, Best Eastern, Master Hotels 등이 존재했었다. 그러나 이 조직들이 후에 Marriott이나 Hilton과 같은 Full-service Hotel Chain으로 변경됨에 따라 현재 진정한 형태의 리퍼럴조직은 자취를 감추게 되었다고 한다. 예를 들면, 1974년 Best Western은 Referral 조직의 이미지를 포기하고 체인호텔로 변경한다.

제2절 다국적 체인호텔의 해외진출 동기

일반적인 다국적기업처럼 지속적인 성장을 중요시하는 다국적 체인호텔은 보통 세 가지 선택을 할 수 있다. 첫째, 현재 활동하는 국내시장을 확대하는 것이고, 둘째, 국내시장에서 표적시장에 맞는 새로운 상품과 서비스의 출시이며, 셋째, 해외에 진출하여 새로운 시장을 개척하는 것이다. 다국적 체인호텔이 성장기회를 위해 해외시장으로 진출할 때 현지국의 법률시스템 외국인투자에 대한 제한, 문화적 차이, 경제시스템, 규제시스템, 노동법의 차이, 원재료의 존재 여부 등과 같은 다양하고 복잡한 도전에 접하게 된다.

일반적으로 다국적 체인호텔의 해외진출 동기는 다섯 가지로 요약될 수 있다. 첫째, 해외진출에 대한 가장 큰 동기는 새로운 시장을 찾기 위한 것이다. 1980년대 자국시장의 포화되어 성장이 정체되는 것을 실감한 미국의 체인호텔들은 새로운 성장의 발판을 마련하기 위해서 해외시장으로 진출을 모색하게 된다. 보통 해외진출국가의 선정은 시장규모, 시장성장성, 매력적인 세분시장의 존재, 해당 체인의 브랜드에 대한 수요 등에 의해 결정된다. 둘째, 특정 자원을 확보하기 위해서다. 이들이 해외진출을 고려할 때 선호하는 것에는 풍부한 천연자원, 좋은 공급자, 숙련된 근로자, 진보된 기술, 사회 인프라의 존재, 효율적인 금융시장, 자원배분정책 등이다.

셋째, 규모의 경제 및 범위의 경제를 통한 효율성을 향상하기 위해 해외진출을 감행한다. 특정 활동을 위한 특정 입지의 우위를 활용하여 경영합리화를 도모할 수 있는 네트워크를 구축한다. 또 세계를 상대로 값싼 원재료 또는 노동력을 찾는 글로벌소싱과 동일 상품에 대한 수요를 갖는 국가들을 한데 묶어 규모의 경제를 실현하는 것도 효율성의 동기에서 비롯되었다. 그리고 막대한 비용이 투자되어 구축된 특정한 장비 또는 시스템을 여러 시장에서 활용함으로써 범위의 경제를 극대화할 수 있다. 넷째, 위험의 분산이다. 글로벌 시장이 서로 통합되고는 있지만 세계 각 국가별 비즈니스 주기가 정확히 일치하지는 않는다. 또 각 국가마다 호경기 또는 불경기가 정확히 동시에 일어나지는 않는다. 세계 여러 국가에 진출함으로써 다국적기업은 경기의 변동성을 감소시켜 안정적인 수익을 꾀할 수 있다. 호텔산업에서도 사업주기(Business Cycle)가 서로 다른 국가로 진출함으로써 위험을 분산하는 효과를 거둘 수 있다. 다섯째, 경쟁강도가 높은 산업에서 경쟁기업의 움직임에 매우 민감하다. 따라서 특정기업이 해외국가로 진출하면 경쟁기업은 바로 따라하게 된다. 특히 직접적으로 경합을 벌이고 있는 기업이 해외시장에 진출하면 뒤질세라 곧바로 진출을 결정하는 기업들이 많다.

한편 다국적 체인호텔의 진출은 현지국가에게 고용창출, 국내투자의 촉진, 사회 인프라의 확충, 선진 경영기술의 이전 등을 통해 경제성장에 이바지하고 있다. 기업하기 좋은 환경을 조성하여 다국적 체인호텔의 진출을 촉진하기 위해서는 선행되어야 하는 기본 전제가 있다. 첫째, 효과적인 비자관리를 통해 국경을 개방해야 한다. 둘째, 공항 및 도로 같은 충분한 관광인프라를 건설한다. 셋째, 관광안내소, 주유소 등 관광지원시스템이 잘 구비되어 있어야 한다. 넷째, 충분한 항공노선과 편수를 확보해야 한다.

제3절 글로벌 호텔산업의 외부환경 분석

대다수 기업은 국내시장을 위주로 비즈니스를 개시하여 성공을 하면 이를 기반으로 하여 결국 국제시장으로 진출하게 된다. 그러나 정치, 경제, 사회, 문화가 다른 국가로 진출하기 위해서는 해외시장에 대한 정보를 수집 · 분석 · 평가 · 통합해야 한다. 이를 통해서 성장을 위한 기회의 존재 여부를 파악한다. 이와 동시에 기업 내부에 대한 철저한 분석을 통해 해외시장 진출을 위한 충분한 자원과 역량이 축적되어 있는지에 대한 정확한 평가가 따라야 한다. 이렇게 내 · 외부 환경에 대한 분석이 끝나면, 이를 기반으로 해서 해외사업에 대한 비전(Vision)이 만들어진다. 다음으로 장기 비전을 바탕으로 해외사업에 대한 목표가 설정된다. 이와 같은 목표를 달성하기 위해 보다 구체적인 전략이 수립되어서 실행이 되기에 이른다.

이처럼 다국적 체인호텔은 외국시장에 진출하기 전에 반드시 세계 호텔산업 전반에 대한 즉 외부환경 분석(Environmental Scanning)을 실시해야 한다. 21세기 글로벌 경영환경에서 변하지 않는 유일한 사실은 변화는 멈추지 않고 계속되고 있다는 사실이다. 즉 기업과 산업을 둘러싸고 있는 외부환경은 점점 복잡해지고 역동적으로 변하고 있다. 해외시장에 진출하기 이전에는 국내산업의 변화에 초점을 맞추어 환경변화를 주시했지만, 이제 세계적인 환경으로 초점을 바꿔야 한다. 비록 기본적인 개념들은 변함이 없지만 복잡성은 한층 증가되었다. 예를 들면 〈그림 8-1〉에서 보듯이 거시(정치, 경제, 사회문화, 기술, 생태) 및 과업환경(소비자, 경쟁사, 공급자, 법제정자)의 분류에는 변함이 없다. 그러나 경영진은 비즈니스를 수행하는 각 국가의 환경을 파악하여야 하는데, 이러한 복잡한 과정은 각 환경차원의 국가적 및 지역적 차이에 의해 조정된다. 각 환경차원에서 이벤트가 진행되는 시점은 물론이고 그들의 영향력도 서로 다를 것이다. 최고경영층은 국내 및 국제시장 성장계획에 영향을 미칠 수 있는 세계적 또는 지역적 변화요인을 감지하기 위해 이에 대한 정보를 수집해서 반드시 통합해야 한다.

점점 증가하는 복잡성을 이해하는데 도움을 제공하기 위해 세계 호텔산업에 중요한 영향을 미치는 일부 요인들은 다음과 같다. 더욱 자유로워진 세계자본의

그림 8-1 호텔산업의 환경분석 Framework

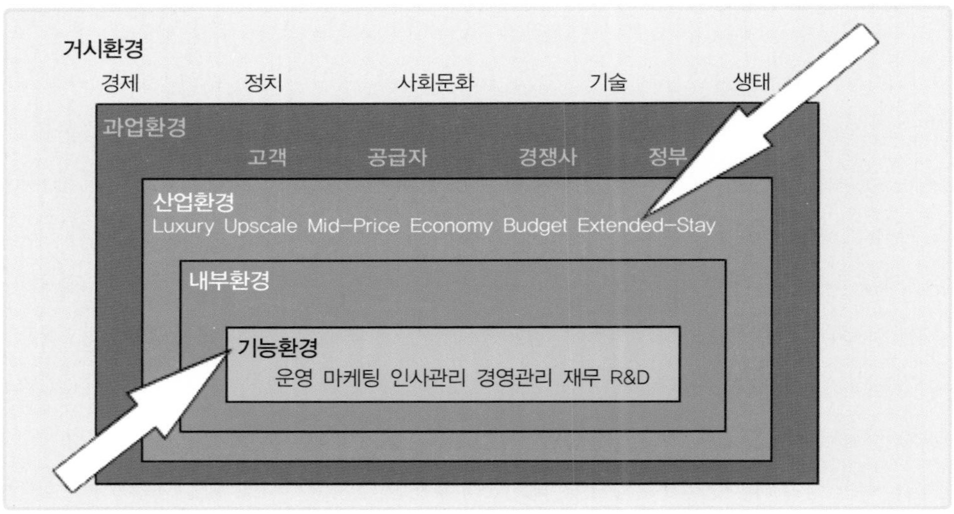

(출처: Olsen, West & Tse, 1998)

이동(경제), 기술과 교통의 발전(기술), 자유경쟁 시장체제의 확산(정치) 등이며, 또 다른 요인은 선진국들에서 호텔산업의 포화와 이로 인한 경쟁심화(경쟁), 아시아, 남아메리카, 동유럽 지역에서 숙박시설 및 서비스에 대한 수요 증가와 급속한 개발, 세계 인구에서 중산층의 증가(사회문화) 등이다. 이 모든 요인들은 다국적 체인호텔이 성공적인 전략을 수립하는데 직면하게 되는 복잡성을 한층 증가시키고 있다.

다국적 체인호텔은 특정 지역에 대한 투자를 결정하기 전에 예측이 힘든 위협적인 요인에 대처하기 위한 철저한 분석을 하는데 필요한 이벤트들을 관찰하고 있었다. 이런 이벤트들은 다음과 같다.

거시환경(Remote Environment)에서 다국적 체인호텔에 의해 고려되는 일부 주요 정치적 이벤트들은 자본의 본국송출 제한, 이윤과 위탁경영 수수료 또는 로열티에 대한 제한, 현지국가의 불공정한 세제, 자국화폐를 타국화폐로 전환에 하는 것에 대한 제한, 가격통제, 정치적 불확실성과 불안정, 제한적인 노동법과 특허관계법 등이 있다. 이와 같은 이벤트가 덜 제한적인 국가에 다국적기업은 호텔들을 인수하기 위해 많은 자금을 투자한다. 예를 들면 1980년대에 일본, 영국,

프랑스 및 아시아의 투자자들이 미국의 체인호텔들을 인수하기 위해 막대한 자본을 투자하였다. 반면에 이와 같은 이벤트를 쉽게 예측할 수 없어 불확실성(Uncertainty)이 높은 국가에 투자를 결정한다면 위험을 줄이기 위하여 자본을 직접 투자하지 않는 방법을 이용하고 있다. 예를 들면 정치환경이 불안정한 국가에 진출할 때는 수반되는 위험을 감소하기 위해 위탁경영계약이나 프랜차이즈를 이용하고 있다. Holiday Inn Worldwide의 前 회장 겸 CEO였던 Bryan Langton은 특정 국가에 진출할 때 정치적 안정성, 정책의 안정성 및 해당국 정부의 태도 등 정치적 영향을 아주 강하게 반영했다고 한다.

경제환경에서 현지국의 전반적인 경제상황은 아주 중요한 이벤트이다. 국내총생산(GDP)과 사회기반시설은 핵심적인 고려사항이며, 관광산업에 관련된 다른 중요한 이벤트는 해외관광객의 수와 지출액, 현지국의 중산층 규모와 가처분소득의 수준 등이다. 서로 다른 세분시장에 집중하는 기업들은 여러 경제변수들을 다르게 해석할 수 있다. 해외의 비즈니스 여행자들을 주요 고객으로 삼고 고급호텔을 운영하는 체인호텔은 현지국의 무역규모가 주된 관심사일 것이며, 반면에 해외의 레저여행자들과 현지국의 국내 여행자들을 주요 대상으로 하는 체인호텔은 현지국의 중산층 확산과 안정에 더욱 많은 관심을 보이게 된다. 현지국의 국내시장에 집중하는 체인호텔은 기존에 보유하고 있는 상품과 서비스에 적합한 세분시장을 개발하는데 노력을 집중할 것이다.

사회 · 문화 환경에서 현지국의 인구통계학적 특성, 언어, 문화, 가치, 생활양식 및 취향은 다국적 체인호텔이 진출할 때 주요한 고려사항들이다. 다국적 체인호텔은 반드시 지역적 관습과 문화를 심각하게 반영해야 한다. 예를 들면, 1973년 KFC가 처음 홍콩에 진출했을 때 홍콩고객들의 욕구를 파악하지 못해 실패하게 된다. 그 후 1985년 재진출했을 때 KFC는 새로운 접근방법을 시도했다. 즉 서구식의 닭고기를 제공하는 대신 아시아식 양념을 가미한 닭고기를 제공하여 크게 성공하였다. 다국적 체인호텔은 해외시장에서 생존하려면 지역적 및 국가별 차이에 부응할 수 있도록 기존의 상품을 수정해야 한다. 반드시 현지국의 인구통계학적 특징 및 생활양식의 변화를 주시하여 소비자들의 욕구를 충족할 수 있어야 한다.

기술환경에서 기술혁신은 글로벌 호텔산업에 큰 영향을 미치고 있다. IHG, Marriott International, Choice 등과 같은 다국적 체인호텔들은 최신 기술을 자사의 온라인 예약시스템에 적용하기 위해 막대한 자금을 투자하고 있다. 신기술 활용은 주로 고객서비스의 향상과 호텔의 운영효율 향상에 집중되고 있다. 모바일 생태계를 통해 소비자들이 스마트폰을 이용해서 보다 편리한 체류경험을 즐길 수 있는 서비스가 요구되고 있으며, 또한 CRM이나 빅데이터를 통해 고객의 욕구를 사전에 파악하여 선제적으로 대응하는 서비스도 중요한 이벤트가 되고 있다. 그렇지만 일부 개발도상국들은 광대역 통신네트워크 등 신기술을 위한 사회기반시설을 보유하고 있지 못하고 있다. 이런 경우에 다국적 체인호텔은 보유하고 있는 신기술 활용의 수준에 대한 도전에 직면하게 된다.

또한 자연생태 환경에 점점 많은 관심이 집중되고 있다. 'Green Hotel'운동과 생태관광은 중요한 트렌드가 되었으며, 많은 국가의 정부들은 환경보호에 대한 법률을 공포하기에 이르렀다. 많은 소비자들은 이제 체류할 호텔을 선택할 때 환경보호를 하나의 선택기준으로 이용하고 있으며, 많은 체인호텔들도 객실 시트나 욕실의 수건 재사용 등 환경보호 운동을 활발하게 전개하고 있다. 주요 체인호텔과 많은 독립경영호텔들은 '국제호텔 환경제안'이라고 불리는 환경보호 프로그램에 참여하고 있다. 고객과 직원들에게 상쾌한 환경을 제공하는 것은 물론이고 자연환경을 보호하기 위해 재활용, 절감, 재사용 등은 일상적인 업무가 되고 있으며, 새로운 호텔을 건설할 때도 LEED(Leadership in Energy and Environmental Design)와 같은 친환경 인증을 시도하는 사례도 점점 증가하고 있다.

환경분석의 두 번째 단계인 과업환경에서 다국적 체인호텔은 국제 또는 국내, 비즈니스 또는 레저 등의 주요 고객들을 파악한 후 최고급, 고급, 중저가 또는 혼합 등의 특정 서비스에 집중함으로써 목표시장을 설정해야 한다. 고객 분류에 상관없이 서비스에서 핵심사항은 목표고객의 필요와 욕구를 파악하고 평가하여 그들의 기대를 상회할 수 있어야 한다. 오늘날의 여행자들은 전에 없이 학력이 높고 여행에 대한 많은 지식을 보유하고 있다. 고객만족에 대한 경쟁력을 유지 · 강화하기 위해 다국적 체인호텔은 국제시장에서 상품과 서비스를 직접 고객들에게 마케팅하기 위한 과제에 집중하는 것은 아주 중요하다. 이런 과제로 세계 여행자들을 위한 세계표준의 유지와 동시에 현지국가 고객들의 고유한 욕구를 충족하는 것이 있다.

다국적 체인호텔은 반드시 진정한 경쟁기업을 파악해야 하며, 철저한 경쟁분석을 통해 가장 적절한 경쟁전략을 선택해야 한다. 특정 다국적 체인호텔이 해외시장에 진출할 때 현지국의 국내기업, 지역기업, 다른 다국적 체인호텔 등 세 경쟁그룹과 직면하게 된다. 국내기업과 지역기업은 지역의 고객들에 대한 보다 정확한 이해를 경쟁우위로 이용할 것이다. 반면에 다국적 체인호텔의 장점으로는 명성, 월등한 마케팅과 예약경로, 경영노하우 및 월등한 재무상황 등이다. 그러나 최근 새로운 트렌드를 볼 수 있는데 많은 경쟁기업 간에 다양한 기업제휴(Strategic Alliances)가 만들어지고 있다. 다국적기업의 수가 증가함에 따라 서로 협력하고, 성장하는 세계 관광시장의 부를 공유하고, 여행자들에게 양질의 상품과 서비스를 제공하기 위한 전략적 제휴는 체인호텔에게 중요한 과제가 되었다.

과업환경에서 공급자는 원재료, 자본, 노동력 등 체인호텔이 반드시 확보해야 할 자원을 보유하고 있다. 교통수단의 발전으로 원재료의 이동은 물론이고 지역에서의 이동과 국제 이동이 훨씬 쉬워졌다. 그렇지만 아직도 일부 국가에서 자유로운 무역활동에 장애가 되는 많은 규제가 존재하고 있다. 일부 기업은 장애물과 제한을 피하면서 필요로 하는 재료를 확보하기 위한 흥미로운 전략을 개발하였다. 예를 들면 McDonald's는 미국에서 프랑스로 감자를 운송하는 대신 이스라엘에 감자밭을 개간하는 것에 대한 타당성 조사를 행하였다. 이런 방법으로 기업은 원재료의 운송료를 절감할 수 있을 뿐만 아니라 해당 국가에 새로운 고용창출의 기회를 제공하고 있다.

자본집약적인 호텔산업에서 투자자본을 확보하는 것은 쉽지 않은 일이다. 많은 국가에서 관광개발에 투하될 수 있는 자본은 극히 제한되어 있다. 농업, 광업, 심지어는 국방에 비교하여 관광산업에 대한 투자는 전혀 우선적이지 않다. 그래서 한정된 자본을 확보하기 위한 경쟁이 아주 극심하다.

그러나 다국적 체인호텔은 세계금융시장, 연금기금, 기관대여자 및 현지국의 금융기관 등으로부터 소요자본을 공급받을 수 있다. 다국적 체인호텔이 경쟁산업보다 나은 투자수익을 창출할 수 있는 능력을 입증할 수 있으면 소요자본을 확보할 가능성이 높아진다. 또한 자본은 유럽연합(EU)의 호텔 및 레저 전환사채, 미국 부동산투자회사(REITs), 주식증자, 세계은행 또는 지역 투자자로부터 제공받을 수 있다. 호텔산업에서 지속적인 인수합병이 유지되는 것은 투자자본이 존재하고 있다는 것을 입증하고 있다.

호텔산업은 노동집약적인 사업이다. 노동력의 부족과 양질의 노동력 확보는 꾸준한 과제로 고려되어 왔다. 세계 여러 지역에서 노동력의 부족정도는 다양하다고 할 수 있다. 하지만 양질의 노동력을 위한 교육훈련의 필요성은 중요한 논제이다. 다국적 체인호텔은 숙련된 노동력을 확보하기 위해 교육훈련에 상당한 자본을 투자할 것을 요구받고 있다. 또한 이들에게 좋은 근무환경, 경쟁적인 보상, 승진기회 등을 제공할 필요가 있으며 그럼으로써 젊고 학력이 높은 인력들이 장기적인 관심을 갖고 호텔산업에 종사하는 것에 더욱 많은 관심을 갖게 될 것이다.

다국적 체인호텔이 비즈니스를 영위하고 있는 모든 환경을 진단하는 것은 대단히 힘든 일이며, 국제시장으로 확장할 때 소요되는 모든 자원을 효과적이고 효율적으로 확보하는 것도 마찬가지이다. 여기서 기업의 경쟁력을 향상하기 위해 다국적 체인호텔은 현지국 파트너의 협조가 필요하다. 파트너들은 공급자로서 지역금융, 노동시장, 목표시장에 접근하는데 도움을 제공할 수 있다. 다국적 체인호텔이 확장을 목적으로 할 때 좋은 파트너를 만나는 것은 매우 중요하다.

과업환경에서 각국 정부, 국제기구, 산업협동체, 보험회사, 사회운동단체 등과 같은 법률 제정권자와 단체는 다국적 체인호텔에 큰 영향을 미친다. 전에 기술한 정치환경에서 다국적 체인호텔에 대한 정부의 태도와 정책의 중요성을 강조하였다. 또한 WTO, ILO, EU, NAFTA 등의 국제기구 또는 지역조직 또는 경제협력체도 다국적 체인호텔의 활동에 직 · 간접으로 영향을 미치고 있는데, 이런 기구 또는 경제협약은 세계 관광산업에서 기업의 비즈니스 활동에 관한 규제나 법률들을 제정 · 공포하고 있다.

IFC(International Finance Corporation)의 FIAS(The Foreign Investment Advisory Group)와 세계은행(World Bank)의 MIGA(The Multilateral Investment Guarantee Agency)는 투자에 대한 조언과 보험을 통해 위험이 높은 해외투자에 대한 보장

을 제공하고 있다. 예를 들면 1995년 Accor는 베트남의 주요 도시들에 호텔건설을 계획할 때 정치적 위험으로 인한 불확실성으로부터 투자를 보호하기 위해 MIGA와 협약을 맺었다.

요약하면 호텔기업이 해외시장에 진출할 때 권역별, 국제사회, 현지국의 고유한 영향에 직면하게 된다. 한편으로 정치, 경제, 사회문화, 기술, 생태 환경들은 해외로 확장할 수 있는 기회를 제공하지만, 반면에 위협도 야기하고 있다. 정치적 위험, 제한적인 법률과 규칙, 경제적 압박, 문화적 차이, 기술적 후진성 등은 호텔기업들이 확장전략을 효과적으로 수행하는 과정에서 장해물이 될 수 있다. 만일 특정 호텔기업이 진출하는 국가의 환경분석을 진지하게 시행하지 못하면 그 결과로서 위험한 상황에 처하게 될 것이다. 적절하지 못한 자원배분, 불확실성에 의한 위험요소 증가 등으로 인하여 자산가치의 감소, 이윤의 본국 송금이 불가능하게 되어 기업의 성장은 지체될 것이다. 다국적 체인호텔은 지역과 국제경쟁자와 경쟁을 해야 하며, 국제 및 현지국의 소비자와 공급자를 정확히 파악할 수 있어야 한다. 다국적 체인호텔의 최고경영층이 환경변화를 정확하게 감지하고, 체계적으로 관찰하고, 해석하고, 예측하는 것은 아주 중요한 과제이다.

제4절 다국적 체인호텔의 해외시장 진입전략

제3절의 외부환경 분석결과와 호텔기업이 모유하고 있는 자원과 역량을 바탕으로 하여 다국적 체인호텔은 해외시장으로 진입할 수 있는 구체적인 방법을 모색해야 한다. 일반적인 해외시장 진출방법은 〈그림 8-2〉에 나타나 있다. 그러나 호텔기업은 생산과 소비의 동시성이라는 특성으로 인해 제조업처럼 수출방식은 이용할 수 없다. 또 계약방식 중 라이센싱, 하청계약, 턴키프로젝트는 호텔산업과 같은 서비스 분야에서는 이용되지 않고 있다.

다국적 체인호텔은 세계 호텔산업에서 높은 시장점유율과 많은 이윤을 창출하기 위해 많은 전략을 이용했다. 체인호텔이 해외시장에 진출하기 위해 일반적으로 사용한 진입방식의 유형에는 프랜차이즈, 위탁경영계약, 전략적 제휴, 합작

그림 8-2 해외시장 진출방식

수출방식

- 직접수출(Direct Exporting)
- 간접수출(Indirect Exporting)

직접투자방식

단독투자(Wholly-owned Subsidiary)

- 신설법인(Green Field)
- 인수합병(M&A : Merger & Acquisitions)
- 장기리스(Long-term Leasing)

합작투자(Joint Venture)

- 다수지분(Majority) 투자
- 소수지분(Minority) 투자

계약방식

- 라이센싱(Licensing)
- 국제하청(International Subcontracting)
- 턴키프로젝트(Turnkey Project)
- 프랜차이징(Franchising)
- 위탁경영계약(Management Contract)
- 전략적 제휴(Strategic Alliance)

투자, 장기리스, 전액투자 자회사(신설법인), 인수합병 등이다. 이와 같은 진입방식은 새로운 해외시장으로 확장할 때 기업경영진에 의해 선택된다. 진입방식은 지각된 정치적 및 경제적 위험에 의해 결정되는데, 이런 경우의 중요한 의사결정의 판단기준은 요구되는 자기자본의 투자수준이다. 자기자본의 투자수준에 의해 진입방식들은 하나의 연속선상(Continuum)에 위치한 것으로 판단할 수 있다. 프랜차이즈와 위탁경영계약(낮은 수준의 통제와 자원투자)을 한 극점으로 하고, 전액투자 자회사와 장기리스(비교적 높은 수준의 통제와 자원투자)를 반대편의 극점으로 하며, 합작투자와 전략적 제휴(다양한 형태의 통제와 자원투자)를 중간 지점으로 할 수 있다.

1. 프랜차이즈

프랜차이즈는 해외시장으로 확장 시에 가장 선호되는 전략의 하나이다. 프랜차이즈는 Franchisor가 Franchisee에게 사업을 영위할 수 있도록 허가된 특권을 사용할 수 있는 권리를 부여하는 것이다. 허가된 특권에는 브랜드명, 표준상품, 운영시스템과 경영서비스 등이 있다. 대가로 Franchisee는 Franchisor에게 로열티와 기타 수수료를 지불해야 한다. 실제로 Franchisee는 건물에 투자하고 비즈니스를 영위한다. Franchisor인 다국적 체인호텔은 물리적 자산의 소유나 경영활동에 참가하지 않아도 프랜차이즈 가입망을 통해 단순히 상표 외에도 건축 설계, 중앙예약시스템, 물류, 교육훈련, 실내장식 등에서 글로벌 차별화나 규모의 경제를 누릴 수 있다.

다국적 체인호텔이 프랜차이즈를 사용하는 장점으로는 적은 자본투자, 신속한 성장과 확장, 부가적인 매출과 이익, 시장점유율 향상의 잠재력 등이 있다. 많은 체인호텔들이 세계 경영환경의 변화에 적응하고, 직접투자의 위험을 회피하기 위해 프랜차이즈를 주요한 해외시장 진출전략으로 이용했다.

거대한 경제권역이나 국가에서 다국적 체인호텔들은 Master Franchising을 이용해왔다. 다국적 체인호텔은 일부 지역 또는 권역에서 프랜차이즈 사업을 개발하기 위해 현지국의 기업들과 Master Franchising 계약을 체결하였으며, 이 방법은 신속한 성장과 프랜차이즈 개념의 확산에 많은 도움을 제공했다. 그러나 Master Franchising에도 적지 않은 단점이 존재하고 있었다. 체인호텔의 경영진은 저하된 품질관리 또는 Franchisor와 Franchisee간의 충돌위험 등을 경험했다. 상호간의 갈등은 영업지역권한의 정의, 계약기간, 품질확보 또는 광고 및 보상 등의 분야에서 발생할 수 있다. 많은 기업들은 미국에서 성공적인 전략인 프랜차이즈를 다른 국가에서도 반복하여 사용하려고 하였는데, 모든 경우에 다 성공적이지는 못했다. 이런 문제의 근원은 서로 다른 비즈니스 방식과 같은 문화의 차이에서 비롯된 것이 대부분이었다.

2. 위탁경영계약

위탁경영계약도 해외시장을 개척할 때 가장 많이 이용되는 방법 중의 하나이다. 1950년대에 처음 개발되었을 때 위탁경영계약의 의도는 영업에서 소유주를 분리하는 것이었다. 많은 경우에 호텔 소유주들은 호텔경영에 대해 전혀 지식을 보유하지 못하고 있거나 또는 호텔을 경영하는 것 이외의 목적으로 호텔을 보유하고 있었다. 위탁경영기업은 소유주를 대신한 대리인으로서 경영에 대한 총체적인 권한을 갖고 호텔을 운영하며, 경영서비스를 제공하는 대가로 경영수수료를 받는다. 현재까지 밝혀진 위탁경영계약의 주요 장점은 위탁경영기업은 아주 적은 자기자본 투자 또는 전혀 자기자본을 투하할 필요가 없다는 것이다. 프랜차이즈와 달리 위탁경영계약은 일상적인 업무에서 체인의 표준운영방식, 품질관리, 관리자 채용 등에서 비교적 강한 통제권을 행사할 수 있다. 경영에 대한 노하우로 무장한 다국적 체인호텔들은 세계적으로 수많은 위탁경영권을 수주하고 있다. 예를 들면 Marriott, Hyatt, Hilton, Accor, Shangri-la, Four Seasons 등과 같은 체인은 호텔산업에서 활동이 가장 활발한 위탁경영기업이다.

이제는 일부라도 자기자본투자가 전혀 없는 위탁경영계약을 찾아보기가 쉽지 않게 되었다. 이런 현상의 원인으로 많은 위탁경영기업 간의 경쟁, 소유주와 채권자의 경영참여 확대, 자본유치국가 파트너들의 자본투자 요구의 강화, 기업소유주들이 가치창출에 대한 위탁경영기업의 책임요구 증가 등이 존재하고 있다. 이런 요구사항들은 위탁경영을 성장을 위한 유일한 방법으로 이용하고 있으며, 소유주들에 의해 요구되는 양호한 현금흐름을 창출해야 하고, 동시에 글로벌 경쟁환경에서 발생되는 도전에 직면하고 있는 다국적 체인호텔에게는 점점 힘든 도전과제로 부각되고 있다.

3. 전략적 제휴

세계 호텔산업에서 경영자원이 한정된 단일 기업이 전 세계를 통틀어 효과적이고 효율적으로 경쟁을 하는 것은 매우 힘든 도전이다. 이런 문제점에 대응하기 위해 전략적 제휴는 이제는 일반적인 방법이 되었다. 전략적 제휴는 유사하거나 또는 관련된 상품을 보유한 두 개 이상의 기업들이 파트너관계를 형성하는 것을 말한다.

성공적인 전략적 제휴는 더욱 확장된 시장, 규모 및 범위의 경제효과, 브랜드의 인지도 증가, 상호마케팅 등과 같은 혜택을 파트너들에게 제공하며, 또한 자본투자의 최소화와 상호 강점 및 약점의 보완 등을 제공할 수 있다.

체인호텔들은 제휴를 통해 파트너가 될 수 있는 방법들을 창조해왔다. 이런 전략적 제휴는 다양한 목적에 의해 수립되었다. 첫째, 효과적인 마케팅과 예약시스템을 구축해서 체인간의 시장점유율을 향상하였다. 2007년 합병하기 전에 미국의 Hilton Hotels Corporation과 영국의 Hilton International의 예가 좋은 예이다. 둘째, 체인호텔과 체인레스토랑 간의 상호마케팅과 상품의 유통경로 확보를 위해 Pizza Hut과 Marriott, Hilton, Best Western, Choice Hotels International이 이용했다. 셋째, 은행과 체인호텔 간의 공동브랜드를 이용한 신용카드를 발행하는 경우로 Visa와 Marriott; American Express와 Best Western, Accor, Sheraton, Hilton; Banc One과 Choice 등이다. 넷째, 여행사, 항공사, 호텔, 오락기업, 렌터카회사 간의 네트워크 구축을 위해 전략적 제휴가 이용되었다. 예로는 Best Western과 Six Flags, Holiday Inn과 Lodgnet interactive TV, Holiday Inn과 Thrifty Car Rental, Hilton과 USAir 및 Delta, Carlson과 United Airlines, Westin과 Japan Airlines 등이 있다. 이처럼 전략적 제휴는 호텔기업들이 국제시장으로 확장할 때 효과적인 진출방법이 되고 있다.

4. 합작투자

지분소유방식(Equity Ownership)의 하나인 합작투자 또한 선호하는 국제시장 진출전략이 되었다. 합작투자에서 다국적 체인호텔은 부분적으로 자본을 투자하여 현지국 또는 지역 파트너들과 합작기업을 설립한다. 투자되는 자본의 금액은 재무적 공헌, 인력공급, 기술공급 등으로 각 계약마다 다양하며, 자본이 충분한 기업들이 종종 이 방법을 활용하고 있다. 예를 들면 Carlson은 이스라엘의

Moriah Company, 인도네시아의 Slim Group과 합작기업을 설립하여 호텔을 개발했으며, Inter-Continental은 남아프리카의 Sun Group, 아시아의 Dynasty Group과의 합작기업을 개발하였다. 또한 Accor는 아시아·태평양 지역에 호텔을 개발하기 위해 중국, 한국, 베트남, 말레이시아, 인도네시아, 태국과의 합작투자를 시행했었다. Hyatt는 SABRE와 그들이 보유한 축적된 정보기술 운영능력으로 용역을 받을 수 있는 합작기업을 설립했었다.

5. 단독투자

대표적인 지분소유방식인 단독투자는 소요되는 자본을 전액 투자하여 설립한 자회사(신설법인)를 통한 진출방법으로 다국적 체인호텔이 현지국의 호텔산업에 직접 투자를 하고 모든 재무자원, 인력, 기술을 제공한다. 대부분의 경우 이 방식을 사용한 기업들은 자회사에 대해 직접적인 경영권을 행사한다. 이 방법의 장점은 전체 소유권의 확보와 자회사에 대한 강력한 통제권의 행사이다. 예를 들면 전면적인 경영권과 100퍼센트 소유권한을 확보하기 위해 1996년 Bristol Hotel Company는 영국의 Bass PLC로부터 61개의 Holiday Inn 호텔들을 인수하기 위해 약 6억 6천만 달러를 투자했다. 이 방법을 사용하는 다국적 체인호텔의 주요 관심사는 현지국의 장기적인 정치적 및 경제적 안정성인데, 이런 사항을 예측하기 위해서는 다국적 환경에서 충분한 경험이 있어야 하며, 소유권의 가치에 위험을 부가할 수 있는 조건의 잠재적인 변화를 파악할 수 있어야 한다.

6. 장기리스

장기리스는 일정기간 동안 재무적 공헌 의무 및 호텔의 통제권을 갖기 때문에 호텔산업에서 전액출자방법으로 간주되고 있다. 이 방법은 다국적 체인호텔이 현지국의 좋은 장소에 위치한 호텔들을 확보하고자 할 때 이용되고 있다. 예를 들면 Marriott과 Hilton International의 일부 호텔들은 장기리스한 호텔들이다. 리스는 대부분의 경우에 장기적인 재무자원의 투자가 요구된다. 그러므로 현지국의 안정성과 호텔이 위치한 장소와 시장의 장기적 전망을 충분히 고려한 후에 투자결정이 내려져야 한다.

7. 인수합병

호텔산업의 공급초과 현상과 새로운 호텔들을 건설해야 할 적절한 장소의 제한 등으로 인하여 많은 다국적 체인호텔들은 서로 합병하거나 또는 경쟁체인을 인수하여 자회사로 전환함으로써 시장점유율과 경쟁력을 향상하였다. 이 방법으로 다국적 체인호텔은 즉시 시장에 진출하고, 새로운 브랜드를 개발하거나, 기존 브랜드의 사용을 극대화하여 다른 방법보다 빨리 성장할 수 있었다. 특히 1980년대 및 1990년대를 통해 세계 호텔산업에서는 인수합병 사례가 엄청나게 증가하였으며, 이로 인해 세계 호텔산업의 경영환경에 많은 변화가 일어났다.

여러 가지 해외시장 진출방법이 존재하고 있지만 일부 다국적 체인호텔은 자국에서 이용했던 방법을 해외시장을 개척할 때도 재활용하는 것을 선호하였다. 예를 들면 Choice Hotels International은 프랜차이즈를 주로 이용했고, Hilton International, InterContinental, Marriott International은 위탁경영계약을 선호하였다. 세계 일부국가에서 정치적 불안정과 불확실성이 존재하기 때문에 대부분의 기업들은 해외시장 진출시 자기자본을 전혀 투자하지 않는 방법들을 선호하였으며, 그럼으로써 친숙하지 않은 외국환경에서 투자위험을 피할 수 있었다.

그러나 국내시장에서 활용했던 방법들을 가지고 해외시장에 진출할 수 있는 전략은 한계에 이르렀고, 많은 개발도상국들은 외국의 투자자본을 이용하여 자국의 관광산업 인프라를 확충할 수 있다는 알게 되었다. 이들은 외국 자본에 대한 투자규제를 완화하는 한편, 다국적 체인호텔에게 자기자본을 투자할 것을 요구하고 있다. 예를 들면 일부 국가에서는 다국적 체인호텔들이 현지국에 진출을 원한다면 위탁경영계약이나 프랜차이즈를 확보하기 위해 해당 프로젝트에 최소한 10퍼센트 이상의 자기자본을 투자할 것을 요구하고 있다. Choice International의 前 부사장인 Roy Murray는 다국적 체인호텔과 현지국 사이에는 이제는 더 이상 진정한 의미의 프랜차이즈나 위탁경영계약은 존재하고 있지 않다고 했다. 위탁경영계약 또는 프랜차이즈는 점점 일부라도 자본이 투자되는 합작투자로 전환되고 있는 것이다.

글로벌 경영환경이 점점 역동적이고 복잡해지며, 서로 의존하는 관계가 심화될수록 적은 자본투자, 합작투자, 전략적 제휴, 파트너십 등의 협동노력이 세계 호텔산업에서의 주요 진출방법으로 이용되고 있다. 그러므로 파트너 선택은 다국적기업과 현지국 기업 간의 주요한 전략적 고려사항이 되었는데, 협력관계가 목표를 달성하려면 적절한 파트너의 선택은 아주 중대한 과제가 되었다. 두 파트너 사이에는 서로 간의 욕구와 기대가 존재하는데, 성공하기 위해서는 장 · 단점을 상호 보완할 수 있어야 한다. 파트너의 정확한 선택은 기술, 자원과 운영, 정책 및 절차의 조화, 협동노력의 전반적인 경쟁잠재력을 판단하는 데 도움을 제공할 것이다.

자국의 호텔산업을 육성하기 위해 다수의 국가들은 다국적기업들의 자본, 원재료 및 명성이 필요하다. 또한 다국적기업들은 마케팅 및 유통시스템, 기술에 대한 전문성, 경영노하우 및 능력의 공급이 아주 중요한데, 대부분의 다국적기업들은 이런 강력한 무형적인 자산들을 소유하고 있다. 또한 일부 다국적기업들은 풍부한 재무자원과 월등한 기술력을 보유하고 있다. 반면에 다국적기업들은 해당국가의 정확한 환경을 제공받는 것을 필요로 하고 있는데, 구체적으로 자본조달, 적절한 영업장소, 마케팅 정보, 규제와 세금 경감 및 인사관리에 대한 정보를 수집함에 있어 지역 파트너의 도움이 필요하다. 이와 같은 고려사항 중에서 월등한 영업장소에 대한 지식은 다국적기업이 잠재시장에 진입하기 전에 가장 중요한 사항이다. 대부분의 다국적 체인호텔들은 현지국 시장으로 확장하기 전에 지역 파트너들에게 관문도시와 상업센터 등이 밀집한 전략적 입지를 확보하기 위해 정보를 제공해줄 것을 요구한다. 다국적 체인호텔과 지역 파트너가 프랜차이즈, 위탁경영계약 또는 기타 진출방법에 대해 협상할 때, 두 당사자 간의 인간적 요소인 신뢰, 긍정적 느낌, 개인적인 친분관계 등은 최종 의사결정에 아주 지대한 영향을 미치게 된다.

국가마다 요구조건들은 다양하겠지만 다국적 체인호텔들은 아마도 세계시장에서 여러 가지 진입전략을 활용해야 할 것이다. 예를 들면, 과거 아시아에서

Holiday Inn Worldwide는 중국에서 호텔을 개발할 때 Master Franchising과 위탁경영계약을 이용했으며, 태국에서는 합작투자를 이용하였다. Hilton은 Hilton International과 전략적 제휴를 체결하였고, 이스라엘과 아일랜드에서는 위탁경영계약을 이용하였다. 또한 Carlson Hospitality는 이탈리아의 호텔기업과 프랜차이즈 계약을 맺고, 이스라엘의 Moriah Company와는 합작투자협정을 체결하고, SAS와는 전략적 제휴를 결성하였다.

세계적인 체인호텔들은 해외시장 진입전략으로 주로 프랜차이즈와 위탁경영을 이용하고 있다. Marriott International의 경우 서비스 품질관리를 위해 통제가 필요한 고급 브랜드를 위해서는 주로 위탁경영을 이용하는 성향이 강하며, 반면에 통제활동이 덜 요구되는 저가 브랜드에는 프랜차이즈를 이용하고 있다. 이런 트렌드는 주요 경쟁사에서도 볼 수 있다. 여기서 최근 중국에서 활발한 활동을 벌이고 있는 세계 최대의 체인호텔인 IHG의 중국시장 진출전략을 살펴보기로 한다. 〈표 8-1〉은 IHG의 중국시장 진입전략을 잘 보여주고 있다. 먼저 중국 호텔산업의 저가 세분시장에는 Home Inn과 같은 강자가 존재하기 때문에 IHG는 Holiday Inn Express 같은 저가 브랜드에 이용되는 프랜차이즈는 출시를 최소화하고 있다. 반면에 고급호텔 세분시장에서 InterContinental과 Crowne Plaza과 같은 고급 브랜드는 위탁경영을 진입전략으로 이용하고 있다. IHG의 중국시장 전략은 글로벌 전략과는 거의 완벽하게 정반대의 구조를 보이고 있다.

표 8-1 IHG의 글로벌 시장 대비 중국시장 진입방식 분석(2011년 기준)

진입방식	글로벌(호텔수)	중국(호텔수)
소유 및 리스(Owned & Leased)	11	1
위탁경영계약(Managed)	637	163
프랜차이즈(Franchised)	3,832	3

(출처: IHG Annual Report, 2011)

전에 기술했던 다국적 체인호텔 CEO는 해외시장에 진출하기 전에 현지국가에 대한 환경분석의 중요성을 강조했으며, 그와 경영진은 정치, 경제, 사회 · 문화, 기술 및 생태환경의 영향은 물론이고 잠재고객의 규모와 경쟁요인도 분석했으며, 또한 현지국의 파트너도 매우 신중하게 선택하였다고 한다.

문화 등 다른 배경을 가진 각 지역을 공략하기 위해서는 아마도 다른 전략이 필요할 것이다. 해외시장에서 높은 수준의 서비스 제공을 보장하려면 다국적 체인호텔은 아마도 신설법인, 장기리스, 또는 위탁경영계약을 선택하는 것이 옳을 것이다. 세계적인 명성을 지닌 브랜드로 현지국의 소비자들을 상대하려면 프랜차이즈가 아마도 옳은 전략일 것이다. 또한 현지국 호텔시장의 성숙도도 전략 선택에 영향을 미칠 것이다. 현지국의 시장이 성숙하다면 체인들은 아마도 프랜차이즈를 선호할 것이며, 호텔시장이 성장하는 과정이라면 운영관리에 대한 효과적인 통제와 브랜드의 명성 유지를 위해 위탁경영계약이 효과적일 것이다. 안정적인 정치 및 경제환경을 보유한 인하여 서구 선진국에서는 상당한 자기자본이 요구되는 기업 인수합병이 중요한 전략으로 사용되고 있다.

8. 투자위험과 기업구조

위험 프리미엄(Risk Premium)은 기업의 자본비용을 상회하여 투자자들이 기업을 위해 높은 위험을 감내함으로써 요구하는 별도의 보상을 말한다. 정치적 · 법적 또는 수요(Demand) 창출 위험이 적게 존재하는 투자환경에서 투자자들은 많은 자기자본을 투자하려 할 것이다. 반면에 높은 정치적 및 법적 위험과 수요창출 잠재력이 적은 환경에서 투자자들은 아주 위험이 높은 환경으로 간주해서 자기자본의 투자를 전혀 고려하지 않으며, 위험을 최소화하기 위해 역시 투자에 따른 위험을 회피하려는 현지국의 사업자와 프랜차이즈 사업을 하려 할 것이다.

위험 프리미엄은 현지국의 정치적 위험이 클 때 아주 높으며, 전쟁과 쿠데타가 발생했을 때 특히 그렇다. 중요한 것은 높은 위험 프리미엄은 많은 위험요인들에 의해 창출된다는 것이다. 높은 위험 프리미엄은 영업활동에서 충분하지 못한 판매액을 창출하는 결과를 낳기 때문에 기업으로서는 아주 비싼 대가를 치를 수 있다. 그러므로 기업들은 높은 위험 프리미엄을 상쇄하기 위해 더욱 많은 고객수요의 창출을 반드시 고려해야 하며, 수요창출에 대한 위험이 높은 시장에 대한 투자는 가급적 피해야 한다.

위험부담을 최소화하기 위해 기업들은 성장을 위해 선택한 표적시장의 환경을 주의 깊게 관찰해야 한다. 이런 노력은 현지국의 문화와 비즈니스 관행에 대한 충분한 이해를 요구하고 있다. 또 이런 노력은 초보자에 의해 행해져서는 안되며, 많은 국제경험과 투자에 대한 위협과보상에 대한 복잡한 관계에 대한 충분한 이해력을 보유한 사람들에 의해 수행되어야 한다.

많은 기업들이 거대한 국제시장으로 진출할수록 기업구조에서 해외시장 개척 노력을 조정해야 할 사업부의 증설이 필요하게 된다. 이런 목적에 부응하기 위해 '국제사업부'란 조직이 다국적 체인호텔에 의해 이용되고 있으며, 이 사업부는 국제시장에서의 사업기회를 파악하고 해외시장에서의 영업활동을 설정하고 통제하는 역할을 담당하고 있다. 이 사업부 산하에는 지역사무소들이 전 세계에 걸쳐 분포되어 있다. 1994년 InterContinental은 전 세계 호텔 파트너들과의 사업을 조정하기 위한 사업부를 설립했으며, 또한 Marriott International, Holiday Inn Worldwide, Choice International 등의 체인도 지역별 본부를 창설하였다.

국제사업부를 추가함으로써 본사(HQ)가 더욱 거대하고 비대해진다는 의미는 아니다. 과거 Holiday Inn Worldwide, Choice International, Hilton, Hyatt 등은 구조조정, 리엔지니어링 또는 기능부서들의 통폐합을 통하여 경영비용을 절감하였다. 또한 비대한 조직구조에서 권한의 분산은 본사를 작지만 효과적이고 효율적으로 기능하는 조직으로 바꿀 수 있는 한 방법이다. 다국적 체인호텔은 권한을 지역사무소로 이양함으로써 지역사무소에서 일을 하는 관리자들과 각 호텔의 총지배인들은 시장의 요구에 더욱 신속히 대응할 수 있는 것은 물론이고 더욱 효과적인 관리와 지역시장의 환경에 맞게 특화된 경영활동의 수행을 기할 수 있게 되었다. 예를 들면 Accor는 아시아 · 태평양 지역본부에 권한을 위임함으로써 이 지역에서 신속한 성장을 기할 수 있었다. 같은 경쟁지역에서 고급호텔의 건설만을 고수하고 있는 미국 호텔체인들과 달리 Accor는 지역고객들에게 적합한 중저가시장을 표적시장으로 삼았다. 그 결과 1997년 말에 Accor는 이 지역에서 약 170여 개의 호텔들을 보유하게 되었고 매출액은 1993년 1억 4천만 달러에서 1995년 2억 달러로 증가하게 되었다. 유사하게 Hilton, Westin과 Golden Tulip 등도 기업구조를 분권화했다.

기업구조에서 의사결정의 분권화는 경영진과 종업원 간의 대화를 촉진하며, 종업원들에게 권한을 위임하고, 모든 종업원에게 기업가정신을 조장할 수 있다. 합작투자, 프랜차이즈, 전략적 제휴 등이 호텔산업에서 주요한 성장전략으로 이용되고 있는데, 아울러 효과적인 소통체제를 보유하는 유연하고 협력적인 기업구조의 수립이 요구되고 있다. 합작투자 기업에서는 상호 호환성이 있는 목적과 목표가 반드시 정립돼서 공유되어야 하며, 파트너 간의 권한과 책임은 명확히 구분되어야 한다. 또한 절차의 표준화 및 공식화도 아주 중요하다고 할 수 있다. 그리고 파트너 간의 경영스타일과 철학은 반드시 유사하여야 하며, 이에 따라 효과적으로 함께 과업을 할 수 있다.

제5절 다국적 체인호텔의 세계화전략: 표준화와 현지화

글로벌화된 산업환경에서 활동을 수행하는 다국적 체인호텔들은 서로 배치되는 두 가지 목표에 직면하는 경우가 많다. 한편으로는 각기 다른 현지국가의 환경에 적응해야 하는 현지적응 압력(Local Responsiveness)이며, 다른 한편으로는

그림 8-3 글로벌통합 압력과 현지적응 압력

글로벌통합 압력
- 연구/생산에 대한 규모의 경제
- 세계 소비자 수요의 동질화
- 무역장벽의 붕괴
- 전 세계적 차원의 기술/산업표준의 등장
- 인터넷 정보혁명

다국적 체인호텔

현지적응 압력
- 정치적 위험
- 문화의 차이
- 환율변동의 위험
- 보호무역주의
- 상이한 유통경로

글로벌 효율성을 창출하기 위해 표준화를 통해 전 세계시장의 통합을 도모하려는 글로벌통합 압력(Global Integration)이다(〈그림 8-3〉).

글로벌 효율성을 극대화하려는 다국적 체인호텔은 표준화전략(Standardization Strategy)을 채택하게 될 것이며, 반면에 각 개별국가의 시장환경에 잘 맞춰서 다국적 유연성을 높이려는 다국적 체인호텔은 현지화전략(Localization Strategy)을 선택하게 될 것이다. 하지만 동시에 다국적 유연성과 글로벌 효율성을 모두 취하려는 다국적기업은 두 가지 특성을 잘 혼합한 전략을 선택할 수 있다.

1. 표준화전략과 현지화전략의 이해

1) 다국적 체인호텔의 표준화전략

표준화 이론은 기본적으로 인간의 욕구와 기대는 국가적 · 지리적 · 문화적 경계를 초월하여 동일하다는 것이다. 세계시장의 동질화에 근거한 이 이론은 각국의 소비자들은 근본적으로 정신적 · 육체적 차이가 인정된다고 하더라도 이는 기술혁신에 의해 전 세계가 사고방식 · 문화 · 생활수준 등이 비슷해짐으로써 그 격차를 해소할 수 있다고 한다. 세계시장의 동질화 트렌드는 교통 및 통신의 지속적인 혁신 및 발전, 자유무역 지역과 관세동맹의 결성, 국가 간 생활수준의 수렴성 증대, 국제경쟁의 심화, 보다 많은 다국적 소비자의 출현, 국제여행의 확대, 글로벌 전략을 추구하는 기업체의 증가 등에 의해 더욱 가속화되고 있다.

미국 체인호텔들의 효율적인 표준화(Standardization) 경영방식은 1950년대부터 1960년대까지의 고속성장기를 거쳐 1970년대 초반까지 이어졌다. Hilton은 해외시장으로 진출하면서 곳곳마다 미국방식의 숙박경험을 각인하고자 하였다고 한다. 즉 'Little America'라는 호칭이 말해 주듯이 이스탄불, 도쿄, 런던, 밀라노, 시드니 등에서도 국내에 존재하는 Hilton호텔과 거의 흡사한 서비스를 제공하였다. Hilton이 해외로 진출하면서 노린 주요 고객층은 바로 미국인 비즈니스여행자 또는 여가여행자였다. 이런 미국여행자들에게 Hilton, Sheraton, InterContinental 등은 'Home Away From Home'이었다. 그리고 여행 중 다른 국가의 언어에 밝지 않은 미국여행자에게 미국의 체인호텔이 운영하는 호텔에서는 아무런 언어장벽 없이

체류할 수 있었다고 한다. 또한 주간에는 다른 국가의 풍습과 전통을 잘 즐겼지만, 저녁이 되면서 미국인들은 미국식의 숙박시설을 찾았다고 한다. 미국 체인 호텔은 미국인여행자들에 친밀감, 안전, 표준화된 위생, 실내장식, 서비스뿐만 아니라 현대식 시설 및 장비를 보유한 현대식 빌딩을 제공하였다고 한다. 또한 Holiday Inn도 통일된 표준화전략을 진출하는 세계 모든 지역의 호텔에서 엄격하게 적용했다고 한다.

2) 다국적기업의 현지화전략

현지화전략은 동질성을 추구하는 표준화전략과 달리 서로 다른 각 지역마다 상이한 특성이나 취향을 고려하여 유연성 있게 전략을 시행하는 것이 골자이다. 바꾸어 말하면, 제품에 대한 소비자의 경험이나 인식이 국가마다 다르고 또 그 제품이 각 시장마다 추구하는 위치가 상이할 수 있기 때문에 이를 위해 현지화전략을 추구해야 한다는 것이다. 현지시장에 잘 적응하기 위해서 심사숙고해야 할 것이 현지 국가의 문화이다. 많은 다국적기업들이 본국시장과 다른 상이한 문화권에서 실패를 거듭하고 있는데 이에 대한 원인은 시장의 세계화와 문화의 동질성이 가속화되고 있다는 잘못된 관점에 의한 표준화전략의 수용에 있다.

미국 체인호텔들의 표준화전략은 1970년 중반이 되면서 효과성이 현저히 저하되기에 이른다. 현지국의 요구를 반영하지 못한 결과로 Holiday Inn은 1971년부터 1975년 사이에 2천8백만 달러의 손실을 기록하게 되었다. 1970년대 중반 이후 일부 미국의 체인호텔은 고루한 표준화전략을 회피하게 된다. 미국 체인호텔 중 처음으로 현지화전략을 채택한 Hyatt는 세계 각 지역의 독특한 욕구를 영업활동에 반영하는 한편 현지국의 욕구와 정서에 맞는 고유한 서비스를 도입하였다. 또한 Accor와 Hilton International 등 유럽의 체인호텔들은 처음에는 미국 체인호텔들의 합리적인 경영원칙을 따라했으나, 시간이 지나면서 점차 독자적인 경영방식을 추구하게 되면서 결국 현지화전략을 채택하였다. 최근에 다국적 체인호텔들은 현지국 시장의 욕구에 부응하기 위해서 지역브랜드(Regional Brand)를 출시하고 있다. IHG는 중국시장을 공략하기 위해 HUALUXE란 브랜드를 출시

표 8-2 표준화전략과 현지화전략의 장 · 단점

	표준화전략	현지화전략
장점	• 관리비용의 절감 • 조직 통제가 용이 • 공통된 브랜드 이미지 구축 가능 • 좋은 아이디어를 널리 활용 가능	• 세분화된 시장 접근이 가능 • 특정시장에서의 실패가 다른 시장으로 전 이되지 않음
단점	• 특정시장의 변화를 반영 못함	• 범세계적 브랜드 구축이 불가능 • 비용절감 효과가 없음

하였다. 또한 Accor는 중국시장을 위한 브랜드인 Grand Mercure와 호주와 뉴질랜드 비롯한 남태평양 지역을 위해 The Sebel을 각각 출시하고 있다.

제6절 다국적 체인호텔의 글로벌 성장전략

1949년 본격적으로 시작된 미국 체인호텔들의 해외진출은 이후 1950년대부터 1970년대까지 꾸준하게 성장이 지속되었다. 그러나 1970년대와 1980년대 동안에 미국 국내시장에서 호텔객실의 공급은 연평균 2.7%씩 성장했으나, 객실수요의 연평균 성장률은 2% 정도 수준에 머물렀다고 한다. 따라서 1980년대 중반이 되면서 대다수 지역의 호텔시장에서 성장은 포화되는 단계가 되었으며, 상당수의 지역시장은 공급과잉(Overbuilding)을 겪게 되었다. 공급이 초과된 시장에서는 객실점유율(Occupancy)이 하락해서 이윤이 줄어들어 결국 경쟁이 심화되었다.

이런 절박한 환경에서 지속적인 성장을 도모하기 위해 체인호텔들은 해외시장으로의 진출을 도모하게 되는데, 따라서 1980년대 미국 체인호텔들의 해외진출은 급속히 증가하게 된다. 이런 사실은 통계자료에 의해 여실히 증명되고 있다. 1979년에는 세계 10대 체인호텔이 운영하는 해외호텔의 수가 579개였지만 1989년에는 1,118개로 거의 두 배 규모로 성장했다고 한다. 이런 체인호텔의 성장추세는 현재까지 이어지고 있다. 〈표 8-3〉은 1987년 연말과 2013년 연말을 기준으로 했을 때 세계 최대 체인호텔들의 비교를 통해 이들의 성장추세를 살펴볼 수 있다. 표에서 보는 바와 같이 체인호텔들은 거의 $\frac{1}{4}$세기 동안 엄청난 수준으

표 8-3 1987년과 2012년의 Top 10 체인호텔 비교

1987 순위	체인명	객실수	호텔수	2012 순위	체인명	객실수	호텔수
1	Holiday Corp.	315,604	1,836	1	IHG	675,982	4,602
2	Best Western	254,981	3,364	2	Marriott Int'l	660,394	3,800
3	Ramada Inc.	142,067	829	3	Hilton Worldwide	652,957	3,966
4	Sheraton Corp.	135,060	475	4	Wyndham Hotel G.	627,437	7,342
5	Quality International	125,456	1,093	5	Choice Hotels Int'l	538,222	6,725
6	Marriott Hotels & Rs	104,670	367	6	Accor	450,487	3,516
7	Hilton Hotels Corp.	96,697	271	7	Starwood Hotels	335,415	1,134
8	Days Inn	85,215	592	8	Best Western Int'l	312,467	4,050
9	Trusthouse Forte	84,371	809	9	Shanghai Jin Jiang	214,796	1,401
10	Hyatt Hotels Corp.	65,410	138	10	Home Inns & Hotels	214,070	1,772
	Top 10 합계	1,409,531	9,774		Top 10 합계	4,682,227	38,303

(출처: Lodging Hospitality, 1988 & Hotels, 2013)

그림 8-4 체인호텔의 글로벌 성장전략

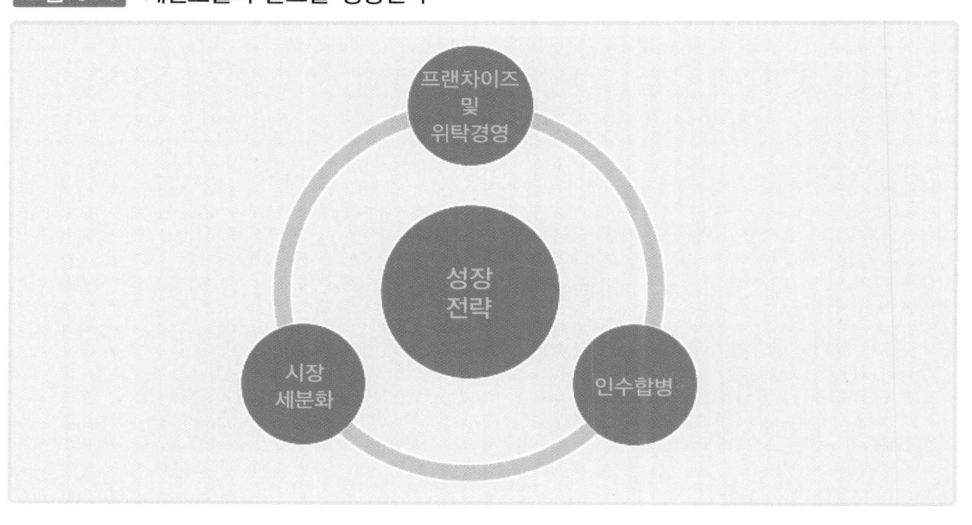

로 크게 성장하였다. 즉 세계 10대 체인호텔의 규모가 1987년에는 총 9,774개소의 호텔에 총 객실 수는 1,409,531실이었지만, 2012년에는 총 38,303개소의 호텔에 총 객실 수는 4,682,227실로 엄청난 성장을 이룩하였다. 호텔 수로만 보면 거의 4배 정도 성장했다. 이와 같은 성과는 〈그림 8-4〉에서 보는 바와 같은 체인호

텔들의 성장전략(Growth Strategies)이 원동력(Driving Forces)이 되었다.

제1절에 우리는 체인호텔이 독립경영호텔에 비해 갖는 장점들을 살펴보았다. 이외에 어떤 경쟁력이 있기에 이들은 이토록 빠르게 성장하였을까? 여기서는 이에 대해 살펴보기로 한다.

1. 다국적 체인호텔의 위탁경영 및 프랜차이즈 전략

1) 다국적 체인호텔의 프랜차이즈 전략

호텔산업의 프랜차이즈(Franchise)는 1950년대 중반에 Holiday Inn과 같은 모텔 체인들이 지속적인 성장을 위해서 자금을 조달하기 위한 수단으로 시작되었다. 자기자본으로 새로운 호텔을 개발하는 대신에 체인호텔은 독자적으로 호텔을 건설해서 자신의 사업으로 운영하는 투자자에게 표준화된 프랜차이즈 상품을 팔기 시작했다.

1954년 Hilton이 Statler 체인을 인수하면서 절대강자는 Hilton과 Sheraton으로 굳혀진다 싶었지만 1950년대 중반 이후 바로 Holiday Inn, Ramada, Howard Johnson 등과 같은 강력한 경쟁사들이 경쟁에 참여하게 된다. 이런 체인호텔들의 목적은 성장을 지속하고 시장점유율을 확대하는 것이었다. 이런 목적을 달성하기 위한 방편으로 소유 및 운영하는 호텔에 대해 체인호텔들은 다른 사람 소유의 호텔들을 임차(Leased)하기 시작했으며, 이는 1950년대에 폭넓게 채택되었다고 한다.

이후 체인호텔들은 성장과 함께 주식가치를 증가시키기 위해 주당순이익(EPS: Earnings Per Share)을 높이려는 전략을 시행하게 된다. 이런 목적을 달성하기 위해서 체인호텔은 새로운 호텔 부동산 개발에 대한 소유권을 최소로 유지하면서 대신에 프랜차이즈 사업의 확대를 도모했다. 체인호텔의 프랜차이즈 전략은 〈표 8-4〉에서 보는 바와 같이 시장침투율(Market Penetration)을 위한 아주 효과적인 선택이었음이 증명되었다. 1960년대는 미국 호텔산업에서 '프랜차이즈의 황금시대'로 여겨지고 있다.

표 8-4 미국 체인호텔의 시장점유율 증가 추세

연도	객실판매수 점유율	객실판매액 점유율
1963	19.1%	25.4%
1967	25.4%	33.6%
1970	33.2%	41.5%
1973	40.6%	60.7%

(출처: Eyster, 1980)

호텔산업에서 프랜차이즈 개념의 작동원리는 다음과 같다. 호텔개발회사나 개별적인 개발자가 자금을 조달하여 호텔을 건설한 후, 독립경영의 방식으로 호텔을 운영하는 대신 체인호텔과 프랜차이즈 계약을 맺고 많은 지원을 받으면서 호텔을 직접 관리한다. 대다수 개발자들은 상당한 이점이 있기 때문에 프랜차이즈 옵션을 선택한다. 계약조항에 의하면 Franchisee(호텔개발자 또는 가맹호텔)는 Franchisor(체인호텔)의 상호를 이용하는 대가로 수수료(Fee)를 지불하고 또 Franchisor의 사업방식과 호텔운영에 대한 표준지침을 준수한다는 약속을 하기 위해 계약(Agreement)을 맺는다. 체인에 가입한(Affiliation) 대가로 Franchisee는 상당한 혜택을 제공받게 된다. 제공받는 혜택의 구체적인 내용에 대하여는 제12장에서 자세하게 논의하기로 한다.

프랜차이즈 사업이 잘못되면 체인본사는 잘 쌓아왔던 명성에 치명적 손실을 입을 수 있다. Franchisor인 체인본사는 직접 소유 및 운영하는 호텔과 동일한 수준의 통제활동을 가맹호텔에서는 행할 수 없기 때문이다. 그러나 이런 위험을 감수함으로써 체인호텔이 얻게 되는 이득은 다음과 같다. 첫째, 가맹호텔들이 그들 스스로 자금을 조달하고 호텔을 건설하고 또한 개관 후 호텔영업에 대한 비용도 책임을 지기 때문에 체인호텔은 가장 손쉽고 적은 비용으로 성장을 도모할 수 있다. 둘째, 체인호텔은 가맹호텔들을 소유하고 있는 호텔들에 대한 예약중개인으로 이용할 수 있다. 셋째, 성공한 체인호텔의 명성에는 가치가 존재하기 때문에 가맹을 원하는 호텔들은 유명 기업의 프랜차이즈 시스템에 가입하기 위해 기꺼이 돈을 지불하려 한다.

2) 다국적 체인호텔의 위탁경영 전략

프랜차이즈 사업개념은 큰 성공을 거두게 되어 급속하게 확산되어 체인호텔의 시장점유율을 크게 향상시켰다. 그러나 시간이 지나면서 적절한 통제수단의 결여와 같은 단점이 명확하게 드러나기 시작했다. 즉 프랜차이즈 사업은 품질 및 서비스 표준의 유지에 대한 통제권을 행사하기 어려웠다. 이런 문제점과 더불어 새로운 방식의 성장을 지속하기 위해 체인호텔들은 전략을 바꾸기 시작한다. 새로운 전략은 핵심은 과거 부동산 회사의 특성을 보유했던 체인호텔을 순수한 호텔운영회사(Hotel Operating Company)로 비즈니스모델(Business Model)을 변경하는 것이었다. 즉 현금흐름(Cash Flow)을 극대화하고 재무위험(Financial Risk)을 줄이기 위해 1970년대 말엽부터 1980년대 초기에 체인호텔들은 소유하던 호텔들을 투자그룹에 매각하기 시작한다. 체인호텔들은 소유했던 호텔을 매각하는 대신 새로운 호텔 소유주와 협상을 통해 위탁경영계약(Management Contract)을 맺음으로써 매각하는 호텔에 대한 운영권을 유지하였다. 이렇게 만들어진 자금은 후에 인수합병, 소유 호텔의 재건축(Renovation), 새로운 호텔의 건설 등의 목적을 위해 이용되었다. 미국 호텔산업에서 1960년대가 프랜차이즈의 시대라고 하면, 1970년 및 1980년대는 위탁경영의 시대였다.

실제로 이런 현상은 당시 최대의 체인호텔에서부터 나타나기 시작했다. Hilton의 경우에는 1974년에는 소유해서 운영하는 호텔의 수가 전체의 33%였지만, 1983년에는 20% 이하로 감소했다고 한다. Marriott의 경우에는 더 급격해서 1974년에는 50%를 상회했던 소유호텔의 비율이 1983년에는 15%로 떨어졌다. 같은 기간에 Ramada의 경우는 20%에서 10%로, Holiday Inn은 22%에서 20% 이하로 소유호텔의 비율이 감소하게 된다.

위탁경영 사업의 확대를 통해 체인호텔은 프랜차이즈 사업처럼 신속한 성장과 시장점유율의 확대를 달성할 수 있었다. 그러나 질적인 차원에서 두 사업방식의 차이가 확연히 드러나는 면이 존재했다. 호텔 소유주에 의해 가맹호텔이 운영되는 방식인 프랜차이즈에 비해 위탁경영은 계약에 의해 호텔들의 일상적인 운영권을 체인호텔이 보유하고 있기 때문에 각 호텔마다 체인의 표준과 품질에 대한 완전한 통제권을 확보할 수 있었다. 이는 체인호텔이 위탁경영계약을 체결한 각 호텔에 총지배인을 비롯한 경영진을 파견할 수 있기 때문에 가능하다.

브랜드의 품질 및 표준에 관리에 대한 통제권을 확보할 수 있기 때문에 체인호텔들은 종전의 프랜차이즈에 더해서 공격적으로 위탁경영을 활용하게 된다. 그리고 체인호텔은 자기 자본의 투하 없이도 신속한 성장을 유지할 수 있으며, 새로운 호텔이 개관한 후 초기 2-3년까지 객실점유율이 안정될 때까지 발생할 수 있는 금전적 손실을 체인호텔이 아닌 호텔 소유주가 부담한다. 또한 체인호텔은 시장환경의 변화, 공급초과, 불경기, 비용 초과로 인한 손실 등으로 인한 부정적인 영업결과에 대한 책임이 호텔 소유주에게 존재하기 때문에 이에 대한 위험을 피하거나 최소화할 수 있다. 재무적인 관점에서 위탁경영의 이런 사업구조는 체인호텔이 주당순이익(EPS)을 높이는 동시에 성장이 가능하도록 하고 있다고 한다.

미국 체인호텔들의 성공적인 위탁경영과 프랜차이즈 전략의 시행은 유럽으로 전파되었으며, IHG와 Accor를 비롯한 수많은 유럽의 체인호텔들이 같은 사업방식을 채택하고 있으며, 아시아, 태평양, 중동, 남미 등으로 점점 더 확산되고 있다. 따라서 다국적 체인호텔에게 프랜차이즈와 위탁경영의 중요성은 아무리 강조해도 지나치지 않다. 그래서 본서에서는 다음 두 장에서 위탁경영과 프랜차이즈에 대해 따로 보다 구체적으로 살펴보기로 하겠다.

2. 다국적 체인호텔의 인수합병(M&A) 전략

기업인수(Acquisition)는 인수기업(Acquirer)이 피인수기업(Target)의 주식 또는 자산의 취득을 통해서 경영권을 입수하는 행위를 말한다. 두 기업은 인수절차가 종료된 후에도 법적으로는 서로 독립된 기업으로 존재하게 되지만 실질적인 지배권은 인수기업에 귀속된다. 특정 기업이 다른 기업을 인수하는 방법에는 피인수기업의 주식을 매입하여 인수활동을 수행하는 주식인수(Stock Acquisition)와 피인수기업과의 협상을 통해 주요 자산의 대다수 또는 일부만을 취득하는 자산

인수(Asset Acquisition)가 있다.

한편 합병(Merger)이란 두 개 이상의 기업이 서로 결합을 통하여 법적으로나 실질적으로 하나의 기업으로 재탄생하는 것을 의미한다. 기업 간의 합병에도 기존의 기업 중에서 하나의 기업은 존속되고 나머지 기업은 이에 흡수되는 흡수합병(Statutory Merger)과 합병 후 법적으로 기존 기업들은 모두 소멸되고 새로운 기업이 설립되는 신설합병(Consolidation)이라는 두 가지 유형이 있다. 1980년대 및 1990년대를 걸쳐 현재 21세기까지 세계 호텔산업에서는 수많은 인수 및 합병(Mergers & Acquisition: M&A)이 발생했다. 때로는 주요 체인호텔 간의 인수합병 소식이 신문이나 방송을 뜨겁게 달구기도 했다. 특히 1996년 영국에서 통신업체인 Granada의 Forte에 대한 적대적 인수(Hostile Takeover) 시도와 1997년 미국에서 Hilton이 규모가 훨씬 더 큰 ITT Sheraton에 대한 적대적 인수 발표로 인한 두 기업 CEO간의 감정싸움은 당시 월스트리트 등 금융시장에서 호텔산업에 대한 큰 관심을 불러일으켰다.

호텔산업에서는 1967년 미국의 유명 항공사인 TWA가 Hilton International을 인수하는 것을 시발로 해서 수많은 인수합병이 일어났다. 현재 존재하는 세계적인 다국적 체인호텔들은 지속적인 인수합병에 의한 합종연횡의 결과로 만들어졌다고 볼 수 있다. 즉 역동적인 인수합병의 역사로 인해 현재와 같은 글로벌 호텔산업의 지형이 완성되었다고 볼 수 있다. 이제 인수합병은 다국적 체인호텔이 규모의 경제를 확대하고 국제시장에 진출을 통해 성장을 지속하기 위한 중요한 전략으로 자리매김하게 되었다. 〈표 8-5〉는 1987년부터 2012년까지 세계 호텔산업에서 발생했던 체인호텔 간의 주요 인수합병 사례들을 요약 · 정리한 것이다. 이 표를 통해 변화무쌍했던 세계 호텔산업의 인수합병에 대한 트렌드를 파악해 보기로 하겠다.

첫째, 1980년대에는 주로 경제력이 급상승하고 달러가치의 하락과 당시 미국의 부동산 투자에 우호적인 세법에 편승하여 유럽, 일본, 프랑스, 홍콩의 기업들이 미국의 주요 체인호텔들을 매입하기 위한 목적으로 인수합병이 성행하였다. 1981년 Pan Am은 소유했던 InterContinental을 영국의 Grand Metropolitan에 매각하며, 후에 일본의 세이부 그룹이 InterContinental을 다시 인수한다. 전에 TWA로

표 8-5 호텔산업의 주요 인수합병 사례: 1987년-2012년 (단위: 백만 달러)

발생연도	인수기업	피인수기업	거래가격
1987	Ladbroke PLC	Hilton International	1,070
1987	Aoki Group	Westin Hotels & Resorts	540
1988	Seibu Saison	InterContinental Hotels	2,270
1988	Wharf & International Holdings	Omni Hotels	135
1989	New World Development	Ramada	540
1989	Bass PLC	Holiday Inn	2,225
1990	Accor	Motel 6	1,300
1991	HFS	Days Inn	250
1992	Four Seasons	Regent(25% 지분)	122
1993	HFS	Super 8	125
1993	Morgan Stanley Real estate	Red Roof Inns	637
1993	New World Development	Stouffer Hotels	1,000
1994	ITT Sheraton	Ciga	530
1994	Forte	Meridian	445
1995	HFS	Travelodge & Knights Inn	185
1995	Marriott International	Ritz-Carlton(49% 지분)	200
1996	Hilton Hotels Corporation	Bally Entertainment	3,000
1996	Granada	Forte	5,900
1996	Doubletree	Red Lion	1,174
1997	Marriott International	Renaissance	1,000
1997	Promus Hotel Group	Doubletree Corporation	4,700
1998	Starwood Lodging Trust	Westin Hotels & Resorts	1,800
1998	Starwood Lodging Trust	ITT Sheraton Corporation	14,300
1998	Patriot American Hospitality	Wyndham Hotel Corporation	1,100
1998	Canadian Pacific	Century	674
1998	Blackstone Group	Forte(Granada)	879
1998	FelCor Suite Hotels	Bristol Hotel Company	1,900
1998	Patriot American Hospitality	Interstate Hotels Corporation	2,100
1998	The Meditrust Company	La Quinta Inns	2,650
1998	Six Continents PLC	InterContinental Hotels	2,900
1999	Marriott International	ExecuStay Corporation	128
1999	Millennium & Copthorne	Regal Hotels International	640
1999	Millennium & Copthorne	Richfield Hospitality Services	640
1999	Millennium & Copthorne	CDL Hotels International	899
1999	Accor	Red Roof Inns	1,100
1999	Ladbroke PLC	Stakis	1,819
1999	Hilton Hotels Corporation	Stakis	1,875
1999	Hilton Hotels Corporation	Promus Hotels Group	4,000

2000	Mandarin Oriental	Rafael	142
2000	Barcelo	Hampstead Group	325
2000	Sol Melia	TRYP	344
2000	Occidental	Allegro	400
2000	NH Hotels	Krasnapolsky	463
2000	Whitbread	Swallow	937
2004	Blackstone Group	Extended Stay America	2,066
2005	Blackstone Group	Wyndham International	3,200
2005	Blackstone Group	La Quinta Inns	2,344
2006	Blackstone Group	MeriStar Hospitality	1,846
2006	Kingdom & Cascade & Triple	Four Seasons Hotels	3,400
2006	Nova Scotia LTD	Fairmont Hotels & Resorts	3,640
2006	Hilton Hotels Corporation	Hilton International	5,710
2007	Blackstone Group	Hilton Hotels Corporation	26,000
2008	Morgan Stanley Real Estate	Crescent Real estate Equities	6,434
2010	Jin Jiang Hotels & Thayer Lodging G.	Interstate Hotels & Resorts	307
2012	Blackstone Group	Motel 6(Accor)	1,900

(출처: 저자 작성)

부터 Hilton International을 인수했었던 United Airlines는 이를 다시 1987년 영국의 Ladbroke에게 매각한다. 같은 해 일본의 아오키 그룹은 역시 United Airlines로부터 Westin 체인을 인수한다. 또 영국의 Forte는 저가브랜드인 Travelodge를 인수하였다. 이와 같은 타국 기업들이 주요 체인들을 인수함으로써 그동안 전성기를 누리던 미국 체인호텔들의 위상은 크게 흔들리게 되었다.

둘째, 1990년대는 1980년대와는 반대로 미국의 체인호텔들이 주요 인수자 역할을 수행하였다. 이는 특히 1990년대 중반 이후 호텔기업들의 주식가치가 좋아져서 이를 십분 활용한 결과이다. 당시 HFS(현재의 Wyndham)는 가장 활발한 인수활동을 전개했는데, 1990년에 Howard Johnson과 Ramada, 1991년에 Days Inn, 1993년에 Super 8 Motel과 Park Inn, 1994년에 Villager, 1995년에 Knights Inn과 Travelodge를 각각 인수 또는 합병하였다. 당시 HFS는 콘도미니엄업체인 RCI, 부동산업체인 Century 21과 Coldwell Banker, 렌터카 업체인 Avis 등을 인수함으로써 명실상부한 호스피탈리티 산업의 거인이 되고자 했다. 한편 Marriott International은 먼저 Ritz-Carlton을 인수하여 다각화에 박차를 가한 후 홍콩의 New World

Development로부터 Renaissance를 인수하며 시장다변화를 도모한다. 또 Hilton은 Bally Entertainment를 인수하여 카지노사업에서 규모의 경제를 극대화하며 결국에는 Promus를 인수해서 Hampton Inn과 Embassy Suite와 같은 성장브랜드를 포트폴리오에 추가함으로써 과거 정체되었던 호텔산업에서의 부진을 만회하게 된다. 당시 Hilton의 CEO였던 Steve Bollenbach은 거함 ITT Sheraton의 적대적 인수를 시도하여 월스트리트 등 금융시장에서 호텔산업의 위상을 높이는 역할을 하게 된다.

또한 당시 Starwood Lodging Trust와 Patriot American Hospitality는 Paired-share REITs란 우월한 조직형태를 십분 발휘하여 미국 호텔산업의 총아로 등장하게 된다. 특히 Starwood Lodging Trust는 일본의 Aoki Group으로부터 Westin을 인수하면서 화려하게 데뷔를 한 후 결국 ITT Sheraton이란 거함을 어부지리로 인수하면서 현재의 Starwood Hotels & Resorts로 성장하게 된다. 한편 유럽의 두 강호 영국의 Six Continents(현재의 IHG)와 프랑스의 Accor도 각각 InterContinental과 Motel 6, Red Roof Inn 등을 인수하면서 강자로서의 입지를 굳히게 된다. 어떻게 보면 현재와 같은 세계 최대의 다국적 체인호텔의 지형은 1990년대의 인수합병을 통해 거의 완성됐다고 볼 수 있다.

Hilton Headquarters in McLean, Virginia USA

셋째, 2000년대에서 현재까지 세계 호텔산업에서 가장 활발한 활동을 벌이고 있는 조직은 사모펀드(Private Equity Fund: PEF) 기업이다. 특히 미국의 Blackstone Group은 1998년 영국의 Forte의 인수를 시발로 해서, 2000년에 들어서는 Extended Stay America, Wyndham, La Quinta Inns, MeriStar 등을 차례로 인수면서 결국 2007년에는 Hilton을 호텔산업 역사상 최대의 액수인 260억 달러에 인수한다. Blackstone은 쉬지 않고 2012

년 프랑스의 Accor로부터 Motel 6를 미국으로 되찾아 온다. 그러나 Blackstone은 가격이 좋아지면 Forte나 Wyndham 같은 체인들은 재매각하였다. 이런 사모펀드의 활동은 호텔산업에 투자하는 자금이 몰리면서 결국 그만큼 호텔 또는 호텔기업들의 가치가 향상되고 있다는 좋은 신호이기도 하다.

글로벌 투자의 큰손 Alwaleed bin Talal 왕자

한편 2000년대 가장 관심이 집중됐었던 인수사례는 2006년 미국의 Hilton Hotels Corporation이 영국의 Hilton International을 인수하여 40년 만에 Hilton Family가 다시 Hilton Worldwide 하나로 결합하게 된다. 그러나 다음 해 Hilton은 Blackstone Group에 매각을 결심하게 되며 결국 Hilton가문의 호텔산업에 대한 전설은 종지부를 찍게 된다. 2000년대 초반 일부 유럽 체인호텔들이 인수활동에 나서나 이들의 영향은 미미했다.

넷째, 사모펀드 등에 인수되어 사유화(Privatization)되었던 일부 체인들이 다시 주식을 시장에 내다파는 상장기업(Public Company)으로 변모를 시도하고 있다. 사모펀드회사인 Blackstone Group은 2013년 말부터 시작해서 차례로 Extended Stay, Hilton, La Qnita Inn을 상장기업으로 변모시키게 된다. 특히 Hilton의 주식상장은 호텔 역사상 최대 금액인 23억 5천만 달러를 조달했다고 한다. 한편 오랫동안 사유화된 기업으로 남아 있던 Hyatt도 2009년 상장기업으로 거듭났다. 또 2013년 말 세계 최고급 체인호텔인 Four Seasons를 세계 최대의 부호 Bill Gates와 함께 인수해서 사유화했었던 중동의 거부 Alwaleed는 전에 인수했던 Fairmont Hotel과 더불어 상장기업으로 방향을 선회하던지, 아니면 두 고급 브랜드의 합병을 모색하고 있다고 보도되었다.

다섯째, 인수합병 시장에 중국 체인호텔의 등장이다. 2010년 중국 최대이자 세계 9위의 체인호텔인 Jin Jiang Hotel은 미국의 Thyler Lodging Group과 50:50 합작투자(Joint Venture)를 통해 미국 최대의 위탁경영 위주의 독립경영회사인 Interstate Hotels & Resorts를 인수하여 미국시장에 진출하였다. 다른 산업에서 보듯이 중국

기업들은 무서운 기세로 선진국의 여러 기업들을 인수하고 있다. 세계 호텔산업에서 중국 체인호텔들의 인수활동 참여는 잘 지켜봐야 할 잠재변수이다.

한편 〈표 8-6〉에서 보듯이 2000년대 들어서도 세계 호텔산업에서 인수합병은 멈추지 않고 있다. 특히 전체 인수합병 사례 중에서 국경을 넘는 국제(Cross-border) 인수합병은 약 24%를 차지하고 있다.

표 8-6 세계 호텔산업의 인수합병 통계: 2000-2008년

2000-2008년	인수합병 발생 수	비중 %	피인수기업의 총가치	총가치 비중 %	피인수기업의 평균가치
국제	714	23.96	86,948.81	18.18	121.78
미국 국내	2,266	76.04	391,305.96	81.82	172.69
합계	2,980	100.00	478,254.77	100.00	160.49

(출처: Canina, 2009)

3. 다국적 체인호텔의 시장세분화 전략

미국 호텔산업에서 1980년대 이전에 체인호텔들은 마케팅개념을 잘 활용하지 못했다. 그러나 1980년대 공급초과로 시장이 포화돼서 성장이 정체되면서 마케팅은 체인호텔들의 성장을 지속하기 위한 중요한 도구가 되었다. 브랜드 포트폴리오(Brand Portfolio)라고도 불리는 시장세분화(Market Segmentation) 전략은 이와 같은 상황을 타개하기 위해서 개발되었다. 시장성숙도가 가장 심했던 Full-service 세분시장은 Limited-service, Suite, Extended-Stay 등과 같은 세분시장들과의 경쟁이 격화되는 것을 인지하기 시작했다. 오랫동안 단일 상품과 브랜드로 일관했었던 이들은 자신들의 호텔에 대한 고객들의 브랜드 충성도(Loyalty)가 상당하다는 것을 감지하게 되었으며, 따라서 체인호텔들은 이와 같은 브랜드 인지도(Brand Recognition)를 여러 가격대로 확장할 수 있으며, 기존시장에서 새로운 브랜드와 상품을 출시해도 이에 대한 호응도가 높을 수 있다는 가능성을 파악하게 되었다. 이에 대응하기 위해 고안된 것이 시장세분화 전략이다.

시장세분화 전략의 창시자는 Quality International의 CEO이었던 Robert Hazard 이다. 그는 1981년 종전의 표준 브랜드인 Quality Inn은 그대로 유지하는 동시에

고급(Upscale) 세분시장에 Quality Royale, 경제가(Economy) 세분시장에는 Comfort Inn를 각각 출시하여 큰 성공을 거둔다. 그리고 후에는 All-suite 세분시장을 위해서 Comfort Suites를 개발한다.

뒤를 이어서 Marriott은 기존 브랜드인 Marriott보다 하위 등급에는 Courtyard를, 상위 등급에는 Marriott Marquis를, 경제가(Economy) 세분시장에는 Fairfield Inn, All-suite 세분시장에는 Residence Inn을 각각 개발하며, 더 나아가 당시 주요 체인호텔로서는 처음으로 Time-share 시장에도 진입한다. 또 Ramada는 고급(Upscale) 세분시장에 Renaissance를 출시한다. 한편 당시 최대의 체인호텔이었던 Holiday Corporation도 바로 따라서 단일 브랜드인 Holiday Inn에서 벗어나 고급(Upscale) 세분시장에는 Crowne Plaza, 경제가(Economy) 세분시장에는 Hampton Inn, All-suite 세분시장에는 Embassy Suites을 각각 출시한다. 반면에 Hilton, Sheraton, Hyatt 등은 이런 트렌드에 비교적 느리게 대응했다고 한다. 한편 프랑스의 Accor를 비롯한 유럽의 체인호텔들도 동일한 전략을 채택하고 있으며, 현재 브랜드 포트폴리오 전략은 세계 체인호텔들의 성장을 위해 필수적인 것으로 인정되고 있다.

시장세분화 전략을 통해 체인호텔은 시장의 수요 및 가격을 기반으로 하여 각 세분시장별로 알맞은 서비스와 어메니티(Amenities)를 제공하였다. 높은 가격을 받을 수 있으며 품질에 대한 고객들의 기대가 높은 호화호텔 또는 고급호텔에서는 서비스와 어메니티가 향상되고 확대되었다. 또한 컨시어지(Concierge) 서비스가 한층 강화되고 객실은 보다 화려하게 꾸며졌으며, 개인용품과 같은 객실 어메니티가 추가되거나 또는 향상되었다. 반면에 경제가 호텔의 경우에는 이 세분시장을 찾는 가장 중요한 요인인 객실요금을 더욱 낮추기 위해 서비스나 어메니티를 줄이거나 아예 제거하였다.

최근 다국적 체인호텔들은 과거 가격대(Price Points)를 기준으로 시장을 세분화하여 브랜드를 출시하였다. 그러나 최근의 트렌드는 시장세분화의 기준으로 생활방식(Lifestyle)을 채택하고 있다. 특히 젊은 세대들의 욕구에 부합하기 위해 생활방식에 의한 시장세분화 전략을 시행하여 그에 따른 브랜드들이 출시되고 있다.

이처럼 체인호텔들이 시장세분화 전략의 시행을 통해 얻은 혜택은 첫째, 먼저 시장에 진출함으로써 경쟁호텔의 확장에 선제적으로 대응할 수 있었으며, 둘째, 각 시장에 대한 지식을 서로 교환할 수 있게 되었다. 〈표 8-7〉은 1980년대 시작된 시장세분화 전략으로 말미암아 탄생된 다국적 체인호텔들의 브랜드를 보여주고 있다. 8개의 체인호텔이 보유하고 있는 브랜드가 총 89개에 달하고 있다. 또 〈그림 8-5〉는 프랑스가 자랑하는 다국적 체인호텔인 Accor의 시장세분화 전략을 잘 보여주고 있다.

그림 8-5 Accor의 시장세분화 전략

OUR BRANDS
International brands
Regional brands
LUXURY
SOFITEL LUXURY HOTELS
UPSCALE
pullman
GRAND MERCURE
THE SEBEL
ASIA PACIFIC
MIDSCALE
NOVOTEL
Suite NOVOTEL
Mercure
adagio
ECONOMY
ibis
ibis STYLES
adagio access
BUDGET
ibis budget

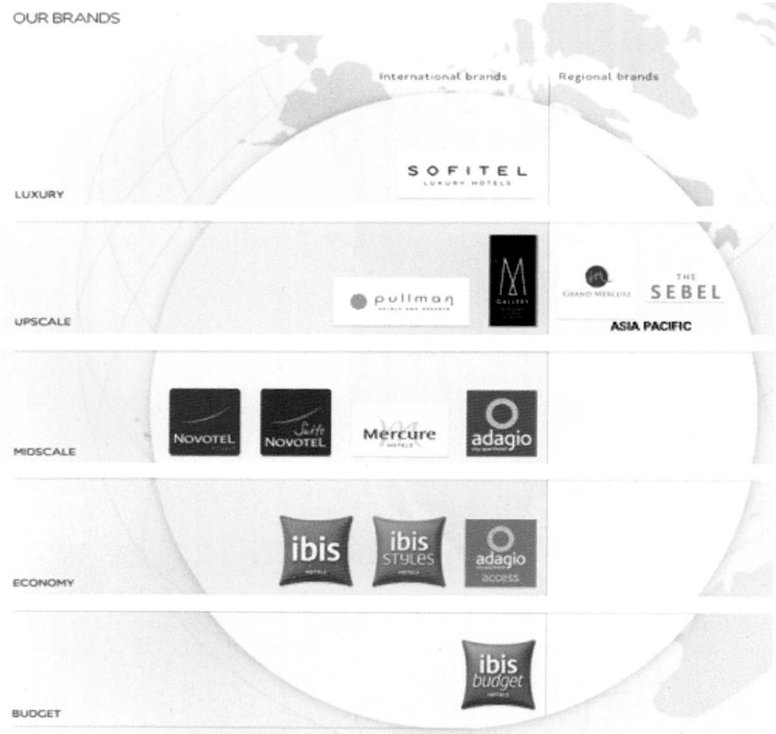

(출처: WWW.Accor.com)

표 8-7 세계 Top 8 다국적 체인호텔의 브랜드 포트폴리오

체인호텔명	브랜드 포트폴리오
IHG	InterContinental, Crowne Plaza, Indigo, Holiday Inn, Holiday Inn Express, Staybridge Suites, Candlewood Suites, EVEN, HUALUXE
Marriott International	Ritz-Carlton, Bvlgari, JW Marriott, EDITION, Autograph Collection, Renaissance, AC, Marriott, Courtyard, Springhill Suites, Fairfield Inn & Suites, Residence Inn, Towneplace Suites, Marriott Executive Apartments, Gaylord Hotels, Marriott Vacation Club
Hilton Worldwide	Waldorf Astoria, Conrad, Hilton, DoubleTree, Embassy Suites, Garden Inn, Hampton Inn, Homewood Suites, Home2 Suites, Hilton Grand Vacations
Wyndham Hotel Group	Wyndham, Wyndham Grand, Wyndham Garden, TRYP, Wingate, Hawthorn Suites, Microtel, Knight Inn, Travelodge, Baymont Inn & Suites, Howard Johnson, Super 8, Days Inn, Ramada, Planet Hollywood, Dream, Night
Choice Hotels International	Comfort Inn, Comfort Suites, Quality, Sleep Inn, Clarion, Cambria Suites, MainStay Suites, Suburban, Econo Lodge, Rodeway inn
Accor	Sofitel, Pullman, MGallery, Grand Mercure, The Sebel, Novotel, Suite Novotel, Mercure, Adagio/Adagio Access, ibis, ibis styles, ibis Budget, hotelF1, Thalassa Sea & Spa
Starwood Hotels & Resorts	Sheraton, Westin, W, St Regis, Le Merodien, The Luxury Collection, element, aloft, Four Points
Best Western International	Best Western, Best Western Plus, Best Western Premier

(출처: 저자 작성)

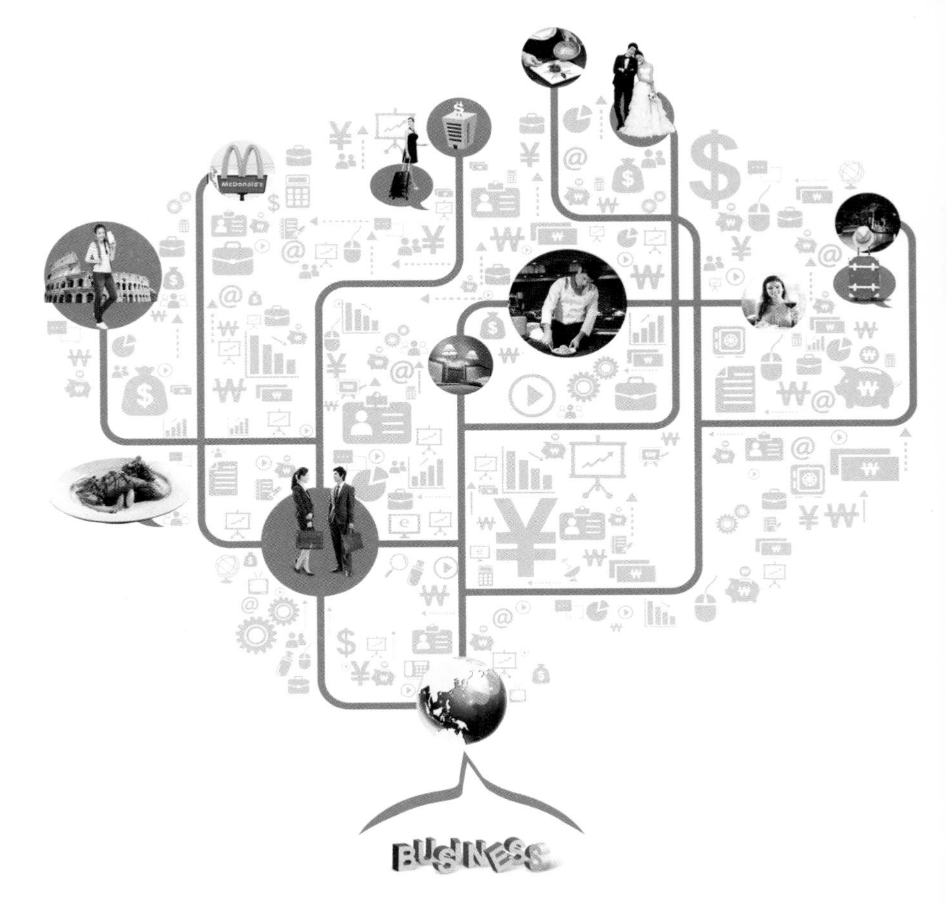

9
글로벌 호텔 위탁경영계약

제1절 호텔 위탁경영계약의 기원
제2절 위탁경영호텔 경영회사의 종류
제3절 경영회사의 책임과 제공 서비스
제4절 호텔 위탁경영계약의 장점과 단점
제5절 호텔경영회사의 선정
제6절 위탁경영계약의 주요 계약조항
제7절 글로벌 호텔 위탁경영계약

글로벌 호텔 위탁경영계약

세계화라는 거대한 트렌드에 편승하여 많은 호텔들이 규모가 큰 체인호텔로 편입되어 운영되는 체인화 현상이 가속되고 있다. 이런 트렌드는 체인호텔이 누리고 있는 이점에 의해 구체화되고 있다. 체인호텔은 막대한 자금동원 능력, 규모의 경제, 축적된 경영노하우, 최신 정보기술의 이용 등을 통해 글로벌 호텔산업을 지배하고 있다. 〈그림 9-1〉에서 보는 바와 같이 체인호텔은 다양한 방식으로 자신 또는 타인이 소유하는 호텔들을 운영하고 있다. 최근에 체인호텔들은 과거의 비즈니스 방식인 소유 및 경영하는 것보다 타인들이 소유하고 있는 호텔들을 운영하는 것을 선호하고 있다. 타인 소유의 호텔들을 대신 운영하기 위해 주로 이용하는 비즈니스 방식이 위탁경영계약이나 프랜차이즈이다. 본 장에서는 먼저 체인호텔의 지속적인 성장에 크게 기여하고 있는 위탁경영에 대하여 알아보기로 한다.

그림 9-1 호텔의 경영방식

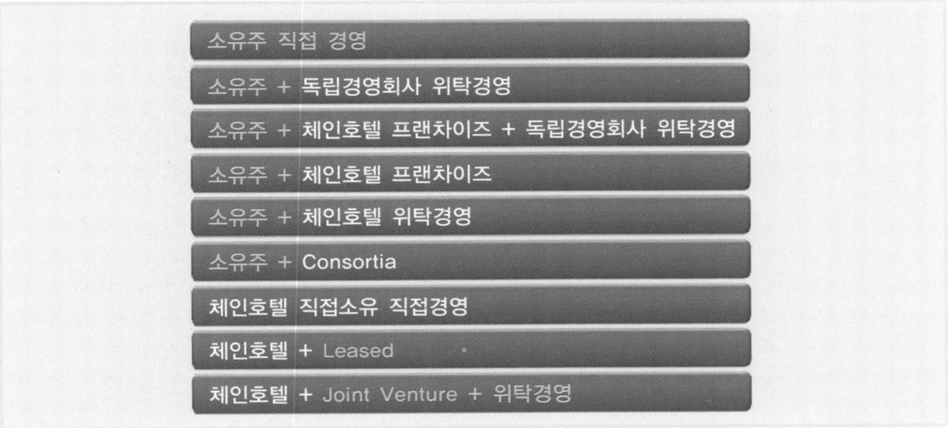

소유주 직접 경영
소유주 + 독립경영회사 위탁경영
소유주 + 체인호텔 프랜차이즈 + 독립경영회사 위탁경영
소유주 + 체인호텔 프랜차이즈
소유주 + 체인호텔 위탁경영
소유주 + Consortia
체인호텔 직접소유 직접경영
체인호텔 + Leased
체인호텔 + Joint Venture + 위탁경영

(출처: 저자 작성)

제1절 호텔 위탁경영계약의 기원

위탁경영계약(Management Contract)은 미국 호텔산업에서 1970년대를 거쳐 1980년에 이르러 꽃을 피우게 된다. 이후 다국적 체인호텔들은 프랜차이즈와 더불어 위탁경영계약을 현재까지도 중요한 성장전략으로 채택하게 된다.

제2차 세계대전이 발발하기 전에 위탁경영계약은 호텔산업에서 존재하지 않는 비즈니스모델(Business Model)이었다. 종전의 호텔들은 대부분 호텔기업이나 개인에 의해 소유 및 경영(Owned and Managed)되거나 또는 리스(Leased)하여 운영되고 있었다. 그리고 체인호텔들은 성장은 국내시장에서도 충분했기 때문에 해외시장 진출은 큰 관심을 갖지 않고 있었다.

그러나 세계대전 이후 당시 중남미 개발도상국 정부들은 관광산업을 육성하기 위해서는 유명 브랜드 호텔이 자국에 존재해야 하는 당위성을 인식하게 되었다. 따라서 이들은 유명 체인호텔들이 소유한 전문적인 경영지식과 브랜드를 제공받는 조건으로 기꺼이 새 호텔 건설에 대한 투자위험(Investment Risk)을 부담하고자 했다. 이러한 우호적인 환경에 접하게 됨에 따라 미국 체인호텔들은 비로소 해외시장 진출을 진지하게 고려하게 된다. 따라서 1947년 Hilton은 해외사업부를 위해 자회사인 Hilton International을 설립한다.

이후 푸에르토리코 정부에게 제출한 사업제안서가 채택되면서 Hilton International은 1949년 12월 산후안시에 Caribe Hilton 호텔을 개관하면서 최초로 해외시장에 진출하게 된다. 이때 Hilton International이 푸에르토리코 정부기관과 맺은 계약형태는 종전과는 다른 새로운 방식이었는데, 종전의 리스방식과는 차별화된 이윤분배리스(Profit-sharing Lease) 방식이었다. 즉 푸에르토리코 정부는 채권을 발행해 호텔을 신축해서 Hilton International에게 호텔을 임차해 주었다. 반면에 Hilton International은 임대료 명목으로 총영업이익(Gross Operating Profit)의 ⅔를 정부에 납부하고, 나머지 ⅓을 직접 차지하기로 했다. 또 이 계약을 통해 Hilton International은 해외 마케팅활동을 위해 소요되는 지역 및 본사의 상주 직원과 본사의 광고 및 판촉에 소요되는 비용을 모두 실비정산(Cost Reimbursements)으로 되돌려 받기로 했다. 또한 Hilton International은 직원의 고용 및 해고와 임금정책 등 영업에 대한 모든 권한을 부여받았다. 반대급부로 Hilton International이 Caribe Hilton 호텔에 투자한 자금은 개관 전 비용과 운전자본(Working Capital)으로 투자한 30만 달러가 전부였다고 한다.

Caribe Hilton은 대성공을 거두어 푸에르토리코 정부와 Hilton International에 막대한 수익을 제공하였다고 한다. 이후 Hilton International은 같은 계약방식으로 이스탄불, 멕시코, 쿠바 등에 진출하면서 신속한 성장을 이룩하게 된다. 그러나 이후 쿠바에서 갑작스럽게 카스트로에 의한 혁명이 발발하면서 관광산업이 큰 타격을 받게 되면서 객실점유율이 14%까지 추락하게 된다. Hilton International은 쿠바정부에 이로 인한 손실을 보전해 줄 것을 설득했지만, 결국 호텔은 카스트로 정권에 의해 국유화 되어버렸다.

Hilton이 쿠바사태를 통해 얻은 교훈은 정치가 불안정한 개발도상국에서 경영의 통제 불가항력과 이로 인한 손실(Loss)에 대한 위험을 감수할 수 없다는 것이었다. 여기서 Hilton International은 많은 개발도상국가의 정부들이 기꺼이 투자위험을 감수하면서도 소유위험을 감수하지 않는 이유에 대해 의문을 갖게 된다. 이런 이유로 해서 당시 Hilton International의 최고경영층은 종전의 이윤분배 리스계약을 호텔 소유주가 영업위험(Operating Risk)과 재무위험(Financial Risk)을 모두 부담하고 또한 운전자본의 제공에 대한 책임도 지는 위탁경영계약으로 전환하게 된다. 이로써 Hilton International은 호텔 소유주에게 모든 위험을 전가할 수 있게 되었다.

새로 개발된 위탁경영계약을 통해서 Hilton International의 경영진은 브랜드, 시스템, 경영지식을 제공하는 반대급부로 다른 무엇을 취득할 수 있어야 한다고 생각했다. 따라서 새로운 위탁경영계약을 통해 총매출액(Gross Revenue)의 5%를 기본수수료(Base Fee)로 하고, 이에 더해서 총영업이익의 10%를 인센티브수수료(Incentive Fee)로 책정했다. 그리고 예약시스템, 마케팅 직원, 광고, 판촉에 대한 서비스를 제공하는 대가로 이윤 없이 실비정산하기로 했다. 또한 호텔 소유주는 지역 사무소 직원의 임금과 본부 직원이 감독을 위해 호텔을 방문하는 경우에 대한 비용도 지급하도록 했다. 이런 이점으로 인하여 이후 위탁경영계약은 많은 체인호텔들의 중요한 성장전략으로 활용된다.

1950년대와 1960년대에 걸쳐 호텔산업에서 프랜차이즈는 대성공을 거두게 되어 급속하게 확산되어 체인호텔들은 급속하게 성장하였다. 그러나 프랜차이즈는 시간이 경과하면서 적절한 통제수단의 결여와 같은 치명적인 단점이 드러나기 시작한다. 1970년대 들어서면서 이런 시대적 상황과 더불어 몇몇 요인이 미국 호텔산업에서 위탁경영계약의 등장을 촉진하게 된다.

첫째, 1930년대 경제대공황을 통해 미국의 은행과 보험회사와 같은 대출기관(Lenders)들은 많은 자금을 빌려줬던 호텔들이 부도가 나면서 이를 회수할 수 없어 어쩔 수 없이 수많은 호텔들을 소유하게 된다. 이들은 스스로 호텔을 경영하기를 원하지 않고 전문경영기업이 자신들의 호텔들을 관리해 주기를 원했다. 이런 목적을 위해 이들은 체인호텔(Chain Operator 또는 Brand Operator)이나 독립경영회사(Independent Operator 또는 Independent Management Company)와 위탁경영계약을 맺기에 이른다. 둘째, 대출기관들과 같은 기관투자자(Institutional Investor)의 귀환이다. 1930년대 경제대공황을 통해 대형 호화호텔 사업의 맹점을 경험한 이들은 한동안 호텔건설을 위한 대출은 거의 중지하고 있었다. 그러나 1970년대부터 이 기관들은 체인호텔이 경영하게 되는 신축호텔 사업에만 대출을 허용하기 시작했다. 결국 호텔건설을 위한 자금을 대출하기 위해 호텔 개발업자 또는 소유주는 체인호텔과 위탁경영계약을 체결해야 했다. 셋째, 당시 호텔사업의 잠재이익에 매료된 일부 금융기관들은 오히려 과거 체인호텔들이 직접 건설하고 소유하고 있던 호텔들을 매입하기 시작했다고 한다.

이와 같은 경영환경의 변화에 효과적으로 대응하기 위해 체인호텔들은 종전의 전략을 수정하기 이른다. 체인호텔들은 종전의 부동산 회사로서의 특성을 버리고 순전한 호텔운영회사(Hotel Operating Company)로 비즈니스모델을 바꾸는 것을 결정한다. 즉 현금 창출을 극대화하고 재무위험을 줄이기 위해 1970년대 말부터 1980년대 초기에 체인호텔들은 소유하던 호텔들을 투자자들에게 매각하는 한편 동시에 새로운 호텔 소유주와 협상을 통해 위탁경영계약을 체결함으로써 매각되는 호텔에 대한 운영권을 유지하였다. 실제로 1970년에 미국의 10대 체인호텔들이 보유하던 위탁경영계약의 수는 불과 22건이었지만, 1975년에는 182개로 급속하게 증가한다. 이후부터 21세기 현재까지 주로 한정서비스(Limited-service) 호텔을 대상으로 하는 프랜차이즈와 더불어 주로 고급호텔(Full-service), 리조트, 컨벤션호텔 등을 주요 대상으로 하는 위탁경영계약은 체인호텔이 국내 및 해외 시장에서 성장을 위한 중요한 전략이 되었다.

위탁경영계약은 호텔 소유주(Owner)가 호텔의 영업 및 경영활동에 대한 모든 권한을 보유한 대리인(Agent)인 경영회사를 고용하기로 한 양자 간의 문서화된 계약이라고 정의할 수 있다. 즉 호텔 소유주(투자자, 개발자, 재소유한 차주)가 호텔의 경영을 경영회사(체인호텔 또는 독립경영회사)에 맡긴다는 양자 간의 합의 하에 맺은 계약관계를 말한다. 일반적으로 호텔 소유주가 호텔을 관리하고 싶지 않거나 또는 호텔경영에 대한 전문지식이 없는 경우 대신 호텔을 잘 경영할 수 있는 업체를 찾게 된다. 이에 경영회사는 원하는 전문지식과 경험을 제공하며, 따라서 각자 상대방의 성과에 대한 기대를 반영하는 양자의 협상에 의한 공식적인 계약관계를 맺게 된다.

일반적인 위탁경영계약에서 경영회사는 호텔영업을 위한 완전한 통제권을 보유한다. 그리고 계약은 양자 간의 재무적 및 법률적 협정에 관한 내용을 다룬다. 계약기간은 계약의 매우 중요한 조항이며 보통 관리되는 호텔의 유형에 따라 다양하다. 호텔산업에서 위탁경영계약은 양자 간에 장기적인 관계를 맺는 것이어서 대개 20년이 넘는 경우가 대부분이다.

위탁경영계약은 대상 호텔의 경영에 대한 책임을 맡게 된 경영회사와 호텔 소유주 간의 계약이다. 호텔영업에 대해 소극적인 의사결정의 권한을 보유한 소유주는 운전자본, 영업비용, 채무상환에 대한 모든 책임을 져야 한다. 경영회사는 위탁경영 서비스의 제공에 대한 대가로서 경영수수료(Management Fee)를 제공받으며, 소유주는 매출총이익에서 모든 비용이 차감된 잔여이익(Residual Income)을 갖는다.

리스방식과 달리 위탁경영계약에서는 재무적 부담은 전적으로 소유주에게 전가된다. 소유주는 호텔경영이 성공적으로 수행되었을 경우에는 많은 혜택을 얻게 되지만, 이익을 창출하지 못하게 되는 경우에는 많은 손실을 입게 된다. 이러한 우호적인 환경 변화에 대응하기 위해 Hyatt, Westin, Marriott, Hilton International, Sheraton, InterContinental과 같은 체인호텔들은 영업활동의 무대를 전 세계로 확장할 목적을 가지고 전략적으로 위탁경영계약을 이용하였다. 리스방식과 비슷한 구조이지만 재무위험을 지지 않는 위탁경영계약을 통해 많은 이익을 창출할 수 있는 가능성과 잠재력을 확인한 체인호텔들은 점차 사업방식을 변경하기 시작하여 현재에 이르게 된다. 1980년대 말 이후 추세를 보면 리스방식을 이용하는 체인호텔은 거의 자취를 감추게 된다.

제2절 위탁경영호텔 경영회사의 종류

호텔 소유주와의 위탁경영계약을 체결하여 호텔을 관리하는 경영회사(Management Company 또는 Operator)는 크게 1군 경영회사(First-Tier Management Company)와 2군 경영회사(Second-Tier Management Company)의 두 가지로 구분된다. 1군 경영회사는 위탁경영계약에 따라 대상 소유주의 호텔을 관리하고 매일 영업활동을 감독하는데, 이런 경영활동을 수행함에 있어 보통 전국적인 소비자 인지도가 있는 고유한 유명 브랜드를 보유하고 있다. 〈표 9-1〉에서 보는 바와 같이 우리가 익히 알고 있는 Hilton, Marriott, Hyatt, Starwood, InterContinental 등이 1군 경영회사의 대표적인 예이다. 반면에 독립경영회사(Independent Operator)라고 불리는 2군 경영회사 역시 1군 경영회사와 똑같이 위탁경영계약에 따라 동일한 경영서비스를 호텔 소유주에게 제공한다. 그러나 2군 경영회사는 소비자들에 인지되는 고유한 브랜드를 보유하고 있지 않다. 대신에 이들은 고객인지도를 높이기 위해 체인호텔의 프랜차이즈에 가맹하여 해당 브랜드를 이용하고 있다. 〈표 9-2〉에서 보듯이 2군 경영회사에는 Interstate Hotels & Resorts, White Lodging Services, Pillar Hotels & Resorts, GF Management 등이 활발한 활동을 벌이고 있다.

표 9-1 세계 Top 10 위탁경영 체인호텔(2012년 12월 31일 기준)

순위	기업명	본부 소재지	총영업 호텔수	위탁경영 호텔수	비중 %
1	Marriott International	메릴랜드, 미국	3,800	1,020	26.8
2	Home Inns & Hotels	상하이, 중국	1,772	803	45.3
3	Accor	코코로니스, 프랑스	3,516	764	21.7
4	Extended Stay Hotels	노스캐롤라이나, 미국	684	684	100
5	Westmont Hospitality Group	텍사스, 미국	1,886	664	35.2
6	IHG	댄햄, 영국	4,602	658	14.3
7	Starwood Hotels & Resorts	코넷티컷, 미국	1,134	547	48.2
8	China Lodging Group	상하이, 중국	1,035	516	49.9
9	Shanghai Jin Jiang Int'l	상하이, 중국	1,401	465	33.2
10	Hilton Worldwide	버지니아, 미국	3,966	453	11.4

(출처: Hotels, 2013)

표 9-2 미국 Top 20 위탁경영 독립경영회사(2012년 1월 기준)

기업명	직접 소유 및 경영		타인소유 위탁경영		총객실수
	객실수	호텔수	객실수	호텔수	
Interstate Hotels & Resorts	1,921	6	61,027	348	62,948
White Lodging Services	3,588	12	20,261	147	23,849
Pillar Hotels & Resorts	0	0	21,300	222	21,589
GF Management	2,811	14	18,195	115	21,006
TPG Hospitality	0	0	17,103	63	17,103
Pyramid Hotel Group	317	2	16,583	317	16,900
Aimbridge Hospitality	0	0	16,625	80	16,625

Crescent Hotels & Resorts	1,165	4	14,231	61	14,551
Remington	199	1	13,997	69	14,196
Davidson Hotels & Resorts	0	0	13,215	46	13,215
RIM Hospitality	0	0	12,488	91	12,488
Hersha Hospitality Management	1,250	8	11,000	89	12,250
HEI Hotels & Resorts	9,684	35	2,229	8	11,913
Concord Hospitality	2,200	18	8,958	65	11,158
Island Hospitality Management	0	0	10,710	79	10,710
Sage Hospitality	0	0	10,500	49	10,500
Destination Hotels & Resorts	453	1	9,105	38	9,558
Kinseth Hotel Corporation	1,593	10	7,521	98	9,114
Prism Hotels & Resorts	710	3	8,357	54	9,067
Crestline Hotels & Resorts	0	0	8,798	49	8,798

(출처: Lodging Hospitality, 2013)

제3절 경영회사의 책임과 제공 서비스

위탁경영계약은 호텔산업에 대한 지식이나 경험이 부족하거나 여러 이유로 인해 직접적인 경영이 불가능한 투자자에게 투자기회를 제공하고 있다. 객실공급에 대한 경쟁이 점점 격화되면서 호텔 투자자들은 호텔투자에 대한 가치를 창출하기 위해서는 경영을 책임지는 전문가그룹을 이용하는 것이 효율적이라는 것을 인식하게 되었다. 따라서 호텔 소유주들은 투자수익을 극대화하기 위해 브랜드를 보유한 전문적인 경영회사(Hotel Operator)와 계약을 맺게 되었다. 위탁경영계약에 명시되는 호텔경영회사의 일반적인 의무는 〈그림 9-2〉와 같다.

한편 위탁경영계약에 의해 경영회사가 소유주의 호텔에 제공하는 서비스의 종류는 여러 부류이다. 호텔 소유주는 대다수 경영회사들이 제공하는 일반적인 서비스와 일부 경영회사들이 제공하는 고유하고 차별화된 서비스를 잘 구분할 수 있어야 한다. 대다수 경영회사에서 제공하는 일반적인 서비스는 〈그림 9-3〉과 같다. 한편 경영회사는 전체적인 광고와 전국 및 지역 판촉사무소, 중앙예약시스템(CRS), 중앙회계 및 경영정보시스템, 중앙구매 및 조달시스템, 중앙교육 및 훈련시스템과 기타 서비스(안전, 에너지관리시스템, 보험 및 위험관리, 예방

그림 9-2 호텔 경영회사의 책임

경영회사의 책임

- 프런트오피스, 객실, 식음료, 판매 등 모든 기능 부서의 관리
- 직원의 모집, 고용, 훈련, 감독, 해고
- 가격을 설정하고 호텔서비스의 조건을 결정
- 마케팅, 광고, 홍보의 계획과 실행
- FF&E 등과 같은 자본지출의 계획, 구매, 감독
- 월별 및 연별 재무제표와 소유주를 위해 일일보고서를 작성
- 소모품 구매를 위한 계약을 체결하고 이에 대한 대금을 지급
- 허가된 연간 예산계획과 위탁경영계약의 조건에 맞게 호텔의 영업활동을 수행
- 가입한 브랜드 시스템에 의해 요구되는 상품과 서비스 표준의 준수

그림 9-3 호텔 경영회사가 제공하는 서비스

경영회사가 제공하는 서비스

- 전국적 또는 세계적 명성
- 중앙예약시스템(CRS, Brand Web Site)
- 고객 충성도 프로그램(Loyality Program)
- 중앙 인사관리 및 모집
- 건물 세금 대리 업무
- 에너지관리시스템
- 입지 및 건축 엔지니어링 지원
- 시장 수요 조사
- 개관 전 서비스 및 기술적 서비스
- 상표, 로고, 슬로건, 서비스 마크
- 체인 및 브랜드 홍보 프로그램
- 중앙구매를 통한 비용 절감
- 노무 관련 지원
- 보험 지원 및 패키지 가격
- 중앙집중 회계관리
- 건축 및 인테리어 디자인
- 전국 및 지역 관측사무소

적 유지보수, 회계감사, 소유주의 세금정산 준비, 지속적인 지원서비스 등) 등에 소요되는 비용을 실비정산 시스템비용(System-Reimbursable Expenses)으로 매월마다 소유주로부터 제공받는다.

제4절 호텔 위탁경영계약의 장점과 단점

위탁경영계약을 통해 경영회사와 소유주는 공히 장점과 단점을 경험하게 된다. 공정하게 구조화된 계약을 만들기 위한 협상을 위해 양 당사자는 상대방이

계약을 행하려는 동기에 대하여 잘 이해해야 한다.

1. 경영회사의 장점

1) 저렴한 비용으로 신속한 성장 가능

경영회사 입장에서는 낮은 수준의 투자가 요구되는 위탁경영계약을 이용함으로써 저렴하고 신속하게 체인규모를 확장해 나갈 수 있다. 때때로 위탁경영계약을 확보하기 위해 체인호텔은 자금대여 등을 통해 운전자본에 공헌을 한다. 계약에 의해 정해지는 경영수수료에서 보통 총매출액(Total Revenue)의 일정 퍼센트로 수익이 보장되는 기본수수료(Basic Fee)는 경영회사 본사의 경비와 영업비용을 충당하고도 남을 정도로 충분하다. 직접 소유 또는 리스호텔과 달리 위탁경영에서는 경영회사에게 영업손실에 대한 책임을 묻는 경우가 거의 없는데, 이는 경영회사가 계약을 통해 손실위험을 소유주에게 전가했기 때문이다. 경영회사는 기존에 영업 중인 호텔들로부터 위탁경영계약을 취득하려고 하기 때문에 직접적으로 신축호텔을 위해 소요되는 기간이 제거되었다. 이로 인해 건설과정에서 소요되는 감독요원의 충원이 불필요하고 또한 본사 경비가 절감이 되었다.

2) 낮은 손실위험

위탁경영계약 하에서 호텔 소유주는 모든 운전자본 · 영업비용 · 채무변제에 대한 재무적 책임을 지고 있다. 반면에 경영회사는 아무런 재무적 부담이 없으며 기본수수료만으로도 영업비용을 충당하고도 적은 수준의 이윤도 창출할 수 있다. 여기에 인센티브수수료가 더해진다면 훨씬 많은 이익을 창출할 수 있다.

3) 규모의 경제효과

위탁경영 서비스를 제공하는데 소요되는 실제 영업비용과 본사비용은 많지 않지만, 핵심 영업담당 경영진 · 본사 · 지원 직원들에 소요되는 비용을 충당하고 또한 요구되는 수준의 이익을 창출하려면 위탁경영계약은 규모의 경제(Economies of Scale)를 창출할 수 있는 수준의 위탁경영호텔의 수를 확보해야 한다. 일반적으로 1군 경영회사는 중앙예약시스템(CRS)을 제공하는데 이런 경우 고정비용(Fixed Costs)은 2군 경영회사에 비해 훨씬 많아진다. 규모의 경제를 창출할 수 있는 호텔의 수는 호텔의 등급과 유형, 그리고 경영회사가 제공하는 서비스의 성향에 따라 다르게 나타날 수 있다. 보통 규모의 경제효과가 나타날 수 있는 수준은 1군 경영회사의 경우는 위탁경영호텔의 수가 약 40-50여 개소에 이르면 가능하고, 2군 경영회사의 경우는 약 10-15개소이면 가능하다고 한다. 그리고 본사의 지원이 보다 광범위하게 요구되는 최고급(Luxury) 호텔은 저가(Budget)호텔에 비해 규모의 경제효과를 볼 수 있는 수준이 더 높다고 한다.

4) 품질 통제가 가능

위탁경영계약은 경영회사들이 비교적 직접적으로 물리적 및 영업활동의 품질에 대한 경영통제권을 행사할 수 있다. 체인호텔들은, 특히 유명 1군 경영회사들은, 우호적인 대중 이미지가 유지되는 것에 항상 부단한 관심을 갖는다. 단 일개의 호텔에서라도 물리적 또는 경영 소홀로 인하여 어렵게 구축한 기업의 명성이 순식간에 손상되기도 하는데, 위탁경영계약은 경영회사에게 필요한 수준의 품질통제를 가능하게 한다. 즉 경영정책에 대한 자율권이 보장되고 적절하게 FF&E(Furniture, Fixture & Equipment) 등에 대한 대체비용의 적립(Reserve for Replacement)이 가능하기 때문에 경영회사는 호텔의 품질과 이미지에 대한 전반적인 통제권을 대부분 행사할 수 있다. 반면에 프랜차이즈 계약에서 가맹호텔은 단지 체인호텔의 명칭만을 이용하며 중앙집중적인 경영통제가 이루어지지 않기 때문에 체인본사는 일정한 수준의 품질을 유지해 나가기가 훨씬 더 어렵게 된다. 그래서 일부 유명 체인호텔들은 전반적인 품질 유지와 영업통제권을 확보하기 위해 프랜차이즈 경영방식을 채택하지 않는 정책을 유지하고 있다.

5) 감가상각비의 제거

위탁경영계약은 호텔 소유주가 부담하는 감각상각비(Depreciation)를 회피할 수 있어서 경영회사의 입장에서는 호텔을 직접 소유하는 경우와 거의 같은 수준의 현금흐름(Cash Flow)을 확보할 수 있다는 매력이 있다. 경영회사가 지급받는 경영수수료는 소득세 차원에서는 일반 수입으로 고려된다. 그러나 경영회사가 호텔을 직접 소유한다면 벌어들일 수 있는 수입은 감가상각비에 의해 희석이 된다. 상장된 호텔기업들은 손익계산서상의 감가상각비를 최소화하여 순이익의 증가효과를 얻을 수 있는 위탁경영계약의 이점을 발견하기에 이르렀는데, 이를 통해 보다 높은 주가수익률(PER)을 유지할 수 있어서 결국 해당 호텔기업의 주식가치를 향상할 수 있게 되었다고 한다. 그래서 Marriott이나 Hilton 같은 상장 체인호텔들은 직접 소유하고 있던 호텔들을 시장에 내다파는 동시에 위탁경영계약을 맺어서 이들을 계속해서 운영하고 있다(Sale and Manage-back). 이런 방식으로 위탁경영전략을 가장 잘 활용한 체인호텔이 바로 Marriott이다. Marriott은 먼저 개발자로서의 이윤을 확보하기 위해 독립적으로 투자하여 새 호텔을 완공한 후 바로 이 부동산을 파트너십 또는 투자자에게 매각함과 동시에 높은 수준의 현금흐름을 창출하는 장기 위탁경영계약을 맺어 매각된 호텔의 운영권을 확보하는 전략을 구사하였다.

2. 경영회사의 단점

1) 소유권에 대한 잔여혜택(Residual Benefits)의 배제

경영회사의 전문적인 위탁경영을 통해 경영실적이 호전되면서 호텔의 가치가 증가하게 된다. 이때 이런 호텔자산을 매각하거나 재금융하는 경우 소유주의 혜택은 증가하게 된다. 반면에 경영회사는 이런 혜택을 누릴 수 없을뿐더러 최악의 경우 위탁경영권을 잃을 수도 있다.

2) 소유주의 재무 의사결정권에 대한 통제 결여

대다수 위탁경영계약에서 호텔 소유주의 재무의사결정권이 보장되고 있다. 자본이 부족한 소유주체(소유주 또는 새 소유주)는 경영회사의 관점에서 봤을 때 호텔의 단점을 극복하고 영업과 품질에 악영향을 미치는 요소를 제거하기 위해 필요한 현금에 대한 지출을 승인하지 않을 수 있다. 그리고 위탁경영에서 상호간 협력관계의 구축이 매우 중시되는데, 까다로운 소유주는 정당하지 않은 여러 요구사항을 부과하여 경영회사를 매우 어렵게 하는 경우도 있다.

3) 소유주에 대한 금융 의존도

만일 호텔영업을 통해 창출된 현금으로 영업비용과 차입금 상환을 충당하지 못하는 경우에 경영회사는 소요자금을 확보하기 위해서 전적으로 소유주에게 의존하게 된다. 경영회사가 계약을 맺기 전에 아무리 소유주의 신용도를 철저히 조사했어도 불리한 또는 예상치 못한 상황이 전개되면 어느 누구도 재무자원의 고갈을 피할 수 없다. 이때 경영회사의 위험은 부족한 영업자금 또는 수리비용 적립의 연기 등으로 인한 불편함 정도의 수준을 넘어 궁극적으로 소유주의 파산 등으로 인해 위탁경영권을 잃을 수도 있다. 이런 경우 경영회사는 수입과 명성에 악영향을 미치게 될 뿐만 아니라 계약이 해제되는 경우 취소수수료도 지급받지 못하는 경우도 있다.

4) 소유주의 계약해제권

위탁경영계약은 호텔 소유주가 계약서에 명시된 비싼 취소수수료를 지급함으로써 계약관계를 종결할 수 있는 계약취소조항을 포함하고 있는 것이 일반적이다. 보통 경영회사는 이에 대한 보상을 잘 받을 수 있지만, 인력의 재배치 혼란과 대중 이미지에 대한 손상은 피할 수 없게 되는데, 특히 1군 경영회사의 경우는 비교적 더 심각하다고 할 수 있다.

3. 호텔 소유주의 장점

1) 전문경영인력의 이용

위탁경영계약은 소유주에게 호텔투자에 대한 장기적인 이윤을 확보하기 위해 필수적인 전문경영인력을 제공한다. 동시에 위탁경영계약은 현금흐름, 감가상각의 세금절약 효과, 가치 향상, 재금융 기회, 계약기간의 종료 후 호텔의 소유권 유지 등과 같은 혜택을 소유주에게 제공한다.

2) 즉각적인 명성 구축

몇몇 체인호텔에 가입하기 위해서는 위탁경영계약을 통해서만이 가능할 때가 있다. 1군 경영회사와의 위탁경영계약은 소유주의 호텔에 즉각적인 전국적 또는 지역적 인지도를 제공한다. 일부 경우 프랜차이즈 계약을 통해서는 동일한 혜택을 제공받는 것은 불가능한데, Westin과 Hyatt 같은 체인들은 직접 경영하는 호텔에만 브랜드의 사용을 허가하는 경영정책을 유지하고 있다.

3) 경영지식의 이용

시간이 흐르면서 대출기관이나 투자자들은 호텔산업에 대해 높은 수준의 지식을 보유하게 되었다. 따라서 성공적인 호텔투자를 이끌어 내기 위한 핵심요소인 경영능력에 대한 중요성이 강조되고 있다. 대출기관이나 투자자들은 단기체류(Transient) 수요에 대한 지역시장의 평가, 해당 지역 및 접경 지역의 성격, 실제적인 부동산의 성공가능성에 더하여 제안된 경영회사의 역량과 재무실적에 대해 지대한 관심을 보이게 된다. 대다수 대출기관과 투자자는 관심을 갖고 있는 모든 호텔의 운영을 실적이 좋은 경영회사가 담당하기를 요구한다. 심지어 일부 경우에는 아예 전문적인 호텔 자산관리자(Asset Manager)가 경영회사를 감독하기를 원하기도 한다. 만일 제안된 호텔의 운영자가 2군 경영회사일 경우에는 소요되는 투자자금을 조달받기 위해서는 반드시 유명 프랜차이즈에 가입하기를 요구하기도 한다. 전국적인 명성을 보유한 경영회사를 호텔투자 프로젝트의 일원으로 참여하게 하는 것이 반드시 성공적인 금융결정을 보장하지는 않지만, 경영회사에 대한 긍정적인 관심은 대출기관의 투자의사결정에 유리한 영향을 미치게 된다.

4. 호텔 소유주의 단점

1) 경영통제권의 상실

위탁경영계약은 경영회사에게 호텔에 대한 모든 경영통제권을 부여하고 있다. 만일 경영회사가 호텔을 경쟁적으로 운영할 수 있다면 통제권의 상실은 문제될 것이 전혀 없다고 볼 수 있다. 그러나 만일 호텔이 잘못 관리되는 경우 소유주는 경영회사를 제거하기가 매우 어렵다는 사실을 인식하게 되었다. 따라서 이후 일정수준의 경영성과를 경영회사가 창출하지 못하면 소유주가 계약을 종료할 수 있는 새로운 구체적인 기준이 많은 위탁경영계약이 도입되었다. 따라서 엄격한 경영성과 기준에도 불구하고 실적이 신통치 않은 경영회사의 퇴출과정은 반드시 적시에 이루어져야 한다. 그리고 새로운 경영회사의 결정이 신속하게 행해지지 않으면 해당 호텔의 명성은 심하게 훼손이 되고 만다.

2) 모든 비용에 대한 책임

위탁경영계약 하에 있는 호텔의 소유주는 고정비와 부채(Debt)를 포함한 모든 원가와 비용에 대한 재무적 책임을 지고 있다. 이 의미는 비록 경영회사의 부주의와 무능력에 의한 재무적 손실일지라도 소유주는 여전히 현금흐름의 부족분을 채우기 위한 궁극적인 책임을 져야 한다는 것이다. 이런 이유로 잘 설계된 위탁경영계약에는 경영회사가 매출을 극대화하면서 비용을 최소화하는 노력에 대한 인센티브(Incentive)를 반드시 포함하고 있다. 경영수수료의 몫을 일정 수준의 이익이 실현된 후 지급하도록 한 것은 경영회사에게 효율적인 경영의 수행을 통한 재무적 인센티브를 창출하였다. 중요한 점은 인센티브수수료를 통해서 경영회사의 수입과 호텔 소유주의 이익이 직접적인 연관관계를 맺게 된 것이다. 경영회사의 인센티브수수료에 대한 실제 계약구조에 따라 많거나 적은 인센티브를 창출하고 있다. 예를 들면, 만일 인센티브수수료의 지급조건이 고정비지출전 이익(Income Before Fixed Charges)의 10%이며, 이에 대한 지출은 부채공제 후 이익(Income After Debt Service)이 충분할 경우에만 이루어진다는 조건의 경우에 경영회사는 인센티브수수료가 긍정적인 현금흐름의 창출 여부에 상관없이 지급되는 경우에 비해 매출을 극대화하면서 비용을 최소화하려는 보다 높은 동기를 부여받게 된다. 이런 조항은 더욱 진화해서 경영회사에게 부채공제 후 이익이 충분치 못할 경우 영원히 인센티브수수료의 포기를 요구하는 경우가 미래의 현금흐름에서 지급받을 때까지 단지 수수료의 수수를 연기하거나 축적하는 경우에 비해 더욱 높은 수준의 인센티브를 산출하게 되었다.

3) 무능력한 경영회사의 퇴출

대다수 위탁경영계약의 경우 소유주는 임의적으로 계약을 해지하기가 어렵게 되어있다. 보통 1군 경영회사는 특정 시장에서 계약의 상실은 대중 이미지에 부정적인 영향을 미친다는 것을 고려해서 보통 계약기간이 15년 이상을 상회하는 취소불가능한 계약을 요구한다. 2군 경영회사는 보통 보다 짧은 계약기간을 수락하지만, 종종 소유주가 계약을 조기에 취소하는 것에 대한 제한을 두는 조항을 삽입할 것을 주장하기도 한다. 무능력한 경영회사와의 위탁경영계약을 일방적으로 취소할 수 없는 것에 대한 소유주의 무능력은 재무적 손실에 대한 위험을 높이게 된다. 이런 위험을 축소하기 위해 위탁경영계약은 반드시 구체적인 성과기준과 취소조항이 서로 연계가 되도록 작성되어야 한다. 추가적으로 소유주들은 명시된 금액을 지불하면 언제든지 경영회사의 해고가 가능하도록 하는 다목적 계약매수조항(All Purpose Contract Buy-Out Clause)을 협상하기도 한다.

4) 호텔 매각의 어려움

소유주가 매각하려는 호텔에 대한 위탁경영계약 기간이 남아 있는 경우 때때로 매각은 매우 어렵게 될 수 있다. 체인호텔들은 다른 체인에 의해 운영되는 호텔을 구입하려 하지 않는다. 현존하는 취소불가능한 계약으로 인해 많은 체인호텔들이 제외되므로 잠재 구매자의 수가 감소되어 적절한 구매자를 찾는데 시간이 많이 소요된다. 게다가 위탁경영계약이 존재하는 호텔은 그렇지 않은 호텔에 비해 할인된 가격에 거래가 되는 경우가 많다. 계약매수조항은 호텔을 현존하는 위탁경영계약 하에서 매각하거나 또는 계약을 구매해서 경영권에 의한 방해물이 제거된 호텔을 매각하는 옵션을 소유주에게 제공하고 있다.

5) 과다한 경영수수료

경영수수료는 호텔영업에서 창출되는 현금의 상당 부분을 차지하게 된다. 즉 전문적인 호텔경영은 값이 비싸다. 경영회사 및 계약조건에 따라 다르지만 경영수수료의 총합은 부채공제 후 현금흐름의 70-85% 정도까지 이르기도 한다. 특히 새로 개관한 호텔들의 경우에는 보통 초기 객실점유율이 낮아서 경영수수료 총액이 부채공제 후 현금흐름보다 더 많을 경우도 있다. 이 경우 소유주는 추가적인 자금을 투자해야 한다. 이런 경우를 위해 대다수 경영회사들은 호텔 개관 후 운영이 안정궤도에 오르기 전까지 소유주를 지원하고 또한 대출기관에게 안전한 대출상환을 보장하기 위해 인센티브수수료의 지급을 부채공제 후 현금흐름 이후로 하고 있다. 즉 만일 담보대출금을 지급하기 위한 현금흐름이 부족할 경우(부채공제 후 이익) 경영회사는 인센티브수수료를 포기하거나 수수를 연기하고 있다.

6) 높은 손실위험

호텔을 운영하는데 소요되는 높은 수준의 고정비용으로 인해 소유주는 손실위험(Downside Risk)에 직면하고 있다. 객실점유율이 하락하면 호텔은 소요되는 많은 고정비를 축소하는 것이 거의 불가능하기 때문에 손실은 급속하게 확대된다. 리스계약을 하면 소유주의 손실위험을 경영회사에 전가할 수 있지만, 위탁경영계약 하에서는 어떠한 현금흐름의 손실도 소유주의 책임에 속한다.

7) 경영회사 소유의 호텔에 대한 편애

경영회사가 직접 소유 및 경영하는 호텔을 보유하는 것과 제3자 소유의 호텔을 경영하는 것처럼 양쪽 모두를 포함하는 경우 관심의 충돌은 항상 존재하기 마련이다. 보통 경영회사는 위탁경영하는 호텔보다는 직접 소유하고 있는 호텔에 손님을 많이 보냄으로써 보다 많은 경제적 혜택을 누릴 수 있기 때문에 불공정한 관행의 가능성은 항상 존재하고 있다. 소유주들은 반드시 이런 기본적인 대립관계를 잘 인지해서 위탁경영계약에 남용방지 조항이 포함되도록 노력해야 한다.

제5절 호텔경영회사의 선정

특정 호텔을 운영하기 위해 필수적인 특정한 능력을 보유한 경영회사의 선정은 호텔투자에서 중요한 단계 중의 하나이다. 입지, 상품, 시설의 이미지 등도 중요한 요인이지만 현장관리능력은 여러 요인들을 응집해서 효율적 영업활동을 가능하게 하는 요인이다. 여기서는 특정 호텔프로젝트에 가장 적절한 호텔경영회사를 탐색 · 협상 · 고용하는 선정과정에 대해 살펴보기로 한다.

1. 시장조사 분석

경영회사를 선정하는 첫 단계는 대상 호텔의 종류, 등급, 시장에서의 지위 등을 결정하기 위해서 해당 프로젝트를 위해 수행된 시장조사의 결과를 분석하는 것이다. 시장조사의 결과로서 경영회사의 선정에 중요한 단서가 되는 사항은 아래와 같다. 대상 호텔에 대한 여러 가지 기본적인 특징은 시장조사를 통해 파악될 수 있는데, 그런 특징을 기반으로 해서 대상 호텔에 잘 어울리는 적절한 경영회사를 선정할 수 있다. 시장조사의 목적은 구체적인 가이드라인보다는 광범위한 프로젝트 요인들을 결정하는 것이다. 대상 호텔에 대한 실제적인 배치와 설계는 궁극적으로 위탁경영계약을 체결하게 되는 경영회사와의 협의 하에 결정이 되어야 한다. 경영회사는 이익을 창출해야 하는 책임을 지게 되므로 호텔은 경영회사의 영업방식과 형태에 잘 맞도록 구체적으로 계획되어야 한다.

가. 추정 수요증가율을 포함한 단기체류 숙박에 대한 현재 및 미래 수요
나. 세분시장, 요금 범주, 평균 숙박일수, 계절성, 특별 요구사항, 필요 시설 등을 포함하는 수요(Demand)의 특징
다. 단기체류 숙박에 대한 현재 및 미래의 객실공급 현황(경쟁)
라. 세분시장, 요금 범위, 시설, 입지, 이미지, 평판 등을 포함하는 공급(Supply)의 특징

2. 1군 또는 2군 경영회사의 선정

후보 경영회사들의 수를 좁히기 위해 소유주는 대상 호텔을 경영할 적임자로 1군 경영회사로 할 것인지, 아니면 2군 경영회사를 선택할 것인가에 대한 판단을 되도록이면 선정과정의 조기에 결정해야 한다. 어떤 경우에는 소유주가 1군 경영회사를 선택하려 했지만 불행하게도 적임자를 발견하지 못하는 경우도 있다. 이런 경우 소유주는 가능한 2군 경영회사의 검토에 조속히 착수해야 한다.

3. 프로젝트 팀의 자문

여러 후보 경영회사들을 소수로 줄이기 전에 소유주는 대상 호텔 프로젝트팀의 자문을 얻어서 의견을 제안해줄 것을 요청해야 한다. 이 단계에서 프로젝트에 대한 투자자가 확인이 된다면 이와 같은 절차는 매우 중요한 의미를 갖게 된다. 이런 경우 경험이 풍부한 호텔투자자는 경영회사의 선정에 대한 명확한 의견을 갖고 있다. 투자자의 의견이 경영회사 선정과정의 초기에 제시된다면 상당한 시간이 절약될 수 있다. 그러나 소유주는 이에 대한 검토와 실사과정(Due Diligence Process) 없이 투자자의 제안에 따라 맹목적으로 경영회사를 선정하는 우를 범해서는 안 될 것이다.

4. RFP(Request for Proposal)의 작성

제안요구서(RFP)는 호텔 소유주에 의해 작성이 되어 프로젝트에 관심이 있는 경영회사들에게 보내지는 서류이다. RFP를 통해 소유주는 여러 경영회사에 가장 적합한 후보가 선정이 될 수 있도록 유효한 정보를 제공해 줄 것을 요청한다. 경영회사의 입장에서 RFP에 대응하는 것은 시간이 많이 소모되기 때문에 RFP는 실제로 소유주가 많은 관심을 갖고 있는 한정된 경영회사에게만 보내야 한다. 초기에 RFP를 요청하는 경영회사는 다섯 업체 이하이면 적당하다. 만일 일부 경영회사가 요청을 반기지 않을 경우 나중에 다른 경영회사로 대체하면 된다. 일반적으로 몇 달 후 경영회사는 RFP에 대한 응답을 한다. 여러 후보들이 접수가 종료되면 본격적인 후보 선정절차가 시작된다. 후보를 선정하는데 가장 쉬운 방법은 명확한 단점이 보이는 회사부터 명부에서 제거하는 것이다.

5. 양자의 협상지위

후보로 선택된 경영회사의 수가 2-3개 회사로 좁혀지면 기본적인 협상전략을 도출하기 위해 각 후보회사의 협상지위(Bargaining Position)에 대한 평가가 이루어져야 한다. 이 과정에서 핵심사항은 가장 강한 협상지위를 갖고 있는 경영회사를 확인하는 것이다. 보통 강한 협상지위를 보유한 경영회사는 자신에게 유리한 계약조건이 되도록 협상을 한다. 그러나 만일 지혜롭게 각 회사의 상대적인 협상지위를 파악할 수 있다면, 때때로 최종 결과는 오히려 약한 협상지위를 가진 경영회사로 변경될 수 있을 것이다. 경영회사가 강한 협상지위를 갖게 되는 몇몇 경우를 살펴보면, 첫째, 경쟁하는 경영회사가 소수인 경우, 둘째, 경영회사가 해당 시장에 이미 여러 호텔을 관리하고 있는 경우, 셋째, 경영회사가 탁월한 성공실적을 보유하고 있는 경우, 넷째, 해당 시장에 전국적인 명성을 가진 호텔이 별로 존재하지 않는 경우(영업실적이 없는 경영회사에 유리), 다섯째, 경영회사가 실적이 좋지 않은 호텔을 위탁경영하게 되는 경우, 여섯째, 경영회사가 합작투자, 자본투자, 경영실적 보장 등을 하는 경우, 일곱째, 경영회사가 소유주에게 금융기회를 제공하는 경우, 여덟째, 경영회사가 CRS, 고객충성도 프로그램 등

특별한 전문성 또는 서비스를 제공하는 경우 등이다.

반면에 호텔 소유주가 강한 협상지위를 갖게 되는 경우는 첫째, 호텔의 입지가 매우 좋아서 경영회사의 지역시장 확대를 가능하게 하는 경우, 둘째, 대상 호텔이 위치한 시장에서 신규 호텔에 대한 진입장벽이 매우 높은 경우(뉴욕, 서울 등), 셋째, 대상 호텔이 기존의 유명 호텔인 경우, 넷째, 소유주가 다른 호텔 프로젝트들을 성공적으로 수행한 실적이 많은 경우, 다섯째, 소유주가 여유자본이 충분한 경우, 여섯째, 소유주가 경영회사에 자본투자를 요청하지 않는 경우, 일곱째, 대상 호텔에 대한 경영회사들의 관심이 큰 경우, 여덟째, 소유주가 다른 위탁경영계약 건들을 갖고 있는 경우, 아홉째, 경영회사가 새로 설립되고 제한적인 경험과 자원을 갖고 있는 경우 등이다.

제6절 위탁경영계약의 주요 계약조항

계약조건을 둘러싼 수차례의 협상을 통하여 소유주와 경영회사는 위탁경영계약을 마무리하게 된다. 위탁경영계약은 보통 장기간 관계가 유지되므로 계약조건 및 조항에 대한 깊은 이해는 매우 중요하다. 호텔 위탁경영계약에는 수많은 조건과 조항이 존재하지만, 아래와 같은 14가지 계약조건 및 조항은 위탁경영계약의 협상과정에서 계약 당사자 사이에서 서로 우월한 지위를 확보하기 위해 가장 치열하게 논의가 이루어지는 조항이다. 이와 같은 계약조건들은 해당 호텔에 즉각적이며 또 장기간에 걸쳐 영향을 미치기 때문에 호텔 소유주나 경영회사 모두 위험을 공평 · 공정하게 분담하고 또 투명한 계약이 성립될 수 있도록 최선의 노력을 경주해야 한다.

2008년 세계금융위기가 발발한 이후 저조한 호텔산업의 경영성과로 인해 두 당사자 간에 충돌이 가속화되고 있다고 한다. 특히 위탁경영계약의 법률적 틀(Legal Framework), 경영회사의 지분투자로 인한 양자 간의 관계, 계약기간 · 계약갱신 · 계약해제권리, 경영수수료 및 실비정산 시스템비용, 소유주에 대한 재무사항 및 예산에 대한 보고와 영업제한권 등의 분야가 계약을 위한 협상에서 가장 중요하게 다뤄지고 있다고 한다.

1. 계약해제(Termination)

소유주와 경영회사가 공히 계약을 해제할 수 있는 권리에 대해 언급되어야 한다. 각자는 만일 상대방의 성과에 대해 만족할 수 없다면 계약을 해제할 수 있는 조항이 명시되기를 원한다. 소유주는 문서에 의한 통보로 즉시 위탁경영계약을 해제할 수 있는 권한을 갖기 원한다. 반면에 경영회사는 계약이 종료되기 전에는 어떤 경우에도 계약이 해제되지 않기를 원한다.

1991년 미국 연방법원의 *Woolley v. Embassy Suites* 소송사건에 대한 재판결과는 호텔산업의 위탁경영계약에 일대 변화를 몰고 온 사건이었다. 이 소송을 통해 경영회사는 과거 위탁경영계약서 상의 조항을 통해 누려왔던 파트너(Partner)로서의 자격을 상실하고 대리인(Agent)으로서 신분이 바뀌게 된다. 이 판결로 인하여 그동안 호텔영업을 통해 충분한 현금을 창출하지 못했던 무능력한 경영회사와의 위탁경영계약으로 인해 손해를 보면서도 계약을 해제할 수 없었던 소유주에게 주인 또는 본인(Principal)이란 법적 자격이 생기면서 계약을 언제든지 해제할 수 있는 자격이 부여되었다. 즉 그동안 위탁경영계약의 조항에만 의해 법적 자격이 결정되었던 것에 비해, 이 판결 이후 호텔 위탁경영계약은 이제 일반적인 대리인법(Agency Law)에 대해 우선할 수 없기 때문에 과거 위탁경영계약에서 계약해제가 불가능하게 하는 조항을 넣어서 이득을 보았던 경영회사들은 크게 불리한 상황에 처하게 되었다. 대리인법에 의하면 대리인은 항상 본인인 소유주를 위한 신성한 관리자의 의무(Fiduciary Duties)를 준수해야 한다. 이로 인해 소유주의 위상이 과거에 비해 크게 강화되었으며, 이에 대처하기 위해 경영회사는 종전의 단일 위탁경영계약에서 새롭게 두 개의 계약으로 구성되는 위탁경영계약과 브랜드 라이센스계약(Brand License Agreement)으로 변경하는 획기적인 시도를 한다.

이후의 위탁경영계약에서 이제 많은 경험과 지식을 보유하게 된 소유주들은 성과에 따른 해제조항(Performance Termination Clause)을 삽입하여 예상한 대로

표 9-3 소유주에 의한 계약해제 조항

	체인호텔	독립경영회사
조건없이(Without cause)		
계약시 사용빈도: 언제든지	0%	42%
계약시 사용빈도: 사전에 결정된 기간 이후(보통 1-3년 후)	15%	2%
사전통지 기간(일)	90-365	30
해제수수료 승수(최근 12개월 기본수수료＋인센티브수수료)	3-5	1-5
매각하는 경우(On-sale)		
경영회사가 매입하는 옵션이 존재하지 않는 경우	35%	67%
경영회가가 매입하는 옵션이 존재하는 경우	56%	22%
과거의 경영회사가 새로운 경영회사와 관계를 지속하는 옵션	72%	38%
해제수수료 승수	2-5	0.5-2.5
압류되는 경우(On-foreclosure)		
계약시 사용빈도	80%	80%
해제수수료 승수	0-2	0-1

(출처: Eyster & deRoos, 2009)

경영성과를 보이지 않는 무능력한 경영회사를 퇴출시키려 하고 있다. 따라서 이제 성과에 따른 해제조항은 위탁경영계약의 핵심조항이 되었다. 〈표 9-3〉에서는 소유주에 의한 계약해제 조항에 대한 최근 트렌드를 보여주고 있는데, 체인호텔에 비해 독립경영회사는 소유주에 의한 계약해제 조항에 대해 약한 협상력을 보이고 있다.

2. 계약기간(Contract Term)

계약기간은 계약의 효과가 지속되는 기간을 말한다. 최초 계약기간은 보통 연수로 표기되며, 일부 경우에는 최초 계약을 1-2번 정도 갱신할 수 있는 조항을 넣기도 한다. 이에 대해 소유주는 되도록 짧은 계약기간을 원하며 계약갱신에 대한 선택권도 자신에게 귀속되기를 바란다. 반면에 경영회사는 되도록 장기계약을 원하며 계약갱신에 대한 선택권을 자신이 갖게 되기를 원한다. 〈표 9-4〉를 보면 체인호텔은 독립경영회사에 비해 월등하게 유리한 계약기간과 갱신조건을 부여받고 있는 것으로 나타나 있다.

표 9-4 미국 호텔산업에서 계약기간의 구조

	최초기간(중간값)	갱신횟수(중간값)	갱신기간의 횟수(중간값)
체인호텔			
Full-service	16	2	10
독립경영회사			
Full-service(지분 없음)	6	2	4
Select-service	9	2	5

(출처: Eyster & deRoos, 2009)

3. 경영수수료(Management Fee)

계약을 위한 협상 시에 계약기간과 계약해제 조항에 대한 상대방의 생각을 일부라도 확인하기 전에는 경영수수료 대한 언급은 반드시 피하는 것이 좋다. 경영수수료는 경영회사가 제공한 서비스에 대한 호텔 소유주의 보상을 구조화한 것이다. 경영수수료는 총매출액(Total Revenue)의 일정 %를 제공받는 기본수수료(Basic Fee)와 이에 더해 계약에 의해 사전에 정해지는 이익수준(Defined Profit)에서 일정 %를 차지하는 인센티브수수료(Incentive Fee)가 추가돼서 전체적인 경영수수료 금액이 결정된다. 경영수수료의 구조를 기본수수료와 인센티브수수료로 이원화한 목적은 소유주와 경영회사의 이익에 대한 동기를 일치(Alignment)하기 위한 것이었다. 즉 인센티브수수료는 과거 소유주가 부담했던 모든 재무위험의 일부를 경영회사로 전가하기 위한 도구이다. 기본수수료는 처음에 체인호텔의 영업비용을 충당하기 위한 목적으로 설계되었다. 그러나 기본수수료는 총매출액에 대한 고정된 비율이기 때문에 경영회사의 입장에서는 매출위주로 영업을 전개하면 더 많은 수수료가 생기므로 인센티브가 되는 경우도 발생하게 된다. 일부 경영회사는 기본수수료를 포기하는 대신 계약기간 동안 성과에 대한 인센티브수수료를 충분히 받게 되기를 원한다.

소유주는 경영수수료가 부채 차감 후 이익과 이에 더해 최소 투자이익 후에 남는 현금흐름에 대해서 일정 %가 제공되는 것을 원하며 이 %가 최소화되기를 원하게 된다. 반면에 경영회사는 총매출액을 기준으로 해서 일정 %가 지급되기를 원하며 이 %가 최대화되기를 원하게 된다. 〈표 9-5〉는 체인호텔과 독립경영회사의 경영수수료에 대한 최근 트렌드를 잘 보여주고 있다. 기본수수료를 총매출액을 기준으로 하는 것은 거의 동일하게 이용되고 있다. 그러나 인센티브수수료의 기준을 총영업이익(GOP)으로 했던 과거 형태에 변화가 감지되고 있다.

총영업이익에는 재산세, 보험료, FF&E와 같은 대체비용 적립금과 차입금, 리스비용, 소유주의 선호수익률 등과 같은 자본비용이 포함되지 않았다. 따라서 소유주는 호텔투자에 대한 적절한 투자수익률(ROI)이 확보된 이후의 현금흐름을 기준으로 해서 다음으로 인센티브수수료가 지급되는 것을 선호하게 되었다. 이것을 소유주 우선수익률(Owner's Priority Return)이라 하며 북미에서의 위탁경영계약에 일반적으로 이용되고 있다고 한다. 즉 현재 북미의 일반적인 위탁경영계약에서는 소유주 우선수익률이 10%가 확보된 이후의 현금흐름에서 10-30%가 인센티브수수료로 지급되고 있다. 현재 북미에서 요구되는 소유주 우선수익률은 보통 8-12%에 달한다고 한다.

표 9-5 미국 호텔산업에서 경영수수료의 구조

	기본수수료(총매출액의 %)			인센티브수수료	
	최저	중간	최고	수수료의 기준	범위(%)
체인호텔					
Full-service	2.0	3.25	3.5	총영업이익(GOP)	6-10
				소유주 우선이익	10-30
Select-service	3.0	5.0	7.0	총영업이익(GOP)	8-12
				소유주 우선이익	10-30
독립경영회사					
Full-service	1.5	4.0	6.0	총영업이익(GOP)	5-10
				소유주 우선이익	10-20
Select-service	2.5	2.75	3.0	총영업이익(GOP)	8-12
				소유주 우선이익	10-30

(출처: Eyster & deRoos, 2009)

4. 소유주 보고 요구사항(Owner's Reporting Requirements)

경영회사는 호텔의 영업결과를 요약한 재무제표와 예산에 대한 계획을 소유주에게 주기적으로 보고해야 할 책임이 있다. 소유주가 원하는 구체적인 보고서의 종류와 제출기간은 반드시 계약조항에 명시되어야 한다. 소유주는 광범위한 재무보고서의 제출과 빈번한 예산 변경과 자신과의 회의를 원한다. 그러나 경영회사는 소유주에게 영업성과와 예산에 대한 보고가 최소화되기를 원한다.

5. 승인(Approvals)

위탁경영계약 기간 중 소유주와 경영회사는 예산, 자본지출, 영업방식 등과 같은 중요한 의사결정에 대해 승인을 해줘야 한다. 소유주는 영업활동의 모든 분야에 대해 승인을 할 수 있는 권한을 보유하기를 원한다. 하지만 경영회사는 소유주의 어떠한 요구나 간섭이 없는 완전한 재량권을 행사하기를 원한다.

6. 경영회사의 호텔에 대한 투자(Operator's Investment)

위탁경영계약의 초기에 일부 소유주는 기초재고, 운전자본, 가구 및 장비에 대한 경영회사의 투자를 원하기도 한다. 이런 투자가 이루어진다면 계약내용에 투자방식과 투자금 회수에 대한 구체적인 방법이 반드시 명시되어야 한다. 소유주는 경영회사가 호텔을 경영할 권리를 구매하거나 또는 위탁경영계약을 확보하기 위해 일정 수준의 영업실적을 보장할 것을 규정하고자 한다. 반면에 경영회사의 입장에서는 호텔에 대한 어떠한 투자책임도 없기를 규정하고자 한다.

그러나 1991년의 판결 이후 이런 상황에는 많은 변화가 초래되었다. 즉 체인호텔은 호텔투자에 대해 상당 지분을 투자함으로써 많은 이득을 볼 수 있어 이를 선호하게 되었다. 즉 지분투자를 통해 체인호텔은 대리인보다는 파트너의 신분을 확보할 수 있어 법적으로 유리할 뿐만 아니라 계약조건에서도 보다 높은 경영수수료, 긴 계약 및 갱신기간, 약화된 소유주의 계약해제권 등에 대한 혜택

을 얻을 수 있게 되었다. 반면에 소유주는 경영회사의 지분투자를 더 이상 반기지 않게 되었다.

7. 경영회사의 본사비용(Operator's Home Office Expenses)

호텔을 관리함에 있어 경영회사는 본사비용과 호텔관련 비용이 초래되는 경우가 있다. 이 조항은 어떤 비용은 경영수수료에 포함되고 또 다른 비용은 직접 호텔에 청구할 것이지를 결정하는 목적으로 만들어진다. 소유주는 경영회사의 모든 본사비용이 경영수수료에 포함되기를 원한다. 하지만 경영회사는 모든 본사비용과 모든 직접비용에서 일정 비율이 호텔에 부과되기를 원한다.

8. 소유권의 전환(Transfer of Ownership)

계약기간 중 호텔 소유주나 경영회사는 그들의 소유지분을 제3자에게 양도하는 것을 원할 때가 있다. 이런 경우 소유권의 전환을 용이하게 하기 위해 위탁경영계약에서 이에 대한 승인절차를 명시해야 한다. 소유주는 소유권을 언제든지 누구에게라도 양도할 수 있게 되기를 원한다. 반면에 경영회사는 자신의 승인 없이 소유주가 소유권을 타인에게 양도하는 것을 원치 않는다.

9. 독점성(Exclusivity)

일부 위탁경영계약에서는 소유자에게 정의된 지역에서 경영회사가 운영하는 다른 호텔들을 소유하거나 개발할 수 있는 권한을 부여하거나 또는 경영회사가 같은 지역에서 소유주의 다른 호텔들을 운영할 수 있는 권한에 대한 조항에 대해 언급하고 있다.

10. 보험 및 수용 소송(Insurance and Condemnation Proceeds)

만일 호텔이 재해나 수용권에 의해 몰수되는 경우 보상금을 어떤 용도로 사용할 것인지에 대하여 구체적으로 명시해야 한다. 예를 들면, 호텔을 새로 건설하거나, 아니면 계약당사자에게 보상을 해준다. 소유주는 어떠한 보험이나 수용보상에서 경영회사가 포함되지 않기를 원한다. 그러나 경영회사는 모든 보험과 수용보상에서 일정한 비율로 보상을 받는 것이 계약에 규정되기를 원한다.

11. 인력관리(Hotel Personnel)

위탁경영계약에 의해서 호텔 직원들은 소유주 또는 경영회사에 속하는 직원이 된다. 계약을 통해 누구에게 직원들을 고용 · 지휘 · 보상할 책임 또는 권한이 있는지에 대하여 소상히 밝혀야 한다. 소유주는 모든 호텔직원들이 경영회사에 귀속되는 것을 원하고, 경영회사는 직원들이 소유주에게 귀속되기를 원한다.

12. 대체비용 적립(Reserve for Replacement)

대다수 위탁경영계약에서는 경영회사에게 가구 · 설비 · 장비(FF&E) 등에 대한 주기적인 교체를 위한 자금을 조성하는 것을 요구한다. 대체비용 적립은 사전에 양자에 의해 협의된 구체적인 산출근거를 기반으로 조성되는 현금흐름인데 보통 총매출액에서 일정 %를 점유한다. 소유주는 필요할 때마다 대체기금이 적립되는 것을 원한다. 그러나 경영회사는 대체기금이 소유주의 책임에 의해 조성되는 것을 요구한다.

13. 영업제한구역(Area Restrictions)

소유주는 직접 경쟁을 제한하기 위해 경영회사의 다른 호텔의 운영을 금지하거나 또는 경영회사가 같은 시장에서 소유 · 임차 · 프랜차이즈 등을 통해 다른 호텔을 운영하는 것을 제한하기를 원하지만 경영회사는 이를 거부한다.

14. 배상(Indemnification)

소유주는 모든 경영회사의 행동이 소유주의 이익에 반하게 되는 경우에는 이에 대한 배상을 원한다. 경영회사도 소유주의 행동이 자신의 이익에 반한다면 이에 대한 배상을 원한다.

제7절 글로벌 호텔 위탁경영계약

2009년 미국호텔 및 숙박협회(AH&LA)의 발표에 의하면 전 세계에 걸쳐 위탁경영계약에 의해 운영되는 호텔의 수는 약 12,000개에 달한다고 한다. 이 중에서 ⅓인 4,370개의 호텔은 9개의 세계 최대 다국적 체인호텔들에 의해서 운영되고 있다고 한다.

본장의 초기에서 보았듯이 위탁경영계약은 1949년 말엽부터 개시된 Hilton International, InterContinental, Sheraton, Hyatt 등과 같은 체인호텔들이 해외시장으로 확장하기 위한 도구로 이용되기 시작했으며, 결국 체인호텔들이 해외시장 개척을 통한 성장동력(Driving Force)이 되었다. 위탁경영계약을 통해 호텔의 소유와 경영을 분리함으로써 소유주와 경영회사인 체인호텔 모두 이득을 보는 Win-Win 상황이 연출되었다. 그러나 초기의 계약조건을 보면 모든 위험을 소유주에게 전가할 수 있게 된 체인호텔에게 유리한 것으로 간주되었다.

그러나 1980년대에 외국인 투자자들이 미국 호텔들을 매입하기 시작하면서 소유주와 경영회사의 관계는 조금씩 변하기 시작했다고 한다. 이어서 1990년 상업용 부동산에 대한 거품이 꺼지면서 호텔산업은 심한 침체기에 빠져들게 된다. 이로 인해 많은 호텔들이 부도나기에 이르고 결국 종전의 위탁경영계약에 큰 변화가 일어나게 된다. 파산한 일부 호텔 소유주가 제기한 소송에서 법원은 소유주에게 유리한 판결을 내리게 된다. 그리고 종전의 위탁경영계약이 자신들에게 불리하다는 것을 확신하게 된 소유주들은 호텔자산관리(Hotel Asset Management)에 능통한 전문가와 관련 계약분야 법률지식이 풍부한 전문변호사로부터 지원을 받게 된다. 이로 인해 이 시기에 계약된 위탁경영은 소유주에게 계약해제권을 부여하는 한편 경영회사에게는 분명한 의무를 확립하게 하여 소유주에게 유리하게 전개되기에 이른다.

한편 〈표 9-6〉에서 보듯이 1990년 후반 세계 호텔산업에서 위탁경영계약은 북미, 유럽, 아시아 등지에서 소유자 직접소유 및 경영이나 프랜차이즈를 능가하는 지배적인 경영방식으로 자리매김하였다고 한다.

표 9-6 1990년대 후반 호텔 경영방식의 지역간 비교

경영방식	북미	유럽	아시아
호텔 소유주 직접경영(전체 지분 소유)	9.46%	28.60%	22.40%
호텔 소유주 직접경영(JV 등 일부 지분 소유)	11.46%	6.20%	22.93%
프랜차이즈 계약	38.31%	28.66%	12.45%
위탁경영계약	40.76%	36.53%	42.21%

(출처: Contractor & Kundu, 1998b)

그러나 2000년대부터 2008년 이전까지는 소유주의 기대 욕구를 잘 충족시킨 브랜드를 보유한 거대한 체인호텔들에 대한 수요가 폭발하면서 다시 주도권은 경영회사로 기울게 된다. 한편 유럽에서는 여러 유명 다국적 체인호텔들이 유럽 시장에 대한 성장전략이 확대되면서 경쟁이 심화되어 서로 경쟁적인 계약조건을 소유주에게 제시하고 있으며, 반면에 소유주들은 호텔사업에 대해 점점 많은 지식을 학습하고 또 전문가들의 지원을 받게 되면서 계약협상과정에서 좋은 조건을 확보하는데 잘 대처하게 되었다. 그 결과 소유주는 호텔영업에서 의사결정에 대한 통제권과 유연성을 학보하게 되고, 반면에 경영회사는 성과조항과 인센티브수수료를 보다 많이 채택해야 했다.

2008년 세계금융위기 이후부터 다시 세계 호텔산업이 심각한 위기에 빠지게 되자 양자의 관계는 심하게 손상이 되어 소송이 뒤따르고 있다고 한다. 2014년 4월 현재 미국 호텔산업은 금융위기 동안 21세기 최악의 부진에서 빠져나와 다시 성장하기 시작한 것으로 판단되고 있다. 위기를 겪고 난 후 위탁경영계약에서 양자 간의 위상 변화는 관심을 갖고 지켜볼 사안이다.

위탁경영계약을 탄생시킨 미국 호텔산업과 다른 대륙에 존재하는 국가 간의 위탁경영계약에 대한 차이점을 파악하는 것은 의미있는 일이다. 위탁경영계약을 운용하는 기본적인 틀(Framework)은 세계 어느 지역이나 유사하다고 할 수 있다. 지역별 위탁경영계약에 대한 특징을 밝히는 것은 결국 계약조건에 대한 차이점을 파악하는 것이다. 여기서는 미국의 체인호텔들에 의해 수출된 위탁경영계약의 대륙별 차이를 파악하기로 한다.

1. 계약해제(Termination)

1970년대 및 1980년대를 통해 특히 활성화되었던 경영회사와의 위탁경영계약을 통해 많은 경험과 지식을 보유하게 된 소유주들은 성과에 따른 해제조항(Performance Termination Clause)을 삽입하여 최초 계약 시에 예상한대로 경영성과를 보이지 않는 무능력한 경영회사와의 계약을 해제하고 있다. 〈표 9-7〉을 보면 이 조항을 각 대륙마다 모두 50% 이상의 채택하는 것으로 나타나고 있다. 이제 성과에 따른 소유주의 계약해제 조항은 세계적인 트렌드이자 위탁경영계약의 핵심조항이 되고 있다.

〈표 9-7〉은 소유주에 의한 성과에 따른 계약해제 조항에 대한 트렌드와 대륙별 차이점을 보여주고 있다. 계약해제를 불러올 수 있는 성과측정의 판단기준은 각 대륙마다 대다수가 총영업이익(GOP)을 이용하고 있으며 일부에서는 RevPAR를 이용하고 있다. 그러나 RevPAR는 구조상 문제가 있다는 반론도 있다. 왜냐하면 경영회사는 RevPAR를 극대화하기 위해 매출을 최대화하는 전략(즉 Occupancy 최대화)을 선호하게 되는데, 이는 결국 수익률(ADR)을 희생하고 얻을 수 있는 결과이기 때문이다. 이런 이유로 RevPAR보다는 총영업이익이 성과측정기준으로 선호되고 있다. 성과에 따른 해제조항에 대처하기 위해 경영회사는 계약을 위한 협상 시에 만일 사전에 합의된 수준의 총영업이익 실적이 나오지 않는 경우에는 경영회사가 부족한 부분에 대해 자금을 제공하는 치유권리(Right to cure)를 삽입하기를 설득하고 있다. 그러나 소유주는 해제권을 강화하기 위해 이런 요구를 제한하려 한다.

표 9-7 계약해제를 위한 성과기준 요건의 사례와 내용

저자	조사지역	분석된 계약수	계약해제 조항을 이용한 호텔의 비중	성과측정	성과기준 요건
Eyster(1988)	미국/국제	77(58/19)	36% : 지분투자 체인호텔 18% : 무지분투자 체인호텔 14%:국외 체인호텔	총영업이익(대다수)	경쟁호텔들의 성과와 비교한 실제 GOP
				부채 차감 후 현금흐름(다수)	측정기준의 적절성은 대상기간 동안 예측 대비 실제 물가인상률 비교 결정
				부채 및 자기자본이익률 차감 후 현금흐름(소수)	측정기준의 적절성은 대상기간 동안 예측 대비 실제 물가인상률 비교 결정
				객실점유율(극소수)	경쟁호텔그룹의 성과와 비교한 실제 Occupancy
Eyster(1993)	미국	17	37% : 체인호텔 32% : 독립경영회사	총영업이익	합의된 3-5년간 연간 예산계획에 의해 예측된 GOP 대비 매년 실제 GOP
Eyster(1997)	미국	18	58%	총영업이익	합의된 8-10년간 연간 예산계획에 의해 예측된 GOP 대비 매년 실제 GOP
Barge & Jacobs(2001)	아시아/태평양(호주포함)	28	제시 안함	총영업이익	합의된 연간 예산계획에 의해 예측된 GOP 대비 매년 실제 GOP (실제 GOP는 예산에 의해 예측된 GOP 80% 또는 그 이상이 되어야 만족할 수준임)
	유럽	50	62.1%	총영업이익	합의된 연간 예산계획에 의해 예측된 GOP 대비 매년 실제 GOP (실제 GOP는 3개 경쟁호텔그룹의 GOP와 비교))
	북미/중남미	24	제시 안함	총영업이익	합의된 연간 예산계획에 의해 예측된 GOP 대비 매년 실제 GOP
					또한 실제 GOP는 같은 지역의 유사호텔, 인정되는 산업표준, 체인호텔에 인정되는 표준, 구체적인 등급기준 등과 비교
				순영업이익	합의된 연간 예산계획에 의해 예측된 GOP 대비 매년 실제 GOP
					또한 실제 GOP는 같은 지역의 유사호텔, 인정되는 산업표준, 체인호텔에 인정되는 표준, 구체적인 등급기준 등과 비교

				RevPAR	경쟁호텔그룹의 연간 실적과 비교한 RevPAR
Goddard & Standish-Wilkinson(2002)	중동	9	55%	총영업이익	합의된 연간 예산계획에 의해 예측된 GOP 대비 매년 실제 GOP
				협상된 목표 달러금액	계약기간 동안 매년 목표 달러금액 결정
				기본구성	기본구성은 계약기간 동안 매년 소비자물가지수(CPI)에 의해 증가
Haast, Dickson & Braham (2005)	아시아/태평양(호주포함)	28	57.1%	총영업이익 (대다수)	합의된 연간 예산계획에 의해 예측된 GOP 대비 매년 실제 GOP (실제 GOP는 예산에 의해 예측된 GOP 80% 또는 그 이상이 되어야 만족할 수준임)
				RevPAR (소수)	RevPAR는 경쟁호텔그룹, 해당 시장, 또는 같은 체인호텔에 의해 운영되는 특정 호텔과 비교
	유럽	29	50+%	총영업이익	합의된 연간 예산계획에 의해 예측된 GOP 대비 매년 실제 GOP (실제 GOP는 예산에 의해 예측된 GOP 80% 또는 그 이상이 되어야 만족할 수준임)
				RevPAR	경쟁호텔그룹의 평균과 비교한 RevPAR
	북미/중남미	28	92.9%	RevPAR	제시 안함
			57.1%	순영업이익	예산계획에 의해 예측된 순영업이익 수준을 달성해야 함
			57.1%	소유주 우선 수익률	비율 또는 실제 금액으로 표현됨
Panvisavas & Taylor(2006)	태국	8	제시 안함	총영업이익	합의된 연간 예산계획에 의해 예측된 GOP 대비 매년 실제 GOP
				RevPAR	같은 지역시장의 경쟁호텔들과 비교한 RevPAR

(출처: Turner & Guilding, 2010)

〈표 9-8〉은 소유주의 가장 강력한 권한인 조건없이(Without cause) 계약을 해제할 수 있는 조항의 대륙별 채택률을 보여주고 있다. 아시아·태평양 지역이 북미나 유럽에 비해 이 조항에 대한 채택률이 비교적 조금 높게 나타나고 있다. 특히 미국에서는 체인호텔에 비해 독립경영회사가 조건없이(Without cause) 계약을 해제할 수 있는 조항을 채택한 비율이 훨씬 높게 나타나고 있다. 이는 독립경영회사의 약한 협상력을 잘 보여주고 있다. 한편 소유주가 이 조항을 이용하여

표 9-8 조건없이 계약해제를 하기 위한 소유주 옵션의 사례와 내용

저자	조사지역	분석된 계약수	경영회사 유형	채택된 비중 %	경영수수료(기본 및 인센티즈 수수료)에 대한 위약금
Eyster(1988)	미국/국제	77 (58/19)	브랜드 경영회사	30%	언제든지: 3-5년 사전에 결정된 기간 후에 6개월 후: 3-5년 1-2년 후: 3-5년 3-4년 후: 2-4년 5년 후: 1-3년
			독립 경영회사	53%	언제든지: 1-5년 사전에 결정된 기간 후에 6개월 후: 1-5년 1-2년 후: 3년 3-4년 후: 2년 5년 후: 1년
Eyster(1993)	미국	17	브랜드 경영회사	22%	사전에 결정된 기간 후에 처음 3년: 해제 불가 3-6년 후: 4년 7-10년 후: 3년 11년 후: 2년
			독립 경영회사	31%	사전에 결정된 기간 후에 처음 1-3년: 해제 불가 3-5년 후: 2년 6년 후: 1년
Eyster(1997)	미국	18	브랜드 경영회사	23%	사전에 결정된 기간 후에 처음 1-3년: 해제 불가 2-4년 후 계속: 2-4년
			독립 경영회사	68%	언제든지: 6개월-2년 사전에 결정된 기간 후에 처음 1-3년: 해제 불가 2-4년 후 계속: 6개월-2년
Johnson(1999)	미국	50	모두	33%	언제든지: 대부분 2년 6개월
Barge & Jacobs(2001)	아시아/태평양 (호주 포함)	50	모두	36%	제시 안함
	유럽	24	모두	31%	제시 안함
	북미/중남미	28	모두	25%	제시 안함
Haast, Dickson & Braham(2005)	아시아/태평양 (호주 포함)	28	모두	25%	제시 안함
	유럽	29	모두	17%	제시 안함
	북미/중남미	28	모두	23%	제시 안함

(출처: Turner & Guilding, 2010)

계약을 해제하는 경우에 경영회사에 지급해야 하는 위약금의 구조는 계약기간이 더 많이 남아 있을수록 더 많이 지급하도록 되어 있다.

2. 계약기간(Contract Term)

유럽에서 위탁경영계약을 체결할 때 과거에는 보통 최초 계약기간(Initial Term)을 평균적으로 20년으로 했다고 한다. 그러나 최근에는 평균 15년으로 눈에 띄게 줄어들었다고 한다. 이런 결과의 원인으로 첫째, 개발도상국인 중앙 및 동유럽에 대한 호텔투자는 서유럽에 비해 위험도가 높기 때문에, 또 진출 후 실망스러운 성과가 초래될 수도 있기 때문에 소유주와 경영회사는 최초 계약기간을 종전에 비해 짧게 했다고 한다. 둘째, 최근 들어 호텔투자에서 사모펀드(Private Equity Fund)의 활동이 크게 증가하였다. 이는 경영회사들에게 좀 더 경쟁적이고, 최초 계약기간은 짧지만 보다 많은 갱신기회를 갖는 제안을 하도록 압박을 가하게 되었다. 셋째, 격화되는 경쟁으로 인해 체인호텔들은 보다 더 확대된 네트워크가 필요하게 되었다. 그리고 유럽에서는 최초 계약기간이 끝나면 5년씩 두 번에 걸쳐 계약이 갱신되는 것이 일반적이다. 반면에 러시아 및 독립국가연합(CIS)에서는 조건이 서유럽에 비해 다르게 나타나고 있다. 최근 보고서에 의하면 러시아 및 독립국가연합에서는 최초 계약기간이 20-30년이 일반적이라고 한다. 이는 15년이 일반적인 서유럽에 현저하게 긴 기간이다. 계약갱신도 5년 단위가 일반적인 서유럽에 비해 이 지역은 10년이나 되며, 일부에서는 2회나 허용하고 있다고 한다.

중동(Middle East)에서는 과거에 비해 최초 계약기간이 현저히 짧아지고 있다. 과거에는 최초 계약기간이 보통 20년이었으며, 갱신기간도 10년씩 두 번이나 주어지고 있었다. 그러나 최근에는 최초 계약기간은 10년, 갱신기간은 한 차례로 5년만 허용하는 것이 중동에서는 보편적인 트렌드라고 한다.

3. 경영수수료(Management Fee)

〈표 9-9〉를 보면 경영수수료에서 기본수수료에 대한 몇 가지 트렌드를 파악할 수 있다. 첫째, 전 대륙에서 공히 대다수가 총매출액(Gross Revenue)을 기본수수료 지급의 기준으로 삼고 있다. 둘째, 과거에 비해 총매출액에 기본수수료의 비율이 점점 줄어들고 있다. 1980년 후반에는 기본수수료가 총매출액의 2-7%까지 매우 높은 편이었으나, 시간이 흐르면서 점점 낮아져서 전 대륙에서 총매출액의

표 9-9 기본수수료에 대한 대륙별 차이

저자	조사지역	분석된 계약수	비중 %	기본수수료 결정기준과 범위
Eyster(1988)	미국/국제	77(58/19)	55.8	총매출액(2-7%)
			10.4	고정금액(연간 80만-120만 달러)
			6.5	객실매출액(3-5%) + 식음료매출액(3-5%)
			3.9	총매출액(4-6%) + 부채 차감 후 현금흐름(1-25%)
			13.0	기본수수료 없음
Eyster(1993)	미국	17	58.8	총매출액(1.5-4%)
			23.5	고정금액(연간 3만6천 - 18만 달러)
			11.8	기본수수료 없음
Sangree & Hathaway(1996)	미국	32	-	총매출액(평균 2.9%)
Eyster(1997)	미국	18	94.4	총매출액(1-6%)
			5.6	고정금액(제시 안함) + 총매출액(1.5-3%)
Johnson(1999)	미국	50	96.0	총매출액(평균 2.7%)
			2.0	고정금액(제시 안함)
			2.0	기본수수료 없음
Barge & Jacobs(2001)	아시아/태평양(호주 포함)	50	66.0	총매출액(평균 1.5%)
			26.0	차등제(총매출액의 %)/혼합(총매출액의 % & 부문별 매출액)/고정
			8.0	기본수수료 없음
	유럽	24	66.7	총매출액(평균 1.8%)
			25.0	차등제(총매출액의 %)/혼합(제시 안함)/고정
			8.3	기본수수료 없음
	북미/중남미	28	78.6	총매출액(평균 2.7%)
			14.3	총매출액 차등제(평균 2.7%, 객실점유율 안정 후)
			3.6	고정금액(제시 안함)
			3.6	기본수수료 없음

Goddard & Standish-Wilkinson(2002)	중동	9	44.4	전체매출액(1-3%)
			33.3	총매출액(1.5-2.0%)
			22.2	기본수수료 없음
Haast, Dickson & Braham(2005)	아시아/태평양(호주 포함)	28	64.3	총매출액(평균 1.4%)
			17.9	총매출액 차등제(평균 1.4%, 객실점유율 안정 후)
			17.9	기본수수료 없음
	유럽	29	62.1	총매출액(평균 2.2%)
			34.5	차등제(총매출액의 %)/혼합(제시 안함)/고정
			3.4	기본수수료 없음
	북미/중남미	28	85.7	총매출액(평균 2.8%)
			14.3	총매출액 차등제(평균 2.8%)
Panvisavas & Taylor(2006)	태국	8	-	총매출액(1-6%)

(출처: Turner & Guilding, 2010)

1-3% 정도로 축소되었다. 둘째, 기본수수료에 대한 대륙별 차이가 나타나고 있다. 특히 미국이 제일 높은 기본수수료 비율을 기록하고 있으며, 다음으로 유럽이며, 아시아 · 태평양 지역이 1-2%대로 가장 낮게 나타나고 있다.

인센티브수수료에 대해 조사한 〈표 9-10〉을 보면 첫째, 모든 대륙에서 총영업이익(GOP)을 인센티브수수료의 지급기준으로 삼고 있다. 그러나 미국은 최근 소유주 우선수익률(Owner's Priority Return)을 채택하는 경우가 늘고 있다고 한다. 둘째, 유럽과 아시아 · 태평양에서는 총영업이익의 수준에 연동하여 인센티브수수료를 지급하는 차등제(Sliding Scale)를 많이 이용하고 있다. 〈표 9-11〉에서 보는 바와 같이 총영업이익의 수준에 따라 차등적으로 인센티브수수료가 지급되는 것이 일반화되고 있다.

유럽에서 경영회사에 지급하는 기본수수료의 수준은 보통 총매출액의 2-4%이다. 최근 들어 기본수수료는 낮게 받고 반면에 높은 인센티브수수료를 받는 경영수수료 구조를 채택하는 경영회사가 증가하고 있다고 한다. 이는 소유주와 경영회사 간에 합의된 수준보다 높은 성과를 달성하는 경우 경영회사에 보다 많은 보상을 하기 위한 구조이다. 또 유럽에서는 인센티브수수료의 기준을 총영업이익(GOP)의 10%로 정하는 것이 일반적이다. 한편 러시아 및 독립국가연합에서는 기본수수료는 총매출액의 2.5-4%, 인센티브수수료는 8-12%가 일반적인 것으로

표 9-10 인센티브수수료에 대한 대륙별 차이

저자	조사지역	분석된 계약수	비중%	인센티브수수료 결정기준과 범위
Eyster(1988)	미국/국제	77(58/19)	24.7	총영업이익(3-30%)
			10.4	총영업이익 - 재산세, 보험료, FF&E(8-20%)에서 부채 차감 후 현금흐름(10%)
			6.5	재산세, 보험료, FF&E + 부채 차감 후 현금흐름(10-25%)
			6.5	재산세, 보험료, FF&E + 부채 차감 후 총영업이익(10%)
			6.5	재산세, 보험료, FF&E + 부채 + 자기자본이익률 차감 후 총영업이익(10%)
			5.2	재산세, 보험료, FF&E + 부채 + 자기자본이익률(8-12%) 차감 후 현금흐름(10-30%)
			3.9	총영업이익(6-12%) + 재산세, 보험료, FF&E에서 부채 차감 후 현금흐름(10-25%)
			2.6	-
			2.6	-
			19.5	인센티브수수료 없음
Eyster(1993)	미국	17	29.4	총영업이익(5-15%)
			17.6	부채차감 후 현금흐름(10-28%)
			11.8	총영업이익 상승분(10-30%)
			5.9	수정 총영업이익(8-20%, 수정 내용 명시 안함)
			5.9	부채와 자기자본이익률 차감 후 현금흐름(18-30%)
			5.9	호텔자산의 가치 상승분(10%)
			23.5	인센티브수수료 없음
Sangree & Hathaway(1996)	미국	32	대다수	사전에 결정된 총영업이익률에 비해 향상된 비율(평균 14%)
			다수	총영업이익(평균 7.9%)
			다수	소유주 우선수익률 보다 향상된 비율(평균 17.1%)
			소수	기본수수료를 초과하는 총영업이익의 비율
			소수	고정비를 초과하는 순영업이익의 비율(제시 안함)
			소수	-
Eyster(1997)	미국	18	27.8	부채 차감 후 현금흐름(0-32%)
			22.2	부채와 자기자본이익률 차감 후 현금흐름
			22.2	총영업이익의 상승분(8-25%)
			22.2	사전에 결정된 현금흐름 공제 후 총영업이익(5-10%)
			5.6	호텔자산 가치 상승분(10-25%)
Johnson(1999)	미국	50	76.0	총영업이익 - 재산세, FF&E - 부채 - 소유주 우선

				수익률(평균 21%)
			12.0	총영업이익 - 재산세, FF&E(제시 안함)
			8.0	총영업이익 - 재산세, FF&E - 부채(제시 안함)
			4.0	총영업이익 - 재산세(제시 안함)
			4.0	인센티브수수료 없음
Barge & Jacobs(2001)	아시아/태평양(호주 포함)	50	42.0	총영업이익(평균 8%)
			40.0	총영업이익 차등제(주로 5-10%)
			10.0	제시 안함
			8.0	인센티브수수료 없음
	유럽	24	54.2	총영업이익(평균 6.9%)
			41.7	총영업이익 차등제(주로 5-15%)
			4.2	인센티브수수료 없음
	북미/중남미	28	21.4	기본수수료를 제한 수정 총영업이익 % - 호텔매입가격의 일정 % 간의 차(차이에 대한 25-80%)
			21.4	일정 기준을 넘어선 순영업이익 %(제시 안함)
			17.9	총영업이익(4%)
			39.3	인센티브수수료 없음
Goddard & Standish-Wilkinson(2002)	중동	9	77.8	총영업이익(8-10%)
			11.1	수정 총영업이익(14%, 수정 내용 명시 안함)
			11.1	순영업이익(17.5%) + 연간 18만 달러
Haast, Dickson & Braham (2005)	아시아/태평양(호주 포함)	28	39.3	총영업이익(평균 11.2%)
			35.7	총영업이익 차등제(주요 5-10%)
			10.7	제시 안함
			14.3	인센티브수수료 없음
	유럽	29	31.0	기본수수료를 공제한 수정 총영업이익(평균 9.2%)
			27.6	이익공유(목표 순영업이익, 총영업이익-소유주 우선수익률, 목표 총영업이익 등을 기준)
			20.7	총영업이익 차등제(주로 5-10%)
			17.2	다른 차등제(제시 안함)
			3.4	인센티브수수료 없음
	북미/중남미	28	21.4	소유주 우선수익률 차감 후 순영업이익(20%)
			17.9	총영업이익(평균 7.6%)
			21.4	제시 안함
			39.3	인센티브수수료 없음
Panvisavas & Taylor(2006)	태국	8	대다수	총영업이익(0-10%)

(출처: Turner & Guilding, 2010)

표 9-11 총영업이익 수준에 의한 차등제 인센티브수수료 지급의 예

총영업이익(GOP) %	인센티브수수료 %(GOP의)
GOP 〉 35%	6%
40% 〉 GOP 〉 35%	7%
GOP 〉 40%	8%

나타나고 있다.

한편 중동에는 비교적 고급호텔들이 많이 존재하기 때문에 위탁경영계약이 성행하고 있는 편이다. 중동에서 과거에 기본수수료와 인센티브수수료는 보통 '3 plus 10' 즉 총매출액의 3%는 기본수수료, 총영업이익의 10%는 인센티브수수료로 지급하는 것이 일반적인 관행이었다고 한다. 그러나 2000년대에 들어서면서는 '1 plus 8'으로 바뀌고 있다고 한다. 즉 기본수수료는 총매출액의 1-2%이며, 인센티브수수료는 수정 총영업이익(즉 고정비 차감 후 및 부채 차감 전)의 8-10%로 책정되고 있다고 한다. 그러나 경영회사는 총영업이익을 기준으로 할 것을 원하고 있다고 한다.

〈표 9-12〉는 중동에서 행해지고 있는 1980년대와 2000년대 기간 동안에 위탁경영계약의 변화된 트렌드를 잘 보여주고 있다. 경영회사에 유리했던 과거와 달리 이제는 소유주에게로 무게의 중심이 점점 이동되고 있는 모습이다. 이와 같은 변화는 세계 각 지역마다 세부적인 계약조항이 일부 틀릴 뿐이지 결국은 동일한 트렌드가 유지되고 있다.

2013년 Starwood는 투자자설명회에서 미국과 미국 이외 지역 간의 위탁경영계약조건에 대한 차이점도 발표했다. 첫째, 이 발표에 의하면 미국에서는 기본수수료가 3-4%로 다른 지역의 평균인 2-3%에 비해 높은 기본수수료를 지급받고 있는 것으로 나타났다. 둘째, 미국에서는 보통 총영업이익의 10-12%를 인센티브수수료로 받고 있다. 그러나 일부 계약에서는 소유주 우선수익률(Owner's Priority Return)을 채택하여 투자금액의 8-10%를 제한 금액인 순영업이익(NOI)을 기준으로 인센티브수수료를 산출하는 경우도 있다고 한다. 반면에 미국 이외의 다른 지역에서는 보통 총영업이익에서 위탁경영 기본수수료를 제한 금액에서 8-10%를 인센티브수수료로 지급하고 있다. 그리고 미국과 같은 소유주 우선수익

표 9-12 중동지역 위탁경영계약의 변화 트렌드(1980s : 2000s)

계약조항	1980년대	2000년대
경영수수료	기본: 총매출액의 2.5-3.5% 인센티브: 고정비차감 전 총영업이익의 8-14%	기본: 총매출액의 1-2% 인센티브: 부채차감 전 수정 총영업이익의 6-12%
계약기간	최초: 15-20년 갱신: 5-10년 1-3회	최초: 8-12년 갱신: 5-10년 1회
성과조항(경영회사가 수수료를 받기 위한)	흔하지 않음	흔함
실비정산 시스템 비용	총객실매출액의 1-2% + 객실예약 건당 $5-$10	총객실매출액의 1% + 객실예약 건당 $4-$8
호텔 인력 채용	경영회사는 모든 인력의 채용과 배치에 대한 단독 권한을 보유	경영회사는 GM과 재무책임자의 선발 전에 소유주의 승인을 받아야 함
영업제한구역	흔하지 않음	흔함
대체기금 적립(FF&E)	총매출액의 3-5%	총매출액의 3-5%
경영회사의 지분투자 또는 자금 대출	흔하지 않음	중가호텔분야에서 지속적으로 증가하고 있으나, FF&E부문으로 한정됨
계약해제조항	경영회사에 우호적	소유주에 우호적
소유주 승인	경영회사에 우호적	소유주에 우호적
소유권 이양	경영회사에 우호적	소유주에 우호적
기술서비스 지원	객실당 $1,000-$1,500 + 비용	객실당 $1,000-$1,500 + 비용
개관전 비용	실비	실비

(출처: Goddard & Samson, 2002)

률 조항은 존재하지 않고 있다. 셋째, 최초 계약기간은 두 지역 공히 20-40년으로 비슷하다. 그러나 미국에서는 호텔 소유주가 호텔을 매각하는 경우 계약을 해제할 수 있는 권리와 처음에는 위탁경영 방식으로 계약을 했다가 계약기간이 종료되면 프랜차이즈 계약으로 변경할 수 있는 권리를 제한하고 있다. 반면에 다른 지역에서는 소유주가 계약기간 전에 계약을 해제할 수 있는 권리가 아주 드물게 허용되고 있다. 넷째, 미국에서 Starwood가 위탁경영하는 호텔 중에서 약 60%는 인센티브수수료를 지급하고 있다고 한다. 반면에 미국 이외의 지역에서 Starwood가 위탁경영하는 호텔은 약 76%가 인센티브수수료를 지급하고 있는 것으로 보고되었다.

한편 Starwood의 경쟁사인 Marriott의 경우에는 2013년에 위탁경영에 의해 운영되는 총 호텔의 39%가 인센티브수수료를 지급했으며, 2012년에는 33%였다. 한편 같은 해 미국과 캐나다 이외의 지역에서 Marriott에 의해 위탁경영되는 호텔의 58%가 인센티브수수료를 지급했는데, 2012년에는 69%였다. 반면에 2013년 북미에서 위탁경영되는 호텔의 22%가 인센티브수수료를 지급했다. 2012년에는 15%만이 지급했다.

표 9-13 2013년 Starwood의 미국과 다른 지역 간의 위탁경영계약 차이점

	미국	미국외 지역
기본수수료	총영업이익(GOP)의 3-4%	총영업이익(GOP)의 2-3%
인센티브수수료	총영업이익의 10-12% 종종 소유주 우선수익률(보통 투자된 금액의 8-10%)을 제한 순영업이익(NOI)을 이용	기본수수료 공제 후 총영업이익의 8-10% 소유주 우선수익률 조항 없음
계약기간	20-40년 소유주의 계약해제권(예: 호텔의 매각) 행사나 프랜차이즈로 변경하는 권리가 제한됨	20-40년 소유주의 조기 계약해제권이 드문 편임

(출처: Starwood, 2013)

10
글로벌 호텔 프랜차이즈

제1절 호텔 프랜차이즈의 기원과 구조

제2절 호텔 프랜차이즈 계약(Franchise Agreement)

제3절 호텔 프랜차이즈의 장점과 단점

제4절 호텔 프랜차이즈 본사의 선정

제5절 글로벌 호텔 프랜차이즈

글로벌 호텔 프랜차이즈

호텔 프랜차이즈는 체인호텔 또는 체인본사(Franchisor)와 호텔 소유주 또는 가맹호텔(Franchisee) 간의 계약이다. 호텔 프랜차이즈는 상표·상징·영업시스템 등에 대한 배타적 독점권을 소유한 체인호텔이 상호간의 이득을 도모하기 위해 호텔 소유주에게 이의 사용을 허가하는 대신 소유주는 일정한 수수료를 체인호텔에 지불하는 일종의 비즈니스모델이다. 일반적인 호텔 프랜차이즈 계약에 의하면 체인호텔은 가맹호텔에 대한 아무런 소유권 또는 재무적 지분을 갖지 않으며 또한 가맹호텔의 재무적 성공에 직접적인 책임도 보유하지 않는다.

호텔산업에서 호텔기업들은 처음에는 소수의 직영호텔부터 시작해서 점차 성장하면서 많은 손님들을 유인함으로써 성공적으로 독자적인 사업개념과 브랜드를 개발하게 된다. 이후 체인호텔은 스스로 개발에 성공한 브랜드와 영업절차를 가지고서 프랜차이즈 사업에 관심을 갖게 된다. 호텔 프랜차이즈는 상호의존적인 사업관계의 네트워크로서 프랜차이즈 본사는 소속된 가맹호텔들과 브랜드 인지도, 성공적인 사업방식, 경쟁적인 마케팅과 공급시스템, 중앙예약시스템(CRS) 등을 공유하는 것을 허용하게 된다.

프랜차이즈는 호텔 소유주의 사업위험을 줄이는데 도움이 된다. 체인본사에 의해 개발되고 효과가 증명된 영업방식이 사업을 영위하기 위해 이용되기 때문이다. 가맹호텔은 가입한 브랜드의 성장을 도모하는 그룹의 일원으로서 브랜드의 시장점유율을 확대하는데 함께 집중하는 대신 독립성을 포기하고 있다. 프랜차이즈 시스템은 공동구매의 이점을 창출하여 가맹호텔에게 비용절감 기회를 제공한다. 이런 서비스를 제공받음으로써 가맹호텔은 반대급부로 브랜드 영업허가권의 취득을 위해 체인본사에게 수수료를 지불해야 하며, 또한 체인본사가 부과하는 여러 가지 표준규정을 준수해야 한다. 한편 체인본사의 입장에서는 가맹호텔과 그들이 지불하는 수수료 수입을 통해 독립적으로 사업을 영위하는 경우에 비해 보다 빨리 브랜드의 성장을 도모할 수 있다.

호텔을 구입하거나 새로 지을 계획을 하고 있는 사람에게 당면한 가장 중요한 도전과제의 하나는 사업성공을 이끌어 낼 수 있는 브랜드를 선택하는 것이다. 이 과제는 호텔 소유자와 관리책임을 맡은 총지배인 모두에게 공히 중요하다. 호텔 소유주가 브랜드를 선정하고 해당 체인본사와 프랜차이즈 계약(Franchise Agreement)을 체결하면 호텔 프랜차이즈 사업관계가 성립된다. 여기서 주목해야 할 점은 일부 다른 산업의 프랜차이즈와 달리 대다수 호텔 브랜드 사업자들은 가맹점을 직접 운영하지 않고, 대신에 체인본사를 소유하고 경영한다. 대부분 호텔 프랜차이즈 사업에서 호텔을 경영하는 당사자는 호텔 소유주 또는 권한을 위임받은 총지배인(GM)이다.

제1절 호텔 프랜차이즈의 기원과 구조

프랜차이즈의 기원은 중세시대로부터 유래된다. 중세에 카톨릭교회는 세금을 대리해서 징수하는 사람들과 프랜차이즈 관계를 맺어 이들이 세금을 거둬오면 수수료를 지불했다고 한다. 20세기에는 Singer라는 기업이 처음으로 제품판매를 극대화하기 위해 프랜차이즈를 이용했다고 한다. 이후 프랜차이즈는 비즈니스 세계에서 큰 역할을 담당해오고 있다. 그러나 호텔산업에서 프랜차이즈의 역사는 그리 길지 않다. 호텔산업에서 프랜차이즈 사업이 시작된 것은 제2차 세계대

전 이후 미국에서 호텔 건설이 재개되면서이다. 그리고 각 주를 연결하는 고속도로가 확대되면서 모텔이 붐을 이뤄 급성장하게 된다. 자동차 여행을 하는 가족을 목표로 1952년 테네시 주 멤피스 시 인근에 첫 Holiday Inn이 개관하여 크게 성공한다. 이어 1954년에는 3개의 호텔을 더 건설한다. 1955년 Holiday Inn은 성장에 소요되는 자금을 모으기 위해 처음으로 프랜차이즈 사업을 시작하게 된다. 호텔 프랜차이즈의 위대한 비즈니스 역사가 열리는 순간이었다.

같은 시기에 활발하게 프랜차이즈 활동을 전개한 체인호텔에는 Howard Johnson's Motor Lodges, Ramada Inn Roadside 등이 있다. 1925년 레스토랑 사업을 시작하여 크게 성공한 Howard Johnson은 1954년 Motor Lodges를 개업하였으며, 한편 Ramada Inn은 1952년 Flamingo Motor Hotels로 시작해서 1958년 프랜차이즈 사업을 성공적으로 개시하면서 Ramada Inn Roadside Hotels로 명칭을 변경하였다. 그 후 미국에서 호텔 프랜차이즈는 1960년대, 1970년대, 1980년대의 건설 붐에 편승하여 크게 성행하게 되었다. 호텔 프랜차이즈 사업의 대표주자인 Holiday Inn은 이후 1962년 12월 400번째 Holiday Inn 가맹점이 개업했다. 여기에서 우리는 호텔 프랜차이즈의 무궁무진한 사업기회를 엿볼 수 있다.

Hilton, Marriott, Sheraton 등과 같은 유명 브랜드를 보유하고 있는 체인호텔들은 처음에는 호텔들을 직접 소유하거나 또는 리스계약을 운영하는 비즈니스모델을 고수하였다. 그러나 시간이 지나면서 체인호텔들은 그들이 소유한 브랜드, 이미지, 구축된 고객층, 영업방식, 예약시스템이 가치가 있다는 것을 인지하게 되었다. 독자적인 브랜드와 영업방식은 체인호텔들에게 신속하고, 적은 비용으로, 이익창출이 가능한 효과적인 팽창수단으로 활용하기에 이르렀다. 그리고 호텔 개발업자들도 유명 체인호텔에 가입하는 것이 위험을 줄이고 비즈니스를 성공적으로 이끄는 지름길이라는 것을 깨닫게 되었다. 새로 건설한 호텔이 성공한 브랜드에 가입함으로써 제공받는 즉각적인 정체성 확립과 잘 구축된 영업시스템과 절차는 차주(Lenders)와 투자자(Investors) 모두에게 새 호텔의 재무적 성공에 대한 확신을 제공하게 되었다.

오늘날 호텔 소유주들이 호텔을 유명 브랜드를 소유한 체인호텔에 가입하는 경향이 지속적으로 증가하고 있다. 현재 많은 호텔들이 유명 브랜드의 일원으로 영업활동을 전개하고 있다. 예를 들어, Marriott International은 Marriott, Ritz-Carlton, Renaissance, Courtyard by Marriott, Residence Inn, Fairfield Inn 등의 여러 다양한 브랜드들을 관장하고 있다. 모기업의 구조에 따라 각 브랜드는 브랜드의 성장을 기획하고 또한 해당 브랜드를 관리하기 위해 오랜 시간에 걸쳐 고안된 품질표준을 감독할 브랜드 관리자 또는 본부장을 두고 있다. 여기서 중요한 점은 대다수 호텔 프랜차이즈들은 관장하고 있는 브랜드를 사용하여 영업활동을 영위하는 호텔들을 실제로 소유하지 않고 있다는 점이다. 이렇게 브랜드를 팔 수 있는 권리를 보유한 호텔기업들은 해당 브랜드에 가입하기를 원하는 가맹호텔들이 반드시 지켜야 하는 표준규범에 대한 기준을 결정한다.

표 10-1 세계 Top 10 프랜차이즈 호텔(2012년 12월 31일 기준)

순위	기업명	본부 소재지	총영업 호텔수	프랜차이즈 호텔수	비중 %
1	Wyndham Hotel Group	뉴저지, 미국	7,342	7,293	99.3
2	Choice Hotels International	메릴랜드, 미국	6,725	6,243	92.8
3	IHG	댄햄, 영국	4,602	3,934	85.5
4	Hilton Worldwide	버지니아, 미국	3,966	3,312	83.5
5	Marriott International	메릴랜드, 미국	3,800	2,553	67.2
6	Accor	코코로니스, 프랑스	3,516	1,335	38.0
7	Vantage Hospitality Group	플로리다, 미국	1,091	1,090	99.9
8	Carlson Rezidor Hotel Group	미네소타, 미국	1,077	1,011	93.9
9	Home Inns & Hotels	상하이, 중국	1,772	969	54.7
10	Shanghai Jin Jiang Int'l	상하이, 중국	1,401	670	47.8

(출처: Hotels, 2013)

이런 사업구조를 보았을 때 호텔은 소유주와 체인본사의 브랜드 표준을 관리하는 브랜드 관리자 사이에 충돌이 존재한다는 사실은 어쩌면 당연한 것일 수도 있다. 예를 들어 특정 호텔의 입구에 있는 구식 간판이 오래되어서 새로운 것으로 변경해야 한다는 것을 프랜차이즈 본사의 브랜드 관리자가 인지했다고 하자. 이 브랜드 관리자는 프랜차이즈 계약에 의해 소유주에게 간판을 변경해 줄 것을 요구할 권리가 있다. 그러나 간판을 교체하는데 비용이 많이 소요된다는 사실을 인지하고 동시에 현재 간판이 아직 쓸 만하다고 판단한 소유주는 이를 거부할 수 있다. 이와 같이 호텔 소유주와 가맹호텔본부의 관리자 간에는 영업활동의 여러 면에서 많은 이견이 존재하고 있는 것이 사실이다. 호텔의 영업을 책임지고 있는 총지배인은 소유주와 프랜차이즈호텔 간의 이해관계를 잘 조정해야 한다.

다른 산업과 달리 호텔산업에서는 프랜차이즈 사업에서 심각한 사기 또는 기만의 사례는 많이 존재하지 않고 있다. 그럼에도 불구하고 다른 산업처럼 호텔 프랜차이즈 관계에서도 파렴치한 체인본사(들)로부터 가맹점을 보호하기 위해 제정된 법령이 존재하고 있다. 프랜차이즈 규칙(Franchise Rule)이란 체인본사가 가맹사업을 잠재가맹점에 판매할 때 반드시 준수해야 하는 의무사항을 열거하고 있다.

프랜차이즈 규칙의 핵심사항은 다음과 같다. 첫째, 잠재가맹점과 처음 대면미팅을 하는 초기에 또는 가맹점이 체인본사에 어떠한 종류의 수수료를 지불하기 수일 전에 정보를 공개한다. 둘째, 체인본사에 의해 작성된 예상 이익수준을 문서로서 증거를 제출한다. 셋째, 판매촉진 광고를 통해 홍보되었던 가맹점들이 달성한 수익률과 해당 가맹점들의 수와 비율을 공개해야 한다. 넷째, 잠재가맹점에게 체인본사가 이용하고 있는 기본적인 프랜차이즈 표준계약을 제공한다. 다섯째, 잠재가맹점이 체인본사의 표준계약에 서명을 거부하면 법적으로 체인본사는 받았던 모든 수수료 등을 즉각 환불해야 한다. 마지막으로, 가맹점에게 제공되었던 문서화된 공개정보에 대해 서로 간의 갈등 또는 충돌에 대해 구두 또는 문서로서 요구할 수 없다.

그림 10-1 프랜차이즈 체인본사가 제공하는 서비스

체인본사가 제공하는 서비스	
• 호텔 입지선택 및 시장조사	• 호텔건설 과정에서 조언 및 지원
• 금융 및 회계 지원	• 중앙집중 구매 지원
• 가입호텔 간의 객실예약 소개(Referrals)	• 중앙예약시스템(CRS)
• 효율적인 영업방식	• 마케팅 및 관측사무소 지원
• 광고, 홍보, 관측 활동 지원	• 가입호텔 검열 및 평가

제2절 호텔 프랜차이즈 계약(Franchise Agreement)

호텔 소유주가 자기 호텔(들)을 특정 브랜드에 가입하기로 결정을 하면 그는 체인본사의 브랜드 관리자와 함께 프랜차이즈 계약에 서명을 한다. 프랜차이즈 계약은 체인본사(브랜드 관리자)와 가맹점(소유주) 양쪽 모두의 책임에 관해 매우 구체적으로 열거한다. 과거에 호텔 소유주들은 프랜차이즈 계약의 조건을 결정하는데 있어 권한이 브랜드 관리자에게 편중되어 있었다고 믿고 있었다. 그러나 최근에는 계약의 내용을 결정하는데 호텔 소유주들이 권한이 크게 향상되었다.

1. 호텔 프랜차이즈 계약의 주요 요소

프랜차이즈 계약은 단순히 호텔본사(브랜드관리자)와 가맹호텔(소유주) 사이에 문서화된 계약이다. 보통 각 브랜드는 제각기 고유한 표준계약을 개발하지만, 다음과 같은 내용은 거의 공통적으로 사용한다.

1) 계약에 서명하는 당사자

여기서는 브랜드를 대표하는 법적 당사자와 기업, 제휴사, 개인 소유자 등의 성명이 기재된다.

2) 구체적인 정의

계약에 이용된 어떠한 정의도 계약당사자 간에 다르게 이해될 수 있다. 예를 들면, 대부분 프랜차이즈 계약에서 호텔 소유주가 지불해야 하는 수수료는 가맹호텔이 달성한 총객실매출액(Gross Room Revenue)을 기준으로 한다. 이 계약조항에서 체인본사는 총객실매출액의 정확한 의미를 구체적으로 정하고자 한다. 실제 계약서에서 구체적으로 명시된 총객실매출액의 정의는 다음과 같다. 총객실매출액이란 호텔에서 침실과 회의실의 대여를 통해 거둬들인 판매액을 뜻하며, 인터넷 접속요금, 전화요금, 객실내 금고, 미니바, 자판기, 식음료 판매, 객실

서비스 등에서 유래되는 판매액은 포함되지 않는다.

3) 면허 인가(License Grant)

여기서 호텔본사는 호텔 소유주에게 허가된 가맹호텔의 영업에서 사용될 브랜드의 상표, 상징, 명칭의 방식에 대해 서술한다.

4) 계약기간

여기서는 계약의 개시일과 종료일이 구체적으로 명시된다. 대다수 호텔 프랜차이즈 계약기간은 보통 20년이다. 그러나 대부분의 계약은 양측 모두에게 5년, 10년, 15년마다 적절한 통보와 양측의 합의에 의해 계약을 종료시킬 수 있는 권한을 명시하고 있다. 그러나 최근에는 일부 프랜차이즈 본사들은 적극적으로 호텔 소유주들을 자기 브랜드에 끌어들이기 위해 탈퇴를 1-3년 내에도 이루어지게 하고 있다.

5) 수수료(Fees)

여기서는 가맹점이 체인본사에 지불해야 하는 수수료에 대하여 구체적으로 기술한다. 각 브랜드의 특성에 따라 다를 수는 있지만, 보통 호텔 프랜차이즈 표준계약에 포함되는 수수료의 종류는 다음과 같다(〈표 10-2〉).

가. 가맹수수료(Affiliation Fee)

브랜드에 가맹하기 위해 계약에 서명함에 따라 지불해야 하는 정액수수료이다. 다른 수수료와 달리 가맹수수료는 가입 당시 일회만 지불하게 된다.

나. 로열티(Royalty Fee)

이 수수료는 산출방식에 대해 상호간에 동의함에 따라 지불하는 것으로 보통 가맹호텔의 매출액 수준에 의해 결정된다. 가맹점은 프랜차이즈 본사의 브랜드 및 기타 서비스를 제공받음에 따라 로열티를 지불해야 한다. 로열티는 본사의 주요 수입원이 되고 있다.

다. 마케팅수수료(Marketing or Advertising Fee)

이 수수료 역시 가맹호텔의 매출액 수준에 따라 결정되며 브랜드를 홍보하기 위한 목적에만 사용되어진다. 브랜드의 홍보를 위한 마케팅은 주로 전국 및 지역 라디오, 잡지, 신문, TV 등에 집중된다.

라. 예약수수료(Reservation Fee)

이 수수료는 브랜드의 예약시스템(CRS, Web Site, 대표전화번호 등)을 운영하기 위한 비용을 충당하기 위해 징수한다.

마. 고객충성도 프로그램 수수료(Frequent Traveler Program Fee)

체인호텔들은 자주 투숙하는 손님들을 보상하기 위해 인센티브 프로그램을 운영하는 데 이 프로그램은 해당 브랜드에 대한 충성도를 제고하기 위해 고안되었다. 이런 프로그램을 운영하기 위한 비용을 가맹점은 지불해야 한다.

바. 기타 수수료(Other Miscellaneous Fees)

기타 수수료는 추가적인 시스템이나 기술적 지원으로 인하여 프랜차이즈 본사나 제3자 공급사에게 지불한다. 그리고 교육훈련 프로그램이나 해마다 열리는 전국 또는 지역적 컨퍼런스 행사비용도 이에 포함된다.

이 외에도 프랜차이즈 본사는 가맹호텔에 추가적인 서비스를 제공할 때마다 수수료를 지급받게 된다. 컨설팅, 구매지원, 컴퓨터 장비, 장비 임대, 개관전 경영지원, 마케팅 캠페인 등에 대한 수수료를 요구하게 되는데, 이런 수수료들은 보통 계약서에 명시되지 않는다.

표 10-2 미국 호텔산업 브랜드별 프랜차이즈 수수료

브랜드명	가입 수수료	로열티	객실예약 수수료	마케팅 수수료	고객충성도프로그램 수수료
aloft	$125,000	객실매출의 5.50%	다른 곳에 포함됨	객실매출의 4.00%	전체매출의 4.20%
America's Best Value Inn	$32,500	50실이내:실당 $17.50 51-75실: $13.50 76실이상: $12.50	객실매출의 7.00%	매월 실당 $11.00	N/A
Autograph	$60,000	객실매출의 5.50%	다른 곳에 포함됨	객실매출의 1.50%	전체매출의 4.30%
Best Western	$72,000	연간: $1,678 + 21-50실: $56.42 51-400실: $21.94 수수료: 1-25실: 실당 $1.48 26-50실: $1.35 51-100실: $1.23 101-150실: $1.21 150실 이상: $1.18	매일 실당 $0.14	매월 실당 $11.22	충성도프로그램 달러 매출당 $0.055
Comfort Inn	$100,000	객실매출의 5.65%	다른 곳에 포함됨	객실매출의 3.85%	전체매출의 5.05%
Courtyard	$150,000	객실매출의 5.50%	객실매출의 0.80%	객실매출의 2.50%	전체매출의 1.75%
Crowne Plaza	$152,500	객실매출의 5.00%	다른 곳에 포함됨	객실매출의 3% + 실당 $3.00	전체매출의 4.75% + 기타
Days Inn	$36,000	객실매출의 5.50%	다른 곳에 포함됨	객실매출의 3.80%	전체매출의 5.00%
Doubletree	$90,000	객실매출의 5.00%	다른 곳에 포함됨	객실매출의 4.00%	전체매출의 4.25%
EconoLodge	$25,000	객실매출의 4.50%	다른 곳에 포함됨	객실매출의 3.50%	전체매출의 3.00%
element	$127,500	객실매출의 5.50%	다른 곳에 포함됨	객실매출의 4.00%	전체매출의 4.20%
Embassy Suite	$90,000	객실매출의 5.00%	다른 곳에 포함됨	객실매출의 5.00%	전체매출의 4.25%
Fairfield Inn	$80,000	객실매출의 4.50%	다른 곳에 포함됨	객실매출의 2.50%	전체매출의 1.75%
Four Points	$127,500	객실매출의 5.50%	객실매출의 0.80% + 기타	객실매출의 1.00%	전체매출의 4.20%
Hampton Inn	$110,000	객실매출의 6.00%	다른 곳에 포함됨	객실매출의 4.00%	전체매출의 4.90%

Hilton	$92,500	객실매출의 5.00% + F&B의 3.00%	다른 곳에 포함됨	객실매출의 4.00%	전체매출의 4.70%
H Garden Inn	$142,500	객실매출의 5.50%	다른 곳에 포함됨	객실매출의 4.30%	전체매출의 4.70%
Holiday Inn	$102,500	객실매출의 5.00%	다른 곳에 포함됨	객실매출의 3.00%	전체매출의 4.75%
Holiday Inn Ex	$102,500	객실매출의 6.00%	다른 곳에 포함됨	객실매출의 3.00%	전체매출의 4.75%
Indigo	$152,500	객실매출의 5.00%	다른 곳에 포함됨	객실매출의 3.50%	전체매출의 4.75% + 기타
Hyatt House	$128,000	객실매출의 5.00%	다른 곳에 포함됨	객실매출의 3.50%	N/A
Hyatt Place	$120,000	객실매출의 5.00%	다른 곳에 포함됨	객실매출의 3.50%	N/A
Hyatt Regency	$100,000	객실매출의 5.00% + F&B의 3.00%	다른 곳에 포함됨	N/A	N/A
InterContinental	$155,000	객실매출의 5.00%	다른 곳에 포함됨	객실매출의 3.00%	전체매출의 4.75% + 기타
La Quinta Inn	$105,000	객실매출의 4.00%	객실매출의 2.00%	객실매출의 2.50%	전체매출의 5.00%
Le Meridien	$115,000	객실매출의 5.00% + F&B의 2.00%	객실매출의 0.80% + 기타	객실매출의 1.00%	전체매출의 4.20%
Leading Hotels of the World	$0	객실매출의 1.00%	N/A	N/A	N/A
Luxury Collection	$115,000	객실매출의 5.00% + F&B의 2.00%	객실매출의 0.80% + 기타	객실매출의 1.00%	전체매출의 4.20%
Marriott	$90,000	객실매출의 6.00% + F&B의 3.00%	실당 $2.50	객실매출의 1.00%	전체매출의 4.30%
Motel 6	$35,000	객실매출의 5.00%	N/A	객실매출의 3.50%	N/A
Quality Inn	$60,000	객실매출의 4.65%	다른 곳에 포함됨	객실매출의 3.85%	전체매출의 5.05%
Radisson	$150,000	객실매출의 5.00%	객실매출의 2.00%	객실매출의 2.00%	N/A
Ramada Inn	$71,000	객실매출의 4.00%	객실매출의 2.00%	객실매출의 2.50%	전체매출의 5.00%
Red Roof Inn	$30,000	객실매출의 4.50%	객실매출의 4.00%	N/A	전체매출의 4.00%
Renaissance	$90,000	객실매출의 5.00%	실당 $2.00	객실매출의 1.50%	전체매출의 4.30%
Residence Inn	$150,000	객실매출의 5.50%	N/A	객실매출의 2.50%	전체매출의 1.10%
Sheraton	$115,000	객실매출의 6.00% + F&B의 2.00%	객실매출의 0.80% + 기타	객실매출의 1.00%	전체매출의 4.20%
Super 8	$25,000	객실매출의 5.50%	다른 곳에 포함됨	객실매출의 3.00%	전체매출의 5.00%

TownPlace Sui	$80,000	객실매출의 3.00%	객실매출의 0.90%	객실매출의 1.50%	전체매출의 1.00%
Travelodge	$36,000	객실매출의 4.50%	객실매출의 2.00%	객실매출의 2.00% + 실당 $0.10	전체매출의 5.00%
Westin	$115,000	객실매출의 7.00% + F&B의 3.00%	객실매출의 0.80% + 기타	객실매출의 2.00%	전체매출의 4.20%
Wyndham	$100,000	객실매출의 5.00%	다른 곳에 포함됨	객실매출의 4.50%	전체매출의 5.00% + 기타

(출처: Rushmore, Choi, Lee & Mayer, 2013)

6) 보고서

여기서는 보고기한이 되면 호텔 소유주가 본사에 보고해야 하는 월간 또는 연간보고서를 나열한다. 예를 들면, 객실판매액, 객실점유율, 세금(Occupancy Tax 또는 Bed Tax), 평균객실요금 등에 관련된 보고서가 제출된다.

7) 체인본사의 책임

계약합의에 따른 체인본사의 책임을 구체적으로 나열하며 가맹호텔이 수수료와 로열티를 지불하는 대신에 제공받는 사항에 대하여 열거한다. 보통 검사 계획, 마케팅 노력, 브랜드 표준 시행규칙 등이 포함된다.

8) 가맹호텔의 책임

체인본사의 브랜드를 이용할 수 있는 권리를 부여받음에 따라 가맹호텔이 준수해야 하는 내용을 담고 있다. 보통 간판에 대한 요구사항, 준수해야 하는 표준운영규칙, 수수료 지불계획 등이 포함된다.

9) 계약의 양도

계약합의에 따른 소유권 양도의 효력에 대해 열거한다. 여기서 가맹호텔은 체인본사로부터 브랜드 이용 및 그에 따른 권리를 타인에게 양도하는 것을 승인받아야 한다. 그러나 보통 체인본사들은 가맹호텔의 승인 없이도 다른 사업체에게 사용승인을 할 수 있다.

10) 계약 종료 및 불이행

계약당사자 양측에 의한 계약의 종료(탈퇴)를 허용하거나 또는 계약 불이행에 대한 구체적인 사항을 열거한다. 대부분의 경우에 가맹호텔 측의 계약 불이행에 따라 벌칙금(Penalties)을 체인본사에 지불해야 한다.

11) 보험 요구사항

계약당사자 양측을 보호하기 위해 가맹호텔은 보험에 가입해야 한다. 여기에서 보험의 종류와 금액 등이 열거된다. 전형적으로 요구되는 보험내용에는 일반보증보험, 자동차보험, 종업원 상해보험 등이 포함된다.

12) 변경시 요구사항

여기서는 체인본사가 계약내용을 변경할 수 있는 권리에 대해 열거하고 있다.

13) 중재 및 법률 수수료

법적 분쟁에 관련된 양측의 권리에 대한 내용이 열거된다. 또한 법적 분쟁의 발발시 이를 해결할 법원의 지리적 위치에 대한 정보가 포함된다. 대부분 프랜차이즈 표준계약을 보면 체인본사가 위치한 지역에서 분쟁이 해결된다.

14) 서명

브랜드의 공인된 대표자(들)와 호텔 소유주(들)가 프랜차이즈 계약에 서명한다.

제3절 호텔 프랜차이즈의 장점과 단점

프랜차이즈의 계약당사자인 프랜차이즈 본사와 가맹점은 공히 프랜차이즈 계약을 통해 얻는 장점과 단점을 동시에 보유하고 있는데 이것에 대해 알아보기로

한다.

1. 프랜차이즈 본사의 장점

1) 브랜드에 대한 수수료 수입의 증가

다른 모든 기업들처럼 프랜차이즈 회사도 성장을 원할 것이다. 특정 브랜드명에 가입하는 가맹호텔의 수가 증가하면 할수록 브랜드의 가치와 브랜드의 이용을 남에게 허용함으로써 벌어들이는 수수료는 더욱 증가한다. 더구나 브랜드에 가입하는 호텔 수가 증가할수록 브랜드를 운영하는 고정경비를 충당하는데 큰 도움이 되고 있다. 그러므로 같은 브랜드에 대한 가맹호텔의 수가 증가할수록 체인본사의 이윤창출의 기회가 극대화될 수 있다. 즉 브랜드에 가입하는 가맹호텔의 수가 증가하여 어떤 한계점(Critical Mass)을 넘어서게 되면 프랜차이즈 본사의 이익수준은 급격히 증가하게 된다.

한편 같은 프랜차이즈 기업이 관장하는 개별 브랜드의 수가 많을수록 본사는 개별 브랜드의 영업경비를 낮게 유지할 수 있다. 결과로서 프랜차이즈 본사들은 공격적으로 되도록이면 많은 호텔 소유주들과 계약이 이루어지기를 유인하고 있다. 때로는 호텔 소유주가 다른 브랜드의 프랜차이즈 본사와 이미 기존 관계가 있더라도 아랑곳하지 않고 있다. 호텔 프랜차이즈 본사는 새로 호텔을 건설하고 있지만, 아직 사용할 브랜드를 결정하지 못한 호텔 소유주들을 대상으로 적극적인 설득노력을 경주하고 있다. 현재 많은 체인호텔들은 소유하고 있는 각 브랜드에 속한 가맹호텔의 수를 확장하는 노력과 관장하는 브랜드의 수를 확대하려는 노력을 동시에 진행하고 있다.

2) 적은 비용으로 신속하게 성장 가능

직접적인 자본투자를 수반해야 하는 직접소유방식의 호텔을 개발하는 것에 비해 프랜차이즈는 비교적 적은 비용으로 그리고 빠른 성장이 가능하기 때문에 큰 조직을 만들려는 호텔기업에게 효과적인 성장수단이 되고 있다. 그러므로 호텔을 개발하는데 소요되는 비용과 책임이 대부분 개별 호텔 소유주에게로 넘어간다.

3) 고객인지도 및 브랜드 충성도의 향상

체인호텔에게 고객인지도는 매우 중요하다. 홍보 및 판촉활동을 통해 인지도를 높이는 것도 좋은 방법이지만, 유명 호텔브랜드를 개발하는 가장 좋은 방법은 손님들이 해당 브랜드의 상품을 직접 보고 사용하는 것이다. 유명 도시와 요충지에 가맹호텔을 많이 보유한 체인호텔은 여행자들이 숙박장소를 선정할 때 체인에 대해 보고 들을 수 있는 기회를 갖게 된다. 대부분 여행자들은 숙박장소의 선택과정에서 상품에 대한 지식은 매우 중요한 요소이다. 프랜차이즈에 의해 제공되는 빠른 성장잠재력은 고객인지도의 향상을 가속화한다. 손님이 호텔 상품을 인지한 후 직접 해당 호텔상품을 이용한 후에 만족하게 되면 브랜드 충성도가 높아지고 결국 긍정적인 구전활동을 하는 단골손님으로 전환된다.

4) 브랜드, 상표, 이미지, 영업권으로부터 창출되는 수입

브랜드의 성장을 통해 구축된 고객 이미지와 영업권은 사업을 영위하기 위해 정체성과 이미지를 필요로 하는 독립호텔 또는 새 호텔에 큰 가치를 제공한다. 프랜차이즈의 이런 내재 가치는 체인본사의 수입으로 전환된다. 많은 경우에 체인호텔의 고객 이미지와 영업권과 프랜차이즈 수수료 금액 사이에는 직접적인 관계가 존재한다.

2. 프랜차이즈 본사의 단점

1) 영업통제권의 상실

가맹호텔의 영업책임은 호텔 소유주 또는 그가 위임한 대행인(경영회사)에 속해 있다. 그래서 체인본사는 가맹호텔의 일상적인 영업활동에 큰 영향력을 행사할 수 없다. 호텔본사는 정해진 규칙과 주기적인 점검을 통해 개별 가맹호텔의 품질수준과 이미지를 통제하려 시도하지만, 자명한 사실은 체인본사는 기본적인 영업통제권이 없기 때문에 때때로 가맹호텔의 품질과 이미지는 본사가 원하는 수준보다 낮게 형성이 되기도 한다. 그러나 이로 인하여 손님들이 저품질의 서비스를 경험하게 되면 전체 체인에 대한 이미지가 잘못 전달이 되어서 결국 단골손님 유치나 긍정적인 구전효과에 해로운 영향을 미치게 된다.

이런 이유로 Hyatt, Westin, Four Seasons 같은 프리미엄급 이상의 체인호텔들은 프랜차이즈를 선호하지 않고 있다. Marriott도 프랜차이즈 사업을 수행하고 있지만 품질과 서비스 수준에 대한 신뢰를 보유한 몇몇 경영회사들과만 프랜차이즈를 시행하고 있다. 일반적으로 높은 수준의 품질과 서비스로 사업을 수행하는 체인호텔들은 그렇지 않은 체인들에 비해 영업통제권을 상실하게 되는 프랜차이즈를 덜 선호하고 있다. 체인호텔은 주기적으로 가맹호텔의 시설은 잘 유지·보수되고 있으며 규정된 표준절차에 의해 영업이 이루어지고 있는지를 점검함으로써 다소나마 영업활동을 통제하려고 한다. 프랜차이즈 본사가 가맹호텔에게 규정과 표준절차를 따르게 하기 위해 행사할 수 있는 궁극적인 벌칙은 탈퇴시키는 것이다. 그러나 가맹호텔이 탈퇴에 비협조적이고 극한 경우 분쟁이 생겨 법적 소송으로 이어지면 소요되는 시간이 짧게는 몇 개월 또는 몇 년이 걸릴 수도 있다. 또한 양자 간의 분쟁에 주관적인 규정이 포함된다면 탈퇴과정은 더욱더 힘들어진다. 이런 이유로 영업통제권의 상실은 체인본사 입장에서 프랜차이즈 잠재력을 평가하는데 있어 억제요소가 되고 있다. 체인본사의 표준을 따를 것을 강요하는 것도 어려운 일이지만 가맹점을 탈퇴시키는 것에는 많은 시간이 소모된다.

2) 호텔 소유주와의 어려운 관계

보통 체인본사는 매우 다양한 호텔 소유주나 경영회사들과 함께 일을 하게 된다. 그러나 호텔산업은 자존심이 강하게 표출되는 사업장이다. 그래서 결국 체인본사의 목표가 상대하는 모든 개개인의 동기나 스타일과 항상 일치하지 않는 경우가 많다. 또한 양자 간에 분쟁이 발생하면 가맹호텔들은 종종 함께 힘을 모아 그들의 관심을 대변하는 프랜차이즈협회를 만들기도 한다. 어떤 경우에도 체인본사는 영업시스템이 효율적이고 절차대로 잘 기능하기 위해 가맹점들과 많은 소통을 위해 시간과 자금을 아끼지 말아야 한다.

3. 호텔 소유주(가맹호텔)의 장점

1) 즉각적인 인지도의 구축

대다수 여행자들은 새로운 곳을 여행할 때 숙박시설의 품질과 서비스에 대해 자기에 맞는 일정수준 이상의 상품을 원하기 때문에 인지도가 높고 좋은 이미지를 보유한 호텔을 찾게 된다. 이때 과거에 체류한 경험(또는 타인의 추천)이 있는 동일 브랜드가 기대를 충족했었던 여부에 의해 숙박장소를 선정한다. 아마 독립호텔도 독자적으로 좋은 명성과 고객층을 구축할 수 있다. 그러나 이러한 성공을 거두기 위해서는 적어도 몇 년 동안이란 많은 시간이 필요하게 된다. 인지도가 높은 체인본사에 가입하면 호텔은 비교적 빨리 손님들을 확보할 수 있어 사업초기 기간을 단축할 수 있다. 이렇게 가맹호텔은 새 호텔 또는 독립호텔에 비해 보다 빨리 안정된 객실점유율을 유지할 수 있는 영업주기에 도달하게 된다.

2) 유명 브랜드 및 중앙예약시스템(CRS)의 이용

호텔사업은 객실예약으로부터 시작되므로 현재와 같은 네트워크 경제 하에서 CRS나 GDS와의 연결성은 필요불가결한 것이다. 하지만 독립경영호텔의 경우에는 독자적으로 이런 연결성을 구축하기에는 과다한 비용이 소요되기 때문에 불가능한 경우가 대부분이다. 유명 브랜드에 가입을 통해 가맹호텔은 매출액을 증대함으로써 이윤도 향상할 수 있다. 가맹호텔이 본사에 지불하는 수수료의 총액은 브랜드의 가치와 브랜드를 통해 벌어들이는 판매액과 관계가 있다. 프랜차이즈 계약에 따라 지불하는 수수료는 계약마다 협상을 통한 조정이 가능하지만, 보통 가맹호텔의 총객실매출액(Gross Room Revenue)의 약 3-15% 정도이다.

3) 자금 차입의 용이

브랜드에 가입함에 따라 얻게 되는 호텔 소유주의 부가적인 이점은 호텔 건설에 필요한 자금을 차입하는데 있어 보다 손쉽게 이를 획득할 수 있다는 것이다. 보통 새 호텔을 건설할 때 호텔 소유주는 은행이나 다른 금융기관으로부터 자금을 차입하려 한다. 그러나 이때 거의 대다수 금융기관들은 호텔 소유주에게 자금을 대여하기 위해서는 유명 브랜드와의 가맹관계의 성립에 대한 증명을 요구한다.

4) 체인본사의 지원

프랜차이즈 본사는 가맹호텔에게 증명된 안정적인 영업절차, 금융지원, 교육훈련 지원, FF&E의 구매 지원, 프랜차이즈 본사의 공급자를 이용한 구매가격 절감에서 비롯되는 영업비용의 절약, 실내장식 지원 등을 제공한다. 그러나 이런 지원내용은 프랜차이즈 본사에 따라 다르게 나타나는 경우도 많다.

4. 호텔 소유주(가맹호텔)의 단점

1) 비싼 프랜차이즈 비용

프랜차이즈의 선정은 호텔 소유주가 내려야하는 가장 중요한 의사결정 중의 하나이다. 잘못된 프랜차이즈의 선택은 항상 부정적인 영업결과를 가져 온다. 옳지 않은 프랜차이즈의 선정은 다음과 같은 비용을 초래한다.

가. 잘못 선정된 프랜차이즈와의 계약기간 동안 발생된 영업손실
나. 새로운 프랜차이즈를 구하는데 소요되는 비용
다. 새로운 간판, 상징 등에 대한 구매비용
라. 새로운 프랜차이즈 하에서 객실점유율 안정화시기까지 발생되는 영업손실

2) 성공에 대한 보장 없음

보통 프랜차이즈 본사는 가맹호텔들에 대해 아무런 재무적 지분이 없고 또한 가맹호텔의 실패에도 불구하고 직접적인 책임이 없다. 그러나 체인본사는 비수기에 심각한 영업손실이 예상되는 가맹호텔에 연중무휴의 영업정책을 요구하는 등 가맹호텔의 입장에서는 막대한 비용이 초래되는 영업표준절차를 강요하기도 한다. 게다가 체인본사의 프랜차이즈 판매직원은 비윤리적인 방식으로 프랜차이즈를 판매하는 경우도 있다. 판매직원의 보상수준은 보통 판매한 프랜차이즈의 수를 기준으로 하기 때문에 엄격한 감독 및 통제가 되지 않는 상황에서 일부 판매직원은 자격요건이 충족되지 않거나 경제적 사업타당성이 없는 프로젝트에 프랜차이즈의 판매를 시도할 수 있다. 이런 비윤리적 행위는 1970년대 미국 호텔시장의 공급과잉(Overbuilding)에 대한 일부 원인이 되었다고 한다.

3) 체인본사의 표준 준수

프랜차이즈 본사에 개발된 다양한 규정과 표준은 소속된 모든 가맹호텔에게 통일된 영업방식과 이미지를 적용하기 위해 고안되었다. 그러나 이런 체인본사의 통일된 기준이 때로는 특정 가맹호텔에게는 적절하지 않거나 특정 소유주에게는 불만족스러운 사항이 되기도 한다. 그럼에도 불구하고 체인본사는 가맹호텔에 본사에서 정한 영업시스템의 변경을 허용하지 않고 있다. 가맹호텔의 영업에 부정적인 영향을 미치는 본사의 통일된 표준의 예는 다음과 같다. 만일 잠정적인 가맹호텔에게 부적절한 체인표준으로 인해 피해가 예상된다면 계약에 서명하기 전에 예외를 인정받아야 한다.

가. 연중무휴 상시 영업체제의 요구
나. 레스토랑, 라운지, 룸서비스 등에 대한 영업시간의 설정
다. 도어맨이나 벨보이 등의 24시간 운영체제와 같은 최소수준의 직원 충원에 대한 요구
라. 체인본사에서 실시하는 홍보프로그램이나 고객만족프로그램에 대한 참여

마. 수영장, 레스토랑, 룸서비스, 라운지, 주차 등의 어메니티(Amenities)에 대한 요구

4) 다른 가맹호텔의 가입에 대한 통제권 없음

대다수 프랜차이즈 계약은 가맹호텔이 영업을 하는 동일시장에서 같은 브랜드에 다른 새로운 호텔의 가입을 제재할 규정이 별로 존재하지 않고 있다. 때때로 체인본사는 일정기간 동안 가맹호텔에 특정 지역에 대한 영업독점권을 제공하는 경우도 있지만, 대부분 다른 가맹호텔이나 체인본사가 소유 또는 위탁경영하는 호텔에 상관없이 동일시장에 새로운 호텔의 등장을 자유롭게 허용하고 있다. 더군다나 최근 호텔산업에서 상품 세분시장화란 트랜드에 편승하여 체인본사들은 종종 특정 시장에 특정 상품을 추가하는 것은 다른 세분시장 또는 가격대의 소비자들의 요구에 부응하는 것이라고 궁색한 변명을 늘어놓기도 한다.

5) 체인본사 규모의 경제에 대한 의존

체인본사에 소속된 가맹호텔의 수가 임계점에 이르러야 프랜차이즈 수수료 수입이 프랜차이즈를 허가하고 유지하는데 소요되는 비용을 상쇄할 수 있다. 마찬가지로 가맹호텔들의 수가 많을수록 이들이 누리는 경제적 혜택이 프랜차이즈에 가입하고 유지하는데 소요되는 비용을 초과할 수 있다. 체인본사에 가입된 가맹호텔의 수가 많을수록 각 가맹호텔이 받는 혜택은 아래와 같다.

가. 다른 가맹호텔로부터 제공받는 객실예약의 소개(Referrals)
나. 긍정적인 숙박을 경험한 손님들이 제공하는 구전에 의한 추천
다. 홍보 및 마케팅 지원
라. 체인본사의 추가 지원
마. 경쟁적인 중앙예약시스템

가맹호텔의 가입을 고려중인 호텔 소유주는 체인본사 가입에 대한 비용과 가치를 잘 평가해야 한다. 여기서 조심해야 할 것은 프랜차이즈 사업의 초기에 있

는 체인본사는 이미 시장에 존재하는 기존 체인본사에 비해 덜 제공되는 혜택수준을 반영하여 가입수수료 및 다른 수수료 등을 낮게 책정하려 한다.

표 10-3 프랜차이즈 본사와 가맹호텔의 장단점

프랜차이즈 본사		가맹호텔	
장점	단점	장점	단점
• 수수료 수입 • 쉽고 신속한 성장 • 고객 인지도 향상 • 적은 투자 적은 위험	• 통제권의 상실 • 소유주와 잦은 다툼 • 적은 이익수준 • 명성 훼손의 가능성	• 신속한 인지도 확보 • 체인본사의 지원 • 자금차입의 용이성	• 과다한 비용 초래 • 성공 보장 없음 • 완전한 통제권 상실

제4절 호텔 프랜차이즈 본사의 선정

호텔 소유주에게 프랜차이즈를 구매(선택)하는 것은 자산의 가치를 극대화하려는 소유주를 지원하는 회계기업처럼 장기적인 서비스를 구매하는 것과 유사하다. 호텔 프랜차이즈의 선정을 고려할 때 서비스를 제공하는 수많은 프랜차이즈 본사가 존재하며 이들은 다양한 경험 · 기술 · 지식을 호텔 소유주에게 제안한다. 이때 제공하는 서비스에 대한 가격은 다양하다. 그리고 대다수 프랜차이즈 본사들은 잠재적인 가맹호텔을 유인(또는 탈퇴)하는데 독자적인 사업방식을 고수하는 경우가 많다. 프랜차이즈 선정을 고려할 때 호텔 소유주는 경험이 풍부한 총지배인(GM)의 지원을 받는 것이 가장 무난하다고 할 수 있다.

1. 기본적인 고려사항

프랜차이즈 본사는 될수록 많은 정보를 잠재적인 가맹호텔에 공개해야 한다. 이 정보는 잠재적인 가맹호텔에 의해 신중히 검토되어져야 하며, 더욱 많은 정보는 검사와 면담의 실사과정(Due Diligence Process)을 통해 확보할 수 있다. 소유주가 프랜차이즈 선정 시 숙고해야 하는 점은 다음과 같다.

1) 브랜드 관리자의 자질과 경험

브랜드 관리는 결코 쉽지 않은 문제다. 경험이 많은 브랜드 관리자가 그렇지 않은 가맹호텔들도 잘 관리한다. 프랜차이즈 브랜드를 선정할 때 호텔 소유주는 경험이 많은 브랜드 관리자의 성공적인 관리실적의 보유 여부를 잘 살펴보아야 한다. 여기서 중요한 점은 프랜차이즈 본사의 주장에도 불구하고 체인본사와 가맹호텔과의 관계는 진정한 의미의 파트너관계(Partnership)는 아니라는 사실이다. 왜냐하면 만일에 가맹호텔이 영업활동의 결과 적자가 발생하면 체인본사는 이에 대한 재무적 책임을 전혀 보유하고 있지 않기 때문이다. 여기서 더욱 중요한 사실은 프랜차이즈 본사가 가맹호텔로부터 징수하는 수수료는 달성된 이윤(Achieved Profit)의 수준에서 정해지는 것이 아니라 달성된 매출액(Achieved Revenue)을 기준으로 책정된다는 것이다. 결과적으로 잘못된 브랜드 관리로 인한 재무위험(Financial Risk)은 체인본사가 아닌 가맹호텔이 부담하고 있는 것이다. 그러므로 브랜드 관리자는 경험과 재능을 보유해야 할 뿐만 아니라 가맹호텔들과의 관계에서도 성실성을 인정받는 것은 매우 중요한 요건이다.

2) 인식된 브랜드의 품질 및 서비스의 수준

호텔손님들은 다른 브랜드에 비해 높은 수준의 품질과 가격을 제공하는 브랜드를 선호한다. 대다수 프랜차이즈 본사들은 일정한 수준의 품질과 고객서비스를 제공하는 브랜드들을 제안한다. 프랜차이즈 본사에 의해 제안된 높은 품질수준의 브랜드를 선택한 가맹호텔은 낮은 품질수준의 호텔에 비해 보통 더 많은 건설비용과 수리(Renovation)비용을 지출하게 된다. 또한 보다 높은 수준의 서비스를 손님에게 제공하는 브랜드는 높은 수준의 영업비용을 치르게 된다. 그러나 대신에 높은 평균객실요금(ADR)을 유지할 수 있다. 잘 관리되는 저비용 중저가 호텔 브랜드가, 잘못 관리되면서도 브랜드 전체의 평균객실요금이 비싼 중저가 호텔 브랜드에 비해 더 많은 이익을 창출할 수 있다. 투자수익률을 극대화하려는 호텔 소유주는 반드시 목표하는 세분시장의 손님들의 품질 및 서비스 기준에 대한 기대치를 잘 충족하고 있는 등 관리체제가 좋은 브랜드를 선택해야 한다.

3) 프랜차이즈 본사에 지불하는 총수수료

이용할 브랜드를 선정할 때 수많은 호텔 소유주들은 단지 체인본사에 지불해야 하는 수수료에만 집중하는 예가 많다. 수수료도 중요한 고려 대상이지만 이 요인만이 중요하고 결코 가장 중요한 요인도 될 수 없다. 아이러니하게도 대부분 가맹호텔은 체인본사에 지불하는 수수료가 너무 많다고 말하며, 반대로 거의 모든 체인본사는 가맹점들이 지불하는 수수료에 비해 충분한 가치를 제공하고 있다고 말한다. 체인본사에 지불하는 수수료는 프랜차이즈 계약에서 충분히 협상이 가능한 부분이다. 오히려 수수료 문제는 호텔 소유주가 브랜드를 선정하기 위해 미리 설정한 평가기준에 적합한 후보 프랜차이즈들을 선정한 후에 비로소 심사숙고해야 할 사항이다. 프랜차이즈 본사는 정보공개서(FOC)에 반드시 수수료의 내용에 대해 기술해야 한다. 대다수 경우 가장 눈에 띄고 협상에서 가장 뜨거운 논쟁을 불러일으키는 수수료에는 예약수수료(브랜드 본사의 중앙예약시스템에 의해 판매된 객실의 수 또는 판매액에 의해 정해지는 수수료)와 로열티(가맹호텔의 총객실판매액에 결정되는 수수료)이다. 그 외에도 잘 눈에 띄지 않지만 브랜드마다 매우 다양하고 중대한 다른 종류의 수수료들도 존재한다. 예를 들면, GDS, 인터넷 연결, 회계, 지역홍보, 고객만족도 조사 등에 대해 가맹호텔이 지불해야 한다면 반드시 정보공개서에 제시되어야 한다.

2. 정보공개서(FOC: Franchise Offering Circular)의 검토

프랜차이즈 본사는 법에 의해 잠재 가맹호텔에게 반드시 사전 공개문서인 정보공개서(FOC)를 제공해야 한다. 정보공개서를 통해 제공되는 체인본사의 모든 내용 또는 주장을 검증할 책임은 가맹호텔에 있다. 예를 들면 체인본사는 자사의 중앙예약시스템을 통하여 평균적으로 모든 가맹호텔에서 매일 약 30실의 객실이 판매되고 있다고 주장할 수 있다. 이런 주장은 공정거래위원회 등 어떠한 공공기관에 의해서도 검증될 수 없다. 잠재 가맹호텔은 프랜차이즈 계약에 서명을 마치기 전에 정보공개서의 모든 정보를 검증해야 한다. 체인본사가 정보공개서를 통하여 잠재 가맹호텔에 제공되는 정보는 다음과 같다.

그림 10-2 체인본사 정보공개서(FOC)의 내용

체인본사 정보공개서의 내용

- 프랜차이즈 본사의 명칭과 판매할 프랜차이즈의 유형
- 프랜차이즈 본사 경영진의 비즈니스 경험
- 지불해야 하는 수수료 및 로열티
- 초기 투자 요구사항
- 체인본사와 가맹호텔의 권리와 의무
- 체인본사에 의해 제시되는 영업보호구역
- 영업정책에 대한 요구사항
- 계약의 갱신, 전환, 탈퇴에 대한 절차
- 수익률 전망
- 현재 가맹점의 수
- 프랜차이즈 계약서 견본
- 각 지방정부에 의해 요구되는 사항에 대한 구체적인 정보
- 체인본사 법정대리인의 명칭과 주소

3. 호텔 프랜차이즈 계약의 협상

프랜차이즈 계약(Franchise Agreement)은 체인본사와 가맹호텔 간의 계약이다. 프랜차이즈 계약은 양자 간에 협상이 가능하다. 각 사의 입장이 강할수록 형상 과정에서 각 사의 협상력은 커진다. 프랜차이즈 계약이 매우 구체적이고 복잡하기 때문에 강한 협상력은 프랜차이즈 계약의 종료단계에서 변호사에 의해 대행되는 호텔 소유주의 최대 관심사이다. 호텔산업에서 대다수 사람들의 의견은 프랜차이즈 본사에 의해 만들어진 프랜차이즈 계약의 초안은 프랜차이즈 본사에 유리하게 기술되어 있다고 한다.

그러므로 호텔 소유주는 계약을 수락함에 따라 자신의 호텔이 무엇을 해야 하는지를 정확히 판단하고 또한 만일 계약을 이행하지 못할 경우 발생하는 위약금을 파악하기 위해서 프랜차이즈 계약을 구체적으로 자세히 검토해야 한다. 호텔 소유주들은 제안된 프랜차이즈 계약의 모든 구성요소들을 확실히 평가해야 한

다. 가맹호텔을 관리함에 있어 특별히 고려해야 할 분야는 영향분석조사(Impact Study)인데, 이와 같은 조사를 언제 하고 또 조사비용은 누가 지불하는지에 대해서도 관심을 가져야 한다. 프랜차이즈 계약은 매우 복잡해지고 있으며 중요성이 점점 더 커지고 있다. 프랜차이즈 계약은 충분한 심사숙고와 전문가의 지원 등이 선행된 후에 비로소 검토되어야 한다. 그러나 여기서 더욱 명심해야 할 것은 전국적인 명성을 지닌 유명 브랜드를 제외하고는 단지 몇몇 호텔만이 생존할 수 있는 호텔산업의 현실을 직시하는 것이다.

제5절 글로벌 호텔 프랜차이즈

세계화가 가속되면서 지구는 점점 더 좁아지고 평평해지고 있다. 또한 세계화로 무역량이 증가해서 개발도상국들의 경제가 성장하면서 더욱 많은 사람들이 비즈니스, 힐링, 호기심 등으로 인해 세계 각국을 여행하게 되었다. 특히 UNWTO에 의하면 국제관광객들은 계속해서 증가하고 있다고 한다. 세계인들의 여행행태는 다양하게 목격되고 있지만, 여행 자체에 대한 욕구는 점점 동질화(Homogeneization)되고 있다. 이런 세계질서는 세계 각 지역에서 사업을 영위하고 있는 호텔들이, 특히 중소규모, 프랜차이즈 네트워크에 통합되는 것에 강한 동기를 부여하고 있다. 첫째, 세계 각국의 여행자들로부터 선택을 받기 위해서는 국제적인 예약시스템에 가입이 요구되고 있다. 둘째, 세계적인 명성과 최신 기술로 무장한 체인호텔의 일원이 되기를 원하고 있다. 그러므로 프랜차이즈가 다국적 체인호텔이 해외시장으로 진출하기 위한 중요한 전략이 되고 있는 것은 어떻게 보면 필연적인 것이다.

과거 1971년 미국의 호스피탈리티 프랜차이즈기업이 해외시장에 진출한 통계를 보여주고 있는 〈표 10-4〉를 보면 당시 Holiday Inn, Hilton, Sheraton과 같은 체인호텔들의 McDonald's나 KFC 같은 레스토랑 기업에 비해 훨씬 활발한 프랜차이즈 활동을 벌이고 있던 것으로 나타났다. 현재는 상황이 거의 반대로 되었지만. 이처럼 호텔산업에서 프랜차이즈가 해외시장 진입전략으로 이용된 역사는 비교적 길다고 볼 수 있다.

표 10-4 1971년 미국 프랜차이즈 기업들의 해외시장 진출 상황

기업명(Franchisor)	해외분점의 수	기업명(Franchisor)	해외분점의 수
A&W International	268	Sheraton	70
Carrol's	3	Tastee Freeze International	546
Denny's	11	International Dairy Queen	424
Downtowner Motels	8	KFC	40
Greyhound Foods	11	Pizza Hut	10
Holiday Inn	48	McDonald's	38
Hilton	165		

(출처: Vaughn, 1974)

체인호텔이 해외시장에 진출하기 위한 진입방식 중에서 가장 효율적인 방식 중의 하나가 프랜차이즈이다. 여러 유명 다국적 체인호텔들은 프랜차이즈를 이용하여 글로벌 호텔산업에서 괄목할 만한 성장을 이룩했다. 프랜차이즈가 다국적 체인호텔들이 해외시장 진입전략으로 잘 이용되는 이유는 첫째, 호텔이나 레스토랑 같은 서비스 기업들은 자본이 소요되지 않는 비지분투자 방식(Non-equity Modes)을 성장전략으로 선호하고 있으며, 둘째, 프랜차이즈 사업을 위한 노하우의 전달과 호텔관리 및 통제시스템의 명문화가 비교적 쉬운 호텔산업의 특성으로 인해 자본이 투자되는 않는 성장전략을 채택하게 되며, 셋째, 호텔을 직접 소유하고 운영했던 사업방식은 이윤창출 능력이 낮았으며, 동시에 투자자들은 이윤을 많이 창출하는 체인호텔을 선호하게 되었다. 그 결과 체인호텔들은 소유방식에서 자본투자가 요구되지 않는 프랜차이즈나 위탁경영계약 방식을 선호하게 되었으며, 확장을 가속화하는 것이 다국적 체인호텔들의 목표가 되었다. 넷째, 유형자산에 대한 체인호텔들의 투자는 경쟁사에 의해 점점 더 신속하게 모방되고 있다. 지속가능하고 특유한 글로벌 경쟁우위를 창출하기 위해서 다국적 체인호텔들은 독특한 무형자산인 브랜드, 지식 및 기술을 보호하고, 개발하고, 강화하게 되었다. 다섯째, 서비스기업인 호텔은 자본의 소유와 경영이 분리될 수 있기 때문에 주주들의 투자에 대한 고려 없이도 국제화가 가능하기 때문이다.

〈표 10-5〉는 2005년 말 기준으로 세계 35대 다국적 체인호텔의 성장전략의 유형을 조사한 것이다. 35개 체인호텔이 보유한 총 4,990,918실 중에서 프랜차이즈 방식에 의해서 운영되는 객실이 약 60.1%인 3,001,388실에 달하였다. 위탁경영은 프랜차이즈의 약 ⅓수준인 20%에 불과했다. 나머지 약 20%는 체인호텔들이 소유 또는 리스하여 운영되는 객실이다. 특기할 사항은 35개 중 18개의 미국 국적 다국적 체인호텔들은 전체 객실의 약 70%를 프랜차이즈 방식에 의해 운영되고 있었다고 한다. 한편 3개의 영국 국적의 체인호텔들은 전체 객실의 약 73%를 프랜차이즈에 의해 운영하고 있었으며, 나머지 체인호텔들은 프랜차이즈 방식에 의해 약 23% 정도가 운영되고 있었다.

같은 서구 선진국에서도 미국, 영국, 프랑스, 이탈리아, 독일 등지에서 프랜차이즈가 잘 이용되고 있지만 대부분 국내용으로 이용되고 있다고 한다. 반면에 이 국가의 체인호텔들은 해외시장 진출을 위한 전략으로 프랜차이즈의 채택률은 훨씬 낮다고 한다. 한편 덴마크, 벨기에, 오스트리아 등의 국가에서는 대부분 외국브랜드의 프랜차이즈에 지배되고 있다고 한다. 전반적으로 봤을 때 유럽대륙은 미국에 비해 프랜차이즈 채택률이 매우 낮다고 한다.

특히 유럽에서 많은 고급 독립경영호텔들은 프랜차이즈 방식을 선호하지 않는다고 한다. 이유는 첫째, 유럽 호텔시장은 매우 파편화(Fragmented)되어 있으며, 프랜차이즈를 관장하는 규제도 국가별로 다르다고 한다. 둘째, 유럽에서는 가족에 의해 소유 및 운영되는 방식이 현재까지 유지되고 있어서, 체인호텔에 의존하는 경향이 낮게 나타나고 있다. 셋째, 유럽의 호텔 소유주들은 체인본사에 가입하면 상당한 비용이 투자되는데 반해, 브랜드가 투자수익률(ROI)에 공헌하는 정도는 미미하거나 효과적이지 않다고 믿고 있다고 한다. 향후 유럽에서 프랜차이즈가 성장한다면 고급호텔시장보다는 소유주의 경험과 영업기술이 뒤떨어진 것으로 나타나는 중저가호텔시장이 더 유력한 것으로 나타나고 있다.

특히 스페인 체인호텔들은 과거에 자금력과 일천한 국제경험 외에도 세계적인 명성을 지닌 브랜드의 결여와 스페인에는 리조트호텔이 지배적이라 다른 형태의 호텔경영에 대한 경영 및 통제 역량의 결여로 인해 해외시장에 진출할 때 프랜차이즈를 많이 채택하지 못했다고 한다. 1980년대까지 유럽에서 체인호텔

표 10-5 세계 Top 35 다국적 체인호텔의 성장전략(2005년 말 기준)

체인명	프랜차이즈 비중 %	위탁경영계약 비중 %	소유 리스 비중 %	총보유 객실수
IHG	75	23	3	537,533
Wyndham	100	–	–	532,284
Marriott	46	54	–	499,165
Hilton	62	21	18	485,356
Choice	100	–	–	481,131
Accor	19	20	61	475,433
Best Western	100	–	–	315,875
Starwood	34	46	20	264,000
Carlson	96	4	–	147,129
Hyatt	63	8	29	134,296
TUI	5	37	57	82,422
Sol Melia	11	44	45	81,282
Extended Stay	60	25	15	74,936
Interstate	5	95	1	68,946
Louvre	68	29	3	55,538
Westmont	57	43	–	55,000
MGM Mirage	–	–	100	47,921
Golden Tulip	75	25	–	47,661
La Quinta	30	–	70	46,739
Rezidor SAS	34	43	23	45,000
Hospitality Properties	–	–	100	42,376
Jin Jiang	–	40	60	41,130
Harrash's	–	33	67	40,285
Vantage	100	–	–	37,939
NH Hotels	14	–	86	38,054
Walt Disney	–	–	100	37,052
Riu Hotels	6	31	63	36,990
Club Med	–	21	79	36,000
Fairmont	55	21	24	33,768
Barcelo Hotels	1	46	53	30,035
Whitbread	100	–	–	30,000
Iberostar Hotels	5	49	46	28,238
Prince Hotels	–	–	100	27,715
Millennium	14	27	60	27,369
Columbia Sussex	39	34	26	26,320
합 계	3,001,388(60.1%)	1,014,176(20.3%)	975,354(19.5%)	4,990,918

(출처: Cunill & Forteza, 2010)

들은 대부분 매각 후 임차(Sale-and-Lease Back) 사업방식을 채택하고 있었다고 한다. 그러나 2000년대 이후 프랜차이즈 진입전략을 채택하는 경우가 눈에 띄게 증가하고 있다고 한다. 이런 사실을 두고 봤을 때 다른 유럽국가나 아시아국가의 체인호텔들은 규모의 경제를 통한 경쟁우위를 창출하려면 프랜차이즈를 통해 성장을 가속화해야 한다는 결론에 이르게 된다.

한편 미국의 프랜차이즈 체인호텔들은 유럽시장에서 직접방식의 프랜차이즈(Direct Franchising)와 또는 마스터 프랜차이즈(Master Franchising Agreement)를 이용하고 있는 것으로 나타나고 있다. 예를 들면, 미국의 Choice Hotels International은 유럽시장에서 영국, 프랑스, 독일에서는 직접 프랜차이즈를 이용하고, 반면에 아일랜드와 스칸디나비아 반도국에서는 마스터 프랜차이즈를 채택하고 있다고 한다. 이처럼 Choice는 국가별 상황에 따라 선택적으로 채택하고 있다. 한편 미국의 Hilton은 유럽에서 성장기회에 민첩하게 대처할 수 있고 또 새로운 브랜드의 출시한 용이한 직접 프랜차이즈 방식만을 채택하고 있다.

한 연구에 의하면 일반적으로 말하면 체인호텔이 규모를 확장하고자 할 때 품질이 경쟁우위의 원천이 아닐 경우에는 프랜차이즈를 채택하게 되며, 반면에 체인호텔이 규모의 확대를 통한 성장을 고려할 때 품질이 경쟁력 강화를 위해 중요시되는 경우에는 위탁경영계약을 채택하게 되는 경향이 높다고 한다.

한편 호텔의 본고장인 유럽 호텔산업에서 프랜차이즈 방식을 가장 활발하게 이용하고 있는 다국적 체인호텔은 바로 미국의 Wyndham, Choice, Hilton, Marriott과 영국의 IHG으로 나타나고 있다. 〈표 10-6〉은 이들 다국적 체인호텔이 유럽시장에서 프랜차이즈 브랜드 포트폴리오 전략을 잘 보여주고 있다. 그리고 유럽의 강호인 프랑스의 Accor는 유럽 전체에서 2,603개의 호텔에서 약 282,255실을 운영하고 있는데, 이 중에서 프랜차이즈 방식에 의해 운용되는 호텔은 약 30%에 달한다고 한다.

〈표 10-7〉은 미국의 호텔 가치평가(Hotel Valuation) 전문기업인 HVS가 미국 호텔산업에서 브랜드별로 10년 동안 체인본사에 의해 부과되고 있는 프랜차이즈 비용을 분석한 것이다. 분석은 Economy, Mid-rate, First-class의 3가지 계층으로 나누어 수행되었다.

표 10-6 Wyndham, Choice, IHG, Hilton, Marriott의 유럽 프랜차이즈 사업(2012년 기준)

국명	Wyndham	Choice	IHG	Hilton	Marriott
영국	99	39	200 이상	77 이상	53
독일	48	39	100 이상	12	27
스위스	7	4		2	6
루마니아	6		2	3	
이탈리아	5	19	50 이상	18	18
벨기에	5		50 이상	1	2
아일랜드	4	11	8	2	2
오스트리아	4		7	3	5
우크라이나	3				
러시아	5		13	1	14
체코	3	8	5		4
프랑스	1	93	100 이상	8	17
헝가리	2		2	1	1
마케도니아	1		1		
네덜란드	1		49		3
몬테니그로	1			1	
포르투갈	8	7	12		5
스페인	53		50 이상	4	71
리투아니아	1	1	2		
몰타	2		1	1	
노르웨이	87				
스웨덴	75			1	2
덴마크		4	1	2	1
에스토니아		1			
핀란드			7	1	
폴란드			7	3	1
슬로바키아			6	1	
그리스			4	2	1
불가리아			1	2	
세르비아			1		
안도라			1		
크로아티아				1	
아이슬란드				1	
터키					7

(출처: Jelica & Marko, 2013)

표 10-7 미국 호텔산업 브랜드별 10년간 프랜차이즈 비용 (단위: 달러)

브랜드명	가입 수수료	로열티	예약 수수료	마케팅 수수료	충성도 수수료	기타 수수료	10년간 총수수료	객실당 수수료	전체객실 매출대비
Economy(100실 호텔 기준)									
Days Inn	36,000	842,790	374,564	582,291	87,833	131,581	2,055,059	20,551	13.41%
Econolodge	25,000	689,555	297,819	536,321	52,700	49,385	1,650,779	16,508	10.77%
Microtel	41,000	919,407	374,564	306,469	87,833	131,581	1,860,854	18,609	12.14%
Motel 6	35,000	766,172	0	536,321	0	393,515	1,731,008	17,310	11.30%
Red Roof Inn	30,000	689,555	612,938	0	70,266	226,660	1,629,419	16,294	10.63%
Rodeway Inn	12,500	426,456	297,819	178,837	52,700	49,385	1,017,696	10,177	6.64%
Super 8	25,000	842,790	374,564	459,703	87,833	133,014	1,922,904	19,229	12.55%
Travelodge	36,000	689,555	681,033	307,845	87,833	131,581	1,933,847	19,338	12.62%
Mid-rate(200실 호텔 기준)									
Best Western	72,000	1,129,769	706,658	308,699	404,539	10,422	2,632,107	13,161	5.37%
Comfort Inn	100,000	2,770,479	595,637	1,887,849	425,815	80,757	5,860,537	29,303	11.95%
Fairfield Inn	80,000	2,206,576	464,062	1,225,876	147,560	256,647	4,380,720	21,904	8.93%
Hampton Inn	110,000	2,942,102	237,949	1,961,401	413,167	343,725	6,008,344	30,042	12.25%
Holiday Inn	102,500	2,451,752	669,863	1,471,051	402,519	577,131	5,674,815	28,374	11.57%
Holiday Inn Ex	102,500	2,942,102	669,863	1,471,051	402,519	577,131	6,165,166	30,826	12.57%
La Quinta Inn	105,000	1,961,401	980,701	1,225,876	421,599	312,848	5,007,424	25,037	10.21%
Quality Inn	60,000	2,280,129	595,637	1,887,849	425,815	80,757	5,330,187	26,651	10.87%
Ramada Inn	71,000	1,961,401	1,729,829	1,225,876	421,599	225,779	5,635,484	28,177	11.49%
First-class(300실 호텔 기준)									
Autograph	60,000	5,056,738	2,315,655	1,517,021	1,391,614	685,613	11,026,640	36,755	10.90%
Courtyard	150,000	5,562,411	1,004,140	2,022,695	602,886	631,612	9,973,745	33,246	9.86%
Crowne Plaza	152,500	5,056,738	1,004,140	3,157,852	1,765,283	849,619	11,986,786	39,956	11.85%
Doubletree	90,000	5,056,738	322,561	4,045,390	1,576,779	1,636,224	12,727,691	42,426	12.58%
Embassy Suite	90,000	5,056,738	322,561	766,172	1,576,779	1,312,120	9,124,370	30,415	9.02%
Four Points	127,500	5,562,411	2,497,084	1,011,348	1,558,229	948,838	12,871,473	42,905	12.73%
Hilton	92,500	6,877,163	322,561	4,045,390	1,743,732	1,188,840	14,270,186	47,567	14.11%
H Garden Inn	142,500	5,562,411	322,561	4,348,794	1,743,732	938,000	13,057,999	43,527	12.91%
Indigo	152,500	5,056,738	1,004,704	3,539,716	1,765,283	811,050	12,330,081	41,100	12.19%
Hyatt Regency	100,000	7,888,511	838,474	0	0	381,729	9,208,714	30,696	9.11%
InterContinen.	155,000	5,056,738	1,004,794	3,034,043	1,765,283	1,008,537	12,024,394	40,081	11.89%
Leading H W	0	1,955,000	0	0	0	0	1,955,500	6,517	1.93%
Luxury Collec.	115,000	6,270,355	2,497,084	1,011,348	1,558,229	948,838	13,566,916	45,223	13.41%
Marriott	92,500	7,888,511	2,129,609	1,011,348	1,319,614	723,322	13,236,903	44,123	13.09%
Radisson	150,000	5,056,738	2,624,060	2,022,695	0	452,114	10,305,606	34,352	10.19%
Renaissance	90,000	5,056,738	2,107,254	1,517,021	1,391,614	709,718	10,872,345	36,241	10.75%
Sheraton	115,000	7,281,702	2,497,084	1,011,348	1,558,229	948,838	14,578,264	48,594	14.41%
Westin	115,000	8,899,858	2,497,084	2,022,695	1,558,229	948,838	17,207,767	57,359	17.01%
Wyndham	100,000	5,056,738	2,569,488	4,551,064	2,030,295	150,658	14,458,242	48,194	14.30%

(출처: Rushmore, Choi, Lee & Mayer, 2013)

먼저 Economy는 STR에서 분류하는 Economy 세분시장의 호텔 브랜드들을 포함한 것이다. 호텔 영업실적에 대한 가정은 100실의 호텔에 10년간 평균객실요금(ADR)은 $50, 평균객실점유율(Occupancy)은 1년차 60%, 2년차 70%, 3년차부터는 75%, 평균투숙일은 2일로 해서 추산되었다. 그 결과 10년간 266,450실이 판매되었으며, 총객실매출액은 $15,323,447에 달하였다. 표에 나타나 있듯이 브랜드별로 10년간 프랜차이즈에 가입하여 제공되는 서비스에 대한 반대급부로 지급되는 총비용은 최저 총객실매출액의 6.64%에서 최고 13.41%에 달하였다. 유명 브랜드는 보통 10%를 초과하고 있는 것으로 나타났다.

다음으로 Mid-rate는 STR에서 분류하는 Midscale, Upper Midscale with and without F&B 세분시장의 호텔 브랜드들을 포함한 것이다. 호텔 영업실적에 대한 가정은 200실의 호텔에 10년간 평균객실요금(ADR)은 $80, 평균객실점유율(Occupancy)은 1년차 60%, 2년차 70%, 3년차부터는 75%, 평균투숙일은 2일로 해서 추산되었다. 그 결과 10년간 532,900실이 판매되었으며, 총객실매출액은 $49,035,031에 달하였다. 〈표 10-7〉에 나타나 있듯이 브랜드별로 10년간 프랜차이즈에 가입하여 제공되는 서비스에 대한 반대급부로 지급되는 총비용은 최저인 Best Western이 총매출액의 5.37%이며, 최고는 12.57%에 달하는 Holiday Inn Express였다. 역시 대다수 유명 브랜드들은 보통 10% 초반을 초과하고 있는 것으로 나타났다.

마지막으로 First-class는 STR에서 분류하는 Upscale, Upper Upscale, Luxury 세분시장의 호텔 브랜드들을 포함한 것이다. 호텔 영업실적에 대한 가정은 300실의 호텔에 10년간 평균객실요금(ADR)은 $110, 평균객실점유율(Occupancy)은 1년차 60%, 2년차 70%, 3년차부터는 75%, 평균투숙일은 2일로 했으며, 식음료(F&B) 매출액은 객실매출액의 60%로 추산되었다. 그 결과 10년간 799,350실이 판매되어 객실매출액은 $101,134,752였으며, F&B매출액은 $60,680,851에 달하였다. 〈표 10-7〉에서 보듯이 브랜드별로 10년간 프랜차이즈에 가입하여 제공되는 서비스에 대한 반대급부로 지급되는 총비용은 최저인 Embassy Suite가 전체매출액의 9.02%이며, 최고는 무려 17.01%에 달하는 Westin이었다. 참고로 세계 최고급호텔들의 Consortia인 Leading Hotels of the World는 정규 체인호텔이 아니기 때문에 매우 낮은 수수료를 지급하고 있다.

이처럼 프랜차이즈는 싼 비즈니스 방식이 결코 아니다. 대부분의 경우 객실매출의 10%이상을 체인본사에 비용으로 지급해야 하기 때문이다. 호텔 소유주는 프랜차이즈에 가입하기 전에 스스로 독립적으로 경영하는 경우 등 여러 가지 대안들에 대해 과학적인 방법으로 성과를 증명한 후 최종 결정을 내려야 한다. 프랜차이즈는 보통 짧게는 10년, 길게는 20년 이상이 유지되는 계약이므로 연구조사를 충분히 하고 또 숙고를 거듭해야 할 것이다. 일반적으로 프랜차이즈나 위탁경영계약은 향후 호경기가 예상된다면 이익이 극대화되어 호텔 소유주에게 유리한 사업방식이다(Upside Benefits). 그러나 심한 불경기가 예측된다면 호텔 소유주는 심한 몸살을 앓게 될 확률이 매우 높아진다(Downside Risks). 미국 호텔산업에서 체인본사와 호텔 소유주 간에 계약을 둘러싼 소송은 보통 심한 불경기가 지속되거나 종료된 후에 가장 많이 발생하고 있다는 사실을 눈여겨 볼 필요가 있다.

11

다국적 체인호텔의 글로벌 비즈니스모델

제1절 수수료기반 비즈니스모델의 성장

제2절 수수료기반 비즈니스모델의 강점과 약점

다국적 체인호텔의 글로벌 비즈니스모델

제1절 수수료기반 비즈니스모델의 성장

위탁경영과 프랜차이즈 또는 두 방식의 조합은 다국적 체인호텔들이 글로벌 호텔시장에서 가장 중요한 성장전략이 되었다. 그러나 좀 더 깊이 살펴보면 위탁경영과 프랜차이즈는 이제 성장전략이나 해외시장 진입방식의 수준을 넘어서 체인호텔 비즈니스모델의 혁신(Innovation)을 이룩하게 되었다. 과거의 부동산 기업의 성격을 띠는 소유 및 리스 비즈니스모델에서, 이제는 위탁경영과 프랜차이즈 계약에서 창출되는 수수료를 기반으로 하는 새로운 수수료기반 비즈니스모델(Fee-based Business Model: FBM)로 탈바꿈하게 된 것이다. 수수료기반 비즈니스모델을 일부에서는 자산경량화 전략(Asset-Light Strategy)이라고 부르기도 한다.

이와 같은 혁신적인 비즈니스모델의 탄생은 1980년대에 그 변화의 씨가 뿌려지기 시작했다. 1980년대를 통해 체인호텔들은 새로운 방식의 성장을 지속하기 위해 전략을 변경하기 시작한다. 새로운 전략의 핵심은 과거 부동산 기업의 특성을 띠었던 체인호텔을 순수한 호텔운영회사(Operator)로 변모하는 것이었다. 즉 현금흐름을 극대화하고 재무위험을 줄이기 위해 1970년대 말엽부터 1980년대 초기에 체인호텔들은 소유하던 호텔들을 투자자들에게 매각하기 시작한다. 소유했던 호텔들을 매각하는 대신 호텔 소유주와 위탁경영계약을 체결함으로써 매각하는 호텔에 대한 운영권을 유지하였다. 이렇게 만들어진 자금은 나중에 인수합병, 소유 호텔의 수리(Renovation), 새로운 브랜드의 개발, 새로운 호텔의 건설 등의 목적에 사용되었다. 예들 들면, Hilton은 1974년에는 소유 및 운영하는 호텔의 수가 전체의 33%였지만 1983년에는 20% 이하로 감소했으며, Marriott은 1974년에 50%를 상회했던 소유호텔의 비율이 1983년에는 15%로 감소한다.

최근에는 Marriott, IHG, Hilton, Accor와 같은 상장호텔기업의 주주들은 체인호텔에게 대차대조표 상에서 건물분에 대한 자본을 빼내어서 이를 주주에게 돌려줌으로써 그들의 투자수익률을 향상시켜 주는 것에 대한 요구가 거세졌다고 한다. 2008년 세계금융위기 전의 경우에 저렴한 부채비용과 더불어 호텔서비스에 대한 수요가 확대되면서 호텔부동산은 시장에서 높은 가치를 인정받게 되었다. 따라서 호텔은 REITs 등과 같은 투자자들에게 유망한 상업용 부동산으로 인정받게 되었다.

1980년대를 통해 크게 성장한 Marriott의 성장전략은 세 가지 측면에서 이해할 수 있다. 첫째, 기업 외부로부터 가능한 최대한의 자금을 확보한다. 둘째, 많은 양호한 입지조건을 확보한 곳에 새로운 호텔들을 건립한다. 셋째, 새로 건설된 호텔들을 판매하는 동시에 위탁경영계약을 통해 운영권을 확보한다(Sale and Manage-back). Marriott의 성정전략을 보다 구체적으로 살펴보면, 호텔의 소유(Ownership)와 경영(Management)의 분리는 Marriott에게 빠른 성장을 위해 필수적인 투자자본의 확보란 부담을 덜어주었을 뿐만 아니라, 위탁경영계약을 통해 Marriott은 직접 및 간접비용을 부담해야 하는 직접 소유방식보다는 덜 변동적인 즉 안정적인 현금흐름(Cash Flow)을 유지할 수 있었다. 또 위탁경영하는 호텔들로부터 총매출액의 약 3%-5%에 달하는 기본수수료와 총영업이익의 일부를 인센티브수수료로 챙길 수 있었다. 이렇게 위탁경영으로부터 유래되는 비교적 안정된 현금흐름의 확보는 Marriott이 직접 소유 및 운영하는 방식에 비해 자체 현금흐름 대비 높은 수준의 부채비율을 유지하는 것을 가능하게 하였다. Marriott International의 Executive Chairman인 Bill Marriott, Jr.의 아래와 같은 언급은 현대

호텔경영에 중요한 시사점을 던져주고 있다.

"경영자의 업무가 크게 변하였다. 왜냐하면 Marriott 호텔은 점점 운영기업으로 변모하고 있기 때문이다. 40년 전에 우리는 영업하고 있는 모든 호텔들을 소유했고, 30년 전에 우리는 영업 중인 호텔들의 반을 소유했으며, 현재 우리는 영업 중인 호텔 중에서 불과 1-2%만을 소유하고 있다. 우리 경영자들은 보다 더 재무적으로 기민해야만 한다."

최근의 사례도 보면 2010년 연말을 기준으로 했을 때 Starwood Hotels & Resort는 463개의 위탁경영 호텔과 502개의 프랜차이즈 호텔들을 운영하고 있었다고 한다. 그러나 이는 2000년 말과 비교했을 때 50% 이상 성장한 것이다. 반면에 Starwood가 직접 소유했던 호텔은 2000년 162개에서 62개로 60% 이상 대폭적으로 감소했다고 한다. 실제로 Starwood는 2006년부터 79개의 호텔부동산을 매각하여 약 63억 달러의 자금을 확보할 수 있었다. 2013년에도 6개의 호텔자산을 처분하여 약 2억 5천만 달러의 자금을 현금화했다. 한편 객실기준으로 살펴보면 약 18%가 소유 및 리스로 운영되고 있었으며, 나머지 80% 이상은 위탁경영 및 프랜차이즈 계약에 의해 운영되었다고 한다.

부동산과 운영을 분리하는 수수료기반 비즈니스모델이 현재 체인호텔들이 소유했던 호텔자산들을 매각하는 이유다. 호텔을 매각하는 동시에 위탁경영을 체결함으로써 체인호텔들은 부동산을 소유하게 됨으로써 보유위험을 줄일 수 있을 뿐만 아니라 인수합병, 보유 호텔의 수리, 새로운 시장이나 브랜드의 개발, 주주에게 배당금으로 지급하는데 소요되는 상당한 자금을 확보할 수 있다. 최근 세계 호텔산업에서 기관투자자와 사모펀드의 등장은 호텔 부동산이 투자자들에게 매력적인 주요 투자상품으로 자리매김하게 되었다는 사실을 확인해 주고 있다. 이런 자산경량화 비즈니스모델(Asset-light Business Model) 또는 매각 후 경영계약(Sale and Manage-back)을 채택하는 다국적 체인호텔이 점점 증가하면서 이제는 글로벌 호텔산업에서 핵심적인 트렌드가 되었다.

최근에는 맨차이즈(Manchise)라는 위탁경영과 프랜차이즈가 혼합된(Hybrid) 새로운 비즈니스모델이 등장하고 있다. 이 모델에서 호텔 소유주는 경영회사와 비교적 단기간(예: 5년)의 위탁경영계약을 맺은 후 계약기간이 종료되면 이를 프랜차이즈 계약으로 변경하는 것이다. 최초 계약기간이 종료된 후 소유주는 경영통제권을 확보하고, 반면에 경영회사는 프랜차이즈 본사(Franchisor)로 위상이 변경되면서 프랜차이즈 수수료를 지급받게 된다. 한편 이런 특화(Specialization) 모델들의 성장은 향후 호텔부동산, 호텔영업권(임차인과 소유주를 위한), 경영, 브랜드에 대한 소유권이 각각 분리되어 운영되는 예측을 가능하게 하고 있다.

〈표 11-1〉에서 보듯이 세계 최대의 다국적 체인호텔들은 거의 모두가 수수료기반 비즈니스모델을 채택하고 있는 것으로 나타났다. IHG, Marriott, Hilton, Starwood, Accor, Hyatt 등의 메가체인들은 위탁경영과 프랜차이즈를 조합해서 이용하고 있으며, Wyndham과 Choice는 거의 프랜차이즈 방식만을 고수하고 있다. 보다 구체적으로 살펴보면 IHG, Hilton은 프랜차이즈를 훨씬 선호하고 있으며, Hyatt, Starwood, Marriott은 다른 체인호텔에 비해 위탁경영을 보다 많이 이용하고 있다. 단지 Accor만이 소유 및 리스로 운영되는 호텔의 비중이 제일 높게 나타나고 있다.

그러나 보다 중요한 점은 표에서 보듯이 이들 8개 호텔이 운영하는 총 32,191개의 호텔 중에서 약 79%인 25,306개소가 프랜차이즈, 또 약 15%인 4,972개소가 위탁경영 즉 합하게 되면 총 84%의 호텔들이 수수료기반 비즈니스모델에 의해

표 11-1 Top 8 다국적 체인호텔들의 비즈니스모델의 유형과 비중(2013년 12월 31일 기준)

체인호텔명	소유/리스 호텔수	비중 %	위탁경영 호텔수	비중 %	프랜차이즈 호텔수	비중 %	총 호텔수	비중 %
IHG	9	0.2	711	15.1	3,977	84.7	4,697	100%
Marriott International	124	3.2	1,120	28.6	2,672	68.2	3,916	100%
Hilton Worldwide	155	3.8	540	13.1	3,420	83.1	4,115	100%
Wyndham Hotel G.	0	0	49	0.7	7,293	99.3	7,342	100%
Choice Hotels Int'l	0	0	482	7.2	6,243	92.8	6,725	100%
Accor	1,467	41.0	1,144	32.0	965	27.0	3,576	100%
Starwood Hotels	47	4.0	563	47.9	551	46.9	1,175	100%
Hyatt Hotels Corp.	97	15.0	363	56.3	185	28.7	645	100%
전체	1,899	5.9	4,972	15.4	25,306	78.6	32,191	100%

(출처: 각사 2013 Annual Report를 토대로 저자 작성. Wyndham, Choice, Accor는 2012년 12. 31. 기준)

운용되고 있다는 사실이다. 이처럼 1980년대에 일부 체인호텔에 의해 처음 채택이 된 후 성장이 점점 가속되면서 효험이 강화되어온 수수료기반 비즈니스모델은 오늘날 이들이 세계 최대의 다국적 체인호텔로 성장하는데 원동력이 되었다. 한편 이렇게 체인호텔들이 자산을 대량 매각하면서 〈표 11-2〉에서 보듯이 이제 많은 호텔자산의 소유권은 일부를 제외하고는 대부분 REITs(부동자투자회사), 사모펀드(Private Equity Fund: PEF), 개발회사, 기관투자자 등과 같은 기업으로 이전되었다. 미국의 사모펀드 회사인 Blackstone Group은 최근 상장기업으로 독립한 Hilton Worldwide를 포함하면 세계 최대의 호텔그룹이다. Blackstone Group은 현재 Hilton Worldwide, La Quinta Inn, Extended Stay America 등의 대주주 자격을 유지하고 있다.

표 11-2 세계 Top 15 호텔 Owners(2012년 1월 기준)

순위	기업명	미국기준 소유		세계기준 소유	
		호텔수	객실수	호텔수	객실수
1	The Blackstone Group	5,463	798,070	5,613	829,510
2	Accor	602	69,138	2,077	267,307
3	Host Hotels & Resorts	104	64,000	134	68,000
4	LQ Management	372	47,164	372	47,164
5	Strawood Capital Group	70	12,930	401	45,961
6	Hospitality Properties Trust	288	43,187	290	43,515
7	Apple REIT Company	285	34,855	285	34,855
8	Hyatt Hotels	95	23,240	108	27,190
9	Clarion Partners	183	26,719	183	26,719
10	Ashford Hospitality Trust	124	26,195	124	26,195
11	FelCor Lodging Trust	75	21,303	76	21,749
12	RLJ Lodging Trust	141	20,646	141	20,646
13	John Q. Hammons Hotels	78	18,988	78	18,988
14	Starwood Hotels & Resorts	26	8,208	59	18,730
15	Inland American Lodging	103	18,306	103	18,306

(출처: Lodging Hospitality, 2013)

제2절 수수료기반 비즈니스모델의 강점과 약점

〈그림 11-1〉은 수수료기반 비즈니스모델을 도식화한 것이다. 먼저 과거 소유 및 리스 모델에서 위탁경영과 프랜차이즈 계약을 기반으로 하는 수수료기반 모델로 전이되고 있다. 둘째, 체인호텔은 호텔자산의 소유권은 포기하고 브랜드의 소유를 강조하고 있다. 체인호텔이 보유하고 있는 브랜드 포트폴리오는 기업의 경쟁우위 창출 및 유지에 원천이 되고 있다. 셋째, 품질 유지를 위한 경영 통제권이 요구되는 고급호텔에는 주로 위탁경영을, 그렇지 않은 경우에는 프랜차이즈를 이용하고 있다. 넷째, 과거의 소유경영 모델에서 체인호텔은 직접 직원들을 고용해야 했다. 따라서 고정비 부담이 엄청나게 컸다. 하지만 수수료기반 모델에서 프랜차이즈의 경우에는 전혀 직원을 고용할 필요가 없으며 위탁경영에서도 일부를 제외하고는 모두 호텔 소유주가 직원들에 대한 고용의무를 지고 있다.

그림 11-1 다국적 체인호텔의 수수료기반 비즈니스모델

(출처: IHG Annual Report를 기반으로 저자 재작성)

다섯째, 성장을 위해 막대한 자본투자가 요구되는 소유경영에 비해, 수수료기반 모델은 자본투자가 없거나 또는 미미하기 때문에 소유경영에 비해 훨씬 빠르게 성장할 수 있다. 여섯째, 과거 비즈니스모델에 비해 신속하게 성장할 수 있기 때문에 보다 거대한 규모의 체인 네트워크를 구축할 수 있게 되었다. 따라서 체인본사의 마케팅과 중앙예약시스템 등과 같은 체인호텔의 중앙시스템 서비스는 규모의 경제효과를 톡톡히 볼 수 있게 되었다. 마지막으로, 체인호텔은 과거에는 총매출액에서 일정 부분의 마진을 현금흐름으로 창출했지만, 수수료기반 모델의 주 수입원은 체인 네트워크에 가입된 각 단위호텔들로부터 받는 수수료이다. 위탁경영은 총매출액의 일정 %를 기본수수료로, 또 총영업이익의 일정 %를 인센티브수수료로 지급받고 있으며, 한편 프랜차이즈는 객실매출에서 일정 부분을 로열티로 지급받고 있다.

〈그림 11-2〉는 다국적 체인호텔의 과거 비즈니스모델인 직접 소유 및 리스 모델과 현재의 비즈니스모델인 수수료기반 비즈니스모델을 비교한 것이다. 첫째, 과거 모델에서 체인호텔들은 소유와 경영을 함께 추구하였지만, 현재 모델은 경영만을 강조하면서 호텔자산에서 소유와 경영을 분리하였다. 둘째, 과거 모델에서 체인호텔은 부동산회사의 성격이 강했지만, 현재 모델에서 체인호텔은 타인 소유의 호텔부동산 운영회사(Operator)로의 변신에 성공하였다. 셋째, 과거 모델은 호텔부동산의 소유를 중요시했지만, 수수료기반 모델은 위탁경영 및 프랜차이즈를 이용하여 호텔 소유주와의 관계(Relationships)의 소유를 더욱 중요시하고 있다.

넷째, 과거 모델에서 체인호텔이 보유했던 유형자산(Tangible Asset)인 호텔부동산 포트폴리오의 가치에 의해 기업의 경쟁력이 결정되었다. 그러나 현재 모델에서는 체인호텔의 경영지식과 브랜드와 같은 무형자산(Intangible Asset)이 기업의 핵심역량으로 강조되고 있다. 체인호텔의 운영 노하우, 브랜드, 중앙예약시스템, 마케팅과 같은 핵심역량이 단위호텔로 이전되고 있다. 넷째, 과거 모델에서 리스방식의 경우에는 호텔 소유주에게 장기간에 걸쳐 의무적으로 지급해야 하는 임차료(Rent)는 체인호텔에게 부채(Liability)였지만, 현재 모델에서 위탁경영과 프랜차이즈 계약에 의해 소유주로부터 장기간 지급받는 수수료는 자산(Asset)

그림 11-2 체인호텔의 과거와 현재 비즈니스모델 비교

소유 및 리스 모델	수수료기반 모델
소유와 경영의 조합	소유와 경영의 분리
부동산 위주	운영 위주
호텔의 소유	관계의 소유
유형자산 중시	무형자산 중시
부채(리스 임차료)	자산(수수료)

(출처: 저자 작성)

이 되고 있다.

다국적 체인호텔에 의해 운용되는 수수료기반 비즈니스모델의 탁월성은 여러 면에서 증명이 되고 있다. 수수료기반 모델을 채택함으로써 체인호텔들이 얻는 가장 큰 혜택은 영업위험(Operating Risk)을 크게 줄일 수 있게 됐다는 것이다. 체인호텔은 과거에 호텔자산을 직접 소유함으로써 태생적으로 높은 영업레버리지(Operating Leverage)를 갖게 되었다. 위험성이 높은 사업구조로 인해 체인호텔들은 높은 자본비용(Cost of Capital)을 부담해야만 했다. 그러나 새로운 수수료기반 모델에서는 대다수 호텔자산을 매각함으로써 고정비에 대한 부담이 호텔 소유주에게 전가되면서, 체인호텔들은 호텔사업의 큰 맹점인 경기변동에 덜 영향을 받게 됨으로써 경기변화에 대한 유연성(Flexibility)이 크게 강화되었다.

경기침체기에 가장 큰 타격을 입는 이해관계자는 호텔 소유주이다. 즉 불경기에 수요가 감소해서 RevPAR가 1% 떨어지는 경우에 소유주의 이윤은 5% 감소하는데 비해 체인호텔의 위탁경영 수수료는 3% 감소하며 프랜차이즈 수수료는 단지 1% 정도만 감소한다고 한다.

또 위탁경영과 프랜차이즈 사업의 이익은 회복성(Resilient)이 매우 높게 나타나고 있다고 한다. 즉 RevPAR가 1%가 변할 때마다 수수료기반 모델에서는 이자비용·법인세 공제 전 이익(EBIT)의 변동성은 1-3%에 불과하지만, 소유 및 리스

모델에서는 4-8%로 변동성이 2배 이상 높게 나타나고 있다.

또 수수료기반 모델은 다국적 체인호텔이 큰 자본투자 없이도 신속한 성장을 가능하게 하였다. 과거에 체인호텔들은 성장을 위해 호텔자산과 같은 고정자산에 대해 막대한 자금을 투자해야만 했다. 그러나 위탁경영과 프랜차이즈는 이런 자본에 대한 부담 없이도 성장을 가능하게 했으며, 신속한 성장은 브랜드 포트폴리오의 확장을 초래해서 결국 브랜드자산의 가치가 증가하게 되었다.

다음으로 수수료기반 모델은 체인호텔에게 안정적인 현금흐름의 창출을 가능하게 했다. 프랜차이즈 기업에서 수수료기반 현금흐름 창출의 변동성(Volatility)은 가맹호텔의 매출과 이윤에 비해 낮게 나타난다고 한다. 따라서 체인호텔의 보다 안정적이고 안전한 수익은 경기침체기에 완충(Buffering) 역할을 하게 된다. 〈표 11-3〉은 1999년부터 2013년까지 Marriott International의 수수료 수입을 보여주고 있다.

수수료기반 모델은 보다 많은 이윤의 창출을 가능하게 한다. 이 모델에서 체

표 11-3 Marriott의 위탁경영/프랜차이즈 수수료 수입 트렌드 (단위: 백만 달러)

연도	프랜차이즈 수수료	위탁경영 기본수수료	위탁경영 인센티브수수료	수수료 합계
1999	180	352	268	800
2000	208	383	316	907
2001	220	372	202	794
2002	232	379	162	773
2003	245	388	109	742
2004	296	435	142	873
2005	329	497	201	1,027
2006	390	553	281	1,224
2007	439	620	369	1,428
2008	451	635	311	1,397
2009	400	530	154	1,084
2010	441	562	182	1,185
2011	566	546	195	1,307
2012	607	581	232	1,420
2013	666	621	256	1,543

(출처: Marriott Annual Report, 2013)

인호텔의 매출은 수수료 수입이다. 그러나 이 모델에서는 체인본사에게 제공하는 마케팅, 예약을 위한 유통비용, 판촉 등과 시스템 서비스에 대한 비용을 실비정산(Cost Reimbursements)으로 호텔 소유주로부터 되돌려 받으며, 또한 이로 인해 자본비용이나 임차료의 지출이 발생하지 않는다. 그리고 체인호텔 본사의 비용은 주로 중앙시스템을 운용하거나 새로운 위탁경영이나 프랜차이즈 계약을 확보하기 위해 소요되는 인력에 대한 비용이 거의 전부이다. 수수료기반 모델의 이런 경쟁적인 사업구조는 〈그림 11-3〉처럼 높은 마진을 가능하게 하고 있다. 실제로 세계 최대의 체인호텔인 IHG의 2013년도 경영성과를 분석한 〈표 11-4〉를 보면 프랜차이즈 비즈니스의 영업이익률은 85.1%, 위탁경영의 영업이익률은 45.2%, 소유 및 리스의 영업이익률은 20.7%로 〈그림 11-3〉의 내용과 거의 흡사하게 나타나고 있다.

마지막으로 수수료기반 모델은 더욱 높고 안정적인(Less Volatile) 마진(Margin)의 창출이 가능하며 게다가 자본지출에 대한 부담이 없기 때문에 소유 및 리스 모델에 비해 높은 현금흐름의 창출이 가능하다. 또한 대차대조표(Balance Sheet)에 건물자산에 대한 평가가 존재하지 않기 때문에 수익률이 매우 높다. 그러므로 미국을 비롯한 주식시장에서 다른 비즈니스모델들에 비해 가치평가에서 프

그림 11-3 수수료기반 비즈니스모델의 가치창출 모형

	소유 및 리스	위탁경영	프랜차이즈
객실매출액 (Room Revenue)	3,000,000		
전체 매출액 (Total Revenue)	4,000,000	200,000 (전체 매출액의 3% + 총영업이익의 6%)	150,000 (객실매출액의 5%)
총영업이익 (GOP)	1,300,000	200,000	150,000
이자비용 법인세 공제 전 이익(EBIT)	1,000,000	140,000	125,000
마진 (Margin)	25%	70%	85%

(출처: STR & IHG)

표 11-4 IHG 2013년 사업모델별/지역별 경영성과 분석 (단위: 백만 달러)

	북미 · 중남미	유럽	아 · 중 · 아	중국 · 홍 · 마 · 대	중앙시스템	IHG 전체
매출액						
프랜차이즈	576	104	16	3	–	699
위탁경영	128	156	170	92	–	546
소유 및 리스	212	140	44	141	–	537
중앙시스템	–	–	–	–	121	121
	916	400	230	236	121	1,903
모델별 영업이익						
프랜차이즈	499	79	12	5	–	595(85.1%)
위탁경영	74	30	92	51	–	247(45.2%)
소유 및 리스	30	30	4	47	–	111(20.7%)
지역 및 중앙	(53)	(34)	(22)	(21)	(155)	(285)
지역별 영업이익	550	105	86	82	(155)	668
예외적 영업항목	6	19	–	(10)	(10)	5
영업이익	**556**	**124**	**86**	72	**(165)**	**673**
순금융비용						(73)
세금공제 전 이익						600
세금						(226)
순이익						**374**

(출처: IHG Annual Report, 2013)

리미엄(Premium Valuation)을 인정받고 있다. 즉 수수료기반을 채택하고 있는 일부 체인호텔은 다른 비즈니스모델을 이용하는 체인호텔들에 비해 기업가치(EV/EBITDA)가 일관적으로 높게 나타나는 사실에서 확인할 수 있다.

그러나 수수료기반 비즈니스모델에도 단점은 존재하고 있다. 첫째, 호경기가 되면 수익을 최대화할 수 없다. 호경기에는 호텔 소유주가 이익을 극대화할 수 있다. 둘째, 소유 및 리스 모델에 비해 각 단위호텔에 대한 운영통제권이 많이 약화되어, 특히 품질관리가 더욱 요구되는 고급호텔의 경우에는 이에 대한 폐해가 크게 나타날 수 있다(특히 경기 침체기에). 셋째, 거대한 체인호텔들은 수백 또는 수천 개가 넘는 호텔들에게 중앙시스템 서비스를 제공하는데 소요되는 비용 및 인력에 대한 비용 통제가 어려워져 쉽게 낭비가 발생할 수 있다. 넷째, 세계 호텔산업에서 수수료기반 비즈니스모델은 이제 트렌드이다. 따라서 같은 모델을 채택하는 체인호텔 간의 경쟁이 심화되고, 경쟁적인 모델을 모방하는 체인이 증가하게 되면 결국 차별화가 사라지면서 이익은 소비자에게로 전이될 수 있다.

〈표 11-5〉부터 〈표 11-8〉은 세계 최대 다국적 체인호텔인 IHG, Marriott International, Hilton Worldwide, Starwood Hotels & Resorts 등 4개 기업의 수수료기반 비즈니스모델을 자세하게 분석한 것이다. 이와 같은 수수료기반 비즈니스모델을 기반으로 이들은 글로벌 호텔산업에서 신속한 성장을 이룩하면서 지배력을 점점 더 강화시켜 나가고 있다.

한편 최근 글로벌 호텔산업의 트렌드를 살펴보면 첫째, 다국적 체인호텔의 성장에 꼭 필요한 새로운 호텔건설 프로젝트는 자금공급의 부족으로 아직 활성화되고 있지 않다. 따라서 체인호텔들의 관심은 브랜드를 변경하려는 호텔에 집중되고 있다. 둘째, 다국적 체인호텔의 성장은 주로 BRICs에 집중되고 있다. 그러나 중국의 호텔산업에서 최고급(Luxury) 세분시장은 포화(Saturated)의 신호가 점점 더 감지되고 있다. 셋째, 유럽에서는 경제가(Economy) 세분시장의 새로운 성장이 가속화되고 있다. 넷째, 사하라 사막 남부지역은 새로운 성장시장으로 떠오르고 있다. 특히 나이지리아는 인구 규모와 풍부한 석유매장량으로 인해 많은 관심을 끌고 있다. 다섯째, 미국과 영국의 체인호텔들은 Midscale 및 Select 브랜드로 북미시장 이외의 지역에서 성장기회를 노리고 있다. 여섯째, Accor는 북미시장을 거의 철수하고 있으며 반면에 브라질, 중국, 인도네시아, 인도, 아프리카에 집중하고 있다.

표 11-5 IHG의 수수료기반 비즈니스모델(2014년 3월 31일 기준)

브랜드	프랜차이즈 (호텔수/객실수)	위탁경영계약	소유 & 리스	합 계
북미 및 중남미				
InterContinental	28/8,104	22/8,920	1/424	51/17,450
Crowne Plaza	166/43,891	11/3,491	–	177/47,382
Holiday Inn	757/131,095	17/5,325	2/910	776/137,330
Holiday Inn Express	1,987/174,682	1/252	–	1,988/176,934
Staybridge Suites	163/17,213	26/3,215	–	189/20,428
Candlewood Suites	252/22,310	61/7,552	–	313/29,862

Hotel Indigo	34/3,829	3/515	–	37/4,344
Other	2/6,986	76/11,778	–	78/18,764
소계	3,389/408,112	217/41,048	3/1,334	3,609/450,494
유럽				
InterContinental	8/1,914	22/7,139	1/470	31/9,523
Crowne Plaza	70/16,140	13/3,343	–	83/19,483
Holiday Inn	214/33,330	44/11,479	–	278/44,809
Holiday Inn Express	218/25,593	1/118	–	219/25,711
Staybridge Suites	5/784	–	–	5/784
Hotel Indigo	15/1,426	–	–	15/1,426
소계	530/79,187	100/22,079	1/470	631/101,736
아시아 · 중동 · 아프리카				
InterContinental	7/2,517	60/18,690	1/380	68/21,587
Crowne Plaza	9/1,870	58/17,226	–	67/19,096
Holiday Inn	23/4,450	60/14,391	1/207	84/19,048
Holiday Inn Express	9/2,126	9/1,967	–	18/4,093
Staybridge Suites	–	3/425	–	3/425
Other	3/650	7/1,338	–	10/1,988
소계	51/11,613	197/54,037	2/587	250/66,237
중국 · 홍콩 · 마카오 · 대만				
InterContinental	1/570	29/11,325	1/503	31/12,398
Crowne Plaza	–	68/23,965	–	68/23,965
Holiday Inn	2/1,476	65/20,208	–	67/21,684
Holiday Inn Express	1/138	42/11,253	–	43/11,391
Hotel Indigo	–	5/612	–	5/612
소계	4/2,184	209/67,363	1/503	214/70,050
IHG 전체				
InterContinental	44/13,107	133/46,074	4/1,777	181/60,958
Crowne Plaza	245/61,091	150/48,025	–	395/109,926
Holiday Inn	996/170,351	206/51,403	3/1,117	1,205/222,871
Holiday Inn Express	2,215/202,539	53/13,590	–	2,268/216,129
Staybridge Suites	168/17,997	29/3,640	–	197/21,637
Candlewood Suites	252/22,310	61/7,552	–	313/29,862
Hotel Indigo	49/5,255	8/1,127	–	57/6,382
Other	5/7,636	83/13,116	–	88/20,752
합계	**3,974/501,096**	**723/184,527**	**7/2,894**	**4,704/688,517**

(출처: IHG Annual Report, 2013)

표 11-6 Marriott의 수수료기반 비즈니스모델(2013년 12월 31일 기준)

브랜드	직접소유		리스		위탁경영		프랜차이즈		기타	
	호텔 수	객실 수	호텔 수	객실 수	호텔 수	객실 수	호텔 수	객실 수	호텔 수	객실 수
Marriott Hotels	2	716	7	3,325	320	130,639	230	70,221	–	–
Renaissance	–	–	8	1,998	80	31,028	65	18,874	–	–
Autograph Col.	–	–	–	–	2	395	49	10,720	5	348
Gaylord Hotels	–	–	–	–	5	8,098	–	–	–	–
Ritz–Carlton	1	180	2	552	85	24,837	–	–	40	4,228
Bulgari	–	–	–	–	2	117	1	85	–	–
EDITION	1	173	–	–	1	78	–	–	–	–
AC Hotels	–	–	–	–	–	–	–	–	75	8,491
Courtyard	4	699	18	2,667	313	52,792	618	84,391	–	–
Residence Inn	1	192	–	–	127	18,210	525	61,003	–	–
TownePlace Ss	–	–	–	–	22	2,440	202	19,877	–	–
Fairfield Inn	–	–	–	–	5	1,345	703	63,620	–	–
SpringHill Suites	–	–	–	–	29	4,582	279	31,605	–	–
Timeshare	–	–	–	–	–	–	–	–	62	12,802
Marriott Exe. A.	–	–	–	–	27	4,295	–	–	–	–
소계	**9**	**1,960**	**35**	**8,542**	**1,018**	**278,856**	**2,672**	**360,396**	**182**	**25,869**
합 계	**3,916/675,623**									

(출처: Marriott Annual Report, 2013)

표 11-7 Hilton의 수수료기반 비즈니스모델(2013년 12월 31일 기준)

브랜드	소유 및 리스		위탁경영계약		프랜차이즈		합 계	
	호텔수	객실수	호텔수	객실수	호텔수	객실수	호텔수	객실수
Waldorf Astoria Hotels								
미국	2	1,601	12	5,691	–	–	14	7,292
캐나다 · 중남미	–	–	1	248	1	984	2	1,232
유럽	1	370	3	672	–	–	4	1,042
중동 · 아프리카	–	–	3	703	–	–	3	703
아시아 · 태평양	–	–	1	260	–	–	1	260
Conrad Hotels								
미국	–	–	4	1,335	–	–	4	1,335
캐나다 · 중남미	–	–	–	–	1	294	1	294
유럽	1	191	2	741	–	–	3	932
중동 · 아프리카	1	617	2	641	–	–	3	1,258
아시아 · 태평양	–	–	11	3,422	1	636	12	4,058

Hilton Hotels & Resorts								
미국	23	21,096	42	24,939	181	54,083	246	100,118
캐나다 · 중남미	3	1,836	21	7,339	18	5,487	42	14,662
유럽	74	19,014	56	15,798	21	5,309	151	40,121
중동 · 아프리카	6	2,279	43	13,411	1	410	50	16,100
아시아 · 태평양	8	3,957	49	18,738	8	2,974	65	25,669
DoubleTree by Hilton								
미국	12	4,456	28	8,204	237	58,329	277	70,989
캐나다 · 중남미	–	–	3	637	11	2,063	14	2,700
유럽	–	–	11	3,474	34	5,523	45	8,997
중동 · 아프리카	–	–	4	842	3	431	7	1,273
아시아 · 태평양	–	–	26	8,130	2	965	28	9,095
Embassy Suites								
미국	18	4,561	39	10,323	151	34,740	208	49,624
캐나다 · 중남미	–	–	2	473	5	1,270	7	1,743
Hilton Garden Inn								
미국	2	290	5	635	514	69,607	521	70,532
캐나다 · 중남미	–	–	5	685	23	3,575	28	4,260
유럽	–	–	15	2,620	12	1,751	27	4,371
중동 · 아프리카	–	–	1	180	–	–	1	180
아시아 · 태평양	–	–	4	535	–	–	4	535
Hampton Inn								
미국	1	130	50	6,238	1,803	173,677	1,854	180,045
캐나다 · 중남미	–	–	6	729	53	6,536	59	7,265
유럽	–	–	4	492	19	2,761	23	3,253
아시아 · 태평양	–	–	–	–	1	72	1	72
Homewood Suites								
미국	–	–	38	4,342	284	31,266	322	35,608
캐나다 · 중남미	–	–	1	102	10	1,068	11	1,170
Home2 Suites								
미국	–	–	–	–	26	2,831	26	2,831
캐나다 · 중남미	–	–	1	97	–	–	1	97
기타	3	1,272	5	1,095	–	–	8	2,367
호텔 소계	155	**61,670**	498	**143,771**	3,420	**466,642**	4,073	672,083
Hilton Grand Vacation	–	–	42	6,547	–	–	42	6,547
합 계	155	**61,670**	540	**150,318**	3,420	**466,642**	4,115	678,630

(출처: Hilton Annual Report, 2013)

표 11-8 Starwood의 수수료기반 비즈니스모델(2014년 3월 31일 기준)

브랜드	직접 소유		위탁경영 · UJV		프랜차이즈		합 계	
	호텔 수	객실 수	호텔 수	객실 수	호텔 수	객실 수	호텔 수	객실 수
Sheraton								
미국 · 캐나다	6	3,585	34	25,090	165	48,709	205	77,384
중남미	5	2,699	16	3,079	12	3,020	33	8,798
중국 · 홍콩 · 마카오 · 대만	–	–	59	25,768	3	1,836	62	27,604
아시아(중국 제외)	2	821	28	8,107	10	4,288	40	13,216
유럽	4	705	41	11,952	15	4,220	60	16,877
중동 · 아프리카	–	–	31	8,056	2	403	33	8,459
Westin								
미국 · 캐나다	2	1,832	53	28,178	66	20,835	121	50,845
중남미	3	902	3	886	5	1,527	11	3,315
중국 · 홍콩 · 마카오 · 대만	–	–	17	6,095	2	496	19	6,591
아시아(중국 제외)	1	273	17	5,403	7	2,243	25	7,919
유럽	3	650	11	3,748	4	1,525	18	5,923
중동 · 아프리카	–	–	4	949	–	–	4	949
Four Points								
미국 · 캐나다	1	177	–	–	115	17,989	116	18,166
중남미	–	–	3	426	9	1,337	12	1,763
중국 · 홍콩 · 마카오 · 대만	–	–	20	6,024	1	126	21	6,150
아시아(중국 제외)	–	–	7	2,097	8	1,387	15	3,484
유럽	–	–	4	499	6	971	10	1,470
중동 · 아프리카	–	–	8	1,975	–	–	8	1,975
W								
미국 · 캐나다	1	509	26	8,083	–	–	27	8,592
중남미	–	–	2	433	–	–	2	433
중국 · 홍콩 · 마카오 · 대만	–	–	3	1,115	–	–	3	1,115
아시아(중국 제외)	–	–	6	1,279	–	–	6	1,279
유럽	2	665	4	495	–	–	6	1,160
중동 · 아프리카	–	–	1	442	–	–	1	442
Luxury Collection								
미국 · 캐나다	1	643	4	1,648	7	1,500	12	3,791
중남미	1	181	7	290	3	451	11	922
중국 · 홍콩 · 마카오 · 대만	–	–	4	811	–	–	4	811
아시아(중국 제외)	–	–	6	1,172	10	3,069	16	4,241
유럽	5	577	22	3,664	12	1,745	39	5,986
중동 · 아프리카	–	–	5	1,589	–	–	5	1,589
St. Regis								
미국 · 캐나다	2	498	10	2,038	–	–	12	2,536

중남미	–	–	2	309	–	–	2	309
중국 · 홍콩 · 마카오 · 대만	–	–	5	1,378	–	–	5	1,378
아시아(중국 제외)	1	160	3	651	–	–	4	811
유럽	2	261	2	223	–	–	4	484
중동 · 아프리카	–	–	4	1,168	–	–	4	1,168
Le Meridien								
미국 · 캐나다	–	–	3	309	11	2,916	14	3,225
중남미	–	–	1	160	1	111	2	271
중국 · 홍콩 · 마카오 · 대만	–	–	9	3,144	1	160	10	3,304
아시아(중국 제외)	–	–	17	4,239	4	1,049	21	5,288
유럽	–	–	16	5,215	3	788	19	6,003
중동 · 아프리카	–	–	28	7,403	1	245	29	7,648
Aloft								
미국 · 캐나다	2	290	–	–	55	8,193	57	8,483
중남미	–	–	4	611	1	303	5	914
중국 · 홍콩 · 마카오 · 대만	–	–	7	1,636	–	–	7	1,636
아시아(중국 제외)	–	–	2	779	5	731	7	1,510
유럽	–	–	3	535	–	–	3	535
중동 · 아프리카	–	–	1	408	–	–	1	408
Element								
미국 · 캐나다	1	123	–	–	10	1,670	11	1,793
중남미	–	–	–	–	–	–	–	–
중국 · 홍콩 · 마카오 · 대만	–	–	–	–	–	–	–	–
아시아(중국 제외)	–	–	–	–	–	–	–	–
유럽	–	–	–	–	–	–	–	–
중동 · 아프리카	–	–	–	–	–	–	–	–
기타								
미국 · 캐나다	1	135	1	151	1	305	3	591
중남미	–	–	–	–	–	–	–	–
중국 · 홍콩 · 마카오 · 대만	–	–	–	–	–	–	–	–
아시아(중국 제외)	–	–	–	–	–	–	–	–
유럽	–	–	1	165	–	–	1	165
중동 · 아프리카	–	–	–	–	–	–	–	–
호텔 소계	**46**	**15,686**	**565**	**189,875**	**555**	**134,148**	**1,166**	**339,709**
Vacation Ownership								
미국 · 캐나다	13	6,996	–	–	–	–	13	6,996
중남미	1	580	–	–	–	–	1	580
합 계							**1,180**	**347,285**

(출처: Starwood Annual Report, 2013)

참고문헌

국내문헌

강상구(2000). 『신자유주의의 역사와 진실』. 문학과학사.

강수돌(1997). 『세계화 시대의 노동운동』. 녹색평론사.

곽수종(2012). 『세계경제 판이 바뀐다』. 글로리움.

기든스(1998). 『제3의 길』. 한상진 · 박찬욱 역. 생각의 나무.

김경 · 이동인(2004). 다국적 호텔기업의 해외시장 진입방식 결정요인. 『경영학연구』. 33권 1호.

김경환(2011). 『호텔경영학』. 백산출판사.

김상조(1998). IMF 구제금융과 한국경제. 『경제와 사회』. 한울.

김수행(2007). 『자본주의 경제의 위기와 공황』. 서울대학교 출판부.

노명식(1991). 『자유주의의 원리와 역사-그 비판적 연구』. 민음사.

라루스 세계지식사전(2009). 『세계화의 진화』. 현실문화.

로드릭(2009). 『더 나은 세계화를 말하다』. 제현주 역. 복돋움.

로드릭(2011). 『자본주의 새판짜기: 세계화 역설과 민주적 대안』. 고빛샘 · 구세희 역. 21세기북스.

문시연(2001). 프랑스의 '문화적 예외'에 관한 연구. 『프랑스문화예술연구』. Vol. 5.

문시연(2005). "문화적 예외 vs. 문화적 다양성"논란에 관한 연구. 『프랑스문화예술연구』. Vol. 15.

민주와 진보를 위한 지식인 연대 편(1998). 『자본의 세계화와 신자유주의』. 문화과학사.

박길성(1996). 『세계화: 자본과 문화의 변동』. 사회비평사.

백승욱(2006). 『자본주의 역사 강의』. 그린비.
부크홀츠(2005). 『죽은 경제학자의 살아있는 아이디어』. 이승환 역. 김영사.
신응철(2004). 『철학으로 보는 문화』. 살림출판사.
신현종(1997). 멕시코 경제위기의 배경수습대책시사점. 1997년 한국무역학회 추계 학술발표대 회 학술논문집.
신현종(1999). 세계화의 배경과 경쟁. 『사회과학연구』. 18권 2호.
손규태(1998). 오늘날의 경제윤리: 신자유주의 세계경제체제의 비판, 『신학사상』, 101집. 한국 신학연구소.
안병영 · 임혁백(2000). 『세계화와 신자유주의』. 나남 출판.
안세영(1997). 『다국적 기업 경제학』. 박영사.
양기호(2010). 『글로벌리즘과 지방정부』. 논형.
어윤대 외(2001). 『국제경영』. 학현사.
영화진흥위원회(2003). 『국제 문화다양성 협정 체결에 관한 연구. 영화진흥위원회』.
우실하(1997). 문화 제국주의의 폭로에서 해체로. 『현상과 인식』(한국인문사회과학회). Vol. 21.
윤소영(1999). 『신자유주의적 금융세계화와 워싱턴 콘센서스』. 공감.
요시타카 · 에이스케 · 하루히토(2004). 『국제경영사: 대기업체제의 형성 · 발전 · 쇠퇴』. 정안기 · 여인만 역. 한울아카데미.
이근식(2000). 『자유주의 사회경제사상』. 한길사.
이동연(2006). 『아시아문화연구를 상상하기』. 그린비.
이복남(2002). 문화유럽건설과 EU문화정책: '문화 2000' 프로그램을 중심으로. 『EU연구』. 제11호.
이인성(2009). 『21세기 세계화 체제의 이해』. 아카넷.
이주희(1998). 'IMF 위기에 대한 정치경제학적 해석'. 『경제와 사회』. 한울.
이건우(1998). 『얼굴없는 국제기관 IMF·세계은행』. 한울.
크라우치(2012). 『왜 신자유주의는 죽지 않는가』. 유강은 역. 책읽는 수요일.
전창환(2000). '금융세계화와 화폐주권의 동요'. 『경제와 사회』. 한울.
정운찬(1995). '하이에크와 케인즈'. 『하이에크 연구』. 민음사.
조선일보. 세계화의 환상을 깨는 게마와트 교수, 조선비즈. 2012. 5. 12.
최연구(2003). 『최연구의 프랑스 문화 일기: 프랑스는 왜 반미인가』. 중심.
한국은행(2011). '세계화를 보는 시각의 변화,' 『해외경제 포커스』. 2011-12호. 한국은행 국제 경제실.
한국은행(2012). '최근 세계교역 부진의 요인분석,' 『해외경제 포커스』. 2013-8호. 한국은행 국제경제실.

외국문헌

Adler, N. J.(1986). *International Dimension of Organizational Behavior*. Kent Publishing Co.: Boston.

Aharoni, Y.(1966). *The Foreign Investment Decision Process*. Harvard University Press: Boston.

Alpen Capital(2012). *GCC Hospitality Industry*. Alpen Capital. October 7, 2012.

Aradhyula, S. & Tronstad, R(2003). Does Tourism Promote Cross-Border Trade? *American Journal of Agricultural Economics*, Vol. 85(3).

Alexander, N. & Lockwood, A.(1996). Internationalisation: A Comparison of the Hotel and Retail Sectors. *Service Industries Journal*, Vol. 16(4).

Badenes, C.(2008). *The Latin America Hotel Sector: A Dormant Giant*. Meridia Capital, Issue 5 & 6, March 2008.

Bader, E. & Lababedi, A.(2007). Hotel Management Contracts in Europe. *Journal of Retail & Leisure Property*, Vol. 6(2).

Baker, W., Gannon, T., Grenville, B. & Johnson, B.(2013). *Grand Hotel: Redesigning Modern Life*. Hatje Cantz.

Barge, P. & Jacobs, D.(2001). *Management Agreement Trends Worldwide*. Jones Lang LaSalle Hotels.

Bartlett, C. L. & Beamish, P. W.(2011). *Transnational Management: Text, Cases, and Readings in Cross-Border Management*, 6th Edition. McGraw-Hill: NY.

Bell, C. A.(1993). Agreements with Chain-Hotel Companies. *The Cornell Hotel & Restaurant Administration Quarterly*, Vol. 23(1).

Berbel-Pineda, J. M. & Ramirez-Hurtado, J. M.(2012). Issues about the Internationalization Strategy of Hotel Industry by Mean of Franchising. *International Journal of Business and Social Science*, Vol. 3(6).

Bhabha, H. K.(1990). Dissemination: Time, Narrative, and the Margins of the Modern Nation. *Nation and Narration*. Routledge: NY.

BMI(2013). *India Tourism Report Q1 2014*. Business Monitor International.

BMI(2013). *Turkey Tourism Report Q1 2014*. Business Monitor International

Brooke, M. Z. & Buckley, P. J.(1988). *Handbook of International Trade*. McMillan Publishers Ltd.: London.

Brooke, M. & Rammers, H. L.(1970). T*he Strategy of Multinational Organization and Finance*. London.

Brouthers, K. D., Brouthers, L. E. & Werner, S.(1996). Dunning's Eclectic Theory and the Smaller Firm: The Impact of Ownership and Locational Advantages on the

Choice of Entry Modes in the Computer Software Industry. *International Business Review*, Vol. 5(4).

Buckley, P. J. & Cason, M.(1996). *The Future of the Multinational Enterprise*. The Macmillan Press: London.

Buzzell, R. D.(1968). Can you Standardize Multinational Marketing? *Harvard Business Review*. Vol. 32.

Canina, L.(2001). Good News for Buyers and Sellers: Acquisitions in the Lodging Industry. *The Cornell Hotel & Restaurant Administration Quarterly*. Vol. 42(6).

Canina, L.(2009). Examining Mergers and Acquisitions. *Cornell Hospitality Quarterly*. Vol. 50(2).

Caves, E. R.(1971). International Corporation: The Industrial Economics of Foreign Investment. *Economica*, Vol. 38.

Choice(2013). *Choice Hotels International 2013 Annual Report*.

Chossudovsch, M.(1998). 『빈곤의 세계화』. 이대훈 역. 당대.

Coase, R. H.(1939). The nature of the firm. *Economica*, Vol. 4(4).

Coase, R. H.(1960). The problem of social cost. *Journal of Law and Economics*, 3(Octover).

Cohen, S. D.(2007). *Multinational Corporations and Foreign Direct Investment: Avoiding Simplicity, Embracing Complexity*. Oxford University Press: New York.

Contractor, F. J. & Kundu, S. K.(1998a). Franchising versus Company-run Operations: Model Choice in the Global Hotel Sector. *Journal of International Marketing*, Vol. 6(2).

Contractor, F. J. & Kundu, S. K.(1998b). Model Choice in a World of Alliances: Analyzing Organizational Forms in the International Hotel Sector. *Journal of International Business Studies*, Vol. 29(2).

Crane, A.(2002). Culture and Globalization. *Global Culture: Media, Arts, Policy, and Globalization*. Routledge: London & NY.

Cunill, O. M. & Forteza, C. M.(2010) The Franchise Contract in Hotel Chains: A Study of Hotel Chain Growth and Market Concentrations. *Tourism Economics*, Vol. 16(3).

deRoos, J.(2010). Hotel Management Contracts-Past and Present. *Cornell Hospitality Quarterly*, Vol. 51(1).

Dev, C., Erramilli, M & Agarwal, S.(2002). Brands Across Borders: Determining Factors in Choosing Franchising or Management Contracts for Entering International Markets. *The Cornell HRA Quarterly*, Vol. 43(6).

Duchrow, U.(1997). 『자본주의 세계경제의 대안』. 손규태 역. 한울.

Dunning, J. H.(1980). Toward an eclectic theory of international production: some empirical tests. *Journal of International Business Studies*, 11(1).

Dunning, J. H. & Lundan S. M.(2008). *Multinational Enterprises and The Global Economy. 2nd Ed.* Edward Elgar: Northhampton.

Economist(2009). *Why hotel chains don't own many hotels.* Feb. 19, 2009.

Enz, C. A.(2010). *Hospitality Strategic Management.* 2nd ed. John Wiley & Sons, Inc.: New Jersey.

EY(2013). *International Hotel Chains in Russia - 2014.* Ernst & Young 2013.

Eyster, J. J.(1980). *The Negotiation and Administration of Hotel Management Contracts*, 2nd Ed. Cornell University: NY.

Eyster, J. J.(1988). *The Negotiation and Administration of Hotel Management Contracts*, 3rd Ed. Cornell University: NY.

Eyster, J. J.(1993). The Revolution in Domestic Hotel Management Contracts. *The Cornell Hotel & Restaurant Administration Quarterly*, Vol. 34(1).

Eyster, J. J.(1997). Hotel Management Contracts in the U.S.: Twelve Areas of Concern. *The Cornell Hotel & Restaurant Administration Quarterly*, Vol. 38(3).

Eyster, J. J. & deRoos, J.(2009). *The Negotiation and Administration of Hotel Management Contracts*, 4th Ed. Cornell University: NY.

ECORYS(2009). *Study on the Competitiveness of the EU Tourism Industry.* ECORYS SCS Group.

Fligestein, N.(1990). *The Transformation of Corporate Control.* Harvard University Press: Cambridge: NY.

Gee, Y. G.(2008). *International Hotels Development and Management*, 2nd Ed. American Hotel & Lodging Educational Institute: Lansing, MI.

Ghemawat, P.(2007). *Redefining Global Strategy: Crossing Borders in a World Where Differences Still Matter.* Harvard Business School Press: Boston.

Goddard, P. & Standish-Wilkinson, G.(2002). Hotel Management Contract Trends in the Middle East. *Journal of Retail & Leisure Property.* Vol. 2.

Goddard, P. & Samson, G.(2002). *Running to Stand Still?* tri Report.

Gray, H. P.(1970). *International Travel - International Trade.* Heath Lexington Books: Lexington.

Gu, H., Ryan, C. & Yu, L.(2012). The Changing Structure of the Chinese Hotel Industry: 1980-2012. *Tourism Management Perspectives*, Vol. 4.

Haast, A., Dickson, G. & Braham, D.(2005). *Global Hotel Management Agreement Trends.* Jones Lang LaSalle Hotels.

Hall, S.(1990). Cultural Identity and disapora. In *Identity, Community, Culture,*

Difference. Rutherford, (eds). Lawrence & Wishart: London.

Hamel, G., & Prahalad, C. K.(1994). *Competing for the Future*. Harvard Business School Press: Boston.

Hannerz, U.(1996). *Transnational Connections: Culture, People, Places*. Routledge: NY.

Harvey, D.(1990). *The Condition of Postmodernity: An Enquiry into the Origins of Cultural Change*. Blackwell Publishers: NY.

Hayes, D. K. & Ninemeier, J. D.(2007). *Hotel Operations Management, 2nd Edition*. Prentice Hall: NY.

Hill, C. W. L. & Jones, G. R.(1995). *Strategic Management Theory: An Integrated Approach*. 3rd Ed. Houghton Mifflin: Boston.

Hilton(2013). *Hilton Worldwide Annual Report 2013*.

Hofstede, G.(1980). *Culture's Consequences*. Sage: Beverly Hills.

Hofstede, G.(1983). Dimensions of National Cultures in Fifty Countries and Three Regions. In J. Deregowski et al. (eds.), *Explications in Cross-cultural Psychology*. Swets and Zeitlinger: Lisse.

Hofstede, G. & Bond, M.(1984). Hofstede's Culture Dimensions. *Journal of Cross-Cultural Psychology*. 15.

Hofstede, G. & Bond, M.(1988). Confucius and Economic Growth: New Trends in Culture's Consequence. *Organizational Dynamics*. 16.

Hofstede, G.(2010). *Cultures and Organizations: Software of the Mind: Intercultural Cooperation and Its Importance for Survival*. McGraw Hill: NY.

Hotel Yearbook(2011). *Hotel Yearbook 2011*. Horwath HTL & Lausanne.

Huntington, S. P.(1993). *The Crash of Civilizations*. S&C: NY.

Hymer, S. H.(1979). *The Multinational Corporation: A Radical Approach*. Cambridge University Press: NY.

IHG(2011). *IHG Annual Report 2011*.

IHG(2013). *IHG Annual Report 2013*.

Indian Ministry of Tourism(2011). *India Tourism Statistics 2011*. Market Research Division, Ministry of Tourism, Government of India

Jelica, M. J. & Marko, P. D.(2013). Presence of Te Largest Hotel Franchise Companies on the European Market. *Research Reviews of the Department of Geography, Tourism, and Hotel Management*, Vol. 42.

Jiahao, Z. & Ling, D.(2012). *Asia Pacific – Significant Growth Opportunities for Hotel Chains*. HVS. January 2012.

Johnson, K.(1999). Hotel Management Contract Terms: Still in Flux. *The Cornell Hotel & Restaurant Administration Quarterly*, Vol. 40(2).

Jones, G.(2005). *Multinationals and Global Capitalism: from the nineteenth to the twenty-first century*. Oxford University Press: New York.

Jones, G.(2005). Multinationals from the 1930s to the 1980s. In *Leviathans: Multinational Corporations and The New Global History*. Chandler, A. D. & Mazlish. B (eds.). Cambridge University Press: NY.

Jones Lang LaSalle(2013). *Economic Transformation Drives Latin America's Lodging Industry: An Industry White Paper*. September 2013.

Jones Lang LaSalle(2013). *Lodging Industry in Numbers - Brazil 2013*. May 2013.

Jones Lang LaSalle(2013). *Hotel Intelligence Report-Market Insight: Japan*. April 2013.

Kanso, A.(1992). International Advertizing Strategies. *Journal of Advertizing Research*. Vol. 32.

Keum, K.(2011). International Tourism and Trade Flows: A Causality Analysis Using Panel Data. *Tourism Economics*, Vol. 17(5).

Kim, W. C. & Maubourgne, R. A.(1987). Cross-Cultural Strategies. *Journal of Business Strategy*, Vol. 8.

Klukhohn, C.(1951). *The Study of Culture*. The Policy Science. Stanford: CA.

Kluckhohn, R. F. & Stodbeck, F. L.(1961). *Variation in Value Orientation, III*. Row, Peterson & Co.

Kulendran, N. & Wilson, K.(2000). Is There a Relationship between International Trade and International Travel? *Applied Economics*, Vol. 32.

Kymlicka, W.(1995). *Multicultural Citizenship: A Liberal Theory of Minority Right*. 장동진 역(2010). 다문화주의 시민권. 동명사.

Kolde, E. J.(1973). *International Business Enterprise*, 2nd Ed. Prentice Hall: NY.

Krober, A. L. & Kluckhohn, C.(1963). *A Critical Review of Concepts and Definition of Culture*. Vintage Brooks: NY.

Latin Business Chronicle(2011). *Latin America: IHG Top Hotel Chain*. August 03, 2011.

Lee, D. R.(1985). How They Started: The Growth of Four Hotel Chains. *The Cornell Hotel & Restaurant Administration Quarterly*, Vol. 26(1).

Levitt, T.(1983). The Globalization of Markets. *Harvard Business Review*, 61(3).

Liebes, T. & Katz, E.(1990). *The Export of Meaning: Cross-Cultural Readings of Dallas*. Oxford University Press: NY.

Lilienthal, D. E.(1960). *Management of Multinational Corporation*. McGraw-Hill: NY.

Marriott(2013). *Marriott International, Inc. Annual Report 2013*.

McGrew, A.(1992). *A Global Society?*. Modernity and Its Future. Polity Press.

Mintel(2004). European Hotel Chain Expansion. *Travel & Tourism Analyst*, May.

Mintel(2014). *Hotel Trends - International*, February.

MKG(2012). *Top-10 Hotel Groups in Europe.* MKG Hospitality.

Morschett, D., Schramm-Klein, H. & Zentes, J.(2010). *Strategic International Management: Text and Cases.* 2nd Ed. Gabler.

Nickson, D.(1998). A Review of Hotel Internationalization with a Particular Focus on the Key Role Played by American Organizations. *Progress in Tourism and Hospitality Research.* Vol. 4.

Norberg-Hodge, H.(2012). *Economics of Happiness.* Joongang Books. 김영욱 · 홍승아 역 (2012). 중앙북스.

Olsen, M. D., West, J. J. & Tse, E. C.(1998). *Strategic Management in the Hospitality Industry,* 2nd Ed. Wiley: NY.

Otus(2012). *Otus Hotel Brand Database Overview Report: Europe 2012.* Otus & Co. Advisory Ltd.

Panvisavas, V. & Taylor, J. S.(2006). The Use of Management Contracts by International Hotel Firms in Thailand. *International Journal of Contemporary Hospitality Management,* Vol. 18.

Parrino, R.(1997). Spinoffs and Wealth Transfers: The Marriott Case. *Journal of Financial Economics,* Vol. 43.

Peter, M. H. & Schumann, H.(1998). 『세계화의 덫』. 강수돌 역. 영림카디널.

Petras, J. & Veltmeyer, H.(2001). *Globalization Unmasked: Imperialism in the 21st Century.* Zed Books: London.

Petrovic, M. D., Jovicic, A., Markovic, J. & Gagic, S.(2013). Territorial Expansion of Hotel Chains in Countries of South-Eastern Europe. *J. Geogr. Inst. Cvijic.* Vol. 63(4).

Picenoni, R. & Choufany, H. M.(2013). *2013 Middle East Hotel Survey-Maximum Supportable Investments.* HVS. April 2013.

Pieterse, J. N.(2009). *Globalization and Culture: Global Melange.* Rowman & Littlefield: Lanham.

Polanyi, K.(1998). 『거대한 변환-우리 시대의 정치적 · 경제적 기원』. 박현수 역. 민음사.

Reiser, D.(2003). Globalization: An Old Phenomenon that Needs to be Rediscovered for Tourism. *Tourism and Hospitality Research,* Vol. 4(4).

Reisinger, Y.(2009). *International Tourism: Cultures and Behavior.* Butterworth-Heinemann: MA.

Rice, C.(1933). *Consumer Behavior: Behavioral Aspect of Marketing.* Butterworth Heinemann: Oxford.

Ritzer, G.(2010). *Globalization: A Basic Text.* Wiley-Blackwell: West Sussex.

Ritzer, G. & Atalay, Z.(2010). *Readings in Globalization*. Wiley-Blackwell: West Sussex.

Robertson, R.(1992). *Globalization, Social Theory and Global Culture*. Sage: London.

Robertson, R.(1995). *Glocalization: Time-Space and Homogeneity-Heterogeneity*. Global Modernities. London.

Rushmore, S.(1992). *Hotel Investments: A Guide for Lenders and Owners*. Warren Gorham Lamont: NY.

Rushmore, S., Choi, J. I., Lee, T. Y. & Mayer, J. S.(2013). *2013 United States Hotel Franchise Fee Reference Guide*. HVS.

Rushmore, S., Choi, J. I., Lee, T. Y. & Mayer, J. S.(2013). *2013 United States Hotel Franchise Fee Guide*. HVS.

Saee, J.(2005). *Managing Organizations in a Global Economy*. Thomson: Australia

Said, E. W.(1996). *Culture and Imperialism*. Vintage Books: NY. 박홍규 역(2006). 문화와 제국주의. 문예출판사.

Samimi, P., Lim, G. C. & Buang, A. A.(2011). Globalization Measurement: Notes on Common Globalization Indexes. *Journal of Knowledge Management, Economics and Information Technology*. Issue. 7.

Sangree, D. J. & Hathaway, P. P.(1996). Trends in Hotel Management Contracts. *The Cornell Hotel & Restaurant Administration Quarterly*, Vol. 37(5).

Serlen, B.(2014). International Brands Find Franchise Footing. *Hotel Management*. February.

Shan, J. & Wilson, K.(2001). Causality between Travel and Tourism: Empirical Evidence from China. *Applied Economics Letters*, Vol. 8.

Smith, E. U.(2008). *Overview of the Japanese Lodging Industry and Its Investment Trends - Pasty, Present, and Future*. HVS. June 2008.

Starwood(2013). *Starwood Investor & Analyst Day 2013: The Starwood Investment Proposition*.

Starwood(2013). *Starwood Hotels & Resorts Annual Report 2013*.

Strand, C.(1996). Lessons of a Lifetime: The Development of Hilton International. *The Cornell Hotel & Restaurant Administration Quarterly*, Vol. 37(3).

STR(2011). *Hotel Industry Analytical Foundations*. The Share Center.

Taal, M.(2012). *Organising in the Hospitality Sector in South Africa. Labour Research Service*. November 2012.

Tomlinson, J.(1999). *Globalization and Culture*. Polity Press: Cambridge.

Turkel, S.(2009). *Great American Hoteliers: Pioneers of the Hotel Industry*. Authorhouse: Bloomington.

Turner, M. J. & Guilding, C.(2010). Hotel Management Contracts and Deficiencies in

Owner-Operator Capital Expenditure Goal Congruency. *Journal of Hospitality & Tourism Research*, Vol. 34(4).

Tylor, E. B.(1871). *Primitive Culture: Researches into the Development of Mythology, Philosophy, Religion, Language, Art, and Custom*. Estes and Lauriat: Boston.

UNWTO(2013). *Tourism Highlights*. 2013 Edition.

Vaughn, C. L.(1974). International Franchising. *The Cornell HRA Quarterly*, Feb.

Vernon, R(1971). *Sovereignty at Bay*. Basic Books: NY.

Warnier, J-P.(1999). *La mondialisation de la culture*. 주형일 역(2000). 문화의 세계화. 한울.

Waters, M.(1995). *Globalization*. Routledge: NY.

WEF(2013). *The Travel & Tourism Competitiveness Report 2013: Reducing Barriers to Economic Growth and Job Growth*.

Williamson, O. E.(1975). *Markets and hierarchies: Analysis ans antitrust implications*. Basic Books: NY.

Williamson, O. E.(1985). *The economic institutions of capitalism: Firms, markets, relational contracting*. The Free Press: NY.

Williamson, O. E.(1991). Strategizing, Economizing, and Economic Organization. *Strategic Management Journal*, Vol. 12.

Wolton, D.(2004). *L'Autre Mondialisation*. Flammarion. 김주노 역(2012). 또 다른 세계화. 살림.

Wood, P.(2003). *Diversity: The Invention of a Concept*. 김진석 역(2005). 다양성: 오해와 편견의 역사. 해바라기.

WTO(2008). *Trade in a Globalizing World*, World Trade Report 2008. WTO.

World Bank(2002). *Globalization, Growth, and Poverty*, World Bank.

WTTC(2011). *Business Travel: A Catalyst for Economic Performance*.

WTTC(2013). *Travel & Tourism: Economic Impact 2013. World*.

WTTC(2011). *Why Business Travel in Asia Matters... In Asia Pacific Hotel and Tourism Investment Conference*.

WWW.UNESCO.OR.KR

WWW.UNESCO.ORG

Wyndham(2014). *2013 Annual Report*. Wynham Hotel Group.

Yip, G. S.(1995). *Total Global Strategy*. Prentice Hall: NJ.

찾아보기

ㄱ

가맹수수료(Affiliation Fee) 334
가맹점 333
가맹호텔(Franchisee) 328
가치(Values) 65, 66, 67
가치관 63
가치척도 66
가치체계 63
감각상각비(Depreciation) 294
감세정책 101
감시비용 124
강력한 정부 56
개발도상국 42, 48, 51, 117, 144, 161
개발도상국의 우려 50
개발회사 366
개인주의 40, 69
개인주의 지수(Individualism Index: IDV) 70
개인주의-집단주의(Individualism-Collectivism) 67
객실 206
객실점유율(Occupancy) 267, 300
거대한 정부 41
거래비용 124
거래비용이론(Transaction Cost Theory) 124
거버넌스 56
거시 247
거시환경(Remote Environment) 248
걸프전 233
걸프협력회의(GCC: Gulf Cooperation Council) 회원국 198
게스트하우스 165
결과의 평등 57
경기변동 36, 369
경기불안 37
경기침체 35, 233
경상수지 17
경영(Management) 363
경영권 192
경영부진 194
경영세습 194
경영수수료(Management Fee) 214, 230, 289, 293, 300, 319
경영지식 297
경영통제권 294, 298
경영합리화 243
경영회사(Hotel Operator) 288, 291, 293, 303
경영회사(Management Company 또는 Operator) 289

경쟁강도 246
경쟁우위 51, 67, 101
경쟁질서 36
경제가(Economy) 세분시장 373
경제대공황 18, 35, 98, 206, 207
경제사상 19
경제환경 249
계급 불평등 35
계약갱신 306
계약기간(Contract Term) 306, 334
계약매수조항 299
계약조항 304
계약체결비용 124
계약해제(Termination) 314
계약해제권 296
계약협상과정 313
계약형태 286
계층구조 106
고객인지도 341
고객충성도 프로그램 수수료(Frequent Traveler Program Fee) 335
고급호텔(Full-Service) 173
고전적 자본주의 35
고전적 자유주의 35
고정비 298, 367, 369
고정비용(Fixed Costs) 294, 300
고정비지출 전 이익(Income Before Fixed Charges) 298
고정환율제 18
공공재적 지식자산 125
공급 현황 200
공급과잉(Overbuilding) 218, 267, 345
공급주의경제 40
공동마케팅 222
공업화 93
공익(Public Good) 110
공정경쟁 42
공정무역(Fair Trade) 54
공정무역을 위한 환율개혁법안 53
공존 88
과업환경 247, 250, 251, 252
과점형 산업조직 96
관계(Relationships)의 소유 368
관광 및 여행경쟁력(Travel & Tourism Competitiveness) 152
관광산업 142, 145
관광소비자 143
관광통계시스템 189
관리통화제도 36
관세 18
관세장벽 20
관습(Practices) 66
광고효과 243
광저우 192
교역재 82
교통 19
구속력 64
구제금융 42
구조조정 프로그램 42
국가 30, 55
국가문화 67
국가문화의 차원(Dimensions) 67
국내 여행자 190
국내시장 100
국내여행객 195
국민국가(Nation-State) 13, 16, 23, 30, 56, 60, 61, 91
국부론(The Wealth of Nations) 17, 35
국유기업(State Owned Enterprise) 192
국제관광객 143
국제교류 30, 84
국제교역 157

국제기구 15
국제기동성(International Mobility) 108
국제기업 136
국제무역 18
국제사업부 263
국제생산체제 115
국제여행객 144, 190
국제연합(UN) 29
국제전략(International Strategy) 136
국제질서 30
국제통화기금(IMF) 18
국제통화시스템 19
국제통화제도 17
국제화(Internationalization) 14, 16, 97
국제화전략 108
권력격차(Power Distance) 67, 68
권력격차 지수(Power Distance Index: PDI) 68, 69
규모의 경제(Economies of Scale) 37, 108, 246, 294
규범(Norm) 64
규범적인 문화적 요인 64
규제완화(Deregulation) 25, 34, 60, 101
그랜드호텔 양식 218
그리스도교문명 76
극단적 세계화론 47, 48
근대화(Modernization) 79
글로벌 거버넌스 56
글로벌 경쟁 51
글로벌 기업(Global Corporation) 131
글로벌 체인호텔 186
글로벌 혁신 및 학습역량(Global Innovation & Learning Competence) 134
글로벌 호텔산업 219
글로벌 효율성(Global-scale Efficiency) 129, 134
글로벌기업 137
글로벌스탠더드(Global Standard) 46
글로벌전략(Global Strategy) 137
글로벌통합 압력(Global Integration) 128
금본위제(Gold Standard) 17
금본위제도 38
금융경제 44
금융부문 45
금융시스템 38
금융시장 124
금융의 세계화 21, 44, 45, 52
금융정책 36
금태환 19
기관투자자(Institutional Investor) 287, 364, 366
기동성 110
기득권 44, 88
기본수수료(Base Fee) 214, 240, 287, 293, 307, 319, 320, 363, 368
기술 13
기술시장 124
기술혁명 24, 31
기술혁신 37
기술환경 250
기업가정신(Entrepreneurship) 102, 175, 243
기업가치(EV/EBITDA) 372
기업내거래(Interfirm Trade) 109
기업분사 234
기업인수(Acquisition) 272
기업제휴(Strategic Alliances) 251
기업집중(Corporate Concentration) 107
기업특유 125
기업특유의 우위(Firm-specific Advantage) 123
기업형 체인호텔 218
기축통화 18

기타 수수료(Other Miscellaneous Fees) 335
기회의 평등 57
긴축재정 41, 60
긴축통화정책 41

ㄴ

남성성-여성성(Masculinity-Femininity) 67
남성주의 사회 71
남성주의 지수(Masculinity Index: MAS) 71, 72
남아프리카공화국 198
내부성장 94
내부합리화 96
내부화이론(Theory of Internalization) 124
냉전체제 76
네덜란드 서인도회사(The Dutch West India Company) 91
네오콘 30
노동당 40
노동력 13
노동생산성 38
노동유연성 101
노동의 유연화 60
노동조합 109
노동조합운동 37
노조탄압 41
뉴딜정책 98
뉴오타니호텔 209, 217
뉴욕 171
뉴질랜드 197, 267

ㄷ

다각화 97, 275
다국적 소프트 기업 102
다국적 유연성(Multinational Flexibility) 129, 134
다국적 체인호텔(Multinational Hotel Chain: MHC) 166, 170, 176, 184, 186, 197, 198, 204, 219, 223, 245, 248, 250, 265, 352, 354, 364, 365, 366, 369, 373
다국적기업(MNC: Multi-National Corporation) 23, 29, 44, 47, 51, 54, 61, 67, 73, 78, 79, 90, 91, 97, 100, 103, 110, 118, 130, 143, 155
다극체제 23
다극화 29
다목적 계약매수조항(All Purpose Contract Buy-Out Clause) 299
다문화 사회 30
다보스 50
다양성 88
다영토 기업(Multi-territorial Firm) 103
다원적 가치 86
다자간 무역협상 46
단독투자 258
단위호텔 368
단일시장 13, 44, 60, 142
달러화 18
당기순이익 240
대량관광(Mass Tourism) 143
대량생산 37, 96, 101
대량생산기술 96
대량생산방식(Mass Production System) 37, 40
대량소비 37, 38
대량실업 36
대량판매 96, 101
대리인(Agent) 288, 305
대리인법(Agency Law) 305

대만 191
대의민주주의 35
대차대조표(Balance Sheet) 371
대처정부 40
대체비용 적립(Reserve for Replacement) 294, 311
대출기관(Lenders) 287
대합병 운동 96
도시국가 16
도심호텔 169
도쿄 194
도하 198
도하개발아젠다(DDA) 46
도호쿠 대지진 195
독립경영호텔(Independent Hotel) 170, 176, 222, 242, 353
독립경영회사(Independent Operator 또는 Independent Management Company) 287, 290, 316
독일 205
독점금지법(Antitrust Law) 95, 98, 99, 101
독점성(Exclusivity) 310
독점적 우위(Monopolistic Advantage) 105
독점적 우위이론(Monopolistic Advantage Theory) 123
동남아시아 209
동맹국 210
동아시아 161
동아시아 외환위기 21
동인도회사 16, 91
동일성 132
동질화(Homogeneization) 15, 23, 62, 130, 351
두바이 198
등급(Class) 170
등급(Scale) 173
디럭스(Deluxe) 196
디즈니화(Disneyfication) 26, 78

ㄹ

라스베이거스 171, 200
라틴아메리카 185
라틴아메리카문명 76
러시아 183
런던 200
레이거노믹스(Reaganomics) 41, 101
레이건대통령 101
로비 47
로비스트 109
로비활동 109
로열티(Royalty Fee) 334
록펠러 94
료칸 167, 194
리먼사태 23
리스 240, 289
리조트 169
리츠호텔개발회사 205
리퍼럴조직(Referral Organization) 244, 245

ㅁ

마라카이보 211
마셜플랜(Marshall Plan) 25
마스터 프랜차이즈(Master Franchising Agreement) 355
마케팅 243
마케팅수수료(Marketing Fee) 335
매각 후 경영계약(Sale and Manage-back) 364
매각 후 임차(Sale-and-Lease Back) 355
매출액 175, 240

맥도날드화(McDonaldization) 26, 78
맨차이즈(Manchise) 364
멕시코 185
멤피스 330
면허 인가(License Grant) 334
명목세율 109
명목이자율 38
모국(Home Country) 129
모라토리엄(Moratorium) 43
모방 65
모텔(Motel) 165, 244
목표고객 213
몬테비데오 211
무국적성(Non-nationality) 105
무디스 235
무역관련 지적재산권 협정(TRIPs) 55
무역적자 19
무형자산(Intangible Asset) 125, 368
문명 76
문명의 충돌(The Crash of Civilizations) 26, 75
문화(Culture) 26, 62, 63, 64, 133
문화다양성(Cultural Diversity) 81, 84, 85, 88
문화다양성 협약 86
문화모형 67
문화산업 82, 83, 84
문화상품 82, 84
문화의 동질화(Cultural Homogeneization) 48, 61, 75, 78
문화의 이질화(Cultural Differentialism) 74
문화의 혼종화(Cultural Hybridization) 75, 80
문화적 가변성(Cultural Variability) 67
문화적 권리에 대한 초안 선언 85
문화적 다양성 74
문화적 예외 83
문화적 예외론 85
문화적 융합(Cultural Convergence) 26
문화적 차이 133
문화적 표현의 다양성 보호 및 증진 협약 86
문화적 · 행정적 · 지역적 · 경제적 거리 체계(CAGE Distance Framework) 28
문화정책 86
문화정체성 81, 84, 86
문화제국주의론 79
물류비용 96
미국 197
미국여행자 213
미국호텔 및 숙박협회(AH&LA) 312
미국화(Americanization) 26, 28, 75, 78
민영화 25, 41, 60, 101
민주주의 56

ㅂ

바닥을 향한 경쟁(Race to the Bottom) 38, 110
바레인 198
반세계화(Anti-Globalization) 45
반세계화 운동 47
반세계화주의자 46
발신자 87
발전이론 79
발칸반도 184
버뮤다 211
버펄로 206
범위의 경제(Economies of Scope) 108, 246
법인세 41
베를린 200
베이징 192, 200

변동성(Volatility) 370
변동환율제 19, 38, 39
보고서 338
보고타 211
보급단계 100
보수당 40
보스턴 마라톤 폭탄 테러 77
보유위험 364
보이지 않는 손(An Invisible Hand) 35, 36
보험회사 287
보호주의 16, 54, 83
복지국가체제 40
본사(HQ: Headquarters) 107
본사비용 310
본인(Principal) 305
부가가치(Value added) 111
부르주아(Bourgeois) 35
부채 234, 298, 368
부채 차감 후 이익 307
부채공제 후 이익(Income After Debt Service) 298
부채공제 후 현금흐름 300
부채비율 363
부채의 레버리지 효과 208
분권화(Decentralization) 138, 264
분사(Spin-off) 213, 232
분사계획 235
분업구조 94
분업화 37
불경기 35
불균형 24, 35
불평등(Inequality) 46, 57
불확실성 회피(Uncertainty Avoidance) 67
불확실성 회피 지수(Uncertainty Avoidance Index: UAI) 72
불확실성 회피 차원 72
브라질 185
브랜드 177, 242, 328, 341, 353, 367
브랜드 관리자 331, 348
브랜드 라이센스계약(Brand License Agreement) 305
브랜드 인지도(Brand Recognition) 278
브랜드 충성도 341
브랜드 포트폴리오(Brand Portfolio) 225, 278, 281 355, 367
브랜드 표준 331
브레튼우즈 협정 18, 56
비관세장벽 20
비교우위(Comparative Advantage) 48, 160
비용구조 206
비즈니스 방식 93
비즈니스 여행 142, 154, 157, 160
비즈니스 여행객 155
비즈니스 여행자 178
비즈니스모델(Business Model) 271, 285, 288, 330
비지분투자 방식(Non-equity Modes) 352
빅3 102
빈익빈 부익부 41, 47, 50

ㅅ

사고의 이동 144
사람(들)의 이동 144
사모펀드(Private Equity Fund: PEF) 276, 277, 318, 364, 366
사업모델별 238
사업방식 352
사업위험 328
사업주기(Business Cycle) 246
사우디아라비아 198
사유재산 35

사유재산권 42
사유화(Privatization) 277
사익 110
사회·문화 환경 249
사회복지정책 36, 40
사회안전망 41, 42
사회주의 101
사회주의체제 43
산업자본 38
산업통합(Industry Consolidation) 219
산업혁명 93
삼각무역 16
상업용 부동산 363
상업화 86
상장기업(Public Company) 277
상징(Symbols) 63, 65, 66, 67
상표 341
상하이 192, 200
생물다양성 86
생산비용 124
생산의 세계화 44
생활양식 64
서구화(Westernization) 75
서민계급 35
서비스 13
서비스 무역에 대한 일반협정(GATS) 83
서비스경제화 101
서비스업 107, 122
석유파동 36
선전 192
선진국 144, 161
선진국의 우려 50
선진자본 45
성과에 따른 해제조항(Performance Termination Clause) 314
성과측정 314
성숙단계 100
성장전략(Growth Strategies) 267, 268, 269, 285, 287, 313, 352, 354, 362
세계 500대 대기업 111
세계 8대 문명 76
세계 교역량 160
세계 금융위기 21
세계 문화다양성 선언 85
세계 문화다양성의 날 86
세계경제포럼(WEF: World Economic Forum) 50, 152
세계관광기구(UNWTO) 164
세계금융위기 34, 95
세계기업 103
세계는 평평하다 27
세계무역기구(WTO) 29
세계무역액 44
세계문화 84
세계사회 15
세계시민 16
세계시민사회 48
세계시장 28, 44
세계시장의 단일화 61
세계은행(World Bank) 26, 29, 42
세계제도 16
세계질서 76
세계총생산액(World GDP) 111
세계표준(Global Standard) 30
세계화(Globalization) 13, 14, 17, 23, 29, 54, 56, 81, 88, 142, 284
세계화 지속론 53
세계화 퇴조론 52, 53
세계화 회의론 47, 48
세계화전략 213
세계화정도(Levels of Internationalization) 28
세계화지수 222

세계화현상 12, 30
세분시장화 346
세이부 그룹 218, 273
세제개혁 233
소득격차 51
소득재분배 36
소유(Ownership) 363
소유경영 367
소유권 192, 269, 367
소유방식 352
소유위험 286
소유주 보고 요구사항(Owner's Reporting Requirements) 309
소유주 우선수익률(Owner's Priority Return) 308, 320, 323
소유주를 위한 신성한 관리자의 의무 (Fiduciary Duties) 305
소통 69, 87
소프트웨어(Mental Software) 63
손실위험(Downside Risk) 293, 300
수수료(Fees) 270, 332, 334, 368
수수료 수입 239, 371
수수료기반 모델 367, 370
수수료기반 비즈니스모델(Fee-based Business Model: FBM) 362, 364, 365, 366, 368, 369, 372, 373
수신자 87
수익 175
수익누출(Leakage) 143
수입 239
수입대체(Import Substitution) 25
수정자본주의 35
수직적 통합(Vertical Integration) 94, 97
수직적 통합전략 44, 96
수출장려정책 38
수출주도 성장정책(Export-led Growth Strategy) 26
수평적 통합 94, 97
순영업이익(NOI) 323
순이익 295
스크린쿼터제 82
스태그플레이션(Stagflation) 36
스펙트럼 65
승인(Approvals) 309
승자독식 88
승자독식사회(The Winner-Take-All Society) 45
시너지 214
시애틀 45
시장 메커니즘 57
시장개입 29
시장개척단계 100
시장경제주의 49
시장경제체제 102
시장근본주의 42
시장세분화(Market Segmentation) 209, 278, 279, 280
시장점유율(Market Penetration) 170, 180, 186
시장조사 301
시장주의 41
시장침투율(Market Penetration) 269
시카고 171, 200
시카고학파 36
시티(City) 93
식음료(F&B) 판매 244
신기루 54
신념 63, 67
신대륙 원주민 93
신대륙(New World) 92
신설합병(Consolidation) 273
신자유주의(Neo-liberalism) 19, 21, 34, 37,

40, 42, 55, 60, 101
신자유주의원칙 42
신자유주의자 43
신자유주의적 세계화 84
신흥국(NICs) 20, 26, 29
실물경제 44
실물부문 45
실비정산(Cost Reimbursements) 239, 240, 286, 287, 371
실비정산 시스템비용(System-Reimbursable Expenses) 292
실사과정(Due Diligence Process) 302, 347
실업률 35, 36
실질임금 38
실크로드(Silk Road) 16
실효세율 109
싱가포르 191, 209
쌍둥이적자(Twin Deficit) 42, 101

ㅇ

아바나 211
아베노믹스 196
아부다비 198
아오키 그룹 215, 275
아웃바운드 155
아웃소싱 108
아프리카문명 76
암묵적 지식 125
약육강식 88
양극화 41, 49
양극화현상 50, 60
양적완화(Quantitative Easing: QE) 53
여가여행 152, 160
여가여행자 178
여성주의 사회 71
여행 142
역수출 219
연방정부 98
연방준비제도이사회(FRB) 26
연합국 210
영국 40, 178, 197
영국병 40
영업권 341
영업레버리지(Operating Leverage) 369
영업방식 244, 330, 345
영업비용 289
영업위험(Operating Risk) 287, 369
영업이익률 173
영업절차 328
영업통제권 341
영업표준 216
영업표준절차 345
영웅(Heros) 65, 66
영향분석조사(Impact Study) 351
영화상품 82
예약수수료(Reservation Fee) 349, 335
예약시스템 287, 335
오마에 겐이치(Ohmae Kenichi) 23
오만 198
오사카 194
오스트리아학파 36
오쿠라호텔 209
올랜도 171, 200
완전고용 98
완충(Buffering) 370
외국비용(Cost of Foreignness) 105, 122
외국여행객 195
외국자본 53
외부환경 분석(Environmental Scanning) 247
외환보유고 52
외환위기 43

요소시장 124
우루과이 라운드(Uruguay Round of Multinational Trade Negotiation) 20, 83
운영기업 364
운영회사(Operator) 368
운전자본(Working Capital) 286, 287, 289
워싱턴 42
워싱턴 컨센서스(Washington Consensus) 42, 43, 102
워싱턴DC 171, 200
월드컵 185
위탁경영 211, 227, 228, 230, 236, 271, 353, 367
위탁경영 수수료 369
위탁경영계약(Management Contract) 191, 213, 216, 236, 256, 271, 284, 285, 363
위험 프리미엄(Risk Premium) 262
위험의 분산 246
유교문명권 76
유네스코 문화다양성 선언 86
유럽 178, 218
유럽연합(EU) 29
유로달러시장 25
유사 숙박시설(Similar Establishments) 185
유산계급 35
유연성(Flexibility) 109, 132, 313, 369
유형자산(Tangible Asset) 368
의식(Rituals) 65, 66
이기주의 36
이데올로기 76
이미지 341, 345
이슬람문명(Islamic) 76
이윤분배 리스계약(Profit-sharing Lease Agreement) 213
이자비용 · 법인세 공제 전 이익(EBIT) 369
이전가격(Transfer Pricing) 108
이집트 198
인도 196, 209
인센티브(Incentive) 298
인센티브 여행 154
인센티브수수료(Incentive Fee) 214, 233, 240, 287, 307, 321, 363, 368
인수기업 272
인수자 275
인수합병 259, 273, 275
인지도 343
인터넷혁명 127
인플레이션 18, 36
일관성 132, 218
일본 193, 217, 218
일본문명 76
일본식 조경 217
일본중앙은행 196
일인당 GDP 160
임차(Leased) 242
임차료(Rent) 368
임차방식 213
입지상의 우위(Location Advantage) 125

ㅈ

자국통화 18
자동조절기능 37
자본 13
자본비용(Cost of Capital) 369
자본의 독점화 35
자본의 이동 144
자본의 한계효율 35
자본주의(Capitalism) 34, 50, 79
자본증식 40
자산(Asset) 368
자산경량화 비즈니스모델(Asset-light

Business Model) 364
자산경량화 전략(Asset-Light Strategy) 362
자산인수 272
자산특수성 125
자연생태 환경 250
자원의 배치(Configuration of Resources) 137
자유 35
자유경쟁 60, 98
자유경쟁시장 29, 44
자유무역 17, 19, 44
자유무역협정 110
자유시장 55
자유시장경제 34
자유주의(Liberalism) 34
자유화 60
자율성(Autonomy) 244
자회사(Subsidiaries) 98, 99
작은 미국 213
작은 정부 41
잔여혜택(Residual Benefits) 295
잠재가맹점 332
장기리스 258
장기지향성 지수(Long-Term Orientation Index: LTO) 73, 74
장기지향성-단기지향성(Long-Term Orientation-Short-Term Orientation) 67, 73
장기체류(Extended Stay) 225
재무구조 234
재무부 42
재무위험(Financial Risk) 271, 287, 289, 348, 362
재무의사결정권 295
재정정책 36
재정확대정책 36
재화 13
적대적 인수(Hostile Takeover) 216, 273, 276
적응(Adaptation) 132
전 세계적 가치사슬(Global Value Chain) 106
전략적 제휴 257
전방통합 94
전신기술 96
전유 가능성 125
전쟁배상금 18
전쟁비용 18
전통 63
전통숙박시설 194
전환경제국(Transitional Economies) 120
절충이론(Eclectic Theory) 125, 127
정교문명(Slavic-Orthodox) 76
정보 87
정보공개서(FOC: Franchise Offering Circular) 349
정보의 비대칭성 47
정보의 세계화 87
정보통신 19
정보통신산업(IT) 102
정체성(Identity) 63
정치 55
제2차 합병운동 96
제국주의 91
제국호텔(Imperial Hotel) 209
제안요구서(RFP) 303
제조업 107, 122
제품 수명주기(Product Lifecycle) 100
조세피난처(Tax Heaven) 108, 109, 212
조직구조 139
종교 75
종속브랜드(Sub-brand) 224

종속화 86
주가수익률(PER) 295
주당순이익(EPS: Earnings Per Share) 269, 272
주식인수 272
주주자본주의 45
준세계화(Semi-Globalization) 28
중국 169, 189, 216
중국시장 266, 267
중상주의(Mercantilism) 16
중심경제국가 102
중앙 및 동유럽 184
중앙구매 및 조달시스템 291
중앙시스템 371
중앙예약시스템(CRS) 215, 222, 243, 291, 328, 343
중앙은행 17
중저가 173
중저가항공사(LCC: Low-Cost Carriers) 145
중화문명 76
증기기관 102
지구공동체 15
지구온난화 30
지구촌 13, 24
지속가능한 세계화 54, 55
지식 격차 47
지식기반경제 15
지역연합 29
지역화(Regionalization) 75
지적재산권 30
직접 프랜차이즈 355
직접소유방식 340
직접투자방식 211
진입방식 362
진입장벽 304
진입전략 213, 216, 253, 351
집단 64
집단주의 69

ㅊ

차등제(Sliding Scale) 320
차주(Lenders) 330
창의성 88
채무상환 289
철도산업 96
체인본부 242
체인본사(Franchisor) 328, 331, 332, 333, 355
체인호텔(Chain Hotel) 177, 178, 180, 183, 186, 204, 210, 220, 242, 244, 272, 316, 328, 351, 364, 368, 372
체인호텔(Chain Operator 또는 Brand Operator) 287
체인화 170
체인화 현상 284
초국적 금융자본 38
초국적 산업 135
초국적 자본 47, 60
초국적기업(TNC) 15, 103, 104, 137
초국적성(Trans-nationality) 105
초국적전략(Transnational Strategy) 137
초세계화 56
총객실매출액(Gross Room Revenue) 333, 343
총매출액(Gross Revenue) 287, 319
총매출액(Total Revenue) 293, 307
총수요 35
총수요관리 36
총영업이익(Gross Operating Profit) 213, 286, 287, 308, 314, 323
총지배인(GM) 329

추진동력 23
취소수수료 296
치유권리(Right to cure) 314
친기업정책 41

ㅋ

카라카스 211
카지노 자본주의 54
카타르 198
컨벤션 154
케인즈(Keynes)주의 34
코카콜라화(Coca-colonization) 78
콜럼버스 16
콜롬비아 185
쿠웨이트 198
크라우치 55
킹스턴회의 19

ㅌ

탈공업화(Deindustrialization) 101
탈국가 16
탈국민 16
탈규제 44
탈냉전시대 76
탈문화 16
탐색비용 124
탐욕(Greed) 95
태도 63, 67
태환 19
터키 184
테일러리즘 218
통제권 313
통제수단 271
통합-적응모형(Integration-Responsiveness Framework) 128
통화 완화정책 196
통화량 37
통화론자 36
통화정책 36
투자수익률(ROI) 38, 308, 348, 353
투자위축 36
투자위험(Investment Risk) 285, 286
투자자(Investors) 330
트러스트(Trust) 95
트릴레마(Trilemma) 56
특별 배당금 235
특성 64

ㅍ

파운드화 18
파트너(Partner) 305
파트너관계(Partnership) 348
파편화(Fragmented) 353
판매액 239
판촉사무소 291
판촉활동 243
패권국가 55
페니키아인 16
페루 185
평가시스템 189
평가절하 18
평균객실요금(ADR) 171, 173, 348, 358
평균객실점유율(Occupancy) 171, 358
평등 35
평등주의 68
평평요소 27
포드주의(Fordism) 37
포트폴리오 투자이론 123
포화(Saturated) 373

표준화 218
표준화전략(Standardization Strategy) 130, 213, 265
푸에르토리코 212
품질관리 372
프라이버시 206
프라임모기지 사태 21
프랑스 197, 217
프랜차이즈(Franchise) 213, 227, 238, 255, 269, 284, 287, 353, 365, 367
프랜차이즈 계약(Franchise Agreement) 236, 328, 350
프랜차이즈 규칙(Franchise Rule) 332
프랜차이즈 비용 357
프랜차이즈 수수료 228, 240, 336, 340, 369
프랜차이즈 표준계약 332
프랜차이즈 호텔 215
프랜차이즈 본사(Franchisor) 340, 365
프린스호텔 209, 217
피인수기업 272

ㅎ

하계 올림픽 185
하청업체(Subcontractor) 109
한계소비성향 35
한정가(Limited-Service) 173
합리주의 35
합병(Merger) 273
합작투자(Joint Venture) 192, 257, 277
합종연횡 273
항공기내식(Catering) 231
항공운임 155
해상무역 16
해외시장 218
해외여행자 190
해외직접투자(FDI: Foreign Direct Investment) 19, 20, 23, 29, 44, 97, 99, 100, 116, 117
해외진출 동기 114, 245
핵심 66
핵심역량 368
혁신(Innovation) 362
혁신클러스터 115
현금흐름(Cash Flow) 271, 295, 363, 371
현지국가(Host Country) 67, 105, 129
현지적응 압력(Local Responsiveness) 128
현지화 218
현지화전략(Localization Strategy) 67, 130, 132, 265, 266
협상력 350
협상지위(Bargaining Position) 303
형식 63
호주 197, 267
호텔 165
호텔 소유주(Owner) 271, 287, 288, 304, 307, 312, 328, 369, 371, 372
호텔 자산관리자(Asset Manager) 297
호텔객실 164, 165, 166, 169, 178, 200
호텔건설 프로젝트 373
호텔공급비율(Hotel Supply Ratio) 185
호텔등급제 189
호텔부동산 234
호텔운영회사(Hotel Operating Company) 271, 288
호텔운영회사(Operator) 362
호텔자산관리(Hotel Asset Management) 312
호텔프로젝트 301
호텔협력체 222
호혜평등의 원칙 55

혼종(Hybridity) 80
혼종화 이론 80
홍콩 191, 209, 217, 218, 275
화상 191
환경문제 30
환경파괴 30, 143
황금구속복 56
회복성(Resilient) 369
획일화 84, 86
효율 218
효율성(Efficiency) 243, 244
후방통합 94
후진국 20
흑인 노예 93
흡수합병(Statutory Merger) 273
힌두문명 76

A

Accor 178, 186, 189, 192, 198, 205, 217, 219, 266, 267, 276, 355, 363, 365
Adam Smith 35
Air France 216
Alice 206
Allegis Corporation 214
Allie 231
APEC 120, 122
ASEAN 122

B

B&B 165
Bally Entertainment 276
Barcelo 186
Barge & Jacobs 315, 317, 319, 322
Bass PLC 211, 212, 216, 218
Behrman 104
Belem 211
Best Eastern 245
Best Western 173, 178, 209, 221, 245, 358
Bhabha 80
Bhagwati 50
Bill Marriott, Jr. 363
Blackstone Group 276, 366
BRICs 52, 120, 122, 166, 373
Brooke & Remers 104
Budget 179
Buffalo Statler Hotel 206
Byron Calhoun 211

C

Caribe Hilton 212
Carlson 186
Carlson Group 183
Carlson Rezidor 178, 197
Carlson Rezidor Hotel Group 183
Cesar Ritz 204
Choice 216, 219, 355, 365
Choice Hotels International 208
Chrysler 102
City 169
Clee & Discipio 103
Club Med 178, 205
Coase 124
Coca Cola 132
Colgate-Palmolive 97
Comfort Inn 173, 279
Comfort Suites 279
Commercial Hotel 169
Conrad 194
Conrad Hilton 207, 212

Consortia 222, 244, 358
Courtyard 279
Crowne Plaza 224, 261

D

David Lilienthal 103
Days Inn 173
Direct Franchising 355
Downside Risks 359
Dunning 125
Dusit Hotel 209

E

E. M. Statler 206
Earl Grey 4세 205
Economy 173, 177, 358
ECORYS 180
Edison General Electric 96
Efficiency-seeking 114
Embassy Suite 276, 358
Ernest Henderson 208
Etap 179
EU 29
EU국가 178
EVEN 225
Excentralization 138
Extended Stay America 366
Eyster 315, 317, 319, 321

F

F&B매출액 358
Facebook 53
Fairfield Inn 279
FDI 117, 120
FDI 유입액 121
FF&E(Furniture, Fixture & Equipment) 294, 311
Financial Times 50
Follow-the-Leader 115
Ford 102
Forte 216, 218, 273, 275
Forte's Holdings Limited 205
Fortune 111
Fortune Global 500 111
Four Seasons 194, 342
Franchisee 254, 270
Franchisor 255, 270
Frank Dupar 208
FRB 53
Friedman 36

G

G20 53, 122, 168
G20체제 52
G7체제 52
GATT 18, 25, 26, 82
GCC 198
General Electric(GE) 96
GF Management 290
Ghemawat 28
GM 102
Goddard & Standish-Wilkinson 316, 320
Granada 273
Grand Hotel 205
Grand Hyatt 194
Grand Mercure 267
Grand Metropolitan 211, 216
Grande Hotel 211

H

Haast, Dickson & Braham 316, 317, 320, 322
Hampton Inn 173, 276
Han Ting 191
Hannerz 80
Harold Geneen 214
Hayek 36
Henry Ford 37
Heritage Hotel 196
HFS 275
Hilton 178, 186, 198, 204, 219, 265, 276, 351, 355, 363, 365, 375
Hilton Hotels Corporation 207, 212, 277
Hilton International 209, 212, 214, 266, 273, 277, 286, 289
Hilton Worldwide 171, 277, 366, 373
Hofstede 63, 67, 73
Holiday Inn 204, 209, 212, 215, 221, 266, 330, 351
Holiday Inn Express 173, 221, 261, 358
Holiday Inns of America Inc. 215
HOLIDEX 215
Home Away From Home 265
Home Inn(如家) 191, 192, 219, 261
Hood & Young 104
Host Marriott 232
Hostel 165
Hot Shoppe 231
Hotel Carrera 211
Hotel El Prado 211
Hotel Nacional 211
Hotel Ritz 205
Howard Hughes 214
Howard Johnson 209
Howard Johnson's Motor Lodges 330
HUALUXE 225, 266
HVS 355
Hyatt 209, 216, 266, 289, 297, 342, 365
Hyatt International 216
Hymer 123

I

ibis 178
IBM 102
IHG 171, 186, 192, 198, 212, 219, 224, 261, 266, 355, 363, 365, 371, 373
IMF(국제통화기금) 26, 29, 39, 42
Inequality 60
InterContinental 204, 209, 224, 261, 265, 289
International 355
International Tourism Receipts 148
International Tourist Arrivals 146
Interstate Highway 215
Interstate Hotels & Resorts 277, 290
IT 102
ITT 214
ITT Sheraton 214, 273, 276

J

J. W. Marriott 2세 231
JAL 217
James Buchanan 23
Jin Jiang Hotel 192, 219, 277
John D. Rockefeller 94, 95
John Dunning 104
John Locke 35
John Williamson 42

Johnson 317, 319, 321
Jones Lang LaSalle 185
Juan Terry Trippe 210
Jumeirah 198

K

Karl Polanyi 57
Kemmons Wilson 215
Kempinski 205
Keynes 35
KFC 351
Kircher 103

L

LA 171
La Quinta Inn 366
Ladbroke 214, 218
Le Meridien Hotel 216
Leading Hotels of the World 358
Levitt 130
Little America 265
Louvre 205
Luxury 173, 179, 358

M

Macuto Sheraton 214
MAI(다자간 투자협정) 85
Maisonrouge 104
Mandarin Oriental 194, 209, 217
Mandelson 50
Margaret Thatcher 40
Market-seeking 114
Marlboro 132
Marriott 186, 192, 198, 204, 209, 219, 221, 231, 289, 324, 342, 355, 363, 365, 375
Marriott Corporation 232
Marriott International, Inc. 166, 171, 232, 275, 370, 373
Marriott Marquis 279
Marriott 패밀리 235
Master Franchising 255
Master Hotels 245
Maurice Bye 103
McCormick 96
McDonald's 351
McKinsey 103
Melia 205, 217
MERCOSUR 122
Mercure 179
Metropolitan 218
MICE 154
Mid-market 179
Midscale 173, 177, 358, 373
Mintel 164, 166
MKG Hospitality 166, 178
Mobley Hotel 207
Motel 6 217
Movenpick 205

N

NAFTA 29, 102, 122
NCR 96
New World Development 218, 275
NH Hotels 206
Nikko호텔 217
Nilekani 50
Nixon대통령 19

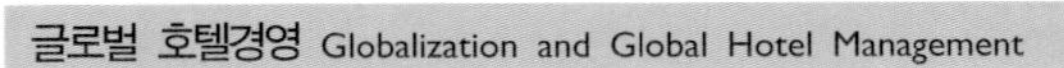

Norberg-Hodge 54
Novotel 179

O

Oberoi Hotels & Resorts 197, 209, 217
Offshoring(역외생산) 114
Otus 178
Our Creative Diversity 85
Outsourcing 114

P

Palmer House 208
Pan American World Airways(Pan Am) 210
Panvisavas & Taylor 316, 320, 322
Patriot American Hospitality 276
Pax Americana 210
Peninsula 194, 217
Pierre 217
Pillar Hotels & Resorts 290
Plaza 208
Promus 276

Q

Quality Court 208, 245
Quality Inn 278
Quality International 278
Quality Royale 279

R

Rachman 50
Radisson 209
Ramada 209
Ramada Inn 330
Ramada Inn Roadside 330
RCEP 122
Red Roof Inn 217
Referral 208
Reforma Hotel 211
REITs(부동자투자회사) 363, 366
Remington 96
Renaissance 276
Residence Inn 279
Resource-seeking 114
RevPAR 314, 369
Rezidor 183
Rice 63
Ritz 204
Ritz-Carlton 194, 238, 275
Ritzer 78
Riu 186
Robert Hazard 278
Robert Moore 208
Rocco Forte Hotel 216
Ronald Reagan 41
Roosevelt 208
Root 104

S

Saee 14
Said 80
Sale and Manage-back 295, 363
Samuel Huntington 26, 75
Sangree & Hathaway 319, 321
Schmidt 50
Select 373
Severt W. Thurston 208
Sex and The City 81

Shangri-La 194, 209
Sheraton 204, 208, 214, 265, 289, 351
Singer 96, 97, 329
Sir Francis Drake 207
Six Continents 276
Sofitel 217
Sol Melia 186
Standard Oil 94
Standard Oil Trusts 95
Starwood 186, 192, 198, 323, 365, 377
Starwood Capital 214
Starwood Hotels & Resorts 214, 276, 373
Starwood Lodging Trust 215, 276
Statler 204
Steve Bollenbach 276
Stevens 208
Stiglitz 50
STR Global 165
STR(Smith Travel Research) 165, 170, 173, 358
Strategic Asset-seeking 115

T

Taj Hotels & Palaces 197, 209, 217
The Distinguished Hotels 244
The Great Transformation 57
The Hudson's Bay Company 92
The Leading Hotels of the World 222
The Peninsula 209
The Ritz 205
The Robert Warner Agency 244
The Royal African Company 92
The Sebel 267
Theodore Levitt 13
Thomas Friedman 27
Thomson Houston Electric 96
Thyler Lodging Group 277
Time-share 279
Toyoko Inn 195
TPP 122
Travelodge 275
Tree Inn 191
Trust House Forte(THF) 205
Trust House Group 205
Trustees 95
TTIP 122
TWA 214, 273
Twin Bridge Marriott 231

U

UAE 198
UNCTAD 90, 104, 111
UNESCO(국제연합 교육과학문화기구) 81, 85
United Airlines 214
UNWTO 145, 166, 185
Upper Midscale 177
Upper Midscale with and without F&B 358
Upper Upscale 173, 358
Upscale 221, 358
Upside Benefits 359

V

Vernon 123

W

Waldorf-Astoria 호텔 208
Western Hotels 208, 214

Western International 215
Westin 215, 275, 289, 297, 342, 358
White Lodging Services 290
Wolton 87
Woolley v. Embassy Suites 305
WTO 55, 83
WTO 제3차 각료회의 46
WTO체제 20, 46
WTTC 151, 160
Wyndham Hotel Group 166, 171, 186, 192, 219, 355, 365

Y

Yip 127

1 plus 8 323
1군 경영회사(First-Tier Management Company) 289, 294, 302
1인당 GDP 51
2군 경영회사(Second-Tier Management Company) 289, 294, 302
3 plus 10 323
7 Days Inn 191
9 · 11 테러 77

김경환

현 경기대학교 관광대학 호텔경영학과 교수

글로벌 호텔경영

2014년 6월 25일 초판 1쇄 발행
2018년 7월 30일 초판 2쇄 발행

지은이 김경환
펴낸이 진욱상
펴낸곳 백산출판사
교 정 편집부
본문디자인 편집부
표지디자인 오정은

저자와의 합의하에 인지첩부 생략

등 록 1974년 1월 9일 제406-1974-000001호
주 소 경기도 파주시 회동길 370(백산빌딩 3층)
전 화 02-914-1621(代)
팩 스 031-955-9911
이메일 edit@ibaeksan.kr
홈페이지 www.ibaeksan.kr

ISBN 978-89-6183-988-4 93980
값 30,000원